Photoshop 数字图像处理

主　编　赵　军　嵇可可　刘学春
副主编　卢增宁
主　审　安　进

北京理工大学出版社
BEIJING INSTITUTE OF TECHNOLOGY PRESS

内容简介

本书以培养职业能力为核心，以“任务驱动”为理念，以工作任务的实施为导向，以 Adobe 公司的 Photoshop CC 2018 具体应用为主线，介绍了图形图像在应用中的全过程（从图形图像简单处理、综合处理、特殊处理，到排版、打印输出），全书共分 11 章，有 34 个典型、实用、商业化的任务案例。

本书目标明确，层次分明，语言流畅，图文并茂，在校企合作基础上完成，通过知识详解（Photoshop 的各个知识点详述）、工作场景实施（工作场景详细实现过程）、工作实训营（实训操作）、工作实践常见问题解析（给出工作中经常遇到的问题及解决方法），构成项目化教学体系，可以让读者在较短时间内掌握图像设计的基本方法和技巧，提高使用 Photoshop CC 2018 进行平面设计与制作的应用技能。

本书内容丰富，实用性强，适合作为高等院校设计相关专业的教材，也可以作为平面设计爱好者掌握职业技能的实用参考书。

图书在版编目（CIP）数据

Photoshop 数字图像处理/赵军，嵇可可，刘学春主编．—北京：北京理工大学出版社，2019.8

ISBN 978 - 7 - 5682 - 7100 - 4

Ⅰ.①P…　Ⅱ.①赵… ②嵇… ③刘…　Ⅲ.①图象处理软件　Ⅳ.①TP391.413

中国版本图书馆 CIP 数据核字（2019）第 106078 号

出版发行／北京理工大学出版社有限责任公司
社　　址／北京市海淀区中关村南大街 5 号
邮　　编／100081
电　　话／（010）68914775（总编室）
　　　　　（010）82562903（教材售后服务热线）
　　　　　（010）68948351（其他图书服务热线）
网　　址／http：//www.bitpress.com.cn
经　　销／全国各地新华书店
印　　刷／涿州市新华印刷有限公司
开　　本／787 毫米 × 1092 毫米　1/16
印　　张／24.5
字　　数／578 千字
版　　次／2019 年 8 月第 1 版　2019 年 8 月第 1 次印刷
定　　价／89.00 元

责任编辑／王玲玲
文案编辑／王玲玲
责任校对／周瑞红
责任印制／施胜娟

前　言

本书根据目前高等院校课程建设和教材改革的新思路进行编写。教材内容采用 Adobe Photoshop CC 2018，教材案例来源于校企合作单位，教材编制体例采用“项目教学、任务驱动”的理念，充分体现了以培养学生职业能力为核心的宗旨。

本书是在校企合作的基础上，以工作任务为驱动，每一章知识详解（引出 Photoshop CC 2018 的各个知识点）、工作场景实施（用多个工作场景一步一步地带领读者走进图形图像处理的广阔天地），通过理论与实际相结合，使读者在完成任务的同时，掌握相关理论知识和使用技巧，了解工作中平面设计师应该具备的技能。通过每章后的工作实训营，进行实训练习，工作实践常见问题解析和习题让读者能较好地借鉴“前人”的“经验”，进一步掌握 Photoshop 的使用技巧。本书选取的案例，力求体现典型、实用、商业化，同时也非常注重案例的效果体现，不但能提高读者对软件应用技术与艺术创作相结合的能力，还能提高其在实际工作中的应用技能。

本书分为 11 章，包括 Photoshop CC 2018 基础知识，照片修饰，创建和编辑选区，图层的基础功能，绘制图像，修饰与编辑图像，图层的特效处理功能，文字处理，图像色调与色彩调整，通道与蒙版的应用，应用滤镜，动画、动作及图像的打印，有 34 个典型案例。

本教材由赵军、嵇可可、刘学春担任主编，赵军教授负责本书的策划、校对等统稿和定稿工作，由卢增宁担任副主编，安进教授主审。

本书有配套素材和授课电子课件，需要的教师可登录 www. bitpress. com. cn 免费注册，审核通过后下载，或联系编辑索取（QQ：271840677，电话：010－68943897）。本书配有在线课程网站——http://www. xueyinonline. com/detail/94386245。

由于时间仓促，加之水平有限，书中难免存在不妥之处，敬请读者与专家批评指正，以便进一步提高。

编　者

目　录

第 1 章

Photoshop CC 2018 基础知识

本章要点

- 了解图像处理的基本概念。
- 了解 Photoshop CC 2018 的新增功能。
- 熟悉 Photoshop CC 2018 的工作环境。
- 了解 Photoshop CC 2018 的系统设置。
- 掌握辅助编辑工具的使用。
- 熟悉并掌握图像大小和显示比例的调整。
- 熟悉并掌握颜色填充。

技能目标

- 掌握 Photoshop CC 2018 系统的个性化设置。
- 掌握辅助编辑工具的使用方法和技巧。

引导问题

- 与图像有关的基础知识有哪些?
- Photoshop CC 2018 新增功能有哪些?
- 如何快速熟悉 Photoshop CC 2018 的工作界面?
- Photoshop CC 2018 的工作界面中，哪些面板是常用的?
- Photoshop CC 2018 图像编辑过程中，常用的辅助工具有哪些?
- 怎么进行颜色填充?

【工作场景一】汽车动感画面制作

利用“动感模糊”制造跑车在大街上飞驰效果，街景是模糊的，用历史记录画笔还原小车的清晰。效果如图 1.0.1 所示。

【工作场景二】制作网页切片图片

利用辅助线和切片工具等完成网页的切片。效果如图 1.0.2 所示。

【工作场景三】文字排版

利用参考线与文字工具实现文字分栏排版效果。效果如图 1.0.3 所示。

扫码查看
彩图效果

图 1.0.1　汽车动感画面效果图

扫码查看
彩图效果

图 1.0.2　网页图片切片效果

我的脑里忽然闪出一幅神异的图画来：深蓝的天空中挂着一轮金黄的圆月，下面是海边的沙地，都种着一望无际的碧绿的西瓜，其间有一个十一二岁的少年，项带银圈，手捏一柄钢叉，向一匹猹尽力的刺去，那猹却将身一扭，反从他的胯下逃走了。

这少年便是闰土。我认识他时，也不过十多岁，离现在将有三十年了；那时我的父亲还在世，家景也好，我正是一个少爷。那一年，我家是一件大祭祀的值年。这祭祀，说是三十多年才能轮到一回，所以很郑重；正月里供祖像，供品很多，祭器很讲究，拜的人也很多，祭器也很要防偷去。我家只有一个忙月（我们这里给人做工的分三种：整年给一定人家做工的叫长工；按日给人做工的叫短工；自己也种地，只在过年过节以及收租时候来给一定人家做工的称忙月），忙不过来，他便对父亲说，可以叫他的儿子闰土来管祭器的。

我的父亲允许了；我也很高兴，因为我早听到闰土这名字，而且知道他和我仿佛年纪，闰月生的，五行缺土(4)，所以他的父亲叫他闰土。他是能装弶捉小鸟雀的。

我于是日日盼望新年，新年到，闰土也就到了。好容易到了年末，有一日，母亲告诉我，闰土来了，我便飞跑的去看。他正在厨房里，紫色的圆脸，头戴一顶小毡帽，颈上套一个明晃晃的银项圈，这可见他的父亲十分爱他，怕他死去，所以在神佛面前许下愿心，用圈子将他套住了。他见人很怕羞，只是不怕我，没有旁人的时候，便和我说话，于是不到半日，我们便熟识了。

我们那时候不知道谈些什么，只记得闰土很高兴，说是上城之后，见了许多没有见过的东西。

第二日，我便要他捕鸟。他说：“这不能。须大雪下了才好。我们沙地上，下了雪，我扫出一块空地来，用短棒支起一个大竹匾，撒下秕谷，看鸟雀来吃时，我远远地将缚在棒上的绳子只一拉，那鸟雀就罩在竹匾下了。什么都有：稻鸡，角鸡，鹁鸪，蓝背……”

扫码查看原图

图 1.0.3　文字排版效果图

Photoshop 是最优秀的图像处理软件之一，其应用领域非常广泛。在平面设计、绘画艺术、摄影后期、网页制作、数码合成、动画 CG、建筑后期等各方面都有涉及，它在很多行业有着不可替代的作用。

1.1　图像设计理念

做设计首先要明白设计是什么，只有理解其含义，才能更好地去做。下面解释几个常见术语。

1. 设计

设计（design），指设计师有目标、有计划地进行技术性的创作活动。设计的任务不只是为生活和商业服务，同时也伴有艺术性的创作。

随着现代科技的发展、知识社会的到来、创新形态的嬗变，设计也正由专业设计师的工作向更广泛的用户参与演变，以用户为中心的、用户参与的创新设计日益受到关注。设计不只是通过视觉的形式传达出来，还会通过听觉、嗅觉、触觉传达出来，以营造一定的感官感受。

2. 平面设计

平面设计（graphic design），也称作视觉传达设计，是以“视觉”作为沟通和表现的方式，通过多种方式来创造和结合符号、图片及文字，借此作出用来传达想法或信息的视觉表现。平面设计师可能会利用字体排印、视觉艺术、版面（page layout）等方面的专业技巧，来达成创作计划的目的。平面设计通常可指制作（设计）的过程，以及最后完成的作品。

平面设计的常见用途包括标识（商标和品牌），出版物（杂志、报纸和书籍）、平面广告、海报、广告牌、网站图形元素和产品包装等。

3. CI/VI

CI 是英文 Corporate Identity 的缩写（简称），意为企业形象识别或品牌形象识别。CI 是 CIS（Corporate Identity System，企业识别系统）的简称。CI 是指企业有意识、有计划地委托专业 CI 设计公司，策划、设计、制作《企业识别系统》或《品牌识别系统》，将企业或品牌信息进行统一化、标准化、美观化的展示，让消费者或社会公众印象深刻，认牌购买，借此积累品牌印象，提高企业的经济效益和社会效益。

CI 有三个内容，即 MI 理念识别（企业思想系统）、VI 视觉识别（品牌视觉系统）、BI 行为识别（行为规范系统）。这些要素相互联系，相互作用，有机配合。

CIS 将企业经营理念与精神文化，运用整体传达系统（特别是视觉传达系统），将信息传达给企业内部和社会大众，使其对企业产生一致的价值认同感和凝聚力。MI 是 CI 中的理念识别，也是整个 CI 工程的核心与灵魂，在结构图的“品”字排序中处在上方位置，它统领着整个 CI 工程的走向与日后的发展，视觉识别与行为识别都是它的外在表现。MI 包括经营宗旨、经营方针、经营价值观三个方面内容。

VI 是企业视觉识别系统，是 CI 工程中形象性最鲜明的一部分。VI 是以标志、标准字、标准色为核心展开的完整的、系统的视觉表达体系。它将企业理念、企业文化、服务内容、企业规范等抽象概念转换为具体符号，塑造出独特的企业形象。

VI 系统包括：

①基本要素系统。如企业名称、企业标志、企业造型、标准字、标准色、象征图案、宣传口号等。

②应用系统。如产品造型、办公用品、企业环境、交通工具、服装服饰、广告媒体、招牌、包装系统、公务礼品、陈列展示及印刷出版物等。

4. 设计想法的表达

一个好的作品的产生，总体来说，包括三个方面：计算机表达、构图能力和创意，但是作品的产生过程是相反的：首先有好的创意；然后把它在脑海中进行粗略构图，再借助计算机手段，或者手绘，变成较为详细的草图；最后综合运用计算机技巧出成果图。Photoshop 就是一款功能强大、迄今为止使用范围最广泛的图像处理软件，是用来实现设计人员的思维、想法、创意、色彩在计算机上表达的工具。

1.2 图像处理的基本概念

在学习使用 Photoshop CC 2018 图像处理前，必须先了解一些图像处理的基础知识，以便更加有效、合理地使用 Photoshop 应用软件对图像文件进行编辑处理操作。

1.2.1　位图和矢量图

计算机图形可以分为位图图像和矢量图形两大类，Photoshop 是一款位图图像处理软件。

1. 位图

位图图像也称为点阵图或栅格图像，它是由许多点组成的，这些点被称为像素。当把位图图像放大到一定程度显示时，计算机屏幕上可以看到很多方形小色块，这就是组成图像的像素，位图图像存储的是每个像素的位置和色彩信息，因此，位图图像可以精确、细腻地表达丰富的图像色彩。其文件大小和质量取决于图像中像素点的多少。图 1.2.1 和图 1.2.2 所示为位图放大前后的对比效果。

图 1.2.1　位图放大前

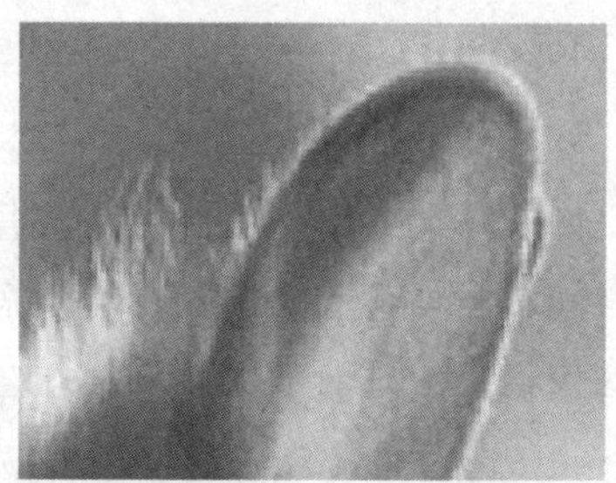

图 1.2.2　位图放大后

2. 矢量图

矢量图又称为向量图或面向对象绘图，与位图构成（由像素构成）有所不同，它是由点、线、面（颜色区域）等元素构成的。

由于矢量图不是由像素构成的，并且保存图像信息的方法也与分辨率无关，所以矢量图缩放后不会影响图像的清晰度和光滑度，图像不会产生失真效果。图 1.2.3 和图 1.2.4 所示为矢量图放大前后的对比效果。

图 1.2.3　矢量图放大前

图 1.2.4　矢量图放大后

1.2.2　图像常用文件格式

由于处理图像的软件种类很多，每种软件都具有各自的文件格式，面对不同的工作选择不同的文件格式非常重要，如图像用于彩色印刷时，图像文件要求为 TIFF 格式，而互联网中的图像文件因传输时要求容量小，所以采用高压缩比的 GIF 和 JPEG 格式。Photoshop CC 2018 支持 20 多种文件格式，下面介绍几种常用的文件格式。

1. PhotoshopD/PhotoshopB 格式

PhotoshopD 格式是 Photoshop 软件默认格式，其优点是可以保存图像的每一个细节，也是唯一可以存取 Photoshop 特有的文件信息和所有色彩模式的格式。

PhotoshopB 格式是 Photoshop 中新设的一种文件格式，属于大型文件。其除了具有 PhotoshopD 格式所有属性外，最大的特点是支持宽度和高度最大达 30 万像素的文件。但 PhotoshopB 格式也有缺点，如存储文件大，占用磁盘空间多，适用性较差。

2. BMP 格式

BMP 格式是 DOS 和 Windows 操作系统兼容的计算机上的标准图像格式，是 Photoshop 最常用的点阵图格式，其特点是包含图像信息比较丰富，几乎不对图像进行压缩，但文件容量大。其支持 RGB、索引、灰度和颜色模式，但不支持通道模式。

3. JPEG 格式

JPEG（JPG）格式是一种高压缩比、有损压缩真彩色的图像文件格式，其优点是所占磁盘空间较小。但 JPEG 格式在压缩保存过程中，以失真最小的方式丢掉一些肉眼无法分辨的图像像素，不适合放大观看。

小提示：

压缩文件在存档时经过删除，因此，再次打开文件时，那些被删除的像素将无法被还原，这种类型的压缩称为有损压缩或失真压缩。

4. TIFF 格式

TIFF 格式是印刷行业标准的图像格式，通用性很强，几乎所有的图像处理软件及排版软件都支持这种格式。其被广泛应用于程序之间和计算机平台之间进行图像数据交换。

5. GIF 格式

GIF 格式是一种通用的图像格式，最多能保存 256 种颜色，并且使用 LZW 压缩方式压缩文件，文件容量较小，非常适合网络传输。GIF 格式还可以保存动画。

6. EPhotoshop 格式

EPhotoshop 格式是一种通用的行业标准格式，可以同时包含像素信息和矢量信息。除多通道模式的图像外，其他模式都可以存储为 EPhotoshop 格式，但其他模式不支持 Alpha 通道。EPhotoshop 格式可以支持剪切路径，在排版软件中可以产生镂空或蒙版效果。

1.2.3 图像的颜色模式

图像的颜色模式决定现实和打印输出图像的色彩模型。所谓颜色模式，即用于表现色彩的一种数学算法，是指一幅图在计算机中显示或打印输出的方式。Photoshop 中常见的颜色模式有位图、灰度、双色调、RGB 颜色、CMYK 颜色、Lab 颜色、索引颜色、多通道及 8 位和 16 位通道模式等。图像色彩模式不同，对图像的描述和能显示的颜色数量也不同。此外，图像色彩模式不同，图像的通道数和大小也不同。

1. RGB 颜色模式

RGB 颜色模式是基于屏幕显示的模式，R 代表 Red（红色），G 代表 Green（绿色），B 代表 Blue（蓝色）。这 3 种色彩叠加形成真彩色，因此该模式也称为加色模式。因为 R，G，B 这 3 种颜色每一种都有 0 ~ 255 共 256 个亮度级，所以彼此叠加就能形成 256 × 256 × 256 约为1 670万种颜色。当 RGB 数值均为 0 时，为黑色；当 RGB 数值均为 255 时，为白色。

2. CMYK 颜色模式

CMYK 颜色模式是基于印刷的模式。C 代表青色，M 代表洋红，Y 代表黄色，K 代表黑色。在实际应用中，青色、洋红和黄色很难形成真正的黑色，因此，引入黑色用来强化暗部色彩。在 CMYK 颜色模式中，由于光线照到不同比例的 C、M、Y、K 油墨纸上，部分光谱被吸收，反射到人眼中产生颜色，所以该模式是一种减色模式。使用 CMYK 颜色模式产生颜色的方法叫作色光减色法。

3. Lab 颜色模式

Lab 颜色模式是依据国际照明委员会（CIE）为颜色测量而定的原色标准得到的，是一种与设备无关的颜色模式。在 Lab 模式中，L 表示亮度，其值在 0 ~ 100 之间，a 表示在红色到绿色范围内变化的颜色分量，b 表示在蓝色到黄色范围内变化的颜色分量，a、b 两个分量的变化范围为 -120 ~ 120。当 a = b = 0，L 从 0 变为 100 时，表示从黑到白的一系列灰色。Lab 颜色模式所包含的颜色范围最广，能够包含所有的 RGB 颜色模式和 CMYK 颜色模式中的颜色。

1.3　Adobe Photoshop CC 2018 新增功能

Adobe Photoshop CC 2018 于 2017 年 10 月 18 日全球发布，功能更强大，界面更美观，应用更流畅。Photoshop CC 2018 可以有效增强用户的创造力，大幅度提升用户的工作效率。

1.3.1　添加了工具提示和学习窗口，创造学习环境

在很多新手看来，Photoshop 更多时候是一个不易上手的软件，需要很高的学习成本，为了快速上手，少不了访问各种教程。而这个痛点也是 Adobe 想要进一步扩大用户的一大障碍，于是，Photoshop CC 2018 果断出手，提供了解决方案，有以下两种方法足以让新手感受到诚意，也就是说，从此 Photoshop 软件自己就是一部快速入门的好教程。

①动态演示型工具提示。以往版本中，当把鼠标悬停在左侧工具栏的工具上时，只会显示该工具的名称，而现在则会出现动态演示，来告诉软件使用者演示工具的用法。

②学习面板提供手把手教学。在窗口菜单栏中，Photoshop CC 2018 新增了“学习”功能，通过“窗口”菜单可打开“学习”面板，选择学习内容进行学习。

1.3.2　“弧形”钢笔工具和优化的画笔

①“弧形”钢笔工具：2018 版“弧形”钢笔以一种更快速、直观及准确的方法创建曲

线路径，并且绘制曲线不会像旧版的那么难。

“弯度”钢笔工具：弯度钢笔工具能够更加快速、直观和准确地创建路径。

②优化的画笔：最新版 Photoshop 对画笔工具的优化，比较直观的首先是画笔的管理模式改变为类似于电脑中文件夹的模式，其支持新建和删除，通过拖放重新排序、创建文件夹和子文件夹、扩展笔触预览、切换新视图模式，以及保存包含不透明度、流动、混合模式和颜色的画笔预设。

③最新版 Photoshop 还引入了“绘画对称”功能，默认状态为关闭。要启用此功能，则需要单击“首选项”→“技术预览”→“启用绘画对称”。

1.3.3 图片获取和无缝分享，强化了云时代体验

Photoshop CC 2018 在图片获取和图片分享方面做出了自己的优化。

①增强云获取的途径。访问所有云同步的 Lightroom 图片，Photoshop CC 2017 已经可以在开始界面中从“创意云”中获取同步的图片，通过“搜索”或“开始屏幕”，直接在 Photoshop 中从 Lightroom 云服务中获取照片。此外，在用 Photoshop 打开 Lightroom 中的图片后，一旦再次通过 Lightroom 修改该图片，在 Photoshop 中只需刷新，即可实时显示修改后的效果。

②共享文件。在前几个版本中，Photoshop 已经支持通过软件把图片分享到 Behance 网站，而最新版中，对此项功能做了更强大的优化，添加了“文件”→“共享”功能，集合了很多社交 APP，并且可以继续从商店下载更多可用应用，可以选择新建垂直对称，或者将已有的路径定义为对称路径，然后用画笔工具绘制图案，自动生成对称图案。

1.3.4 全景图制作和可变字体

①全景图制作。2018 版引入全景图制作功能，编辑并导出 360 全景图。还可以通过在球形工作区中围绕图像进行平移和缩放，获得真实的预览体验。通过“菜单栏”→“3D”球面全景选项，可以开启全景图制作。

②可变字体。简单来说，可变字体是通过自定义字体的属性实现的，这是一种新的 OpenType 字体格式，支持直线宽度、宽度、倾斜度、视觉大小等自定义属性。文字属性栏字体选项中，就是符合 Variable Font 标准的字体文件。

不带格式的粘贴：选择文字，如果不是用快捷键 Ctrl + V 来粘贴，而是用右键，则弹出的菜单中多了一个“粘贴且不使用任何格式”选项，单击这个选项来粘贴，只粘贴文字内容信息而不粘贴被复制信息所选用的字库。

1.4 Photoshop CC 2018 工作界面与首选项设置

启动 Photoshop CC 2018 应用程序，打开任意图像文件，可显示工作区，所有图像处理工作都是在工作区中完成的，如图 1.4.1 所示。

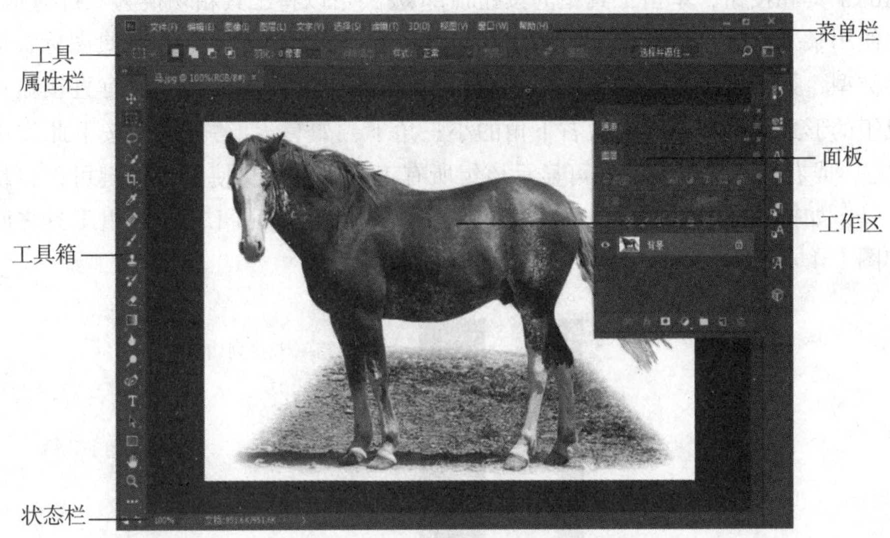

图 1.4.1　Photoshop CC 2018 的工作界面

1.4.1　菜单栏

菜单栏是 Photoshop CC 2018 的重要组成部分，其中包括了 Photoshop 的大部分操作命令。Photoshop CC 2018 将所有的操作命令分类后，分别放置在 11 个菜单中，如图 1.4.2 所示。

文件(F)　编辑(E)　图像(I)　图层(L)　文字(Y)　选择(S)　滤镜(T)　3D(D)　视图(V)　窗口(W)　帮助(H)

图 1.4.2　Photoshop CC 2018 的菜单栏

选择其中任一菜单，就会出现一个下拉菜单，如图 1.4.3 所示。在下拉菜单中，如果命令显示为浅灰色，则表示该命令目前状态为不可执行；命令右方的字母组合代表该命令的快捷键，按下该快捷键即可快速执行该命令，使用快捷键有助于提高工作效率；若命令后面带省略号，则表示执行该命令后，将会弹出对话框。

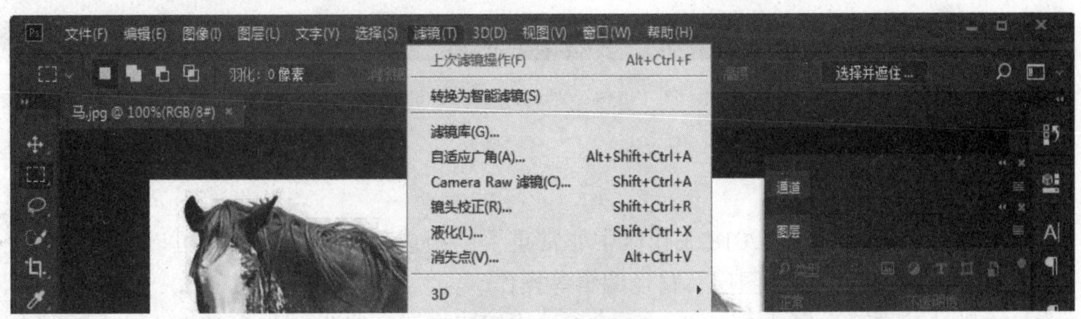

图 1.4.3　下拉菜单

1.4.2　工具箱

Photoshop CC 2018 的工具箱中包含了用于创建和编辑图像、页面元素等对象的过程中频繁使用的工具和按钮，单击工具箱的按钮顶部，可以将工具箱切换为双排显示。

要使用某工具，直接单击工具箱中的工具图标，将其激活。通过工具图标，可以快速识别工具类型，如套索工具是绳索的形状。工具箱中的许多工具并没有直接显示出来，而是以成组的形式隐藏在工具按钮右下角的小三角下，如套索工具，按下此类按钮并保持1秒左右，或右击工具按钮，即可显示该组所有工具。此外，使用快捷键可以更快速地选择所需工具，如按快捷键L，选择套索工具；按下快捷键Shift+L，在这组工具之间切换。工具箱如图1.4.4所示。

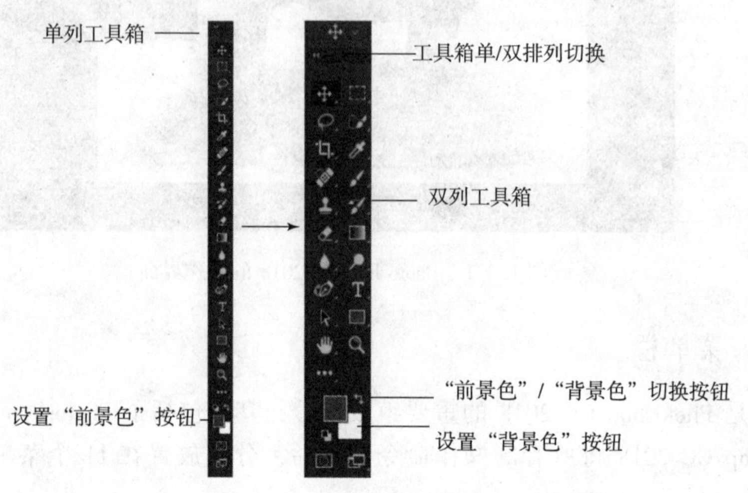

图1.4.4　工具箱

动态演示型工具提示：以往版本中，当把鼠标悬停在左侧工具栏的工具上时，只会显示该工具的名称，而现在则会出现动态演示，来告诉软件使用者这个工具的用法。

1.4.3　工具属性栏

当在工具箱中选择了一个工具后，工具属性栏就会显示该工具相应的属性，以便对所选工具的参数进行设置。工具属性栏的内容随着选取工具的不同而改变。如图1.4.5所示。

图1.4.5　"移动工具"属性栏

1.4.4　面板

面板是Photoshop CC 2018工作区中非常重要的组成部分，通过面板可以完成图像处理时工具参数的设置，以及图层、路径编辑等操作。

在默认状态下，启动Photoshop CC 2018应用程序后，常用面板会放置在工作区的右侧面板组中。一些不常用面板，可以通过选择"窗口"菜单中的相应命令使其显示在操作窗口内，如图1.4.6所示。

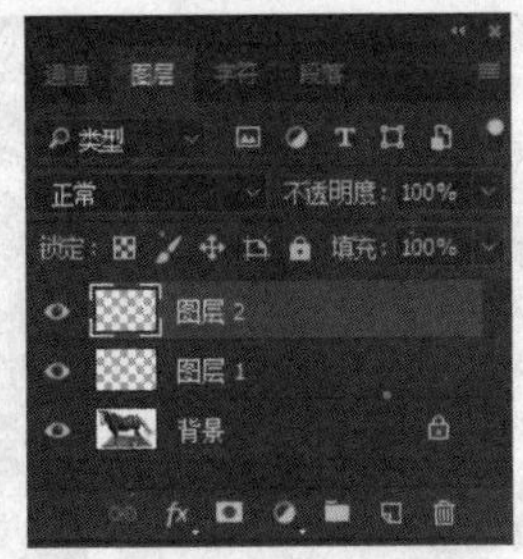

图 1.4.6　图层面板

通过选择“窗口”菜单中相应的面板名称，即可打开所需的面板，如图 1.4.7 所示。如果面板名称前面有“√”，则说明该面板已经打开。

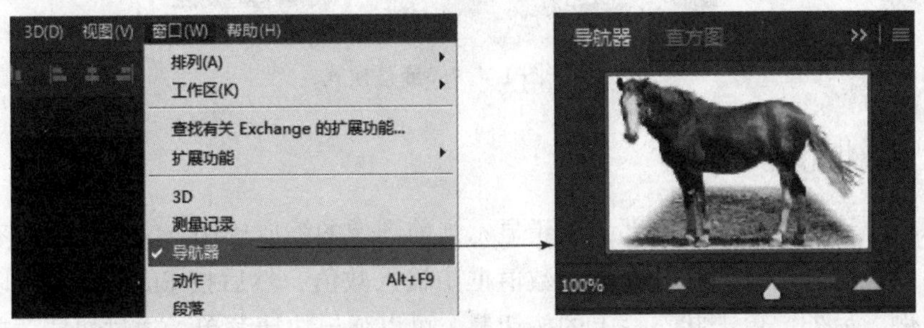

图 1.4.7　面板的打开

要关闭面板，直接单击面板组右上角按钮即可，用户也可以通过面板菜单中的“关闭”命令关闭面板，或选择“关闭选项卡组”命令关闭面板组，如图 1.4.8 所示。

图 1.4.8　面板的关闭

在默认设置下，每个面板组中都包含 2 ~ 3 个不同的面板。如需要将两个面板分离，只要在面板名称标签上按住鼠标左键并拖动，将其拖出面板组后，释放鼠标左键即可；若要合并面板，只要按住鼠标左键并拖动面板名称标签到要合并的面板上，释放鼠标左键即可。

1.4.5　屏幕模式

在 Photoshop CC 2018 中提供了标准屏幕模式、带有菜单栏的全屏模式和全屏模式 3 种屏幕模式。可以选择“视图”→“屏幕模式”命令，或单击应用程序栏上的“屏幕模式”按钮图标，从下拉菜单中选择所需要的模式即可，如图 1.4.9 所示。

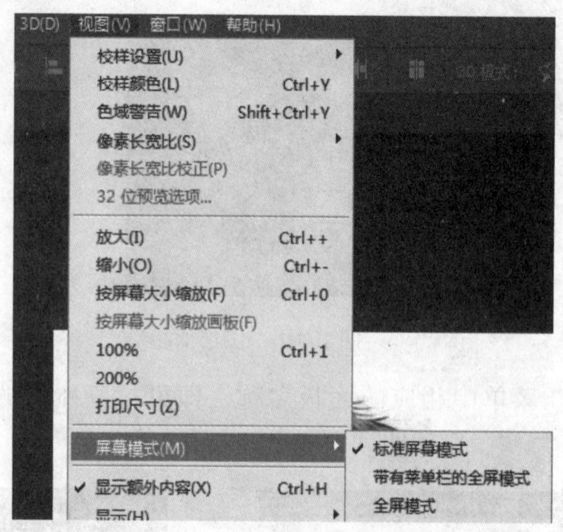

图 1.4.9　屏幕模式

1.4.6　状态栏

状态栏位于文档窗口的底部，用于显示当前图像的缩放比例、文件大小及有关使用当前工具的简要说明等信息。在最左端的数值框中输入数值，然后按 Enter 键，可以改变图像窗口显示比例。另外，单击状态栏上的按钮 ，可以弹出快捷菜单，通过快捷菜单中的命令决定状态栏中显示的内容，如图 1.4.10 所示。

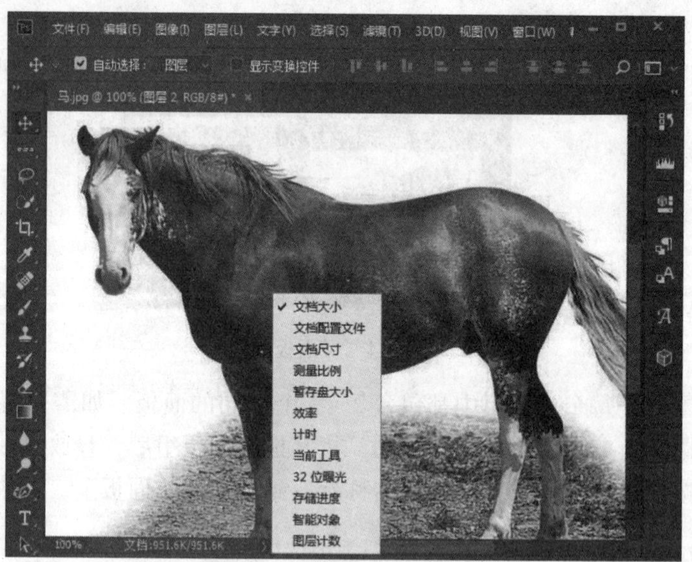

图 1.4.10　状态栏中显示的内容

1.4.7　首选项设置

设置 Photoshop CC 2018 的首选项，可以有效地提高 Photoshop 的运行效率，使其更加符合用户的操作习惯，下面介绍几个常用的设置。

选择“编辑”→“首选项”命令，或者直接按快捷键 Ctrl + K，在子菜单中选择所需的

首选项组，如图 1.4.11 所示。

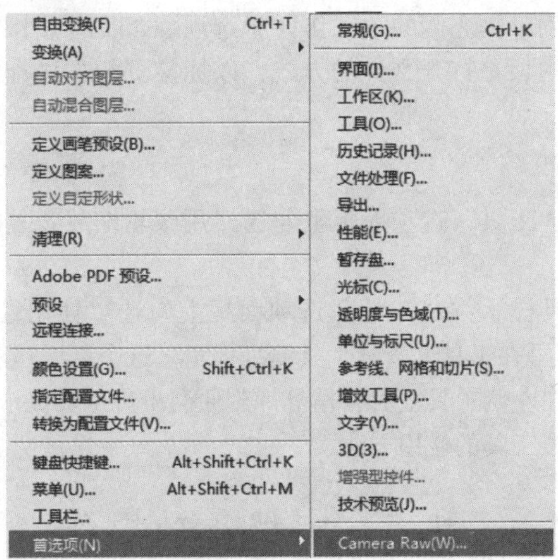

图 1.4.11 “首选项”命令子菜单

下面说明常用的设置。

1. “常规”设置

从 Photoshop CC 2017 开始，启动时会出现“开始工作区”界面。如果觉得此界面妨碍工作，取消“没有打开的文档时显示‘开始’工作区”复选框，如图 1.4.12 所示。再次启动 Photoshop 时，该“开始工作区”则隐藏。

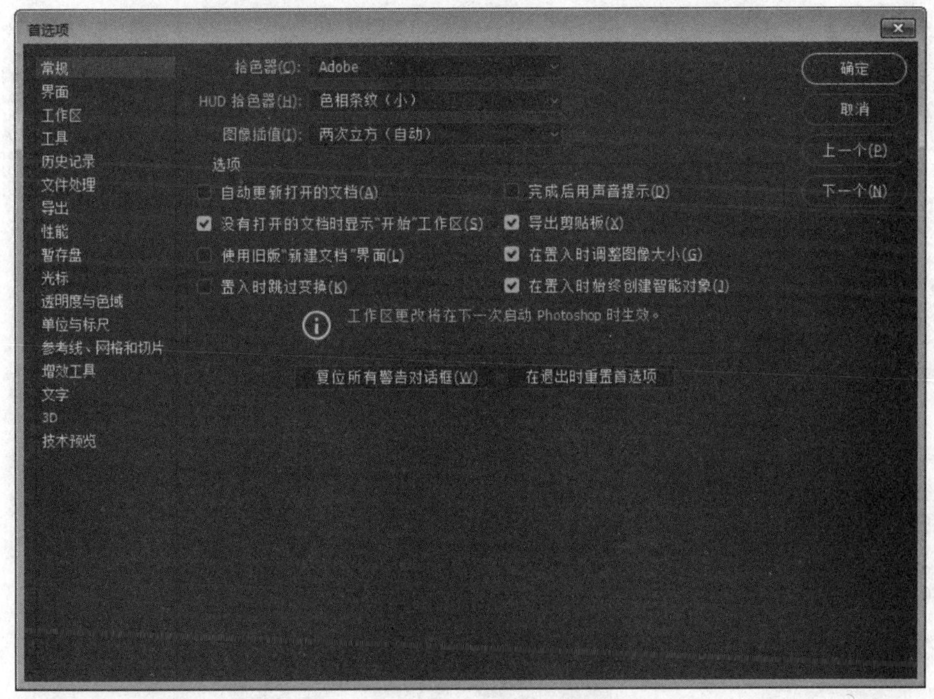

图 1.4.12 “常规”选项

2. “工作区”设置

选择“首选项”对话框左侧的“工作区”选项。“以选项卡方式打开文档”和“启用浮动文档窗口停放”两项是打开文件的方式，以标签页的方法排列，或以独立自由的形式浮动在窗口中。

3. “工具”设置

①缩放工具：在“工具”选项面板上勾选“用滚轮缩放”复选框，可以通过滑动滚轮来放大/缩小图形。

②使用宣媒体工具提示：在“工具”选项面板上勾选“使用宣媒体工具提示”复选框，再次启动 Photoshop 即可在工具上查看工具演练提示。这个新增功能大大方便了 Photoshop 的自学者。当将鼠标放在左侧工具上时，稍等片刻便会出现工具提示演练窗口，根据窗口的操作方法可以快速掌握该工具的使用方法。

1.5 文档基础操作

1.5.1 新建文档

①选择“文件”→“新建”命令或者按快捷键 Ctrl + N。

②在打开的“新建文档”对话框（图 1.5.1）中，设置文件的名称、文档类型、图像宽度、图像高度、分辨率、颜色模式、背景内容、颜色配置文件、像素长宽比等选项。单击界面右上方的“保存预设”图标，保存设置。

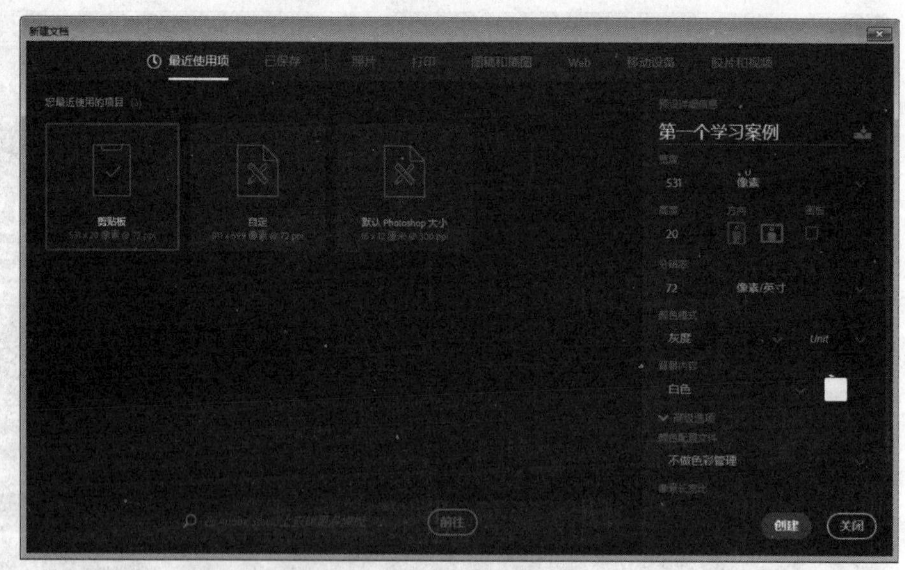

图 1.5.1 “新建文档”对话框

③完成设置后，单击“创建”按钮，这样就新建了一个空白图像文件。

1.5.2　打开文档

在处理图像文件时，经常需要打开保存的素材图像进行编辑。在 Photoshop CC 2018 中打开和导入不同格式的图像文件非常简单，具体操作步骤如下。

①选择“文件”→“打开”命令或者按快捷键 Ctrl + O，也可以在工作区窗口中（注意：不是文件窗口）双击鼠标。

②在打开的“打开”对话框中，选择需要的素材，如图 1.5.2 所示。

图 1.5.2　“打开”对话框

③单击“打开”按钮，即可将所选图片在 Photoshop 中打开。

拓展： 将图像从一个文件拖拽到另一个文件时，如果按住 Shift 键，拖入的图像将自动位于目标图像窗口的中央。

1.5.3　排列文档

在使用 Photoshop CC 2018 时，有时打开了许多素材图片，为了操作方便，要对这些图像窗口进行排列。这时，可以单击图像窗口的标题栏并按下鼠标左键，将图像窗口拖动到合适位置后释放左键即可。另外，使用 Photoshop 的“排列”命令可对图像窗口进行有序的排列。排列主要有以下几种方式。

（1）层叠

选择“窗口”→“排列”→“使所有内容在窗口中浮动”命令，可以得到多个图像文件相叠的效果；或在“编辑”→“首选项”→“工作区”设置中去掉“以选项卡方式打开文档”前面的钩，就和之前版本的 Photoshop 一样，选择“层叠”实现。如图 1.5.3 所示。

（2）平铺

选择“窗口”→“排列”→“平铺”命令，可以得到多个图像平铺的效果，如图 1.5.4 所示。

图 1.5.3　层叠效果

图 1.5.4　平铺效果

1.5.4　恢复图像文件

恢复图像文件是将当前图像恢复到其最后一次存储时的状态。当然，文件的恢复是有一定的前提条件的：恢复的文件只能将当前图像恢复至最后一次存储时的状态，并且恢复的文件至少需要被保存过一次。

具体的操作方式为：选择“文件”→“恢复”或按快捷键 F12，执行本操作后，图像将变成文件最后一次保存的状态。

1.5.5　置入文档

利用 Photoshop CC 2018 的置入功能可以实现与其他类型图像文件的交互。选择“文件”→“置入嵌入对象”和“置入链接的智能对象”两个命令，嵌入对象如同在 QQ 上传本地图片到服务器，占用服务器内存，如果嵌入进去的图在其他电脑上打开，仍然可以正常显示；链接对象，如同在 QQ 上传图片链接地址，调用链接显示图片，不保存到服务器，如果图片不在，链接失效，图片就显示不出来了，同理，链接进去的图在这台电脑上，其他电脑上没有这个文件，就无法正常显示。

在打开的“置入嵌入对象”对话框中，用户可以选择 AI、EPS、PDF、PDP 文件格式的图像文件。然后单击“置入”按钮确定，即可将选择的图像文件作为智能对象导入至 Photoshop CC 2018 的当前图像窗口中。在文件窗口中双击，取消智能对象的叉形标记，如图 1.5.5 所示。

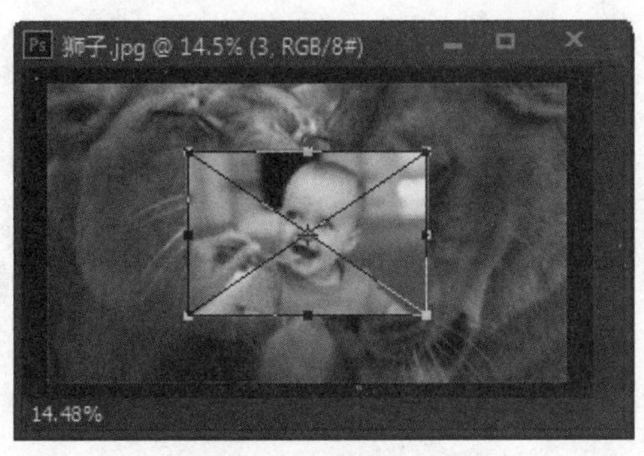

图 1.5.5　图像的置入

1.5.6　存储文档

当完成了自己的作品后，需要将图像文件进行保存，具体操作步骤如下。

①选择“文件”→“存储”命令或者按下快捷键 Ctrl + S。

②如果是第一次保存图像文件，将打开“另存为”对话框，设置保存后的文件名、文件格式等，如图 1.5.6 所示。在此对话框中，还可以选择保存文件的格式及存储图像时保留和放弃的选项，设置好后单击“保存”按钮即可。如果是对已保存过的文件编辑后再存储，则按快捷键 Ctrl + S 直接保存，不会出现“另存为”对话框。如果希望对已保存过的文件换名称或换格式保存，则可以选择“文件”→“存储为”命令或者按快捷键 Shift + Ctrl + S，将文件另存为一个新的文件名，则原文件仍然存在并且没有被覆盖。

③单击“保存”按钮即可将文件保存。

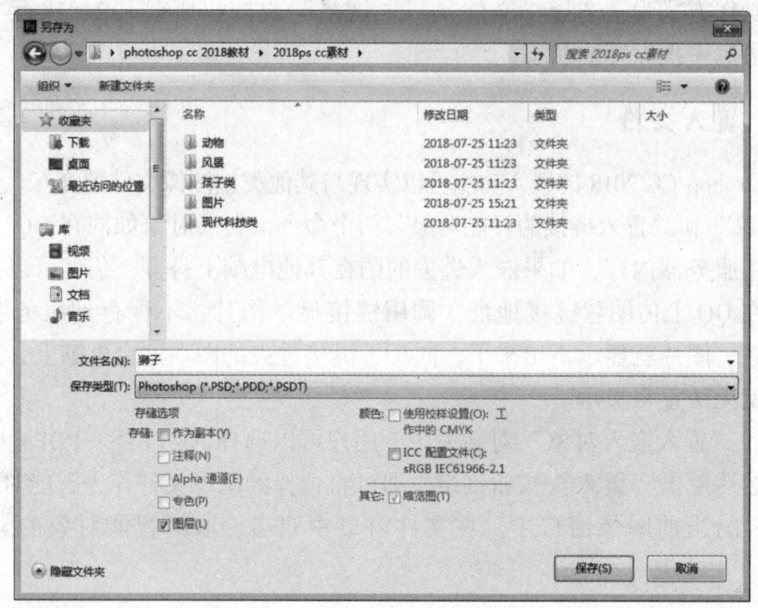

图 1.5.6 “另存为”对话框

1.5.7 关闭文档

同时打开多个图像文件会占用系统资源，必要时将其关闭。选择“文件”→“关闭”命令，或单击“图像窗口”标题栏中最右边的“关闭”按钮 ✕，或按快捷键 Ctrl + W、Ctrl + F4 都将关闭图像文件；单击“文件”→“关闭全部”或按快捷键 Alt + Ctrl + W，将关闭打开的全部图像文件。

1.6 图像编辑辅助工具

辅助工具的主要作用是辅助图像编辑处理操作。利用辅助工具可以提高操作的精确程度，提高工作效率。在 Photoshop CC 2018 中，可以利用标尺、参考线和网格等工具来完成辅助操作。

1.6.1 标尺

标尺主要用于帮助用户对操作对象进行测量，此外，在标尺上拖动可以快速建立参考线。

显示标尺：执行“视图”→“标尺”命令或按快捷键 Ctrl + R，可以在图像窗口的顶部和左侧分别显示水平标尺和垂直标尺。

更改标尺单位：移动光标至标尺上右击，从弹出的快捷菜单中选择所需的单位，如图 1.6.1 所示。

调整标尺位置：系统默认标尺原点（0，0）为图像左上角，如需移动原点位置，移动光标至标尺左上角方格内，向画布方向拖动即可。如想让标尺原点回到系统默认位置，双击

界面左上角标尺交界处即可。拖动时按住 Shift 键，可以使标尺原点与标尺刻度“0”对齐。为了得到准确的读数，请按 100% 的显示比例显示图像。

标尺可以帮助用户准确地定位图像或元素的位置。执行此命令时，可以在图像窗口的顶部和左侧分别显示水平标尺和垂直标尺，如图 1.6.1 所示。

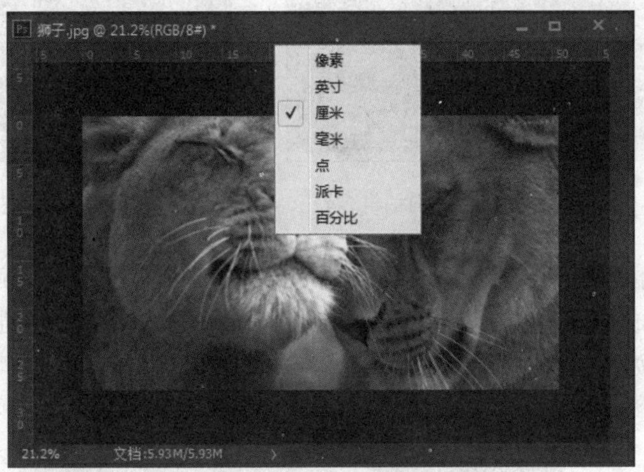

图 1.6.1　标尺的显示及设置

1.6.2　参考线、网格

参考线和网格的作用都是精确地定位图像或元素。参考线显示为浮动在图像上方的一些不会打印出来的线条，可以移动和移去参考线，还可以锁定参考线，从而不会将其意外移动。

智能参考线可以帮助对齐形状、切片和选区。当绘制形状或创建选区、切片时，智能参考线会自动出现。如果有需要，可以隐藏智能参考线。

网格对于排列对称像素很有用，在默认情况下显示为不打印出来的线条，但也可以显示为点。

1. 显示或隐藏网格、参考线或智能参考线

执行下列操作之一：

• 选择“视图”→“显示”→“网格”（快捷键 Ctrl + ’）。

• 选择“视图”→“显示”→“参考线”（快捷键 Ctrl + ;）。

• 选择“视图”→“显示”→“智能参考线”。

• 选择“视图”→“显示”→“显示额外选项”。此命令还将显示或隐藏选区边缘、图层边缘、目标路径和切片等。如图 1.6.2 所示。

2. 创建参考线

①如果看不到标尺，选择“视图”→“标尺”。

②可以执行以下操作之一来创建参考线。

方法一：选择“视图”→“新建参考线”命令，在打开的“新建参考线”对话框中设置参考线的取向和位置后，单击“确定”按钮即可添加一条新的参考线，如图 1.6.3 所示。

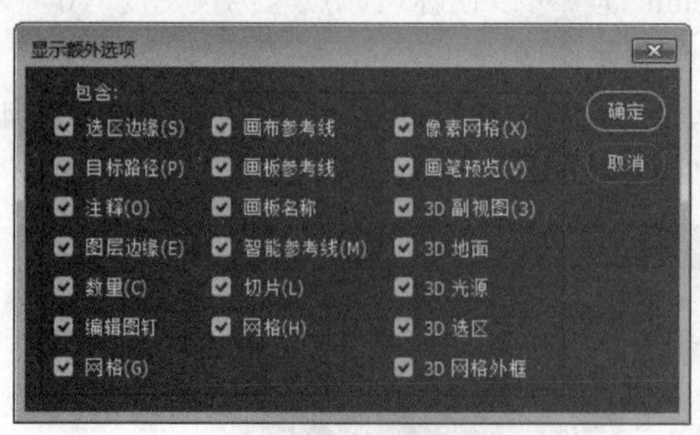

图 1.6.2 “显示额外选项” 对话框

图 1.6.3 “新建参考线” 对话框

方法二：在标尺打开的情况下，可将鼠标指针置于窗口顶端或左侧的标尺上，按住鼠标左键，当指针变成↕形状或↔形状时，拖动到合适的位置后释放左键，该参考线即可显示在图像窗口中，如图 1.6.4 所示。

图 1.6.4 显示参考线

方法三：选择 “视图” → “智能参考线” 命令，在一个图层中拖动的图形与另一个图层中的图形接近对齐状态时，它就会自动吸附成对齐状态，并显示智能参考线。智能参考线是系统自动完成图层的图形精确对正、对齐的方法，如图 1.6.5 所示。

图 1.6.5 智能参考线对齐图像到画布中心

3. 移动、删除、锁定参考线

将指针放置在参考线上（指针会变为双箭头），拖拽参考线以移动它。

删除某条参考线时，只需将该参考线拖到图像窗口区域外即可。若想删除所有参考线，可通过选择“视图”→“清除参考线”命令来完成。

若将参考线在图像窗口中定位好之后，担心在编辑图像时会误操作参考线，可选择“视图”→“锁定参考线”命令将其锁定。若想对参考线进行移动，则需要再次选择“视图”→“锁定参考线”命令将其解锁。

4. 设置参考线、网格和切片

选择“编辑”→“首选项”→“参考线、网格和切片”命令，出现如图 1.6.6 所示的界面。

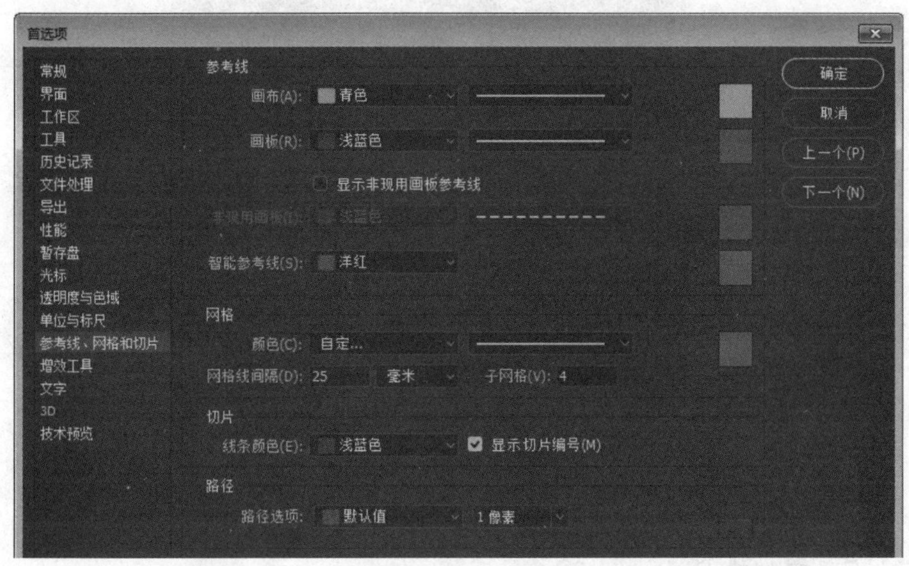

图 1.6.6　参考线、网格和切片选项

设置参考线和网格首选项如下。

“颜色”：为参考线或网格选择一种颜色。

“样式”：为参考线或网格选取一种显示样式。

“网格线间隔”：输入网格线间距的数值。为“子网格”输入一个值，将依据该数值来细分网格。

1.7　调整画布尺寸

图像文件的大小、画布尺寸和分辨率是一组互相关联的图像属性，在图像编辑过程中，经常需要设置。

注：在“图像大小”对话框中改变文档的大小，改变后的图像和原图像内容相同，但大小不同；而运用裁剪工具 调整，则裁剪后的图像和原图像不相同。

1.7.1 使用“画布大小”命令编辑画布尺寸

画布是指整个文档的工作区域，在处理图像时，可以根据需要调整画布的大小，选择“图像”→“画布大小”，在出现的如图1.7.1所示的对话框中进行修改。

当增加画布大小时，在图像周围需要填充颜色，增加区域的颜色可由“画布大小”对话框中的“画布扩展颜色”设置实现，可以选择前景色、背景色，或者其他颜色；当减小画布大小时，则裁剪图像（裁剪的图像通过设置“画布大小”对话框中“定位”的9个小方框的位置实现，如选择正中间的方框，则从图像四周向中心方向裁剪）。如图1.7.1所示。

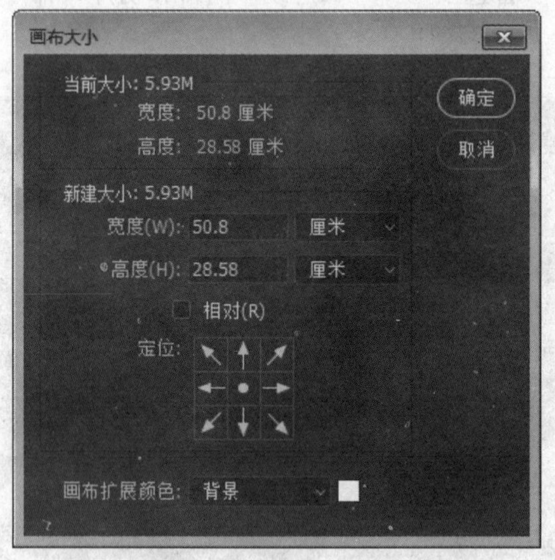

图1.7.1 “画布大小”对话框

1.7.2 图像旋转

选择“图像”→“图像旋转”，如图1.7.2所示，根据需要选择旋转画布的情况，比如顺时针90度、逆时针90度、水平翻转画布、垂直翻转画布、任意角度等。

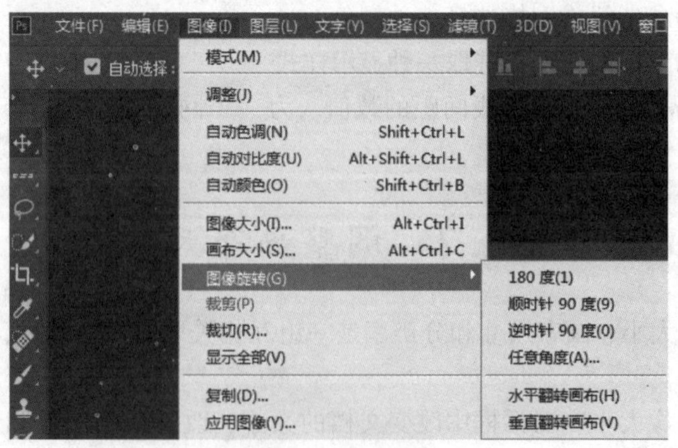

图1.7.2 图像旋转

1.7.3　使用裁剪工具编辑画布

在工具箱中选择“裁剪工具”（图 1.7.3），按住鼠标左键创建裁剪区域，放开鼠标后，出现一个九宫格虚线控制框（就是裁剪的范围），如图 1.7.4 所示。工具栏中选择按照比例裁剪，或者按照分辨率裁剪。按照分辨率裁剪比较自由，可以自主控制长宽，按照比例裁剪的长宽比例是固定的。可以设置裁剪工具样式，有三等分、网格、黄金比例等。按住 Shift 键是等比裁剪，按住 Alt 键是向中心点靠近裁剪，按住快捷键 Shift + Alt 是向中心点靠近等比裁剪。拉直工具可以校正斜的图像，用拉直工具可绘制图片的基准线，如图 1.7.5 所示。拉直与水平线夹角小于与垂直线夹角，水平线方向就变成拉直工具的方向，如图 1.7.6 所示；反之亦然。

图 1.7.3　裁剪工具

图 1.7.4　裁剪范围

图 1.7.5　用拉直工具绘制图片的基准线

图 1.7.6　拉直后的效果

1.8 调整图像大小和显示比例

1.8.1 调整图像大小

图像大小和分辨率有着密切的关系。同样大小的图像文件，分辨率越高，图像越清晰。如果要修改现有图像文件的像素、分辨率和打印尺寸，则可以选择“图像”→“图像大小”命令，打开“图像大小”对话框，在宽度或高度中输入数值，由于目前宽度和高度具有链接关系，输入一个数值，另一个自动改变。单击 ，断开链接后，可以任意修改宽度或高度值，如图 1.8.1 所示。

图 1.8.1　修改图像大小

1.8.2 调整图像显示比例

在图像编辑过程中，经常需要对编辑的图像进行放大或缩小显示比例，或移动图像、调整编辑区域，以满足操作的需要。

使用工具箱中的“缩放工具” 、“视图”菜单中的缩放命令，以及“导航器”面板和滚轮进行缩放，可以调整画面的显示比例。

缩放工具 ：单击工具箱中的“缩放工具”按钮 ，将鼠标移到图像窗口中，当鼠标指针变成 形状时，单击可将图像放大；按住 Alt 键，当鼠标指针变成 形状时，单击可将图像缩小。如图 1.8.2 所示。

图 1.8.2　缩放工具

“视图”菜单中的缩放命令：选择“视图”→“放大”命令或者按快捷键 Ctrl + + 可以将图像放大；选择“视图”→“缩小”命令或者按快捷键 Ctrl + − 可以将图像缩小。如图 1.8.3 所示。

“导航器”面板：在“导航器”面板中的显示比例数值框中输入需要放大（大于100）/缩小（小于100）的数值，并按 Enter 键或者拖动下方的滑块，即可让图像放大/缩小显示，如图 1.8.4 所示。

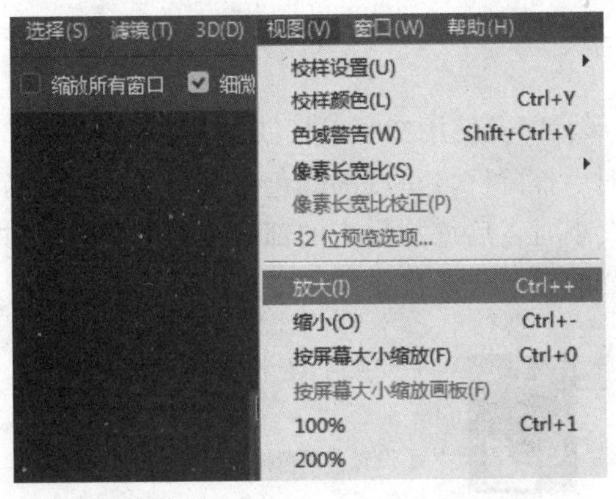

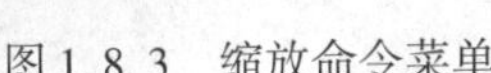

图 1.8.3 缩放命令菜单　　图 1.8.4 “导航器”面板

状态栏的缩放比例：在状态栏最左端的数值框中输入数值，按 Enter 键也可实现缩放，如图 1.8.5 所示。

图 1.8.5 状态栏

拓展：在 Photoshop CC 2018 中，放大比例的最大值为原文件的 3 200%，缩小比例的最小值为原文件的 0.1%。

1.8.3 移动显示区域

当图像超出图像窗口所能显示的范围时，图像窗口会显示垂直和水平滚动条，拖动滚动条可以移动图像的显示区域，但用滚动条移动不是很方便，可以用“抓手工具” 来随意移动图像。使用时按住空格键，就会出现抓手，然后按住鼠标左键拖动就可以移动图像。单击鼠标右键，选择“按屏幕大小缩放”等菜单选项，可以快速复原图像。

图 1.8.6 “导航器”面板

“导航器”面板中的红色矩形框，如图 1.8.6 所示，框内区域为当前图像窗口中显示的图像，框外区域为当前图像窗口中隐藏的图像。在红色矩形框内拖动，可移动图像显示区域。

1.9 选择颜色并填充

在 Photoshop CC 2018 中，前景色和背景色显示于工具箱中，如果需要重新设置前景色和背景色，则可以通过“拾色器”对话框、“颜色”面板、“色板”面板或“吸管工具”来设置。

1.9.1 前景色和背景色

前景色决定了使用绘画工具绘制图形，以及使用文字工具创建文字时的颜色；背景色决定了使用“橡皮擦工具”擦除图像时，擦除区域呈现的颜色（非背景图层擦除后的区域为透明的），以及增加背景图层的画布大小时，后增加出来的部分画布的颜色（非背景图层新增区域画布为透明的）。工具箱中设置前景色或者背景色的按钮如图 1.9.1 所示。

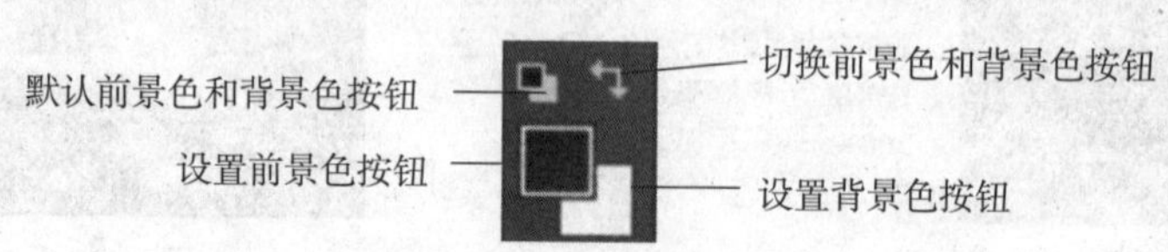

图 1.9.1　颜色工具

1.9.2 颜色设置

1. 使用“颜色”面板设置颜色

“颜色”面板显示了前景色和背景色的颜色值。使用“颜色”面板中的滑块编辑前景色和背景色，如图 1.9.2 所示；也可以从显示在面板底部的四色曲线图的色谱中选取前景色或背景色。

2. 使用“色板”面板设置颜色

使用“色板”面板设置颜色的具体操作步骤如下：

①在 Photoshop CC 2018 窗口右侧的面板组中打开“色板”面板，如图 1.9.3 所示。

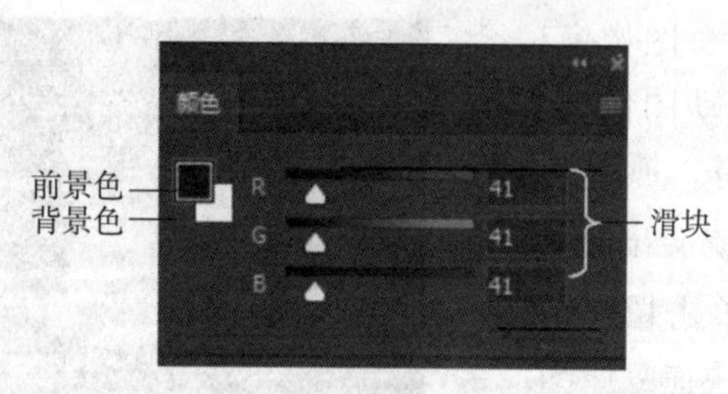

图 1.9.2　“颜色”面板

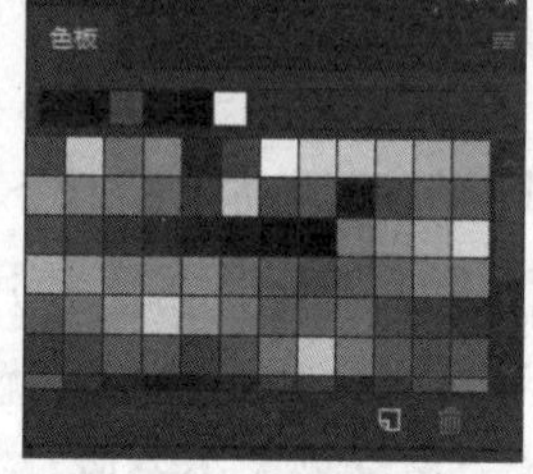

图 1.9.3　“色板”面板

②将鼠标指针移至“色板”面板的颜色块（又称色板）区域时，鼠标指针变成形状，单击所需颜色块即可设置前景色，或按 Ctrl 键，单击颜色来设置背景色。

3. “拾色器”对话框

利用“拾色器”设置颜色的具体操作步骤如下：

①单击工具箱中的前景色或背景色按钮。

②弹出前景色或背景色的“拾色器”对话框，如图 1.9.4 所示。

③选取颜色。首先调节颜色滑杆上的滑块至某种颜色，左侧主颜色框将会显示与该颜色相近的颜色；然后将鼠标指针移至主颜色框中，在需要的颜色位置上单击，会在右侧“新的”颜色预览框中预览到新选取的颜色，可以和下面的“当前”颜色预览框中的颜色进行

对比；选取完毕后，单击“确定”按钮保存设置。

图 1.9.4　“拾色器”对话框

小技巧：

在“拾色器”对话框中，若要精确设置颜色，可直接在对话框右侧的“颜色值设置区”中输入某一颜色模式的值，或在底部的颜色数值框中输入颜色数值（十六进制表示）来实现。

前景色用于显示当前绘图工具的颜色，背景色用于显示图像的底色。在 Photoshop CC 2018 中，当前的前景色和背景色显示于工具箱中，如果需要重新设置前景色和背景色，可以通过“拾色器”对话框、“颜色”面板、“色板”面板和“吸管工具”等对图片进行前景色和背景色的设置。

4. 吸管工具

Photoshop CC 版已经把吸管工具隐藏了，如果习惯用吸管工具（快捷键 I），需要单击工具箱下方放大镜下面的编辑工具 ，选择其中的吸管工具，或选择“编辑”→“工具栏”，打开自定义工具栏面板，把吸管工具拖动到左侧保存即可。“吸管工具” 可吸取图像中的任意一种颜色，使其成为当前图像的前景色或者背景色。

吸取前景色时，用“吸管工具” 在图像中的某个位置上单击，即可将该位置上的颜色设置为前景色。

吸取背景色时，按住 Alt 键的同时，需用“吸管工具” 在图像中的某个位置上单击。此外，若在按住 Alt 键的同时，按下鼠标左键在图像上的任意位置拖动，工具箱中的背景色选区框会随着鼠标划过的图像颜色动态地变化；释放鼠标左键后，即可拾取新的背景色。

“吸管工具”按钮 ，在其工具属性栏的“取样大小”下拉列表中选择取样大小，吸取颜色为单击点（取样大小）选区的颜色平均色。如图 1.9.5 所示。

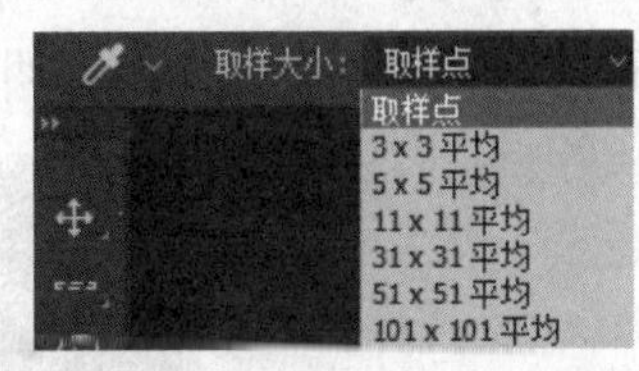

图 1.9.5　取样方式

1.9.3 颜色填充

对图片进行操作时，常常会需要用Photoshop填充颜色，下面介绍如何填充颜色。

①快捷键，填充前景色的快捷键为Alt + Delete，填充背景色的快捷键为Ctrl + Delete。

②“填充”菜单，选择“编辑”→“填充”，在弹出的对话框中可以选择前景色、背景色、颜色等。如图1.9.6所示。

③选择工具面板的“油漆桶” 工具，选择所需的颜色。在要填充的区域单击一下即可填充前景色。

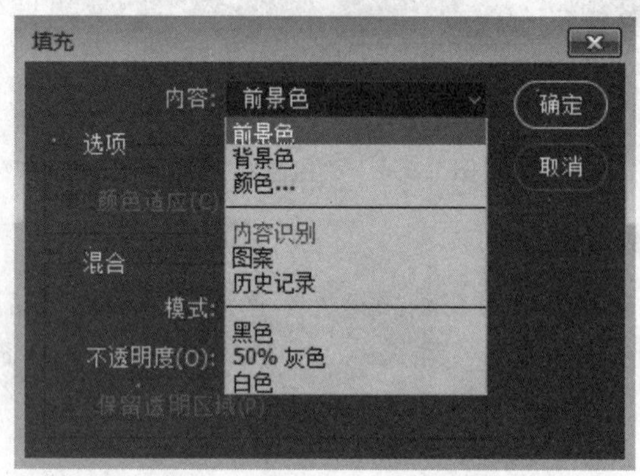

图1.9.6 填充

1.10 纠正操作

在对图像进行编辑处理的过程中，难免会执行一些错误操作，如果某一步操作不当，可以通过快捷键、菜单命令或者“历史记录”面板进行还原和重做操作。

1.10.1 使用命令纠错

若想撤销单步或多步操作，从而使图像回到之前的编辑状态，可利用“编辑”菜单或菜单后标明的快捷键来完成。

方法一：选择“编辑”→“后退一步”命令或按快捷键Alt + Ctrl + Z，可取消前一步的操作，执行该菜单或命令多次，可以向前取消多次操作。如图1.10.1所示。

方法二：还原后还可以通过选择“编辑”→“前进一步”命令或按快捷键Shift + Ctrl + Z，可以恢复一步操作，执行该菜单或命令多次，可以向后恢复多次操作。快捷键Ctrl + Z只能取消或恢复一次操作。如图1.10.1所示。

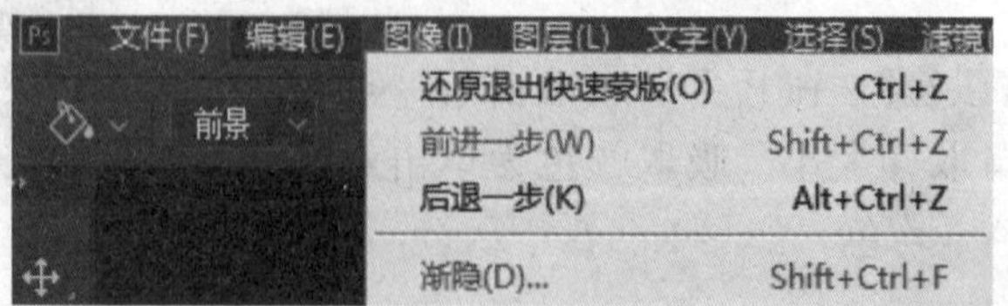

图1.10.1 “后退一步”和“前进一步”命令

1.10.2　使用“历史记录”面板纠错

在图像处理的过程中，通过命令 Ctrl + Z 撤销对图像的操作仅限于一步操作或固定的某个状态。如果要精确地恢复到指定的某一步操作，则使用“历史记录”面板来实现更为方便。

选择“窗口”→“历史记录”命令，打开“历史记录”面板。当用户打开一个文件并对该文件进行编辑后，“历史记录”面板会自动将用户的每步操作记录下来，如图 1.10.2 所示。

“历史记录”面板下方各按钮的含义如下。

①“从当前状态创建新文档”按钮。单击该按钮，可以就当前操作的图像状态创建一幅新的图像文件（原图像的副本）。

②“创建新快照”按钮。单击该按钮，可以创建一个新快照。

③“删除当前状态”按钮。选取任意一步的历史记录，再单击该按钮，在打开的提示对话框中单击“是”按钮，可以删除该历史记录。

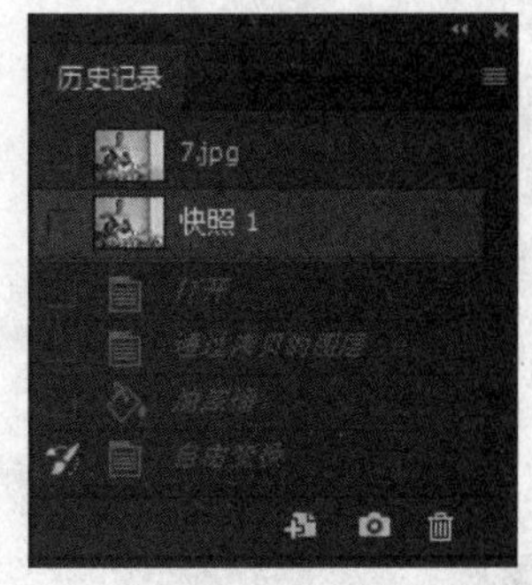

图 1.10.2　“历史记录”面板

> **拓展：**“快照”是 Photoshop 的一种功能，利用“快照”命令，可以创建图像的任何状态的临时拷贝（快照）。新快照添加到历史记录面板顶部的快照列表中，选择一个快照，下面的操作就可以从图像的这个拷贝开始。

1.11　工作场景实施

1.11.1　场景一：汽车动感画面制作

要求：利用“动感模糊”制造跑车在大街上飞驰效果，街景是模糊的，用历史记录画笔还原小车的清晰。

①打开 Photoshop 软件，将两张图片素材分别作为背景图和前景图。我们现在要实现的目标是：做出跑车在大街上飞驰而去的特写，汽车作为前景要清晰，街景作为背景，要做出运动效果。

②在软件中分别打开素材“街景”“汽车”，使用移动工具将汽车素材拖入街景素材中，如图 1.11.1 所示。按快捷键 Ctrl + T 对汽车进行自由变换，自由变换时，按住 Shift 键锁定汽车素材的宽高比例进行操作。选择“编辑”→“变换”→“水平翻转”命令，对汽车进行水平翻转。

③在图层面板上选择图层 1，单击鼠标右键，在打开的快捷菜单上执行“合并图层”命令。选择背景图层，选择“滤镜”→“模糊”→“动感模糊”命令，在调整动感模糊参数时，可以一边调整参数一边观察画面的变化，调整到满意为止。如图 1.11.2 所示。

④打开“历史记录”面板，选择“向下合并”的步骤记录位置，如图1.11.3所示。在“历史记录”面板上，单击“动感模糊”前面的“设置历史记录画笔的源”按钮。

图 1.11.1　打开素材

图 1.11.2　进行动感模糊

⑤单击工具栏上的历史记录画笔，在车子外面涂抹。最终的效果如图1.11.4所示。车身清晰，和模糊前状态一样。这是因为，在“历史记录”面板中，记录了图层最开始的

清晰的状态，历史记录画笔在哪个区域涂抹，哪个区域就会恢复到动感模糊前的状态。

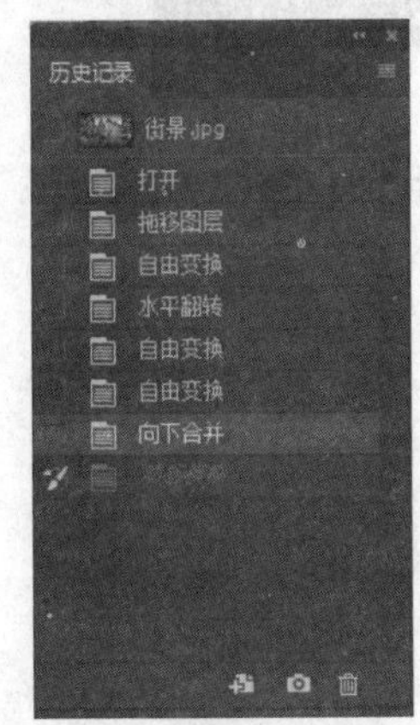

图 1. 11. 3　选择历史记录位置

图 1. 11. 4　最终效果

1. 11. 2　场景二：制作网页切片图片

要求：利用辅助线和切片工具等完成网页的切片。

①使用 Photoshop 软件打开要切割的图片，按快捷键 Ctrl + R 打开标尺，利用参考线规划出要切割的区域，如图 1. 11. 5 所示。

②开始建立切片。在工具栏中选择切片工具，如图 1. 11. 6 所示。在任务栏中选择基于参考线的切片模式，如图 1. 11. 7 所示。

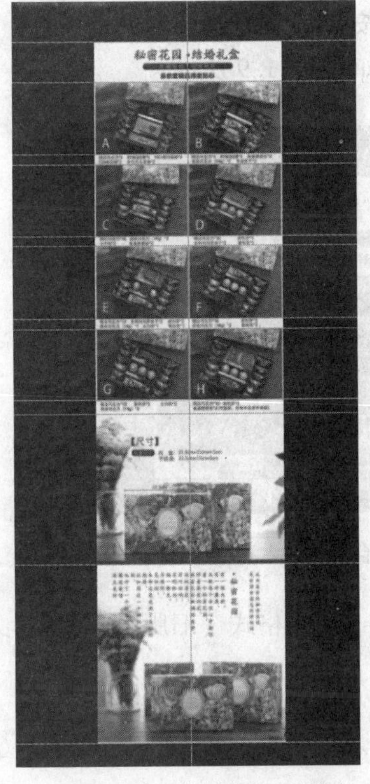

图 1. 11. 5　布置参考线

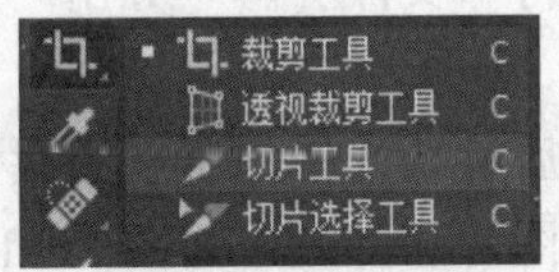

图 1. 11. 6　选择切片工具

图 1.11.7　选择切片模式

③执行“视图”→“清除参考线”命令，如图 1.11.8 所示。

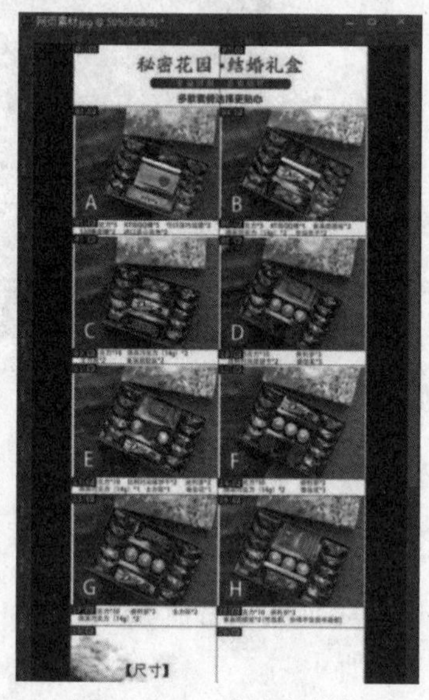

图 1.11.8　清除参考线

④图 1.11.9 所示的切片序列号为 01、02 的图片是不需要被切开的，此时需要对切片进行优化处理。单击工具栏中的切片选择工具，按 Shift 键选择要合并的图片，右击鼠标，选择“组合切片”命令，对切片进行调整。效果如图 1.11.9 所示。

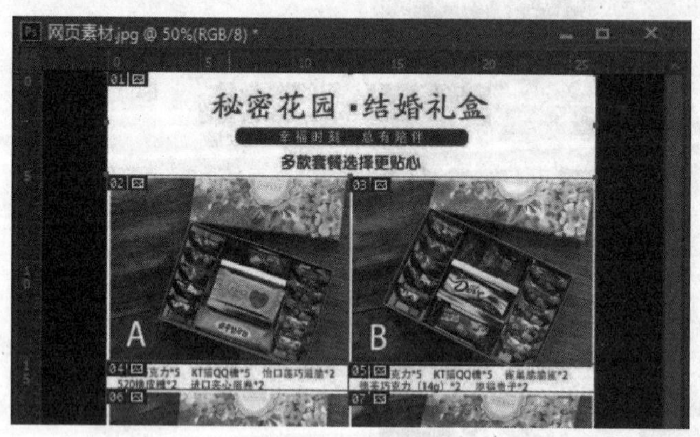

图 1.11.9　合并切片

⑤执行“文件”→“导出”→“存储为 Web 所用格式（旧版）”对切片文件进行设置，如图 1.11.10 所示。

⑥最后将切片中的所有图片保存到一个文件夹中。

网页图片切片效果如图 1.11.11 所示。

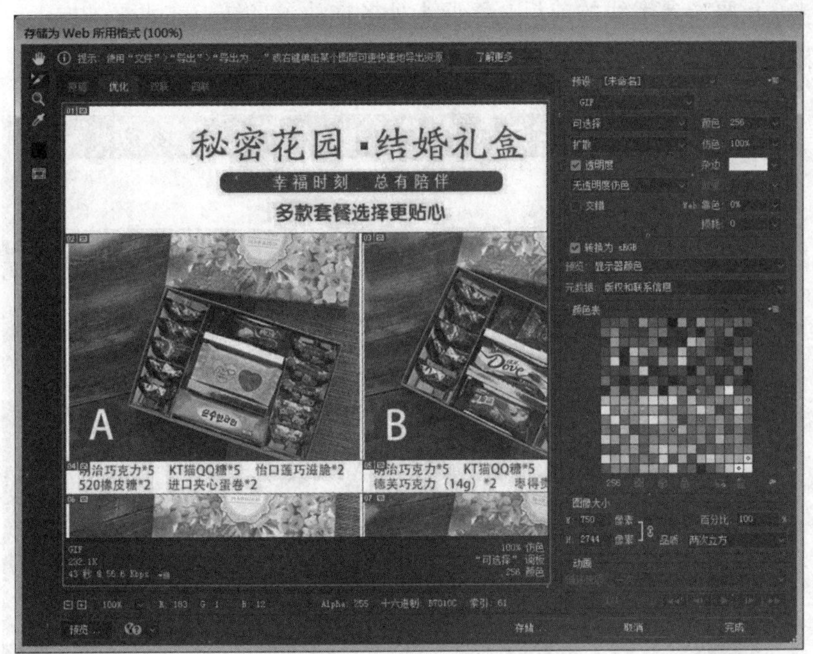

图 1.11.10　设置存储文件选项

图 1.11.11　网页图片切片效果

1.11.3　场景三：文字排版

要求：利用参考线与文字工具实现文字分栏排版效果。

①新建一个文件，在弹出的“新建”对话框中，设置“宽度”为 12 厘米，“高度”为 9 厘米，“分辨率”为 300 像素/英寸。设置完成后，单击“创建”按钮进行确认。

②在背景图层上双击，使其变为图层 0。选择“视图”→“标尺”命令，打开标尺，按住鼠标左键拖动标尺，创建所需参考线。从标尺中拖出垂直方向上的辅助线，在 4 厘米和 8 厘米的位置把画布分成三等份。在垂直方向上，在文档的开始位置后面与结束位置前面，

以及4厘米、8厘米参考线的前后0.2厘米处各拖放参考线；在水平方向上，在开始与结束位置的前后0.2厘米处各拖放参考线。如图1.11.12所示。

图1.11.12　创建参考线

③在工具箱中选择矩形工具，选择“形状”的形式进行矩形的绘制，如图1.11.13所示。

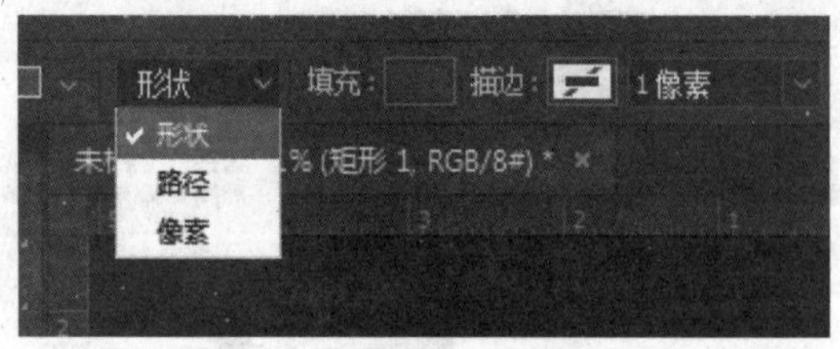

图1.11.13　设置矩形的绘制形式

④在参考线的位置处绘制矩形，如图1.11.14所示。

⑤将三个矩形框的填充色改成白色。

⑥选择横排文字工具 T 横排文字工具 T ，复制本书提供的《闰土》文章素材中节选的几段。将光标放在矩形框内，当鼠标形状变成圆形虚线框包围的形状时，粘贴所选文字，如图1.11.15所示。设置文字颜色为黑色，字体大小为7点，首行缩进为14点。

⑦按快捷键Ctrl + H隐藏参考线后，即可实现想要的文档分栏效果，如图1.11.16所示。

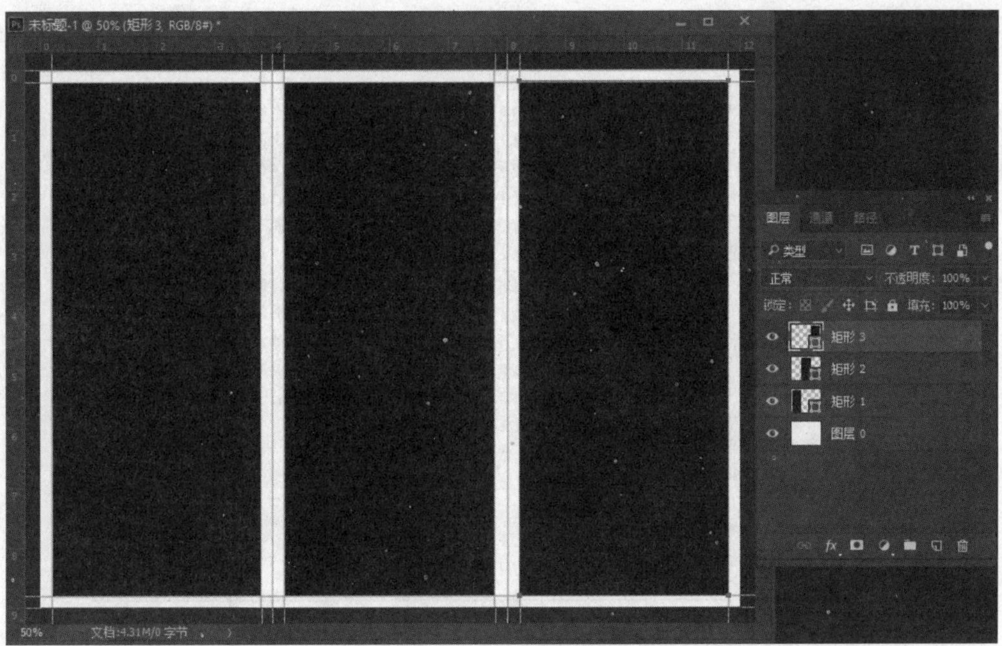

图 1.11.14　绘制矩形

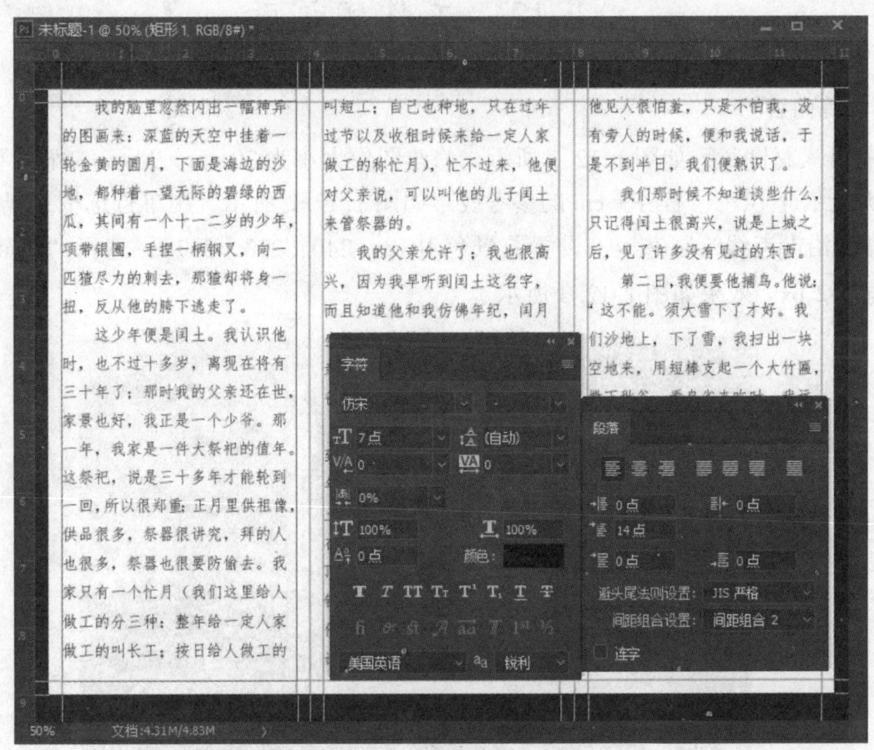

图 1.11.15　粘贴文字

我的脑里忽然闪出一幅神异的图画来：深蓝的天空中挂着一轮金黄的圆月，下面是海边的沙地，都种着一望无际的碧绿的西瓜，其间有一个十一二岁的少年，项带银圈，手捏一柄钢叉，向一匹猹尽力的刺去，那猹却将身一扭，反从他的胯下逃走了。

这少年便是闰土。我认识他时，也不过十多岁，离现在将有三十年了；那时我的父亲还在世，家景也好，我正是一个少爷。那一年，我家是一件大祭祀的值年。这祭祀，说是三十多年才能轮到一回，所以很郑重；正月里供祖像，供品很多，祭器很讲究，拜的人也很多，祭器也很要防偷去。我家只有一个忙月（我们这里给人做工的分三种：整年给一定人家做工的叫长工；按日给人做工的叫短工；自己也种地，只在过年过节以及收租时候来给一定人家做工的称忙月），忙不过来，他便对父亲说，可以叫他的儿子闰土来管祭器的。

我的父亲允许了；我也很高兴，因为我早听到闰土这名字，而且知道他和我仿佛年纪，闰月生的，五行缺土(4)，所以他的父亲叫他闰土。他是能装弶捉小鸟雀的。

我于是日日盼望新年，新年到，闰土也就到了。好容易到了年末，有一日，母亲告诉我，闰土来了，我便飞跑的去看。他正在厨房里，紫色的圆脸，头戴一顶小毡帽，颈上套一个明晃晃的银项圈，这可见他的父亲十分爱他，怕他死去，所以在神佛面前许下愿心，用圈子将他套住了。他见人很怕羞，只是不怕我，没有旁人的时候，便和我说话，于是不到半日，我们便熟识了。

我们那时候不知道谈些什么，只记得闰土很高兴，说是上城之后，见了许多没有见过的东西。

第二日，我便要他捕鸟。他说："这不能。须大雪下了才好。我们沙地上，下了雪，我扫出一块空地来，用短棒支起一个大竹匾，撒下秕谷，看鸟雀来吃时，我远远地将缚在棒上的绳子只一拉，那鸟雀就罩在竹匾下了。什么都有：稻鸡，角鸡，鹁鸪，蓝背……"

图 1. 11. 16　效果图

1. 12　工作实训营

1. 训练内容

①打开素材图片，如图 1. 12. 1 所示，修改图像大小为 30 cm×20 cm。显示标尺，新建距离图片上、下、左、右各 1 cm 的参考线，如图 1. 12. 2 所示。用单行选框工具和单列选框工具沿参考线绘制选区，设置前景色 RGB（240，233，217），选择“编辑”→“描边”，宽度 2 px，效果如图 1. 12. 3 所示。

图 1. 12. 1　素材

图 1. 12. 2　参考线设置

图 1. 12. 3　效果图

②新建 400 × 400 px 的文件，其他参数默认，设置前景色为红色 RGB（255，0，0），背景为绿色 RGB（0，255，0），按住快捷键 Alt + Delete 填充前景色。选择橡皮擦工具在画面上单击，擦去前景色，露出背景色，效果如图 1. 12. 4 所示。文件保存为“花脸. psd”和“花脸. jpg”格式。

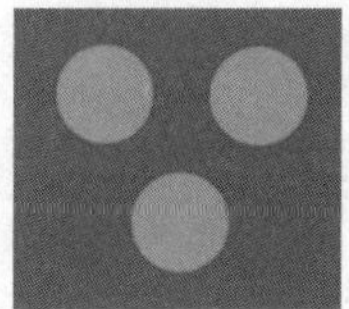

图 1. 12. 4　花脸

2. 训练要求

学会新建文件、使用图像编辑辅助工具、填充颜色、使用橡皮擦工具。

3. 工作实践常见问题解析

【常见问题1】 如何防止使用“裁剪工具”时选框吸附在图片边框上？

答：在拖动“裁剪工具”选框上的控制点时按住Ctrl键即可。

【常见问题2】 新建的参考线怎样才能居于画面的中心？

答：选择“视图”→“新建参考线”，在“新建参考线”面板上中输入50%，可以新建居中位置的参考线。

工作实训

1. 简述矢量图和位图的区别。
2. 简述几种常用的色彩模式及各自特点。
3. 简述位图的几种常用格式及其特点。
4. 简述Photoshop CC 2018中常用系统参数的设置内容。

第 2 章

照片修饰

本 章 要 点

- 了解照片修饰的基本思路。
- 了解分辨率和图像尺寸的关系。
- 掌握裁剪工具的使用。
- 学会调整图像的颜色和色调。
- 掌握图像修复技巧。
- 掌握图像锐化与模糊的作用。

技 能 目 标

- 掌握照片修饰方法和技巧。
- 掌握图像的颜色和色调调整的方法和技巧。

引 导 问 题

- 照片有哪些修饰工具?
- 怎么修饰照片才能不留痕迹?
- 内容识别、内容感知和移动工具修补分别用在什么场合?
- 锐化与模糊有什么作用?
- 对一个图像的模糊和锐化是完全可逆转的过程吗?

【工作场景一】改变画面对象

用"修复画笔工具"去除照片中后排的人群,并用"修复画笔工具"给背景添加楼房(窗户)。效果如图 2. 0. 1 所示。

【工作场景二】破损照片修复

用修复类工具修复破旧及缺陷照片,效果如图 2. 0. 2 所示。

【工作场景三】质感照片设计

利用滤镜、图层混合模式等工具,将一张图片修饰成具有粗糙质感的照片。效果如图 2. 0. 3 所示。

扫码查看
彩图效果

图 2.0.1　改变画面对象效果

扫码查看
彩图效果

图 2.0.2　修复后效果

扫码查看
彩图效果

图 2.0.3　粗糙质感照片效果

【工作场景四】壁纸绘制

利用钢笔工具、图层蒙版等工具绘制壁纸。效果如图 2.0.4 所示。

扫码查看
彩图效果

图 2.0.4　壁纸效果

2.1　照片修饰思路

照片修饰工作量取决于要处理的照片及要实现的效果。一般需改变分辨率、图像亮度或者修复一些瑕疵，有些可能需要进行更复杂的修饰，并应用滤镜。

照片修饰的一般流程为以下几个步骤（其中步骤③～⑥的顺序可以变化）：

①根据照片的用途选择颜色模式、分辨率、色调等。

照片图像用于黑白出版物时，可以选灰度颜色模式；Web 和移动创作选 RGB 颜色模式；原色印刷的图像选 CMYK 颜色模式。

由于图像的用途不一，因此，应根据图像用途来确定分辨率。一般情况下，印刷要 300 像素/英寸，写真要 72～150 像素/英寸，喷绘要 20～72 像素。图像分辨率设定应恰当，若分辨率太高，运行速度慢，占用的磁盘空间大，不符合高效原则；若分辨率太低，影响图像细节的表达，不符合高质量原则。

②复制原始图像，对图像文件副本进行处理，以防修坏了图，还可以恢复使用原图像。

③调整图片的整体对比度或色调范围。

④修复照片的受损部位。

⑤调整图像特定部分的颜色和色调。

⑥通过锐化提高图像的整体清晰度。

2.2　分辨率和图像尺寸

1. 像素（pixel）

像素是组成位图图像的最小单位，习惯将其称为像素点或是像素块，意思是“构成图像的元素。图像都是由像素组成的（高度像素 × 宽度像素 = 图像总像素）。在 Photoshop 中，每一个像素在显示屏上的尺寸都一样，和图像分辨率没有关系。图像分辨率决定的是打印出来的图片的每个像素的大小，若打印尺寸一定，图像分辨率越高，则每个像素所占据尺寸越小，图像也越精细。

2. 分辨率

它是指每英寸位图图像所含的像素点的数量。单位为像素/英寸（pixels per inch，ppi）。单位长度上的像素点越多，图像就越清晰。如果改变了分辨率，比如调小了，则在相同打印尺寸下，图片每像素占的尺寸就大，所以图片会模糊。不过，对于高分辨率的图片来说，模糊程度是肉眼无法区别的，但打印效果差别很大，特别是喷绘。计算机图形学中，有多种类型的分辨率，常见的分辨率有以下 3 种。

（1）图像分辨率

图像分辨率是指图像中每个单位长度上像素点的多少，常以像素/英寸为单位来表示。例如，168 ppi 表示图像中每英寸包含 168 个像素点。在尺寸相同的情况下，高分辨率图像的像素数比低分率图像的多，因此文件更大。Photoshop 可以处理从高分辨（300 ppi 或更高）到低分辨率（72 ppi 或 96 ppi）的图像。

（2）显示器分辨率

显示器分辨率是指计算机屏幕上显示的像素的大小。单位用像素表示。台式计算机显示器常用分辨率一般为 1 024 像素 ×768 像素。而对于配置了较好的显卡和显示器的计算机，分辨率更高。

在计算机的显卡和显示器支持高分辨率的情况下，同样大小的显示器屏幕上就会显示更多的像素。这是因为显示器的大小是不会改变的，所以在高分辨率情况下，每个像素都随着分辨率的增大而变小，整个图形也随之变小，但是在屏幕上显示的内容却大大增多了。

（3）打印分辨率

打印分辨率是指绘图仪或者打印机等输出设备，在输出图像时，每英寸所产生的油墨点数。单位为点/英寸（dot per inch，dpi）。如果使用与打印机输出分辨率成正比的图像分辨率，就能产生较好的输出效果。当然，高分辨率的打印机与高分辨率的图像结合，通常能生成最好的图像质量。

3. 图像大小

图像大小是指图片的尺寸。长度和宽度这两个参数决定了图像的尺寸。如图 2.2.1 所示。

4. 文档大小

文档大小指的是图像占用磁盘空间的容量大小。文档大小是由图像尺寸和分辨率决定的，尺寸相同的两个图像，分辨率越高，文档越大；分辨率相同的两个图像，尺寸越大，文档也越大。反之亦然。一个图像文件的像素越多，包含的图像信息就越丰富，越能表现更多的细节，图像质量也越高，但保存文件所需的磁盘空间也会越大，编辑和处理图像的速度也会越慢。

图 2.2.1　图像大小设置

改变图像文档大小的方法除了修改图片的长与宽外，还可以修改分辨率。因为图片体积大小是与面积和分辨率有关的，修改任何一个参数都可以。

在 Photoshop 中改变（比如缩小）分辨率时，图片的真实大小（面积，也就是长和宽）是不变的。但是在 Photoshop 中看到图片缩小了。这个是 Photoshop 的设置，Photoshop 让每个像素在任何分辨率下的大小都是相同的。

注意：如果状态栏中没有显示文件大小，可单击状态栏中的弹出菜单箭头并选择“显示”→“文档大小”。

5. 画布大小

画布大小指的是图像背景的大小。通俗点说，画布就是画纸，图像就是画纸上的图。图像是编辑的图层的所有对象，改变图像大小，图像会按照所设置的数值变化、变形，如图 2.2.2 所示。画布大小是画纸的大小，图像大小是画纸上图的大小。

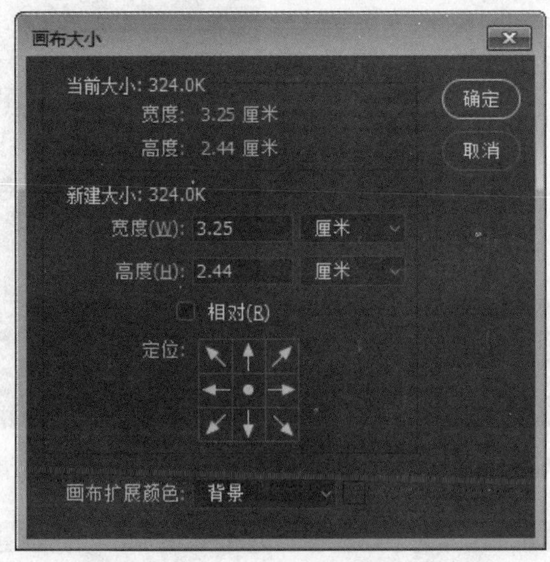

图 2.2.2　图像编辑

2.3　裁剪和拉直图像

Adobe 从 Photoshop CC 2018 开始，原本非常平常的裁剪工具却出乎所有人意料地进行了全面改进，将原本裁剪工具裁掉的部分也忠实地保留，可以随时还原，而无须经过返回上一步骤操作方式，既保证了照片编辑的过程完整保留，又节省了因重新编辑照片而浪费的时间，提升了效率。

作用1：当裁剪框大于图片大小时，裁剪框多出图片的会自动填上背景色，可以起到增加图片边框的作用（前提是背景图层存在的情况，如果背景图层不存在，后增加的部分是透明色。调整背景色实现后增加的图片边框的颜色选择）。

作用2：裁剪固定尺寸照片（例如：一寸照片大小为 2.5 cm×3.5 cm，分辨率为 300 px）。

作用3：重新确定水平线（拉直功能），保证图片构图完美（内容识别，智能延展背景单调的图片）。

单击工具箱中的“裁剪工具”按钮 （或按 C 键），如图 2.3.1 所示，图像四周出现裁剪范围控制框。如果想重新选取裁剪范围，移动光标到图像窗口并拖动，松开鼠标后，得到一个裁剪范围控制框，如图 2.3.2 所示。移动光标于裁剪控制框之上，拖动鼠标可以调整裁剪范围大小；移动光标于控制框内，拖动鼠标可以移动图像；移动光标于控制框外，拖动鼠标旋转，可以使图像倾斜。

“裁剪工具”的属性栏如图 2.3.3 所示，各参数说明如下。

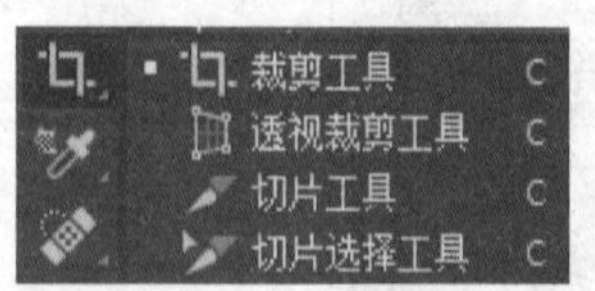

图 2.3.1　裁剪工具

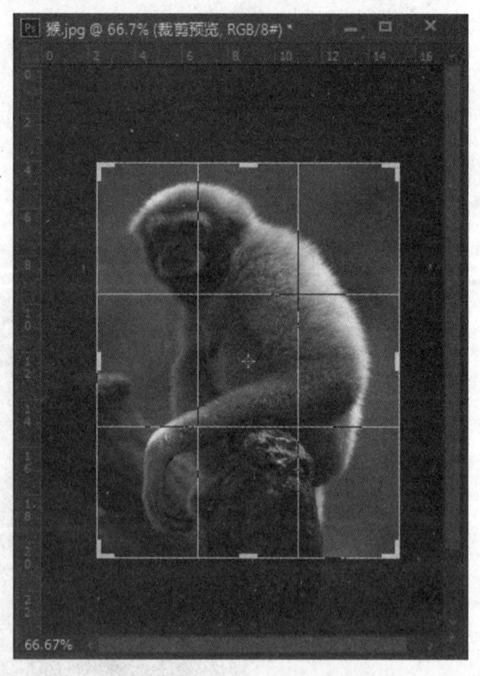

图 2.3.2　绘制裁剪控制框

图 2.3.3　“裁剪工具”属性栏

1. 保留被裁减掉的画面

在 Photoshop CC 2018 中打开一张照片，选择工具箱中的“裁剪工具”，再选择工具属性框中“删除裁剪的像素”选项，该选项为默认选择，通过取消选择“删除裁剪的像素”完成无损剪裁照片。

完成裁切后，如果想重新显示被裁切区域，只需再次选择“裁剪工具”，并单击画面便可以看到之前裁切时被隐藏的画面，可以进行重新裁切或者恢复原图。

2. 等比例裁切

在 Photoshop CC 2018 之前的版本中，等比例裁切照片一直是一件非常痛苦的工作，因为 Photoshop 的裁剪工具并没有等比例裁剪选项。Photoshop CC 2018 中，等比例裁切选项加入裁剪工具中，如图 2. 3. 4 所示。按住 Shift 键是等比例裁剪，按住 Alt 键是向中心点靠近裁剪，按住快捷键 Shift + Alt 是向中心点靠近等比例裁剪。内置了从 1∶1 方形尺寸到常用的 4∶5、2∶3、16∶9 等常用照片尺寸。等比例裁切如图 2. 3. 5 所示，裁切后效果如图 2. 3. 6 所示。

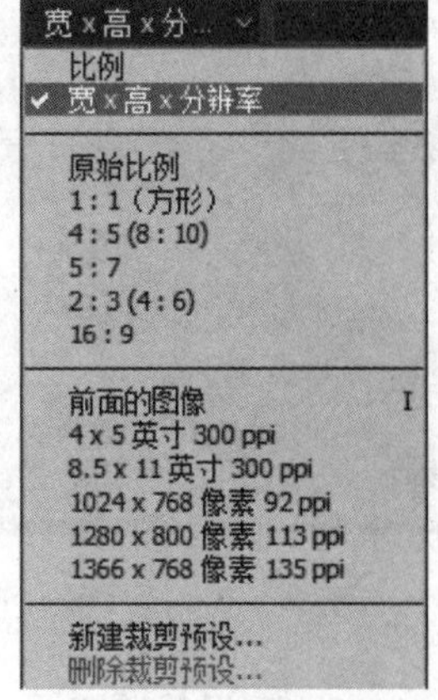

图 2. 3. 4　选择裁切比例

图 2. 3. 5　进行等比例裁切

图 2. 3. 6　效果图

在选择等比例裁切照片时，所选择的裁切比例不会随着更改裁切框的尺寸而发生变化，所以可以随意控制照片被裁剪位置。

“裁剪工具”工具的“拉直”选项允许用户为照片定义水平线，将倾斜的照片拉回水平。选择“拉直”选项，沿着和斜塔平行的方向拉一条直线（水平线），松开鼠标左键，确定裁剪即可，如图 2. 3. 7 ~ 图 2. 3. 9 所示。

在裁剪工具属性栏中，“裁剪工具的叠加选项”可以根据需要选择裁剪区域的参考线，包括三等分、黄金分割、金色螺旋线等常用构图线。“设置裁剪工具的其他选项”表示在设置菜单中可以进行一些功能设置，包括传统经典模式（Photoshop CC 2018 之前的剪裁工具模式）等。

图 2. 3. 7　拉一条水平线

图 2. 3. 8　松开鼠标左键效果

图 2. 3. 9　斜塔拉直效果

3. 透视裁剪工具

从 Photoshop CC 2018 开始，“透视裁剪工具” 功能单独放在裁剪工具集里。顾名思义，这是一个对透视进行校正的裁剪工具，可以还原因拍摄角度产生变形的物体的本来面貌。透视裁剪工具的使用方法也很简单，只需拖动鼠标画出一个平面，然后拖动平面的 4 个角，即可改变平面的透视或者直接通过鼠标单击来确定透视平面的 4 个点（透视裁剪只能定义 4 点，即一个四边形）。

首先选择工具栏中的透视裁剪工具，之后沿着照片中需要裁剪的位置拖出被裁切的区域，如图 2. 3. 10 所示。调整裁切框的区域，如图 2. 3. 11 所示。

完成剪裁后，透视裁剪工具会自动将照片的透视效果进行纠正，变成正常的透视效果，如图 2. 3. 12 所示。

图 2. 3. 10　选择剪裁位置

图 2. 3. 11　调整剪裁框

图 2. 3. 12　透视剪裁完成后的效果

拓展：①透视裁剪工具与裁剪工具的不同之处在于，裁剪工具只允许以正四边形裁剪画面，透视裁剪工具允许用户使用任意四边形。使用时，用户只需要分别单击画面中的4个点，即可定义一个任意形状的四边形，但是最终剪裁出来的图像仍然是正四边形。需要注意的是，任何变形都会导致画面的扭曲，所以变形的程度不能太大，当照片中有人物时尤其需要注意。这也就是说，应该在前期拍摄时尽量保证拍“正”，而不能一味寄希望于后期校正。

②倾斜调正的办法，一是利用透视剪裁工具，二是利用拉直工具。

2.4 调整颜色和色调

物体表面色彩的形成取决于3个方面，即光源的照射、物体本身反射一定的色光、环境与空间对物体色彩的影响。

客观世界的色彩千变万化，各不相同，但任何色彩都有色相、明度、纯度3个方面的性质，又称色彩的三要素，并且当色彩间发生作用时，除以上3种基本条件外，各种色彩彼此间形成色调，并显现出自己的特性，因此，色相、明度、纯度、色调及色性5项构成了色彩的要素。

Photoshop CC 2018 提供了多个图像色彩控制的命令，用户可以很轻松快捷地改变图像的色相、饱和度、亮度和对比度，来创作多种色彩效果的图像。但要注意的是，这些命令的使用或多或少都要丢失一些颜色数据，因为所有色彩调整的操作都是在原图基础上进行的，因而不可能产生比原图更多的色彩，在转换过程中，图像颜色的微小丢失，眼睛并不能分辨得出来。事实上，在转换的过程中就已经丢失数据。

当需要处理的图像的要求不是很高时，可以运用“亮度/对比度”“自动色调”“自动颜色”和“变化”等命令对图像的色彩或色调进行快速而简单的总体调整。

2.4.1 自动色调

“自动色调”命令自动调整图像中的暗部和亮部。“自动色调”命令对每个颜色通道进行调整，将每个颜色通道中最亮和最暗的像素调整为纯白和纯黑，中间像素值按比例重新分布。由于“自动色调”命令单独调整每个通道，所以可能会移去颜色或产生色偏。

①按快捷键 Ctrl + O 打开一幅素材图像文件，如图 2.4.1 所示。

②在菜单栏选择“图像”→“自动色调”命令（快捷键 Shift + Ctrl + L），得到如图 2.4.2 所示效果。

2.4.2 自动对比度

使用“自动对比度”命令可以自动调整图像中颜色的对比度。由于“自动对比度”不单独调整通道，所以不会增加或消除色偏问题。“自动对比度”命令将图像中最亮和最暗像素映射到白色和黑色，使高光显得更亮，而暗调显得更暗。

扫码查看
彩图效果

图 2.4.1　素材图像

图 2.4.2　“自动色调”效果

扫码查看
彩图效果

在菜单栏选择“图像”→“自动对比度”命令（快捷键 Alt + Shift + Ctrl + L），得到的效果如图 2.4.3 所示。

2.4.3　自动颜色

使用“自动颜色”命令可以通过搜索实际像素来调整图像的色相饱和度，使图像颜色更为鲜艳。

在菜单栏选择“图像”→“自动颜色”命令（快捷键 Shift + Ctrl + B），得到的效果如图 2.4.4 所示。

扫码查看
彩图效果

图 2.4.3　“自动对比度”效果

图 2.4.4　“自动颜色”效果

扫码查看
彩图效果

2.4.4　亮度/对比度

使用“亮度/对比度”命令，可以对图像的亮度和对比度进行直接的调整。与“色阶”命令和“曲线”命令不同的是，“亮度/对比度”命令不考虑图像中各通道颜色，而是对图像进行整体的调整。

选择“图像”→“调整”→“亮度/对比度”命令，将打开如图 2.4.5 所示对话框。

“亮度/对比度”对话框中的参数如下。

①“亮度”选项。拖移滑块或者在数值框中输入数值（取值范围为 -150 ~ 150），可以调整图像的亮度。当值为 0 时，图像亮度不发生变化；当值为负数时，图像亮度下降；当值为正数时，图像亮度增加。

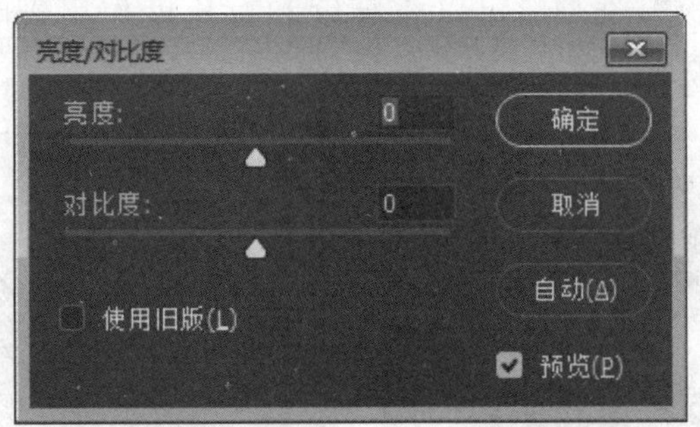

图 2. 4. 5　“亮度/对比度”对话框

②“对比度”选项。同“亮度”值一样（取值范围为 -50 ~ 50），当值为负数时，图像对比度下降；反之，图像对比度增加。

“亮度/对比度”的使用方法如下。

①按住快捷键 Ctrl + O 打开一幅素材图像文件，如图 2. 4. 6 所示。

②在菜单栏选择“图像”→“调整”→“亮度/对比度”命令，打开的“亮度/对比度”对话框如图 2. 4. 7 所示。拖动亮度下面的滑块（或直接在后面的框中输入数值），调整图像的亮度，如图 2. 4. 8 所示。

扫码查看
彩图效果

图 2. 4. 6　素材图像

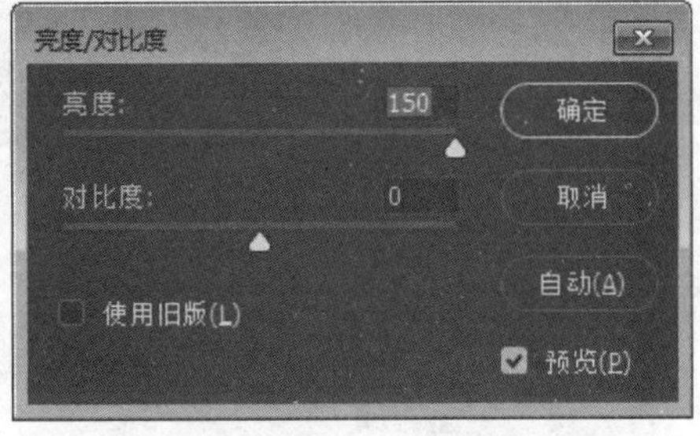

图 2. 4. 7　“亮度/对比度”对话框

③向右拖动“对比度”下面的滑块，可以增加图像的对比度；反之，则降低图像的对比度，如图 2. 4. 9 所示。调整效果如图 2. 4. 10 所示。

扫码查看
彩图效果

图 2. 4. 8　调整“亮度”效果

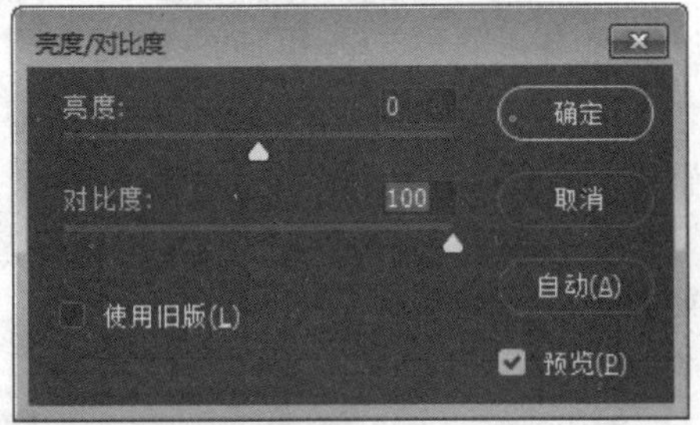

图 2. 4. 9　“亮度/对比度”对话框

④勾选“使用旧版”选项，可以将亮度和对比度作用于图像中的每个像素，如图 2.4.11 所示。调整效果如图 2.4.12 所示。

扫码查看彩图效果

图 2.4.10　调整“对比度”效果

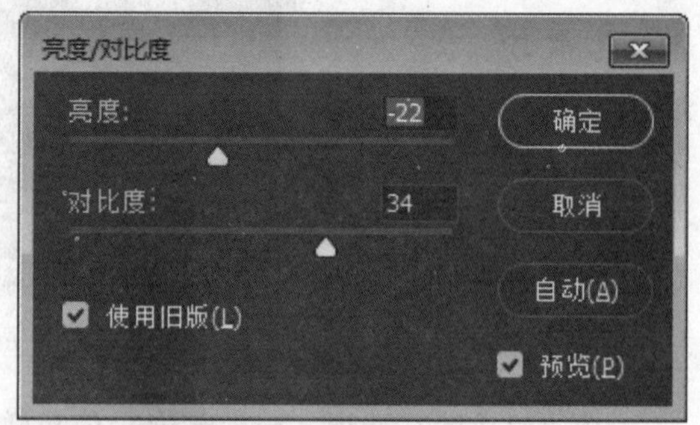

图 2.4.11　“亮度/对比度”对话框

扫码查看彩图效果

图 2.4.12　“使用旧版”效果

2.5　图像修复工具

2.5.1　修复画笔

1. 污点修复画笔工具

“污点修复画笔工具”自动将需要修复区域的纹理、光照、透明度和阴影等元素与图像自身进行匹配，快速修复污点。使用时，只需要适当调节笔触的大小及属性栏中的相关属性，然后在污点上面单击即可修复污点。如果污点较大，则可以从边缘开始逐步修复。

“污点修复画笔工具”属性栏如图 2.5.1 所示，可以设置画笔的直径、硬度、模式、类型等。

图 2.5.1　“污点修复画笔工具”属性栏

可以调整画笔大小、硬度等。

模式：正常 选择所需的修复模式，有正常、替换、正片叠底、滤色等。

在“类型”选项组中，若选择“近似匹配”单选按钮，则自动选取适合修复的像素进行修复；若选择“创建纹理”单选按钮，则利用所选像素形成纹理进行修复。

☑对所有图层取样 选择取样范围，勾选“对所有图层取样”选项，可以从所有可见图层中提取信息；不勾选，则只能从现用图层中取样。

如要去掉照片中脸上的斑点，选择污点修复画笔工具，打开本章素材 2. 5. 2 的照片，如图 2. 5. 2 所示。首先在“类型”选项组中单击“近似匹配”单选按钮，然后在斑点处涂抹即可（注意调低笔头的硬度，否则涂抹后会留下明显的修复痕迹），如图 2. 5. 3 所示。

图 2. 5. 2 修复前

图 2. 5. 3 修复后

2. 修复画笔工具

“修复画笔工具”的工作方式与“污点修复画笔工具”的类似，不同的是，“修复画笔工具”必须从图像中取样，并在修复的同时将样本像素的纹理、光照、透明度和阴影与源像素进行匹配，从而使修复后的像素不留痕迹地融入图像的其余部分。选择“修复画笔工具”，按住 Alt 键，在修复点的附近或别的地方选择好仿制源，松开 Alt 键后，在修复点上单击就可以修复图像。“修复画笔工具”属性栏如图 2. 5. 4 所示。

19 模式：正常 源：取样 图案 对齐 样本：当前图层 扩散：5

图 2. 5. 4 “修复画笔工具”属性栏

“修复画笔工具”属性栏中的“源”选项组有两个选项，若单击“取样”单选按钮，则可用取样对目标区域进行修复；若单击“图案”单选按钮，则可通过图案对目标区域进行修复。对图 2. 5. 5 所示羊背上的狗修复后的效果如图 2. 5. 6 所示。

图 2. 5. 5 修复前

图 2. 5. 6 修复后

3. 红眼工具

由于光线或拍摄角度的原因，在照片中经常会出现红眼现象。虽然不少数码相机提供了防红眼功能，但无法从根本上解决问题，特别是在夜晚或灯光下拍照并打开闪光灯时，更会出现这种问题。

“红眼工具”是专门用来消除人眼睛因灯光或闪光灯照射后瞳孔产生的红点、白点等反射光点的工具。操作方法是：选择“红眼工具”，在属性栏设置好瞳孔大小及变暗数值，如图2.5.7所示，用该工具框选红眼中心，红点可快速消除。如果单击瞳孔，可能影响范围比较大，会扩大到眼睛以外，破坏美观。去除红眼效果如图2.5.8和图2.5.9所示。

瞳孔大小：50% 变暗量：50%

图2.5.7 “红眼工具”属性栏

图2.5.8 素材图片

扫码查看彩图效果

图2.5.9 去除红眼效果

扫码查看彩图效果

①“瞳孔大小”选项。此选项用于设置修复瞳孔范围的大小。

②“变暗量”选项。此选项用于设置修复范围的颜色的亮度。调整变暗量，清除红眼后，瞳孔颜色有很大的不同，值越大，瞳孔越黑，值越小，瞳孔颜色越灰。

2.5.2 修饰工具

1. 减淡和加深工具

“减淡工具”是一款提亮工具。这款工具可以把图片中需要变亮或增强质感的部分颜色加亮。通常情况下，选择中间调范围、曝光度较低数值进行操作，这样涂亮的部分会过渡得较为自然。

①按快捷键 Ctrl + O 打开一幅素材图像，照片看上去较朦胧，希望人像清晰些，如图2.5.10所示。

图2.5.10 素材图像

②选择 Photoshop 工具箱“减淡工具”（Photoshop CC 2018 中，很多工具折叠在工具箱中的按钮 下），设置其属性栏笔触大小和其他选项，如图 2.5.11 所示。

图 2.5.11　“减淡工具”属性栏

①范围：在其下拉列表中，“阴影”选项表示仅对 Photoshop 图像中的较暗区域起作用；“中间调”表示仅对图像的中间色调区域起作用；“高光”表示仅对图像的较亮区域起作用。

②曝光度：在该文本框中输入数值，或单击文本框右侧的三角按钮，拖动打开的三角滑块，可以设定对图像的曝光强度。

③在图像中需要减淡的区域如人身体进行反复涂抹，得到最终实例效果，如图 2.5.12 所示。

图 2.5.12　人变亮

“加深工具” 跟“减淡工具”刚好相反，主要用来增加图片的暗部，加深图片的颜色。可以用来修复一些曝光过度的图片、制作图片的暗角、加深局部颜色等。

在工具箱中，单击“减淡工具”按钮 或者“加深工具”按钮 ，打开如图 2.5.13 所示的“减淡工具”属性栏。在工具属性栏中可以设置画笔的直径大小、硬度、范围及曝光度。

图 2.5.13　“减淡工具”属性栏

“范围”下拉列表中包含“中间调”“高光”和“阴影”三个选项，分别是指对中间区域、亮区和暗区进行亮度调整。

①按快捷键 Ctrl + O 打开一幅素材图像，图片光线比较亮，如图 2.5.14 所示。

图 2.5.14　素材图像

②选择 Photoshop 工具箱中的“加深工具”，设置其属性栏笔触大小和其他选项，如图

2.5.15 所示。

图 2.5.15 “加深工具”属性栏

范围：在其下拉列表中，“阴影”选项表示仅对 Photoshop 图像中的较暗区域起作用；“中间调”表示仅对图像的中间色调区域起作用；“高光”表示仅对图像的较亮区域起作用。

曝光度：在该文本框中输入数值，或单击文本框右侧的三角按钮，拖动打开的三角滑块，可以设定对图像的曝光强度。

③对需要加深的区域进行反复涂抹，得到最终实例效果，如图 2.5.16 所示。

图 2.5.16 加深效果

2. 海绵工具

“海绵工具”主要用来增加或减少图片的饱和度（在工具属性栏的“模式”下拉列表中选择相应选项）。在校色的时候经常用到。如图片局部的色彩浓度过大，可以用降低饱和度模式来减少颜色。同时，图片局部颜色过淡的时候，可以用增加饱和度模式来加强颜色。“海绵工具”只会改变颜色，不会对图像造成其他损害。

在工具箱中右击“减淡工具”按钮，在打开的菜单中选择“海绵工具”，看到如图 2.5.17 所示的属性栏。

图 2.5.17 “海绵工具”属性栏

在“海绵工具”的工具属性栏中，在“模式”下拉列表中包含“去色”和“加色”两种选项，分别用来降低和提高色彩饱和度。但是要注意，“去色”和“加色”模式是可以互补使用的，过度去除色彩饱和度后，可以切换到“加色”模式增加色彩饱和度，但无法为已经完全为灰度的像素加色。

①按快捷键 Ctrl + O 打开一幅素材图像，如图 2.5.18 所示。

②选择 Photoshop 工具箱中的“海绵工具”，在其属性栏中设置笔触大小和模式：加色，流量 30。

③在 Photoshop 图像中需要增加饱和度的中间花蕊区域进行反复涂抹，得到如图 2.5.19 所示效果。

图 2.5.18　素材图像

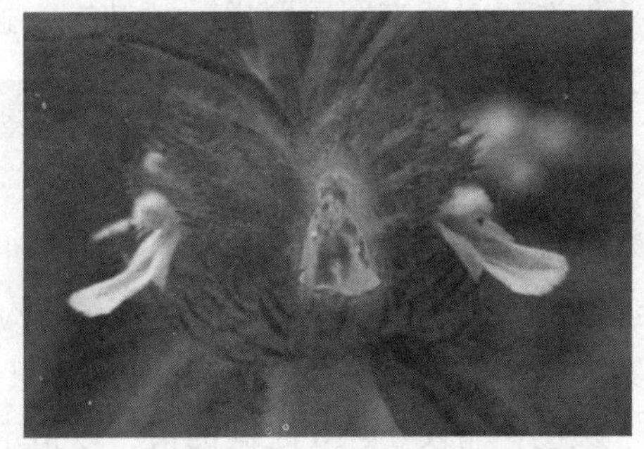

图 2.5.19　中间花蕊变艳效果

④设置 Photoshop 海绵工具属性栏模式为“去色”，降低饱和度，使之成为黑白色。

⑤在 Photoshop 图像中间花蕊四周叶子上反复涂抹，降低其饱和度，得到如图 2.5.20 所示效果图。

图 2.5.20　中间花蕊四周叶子变暗效果

2.6　使用“内容识别”修补

“修补工具”是较为精确的修复工具，其具有自动修补优化功能。现在“修补工具”常用来修补单纯环境下的小瑕疵，通常只要圈起要修补的区域，再移动选区到邻近要复制的地方即可。

操作方法：

①打开素材图片，如图 2.6.1 所示。先利用“修补工具”（或按下 J 键），选取要修补的范围，如图 2.6.2 所示。

图 2.6.1　原素材图

图 2.6.2　修补选区

②单击工具属性栏上的“修补”选项，在下拉菜单中选取“内容识别”，如图 2.6.3 所

示。勾选“对所有图层取样”，“结构”选择7。

图2.6.3　修补工具属性栏

结构：结构选项决定修补现有图像图案时应达到的近似程度。选项为1～7，数值1对遵循源结构的要求最低，而7最严格。结构值如果输入7，则修补内容将严格遵循现有图像的图案。结构值如果输入1，则修补内容只是大致遵循现有图像的图案。

颜色：输入0～10之间的值，以指定希望Photoshop在多大程度上对修补内容应用算法颜色混合。如果输入0，则禁用颜色混合；如果“颜色”的值为10，则应用最大颜色混合。

对所有图层取样：启用此选项，以使用所有图层的信息在其他图层中创建移动的结果。在“图层”面板中选择目标图层。

③将光标移入选区，按下鼠标左键移动选区至邻近区域，松动鼠标左键，原修补区域图案即被邻近区域图案替代，如图2.6.4所示。

图2.6.4　修补效果

2.7　使用“内容感知移动工具”修补

“内容感知移动工具”可以实现在简单的背景下快速地把图像中的某些元素移动或复制到另外一个位置，并且让Photoshop填充移动之后的区域，可以使用内容识别工具无缝地扩展图像的比例。为了达到最佳效果，请仅在图像的背景足够一致，Photoshop能够识别并重现其中的图案时使用这个工具。

在工具箱的修补工具选项栏中选择“内容感知移动工具”，如图2.7.1所示，鼠标就变成形。

图2.7.1　“内容感知移动工具”

工具栏属性设置如图2.7.2所示。

图 2.7.2　工具栏属性设置

模式：分为“移动”和“扩展”，如图 2.7.3～图 2.7.6 所示。

“移动”功能主要是用来移动图片中的主体，并随意放置到合适的位置。对于移动后的空隙位置，Photoshop 会智能修复（在背景相似时最有效），如图 2.7.3～图 2.7.5 所示。

“扩展”，即快速复制。选取想要复制的部分，移到其他需要的位置，就可以实施复制。复制后的边缘会自动优化处理，跟周围环境融合。对头发、树或建筑等对象进行扩张或收缩，效果不错。

结构：代表调整原结构的保留严格程度。也就是说，决定了修补对已存在模式的影响，数值为 1～7，数值 1 对遵循源结构的要求最低，而 7 最严格。

颜色：代表调整可修改源色彩的程度。数值为 0～10。

图 2.7.3　原素材

图 2.7.4　生成选区

图 2.7.5　修补（移动）效果

图 2.7.6　修补（扩展）效果

2.8　使用“图章工具”修复图像

2.8.1　仿制图章工具

“仿制图章工具” 主要用来复制取样的图像。仿制图章工具使用方便，它能够按涂抹的范围复制全部或者部分到一个新的图像中。单击 Alt 键选取需要进行仿制的内容，然后将鼠标放到需要修复的地方，单击左键涂抹进行仿制恢复。

使用“仿制图章工具”不但可以删除图像中不想要的东西，还可以修补从受损原作扫描得到的图片中缺失的区域。其可以用来消除人物脸部斑点、背景部分不相干的杂物及填补图片空缺等。在属性栏调节笔触的混合模式、大小、流量等，可更为精确地修复污点。

“仿制图章工具”属性栏如图 2. 8. 1 所示，除了可以在其中设置笔刷、不透明度和流量外，还可以设置以下两个参数。

图 2. 8. 1　“仿制图章工具”属性栏

①“对齐”选项。选中该选项，可以对图像连续取样，不会丢失当前设置的参考点位置；取消此选项，则会在每次停止并重新开始仿制时，使用最初设置的参考点位置。默认时复选框为选中状态。

②“样本”选项。此选项用于指定图层进行数据取样。如果仅从当前层中取样，应选择“当前图层”选项；如果要从当前图层及其下方可见图层中取样，则可选择“当前和下方图层”选项；如果要从所有可见图层中取样，则可以选择“所有图层”选项。

打开本章素材图 2. 8. 2，单击工具箱中的“仿制图章工具”，将鼠标指针移到图像中要复制的位置，按住 Alt 键单击进行取样。取样后，将鼠标指针移到要复制的位置，按下鼠标左键不放进行涂抹，直至图像完全复制出来后释放左键即可。效果如图 2. 8. 3 和图 2. 8. 4 所示。

图 2. 8. 2　素材图

图 2. 8. 3　取样小红花，复制小红花

扫码查看
彩图效果

图 2. 8. 4　取样背景，去除小白花

小提示：

①使用“仿制图章工具”复制图像过程中，复制的图像将一直保留在仿制图章上，除非重新取样将原来复制图像覆盖。如果在图像中定义了选区内的图像，复制将仅限于在选区内有效。在复制第一笔的时候，一定要将位置把握适当，以免在复制操作的过程中，出现重叠或残缺的现象。

②“仿制图章工具”是通过笔刷应用的，因此，使用不同直径的笔刷将影响绘制范围，而不同软硬度的笔刷将影响绘制区域的边缘。一般建议使用较软的笔刷，这样复制出来的区域周围与原图像可以较好地融合。当然，如果选择异型笔刷（如枫叶、茅草等），复制出来的区域也将是相应的形状。因此，在使用前要注意笔刷的设定是否合适。

2.8.2　图案图章工具

使用“图案图章工具”类似图案填充效果。使用工具之前，需要定义好想要的图案（系统自带的图案或者用户自定义的图案），适当设置好属性栏的相关参数，如笔触大小、不透明度、流量等。然后在画布上涂抹，就可以出现想要的图案效果。

①在 Photoshop 中打开一幅图像，如图 2.8.5 所示。

图 2.8.5　素材

②选中工具箱中的“快速选择工具”，选择需要定义的图案，如图 2.8.6 所示。按快捷键 Ctrl + J 复制蜗牛到新图层。用“矩形选框工具”框选蜗牛（为了让图案中只有蜗牛，少点大面积的透明背景），如图 2.8.6 所示。

③选择“编辑”→“定义图案”命令，在打开的“图像名称”对话框中设置名称为“蜗牛”，单击“确定”按钮，图案将自动生成到图案列表中，如图 2.8.7 所示。

图 2.8.6　蜗牛选区和定义图案

图 2.8.7　定义图案

④选中工具箱中的“图案图章工具”，在属性栏图案下拉列表中找到自定义的图案，在图像中合适的位置按下鼠标左键拖动，复制出图案，效果如图 2.8.8 所示。

图 2.8.8　复制图案

选择该工具后，其工具属性栏如图 2.8.9 所示。

21　模式：正常　不透明度：100%　流量：100%　对齐　印象派效果

图 2.8.9　“图案图章工具”属性栏

工具属性栏中的参数含义如下：

①“画笔”选项。该选项用于准确控制仿制区的大小。

②“模式”选项。该选项用于指定混合模式。

③“不透明度”和“流量”选项。这两个选项用于控制仿制区应用绘制的方式。

④“图案”选项。该选项下拉列表中提供了系统默认和用户手动定义的图案。选择一种图案后，可以使用“图案图章工具”将图案复制到图像窗口中。

⑤“对齐”选项。选中该选项复选框，能保持图案与原始起点的连续性，即使释放鼠标并继续绘画也不例外；取消该选项复选框，则可以在每次停止并开始绘制时重新启动图案。

⑥“印象派效果”选项。选中该选项框，绘制的图像效果类似于印象派艺术画效果。

拓展： 自定义图案对形状有严格要求，只能是矩形选框工具绘制的不带羽化值的选区，才能定义图案。比如椭圆选框工具是不可以的。

①使用矩形选框工具时，将羽化值改为零。

②Photoshop 自定义图案的形状是方正的，如果想用一些不规则的图形作为图案填充，则周围区域保持透明，也就是图案不透明，而其余背景改为透明。

③如果当前的图层上有路径并且处于激活状态，那么也不能自定义图案，必须将路径删除或隐藏不激活，才可以定义图案。

2.9　锐化与模糊图像

2.9.1　模糊工具

“模糊工具” 的作用是降低图像画面中相邻像素之间的反差，可以使图片产生模糊的效果。在工具箱中单击“模糊工具”按钮，出现如图 2.9.1 所示的属性栏，各选项的含义如下。

图 2.9.1　“模糊工具”属性栏

①“画笔”选项。用于设置模糊的大小。

②“模式”选项。用于设置像素的混合模式，有正常、变暗、变亮、色相、饱和度、颜色和明度 7 个选项。

③“强度”选项。用于设置图像处理的模糊程度，选项文本框中的数值越大，模糊效果越明显。

④“对所有图层取样”选项。选中该选项，则将模糊应用于所有可见图层，否则只应用于当前图层。

使用“模糊工具”的方法如下。

①按快捷键 Ctrl + O 打开一幅素材图像，如图 2.9.2 所示。

②选择工具箱中的“椭圆选择工具”，在狼头上绘制选区，如图 2.9.3 所示。按快捷键 Ctrl + Shift + I 反向操作，效果如图 2.9.4 所示。

图 2.9.2　素材图像

图 2.9.3　绘制选区

③选择工具箱中的“模糊工具”，在其工具选项栏中设置合适笔触大小，设置强度为 100%。强度的值越大，图像模糊度越强，也越模糊。在选区内按住鼠标左键进行多次涂抹。涂抹完毕后，按快捷键 Ctrl + D 取消选择，得到背景模糊凸显狼脸的效果，如图 2.9.5 所示。

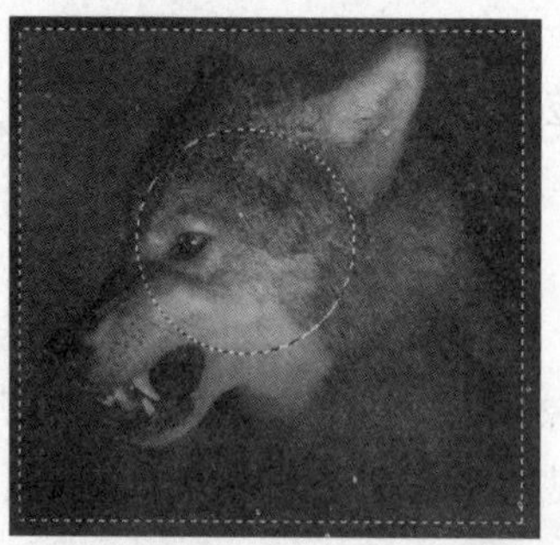

图 2.9.4　反向选区

图 2.9.5　背景模糊效果

小提示：

“模糊工具”具有类似喷枪可持续作用的特性，也就是说，鼠标在一个地方涂抹的时间越久，这个地方被模糊的程度就越强。

2.9.2　锐化工具

“锐化工具”的作用与“模糊工具”的相反，通过锐化图像边缘来增加清晰度，使模糊的图像变得清晰。“锐化工具”和“模糊工具”使用方法基本相同。

下面用案例说明锐化工具的另类使用方法。

①打开一幅素材图像，选择 Photoshop CC 2018 工具箱中的“锐化工具”，设置其属性栏中的参数（图 2.9.6），并勾选“对所有图层取样”。

图 2.9.6　属性栏中参数

②在 Photoshop CC 2018 图层面板中新建一个空白图层，如图 2.9.7 所示。

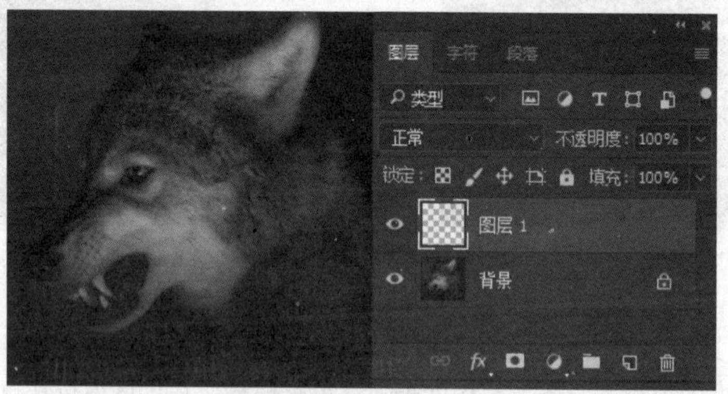

图 2.9.7　新建空白图层

③勾选“对所有图层取样”选项，调整笔头大小，在图像狼的头部按住鼠标左键来回涂抹；可在新建图层中看到涂抹过的图像区域，以方便后期进一步的调整（“模糊工具”也可以如此操作）。如图 2.9.8 所示。

④选择移动工具，移动狼头位置，制作群狼效果，如图 2.9.9 所示。

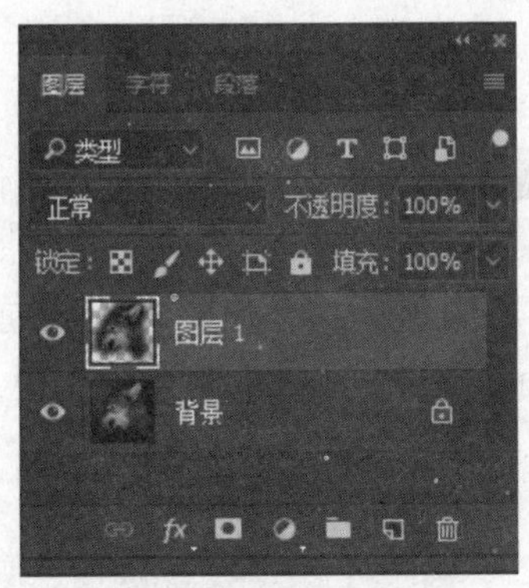

图 2.9.8 图层面板

图 2.9.9 锐化效果

2.9.3 涂抹工具

“涂抹工具”可以模拟手指绘图在图像中产生流动的效果，被涂抹的颜色会沿着拖动鼠标的方向将颜色展开。这款工具的效果有点儿类似于用刷子在颜料没有干的油画上涂抹，会产生刷子划过的痕迹。涂抹的起始点颜色会随着涂抹工具的滑动而延伸。涂抹工具的作用：①它可以用于颜色的过渡，笔触均匀，使画面干净整洁，提高精度。②可以快速、高效地画出毛发的质感。③可以快速完善特效效果。④可以用来微调结构，比如剪影、五官等。

案例 1 去掉图 2.9.10 中的白色污点。

①选择涂抹工具。

②在白色的污点上进行拖动，去掉白点，如图 2.9.11 所示。

图 2.9.10 原图

图 2.9.11 涂抹效果

案例 2

涂抹近乎一个液化的过程，可以用来改变一个图形的形状。下面涂抹图 2.9.12 所示的水草：用涂抹工具涂抹水草，如图 2.9.13 所示，得到水中倒影效果。

图 2.9.12 素材图片

图 2.9.13 倒影效果

案例3

①打开一幅素材图像，如图2.9.14所示。

②选择Photoshop工具箱中的“涂抹工具”，在Photoshop涂抹工具属性栏中设置合适的笔触大小，设置强度为20。

③在Photoshop图像窗口中，在人物嘴角处由下向上涂抹，使嘴角达到向上翘的效果；在嘴唇上涂抹，使嘴唇变得光滑，如图2.9.15所示。在Photoshop磨皮操作中，涂抹工具很有用。

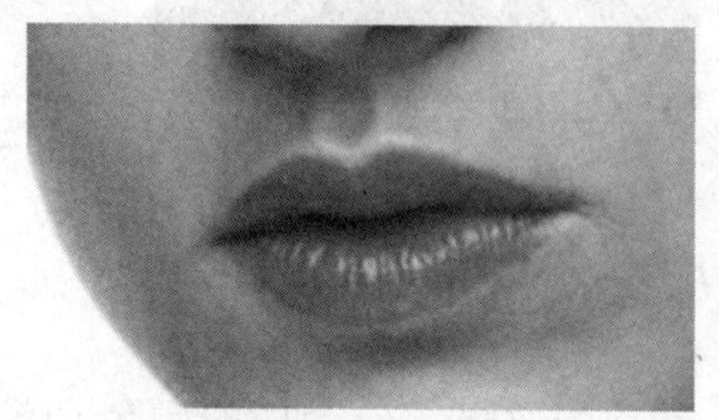

图2.9.14　素材图像

扫码查看彩图效果

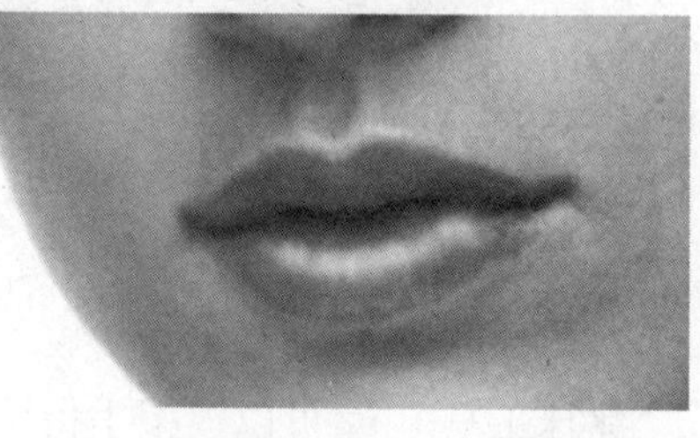

图2.9.15　嘴唇光滑及嘴角上翘效果

扫码查

彩图效

小提示：

虽然锐化和模糊看起来是一对相反的操作，但是不能用它们互补。模糊过度或者锐化过度时，如果使用锐化或模糊工具进行弥补，只会越弄越糟。如果出现操作过度的情况，最好的方法是恢复到原图重新操作。

2.10　编辑图像

2.10.1　移动与复制图像

1. 移动图像

“移动工具”用于选择、拖动图层中的图像或文字，或图层中的整个图像。可以配合一些快捷键使用，如Alt键，可以复制所需的图像。

在使用“移动工具”时，可以对如图2.10.1所示工具属性栏进行设置。

自动选择： 图层　显示变换控件

图2.10.1　“移动工具”属性栏

①“自动选择”选项。单击窗口中的图像，图像便会被自动选中，且在图层面板中，图像所在图层被选中，否则，需要先选中图层面板中图层，才可以选中该图层中的图像。

②“显示变换控件”选项。选中该选项，选中的对象四周出现调整框，可以实现“自由变换工具”的功能。

③“顶对齐”按钮、“垂直居中对齐”按钮、“水平居中对齐”按钮、“右对齐”按钮。用于设置当前图层中的图像和与其相链接图层中图像的分布方式（3个链接图层以上才有效），分别表示按顶端、垂直居中、底端、左端、水平居中和右端对齐。

④“自动对齐图层”按钮。该选项用于自动排列图层分布。

要移动图像，首先必须选取要移动的图像区域，然后用鼠标指针将选区拖动到其他位置即可。

2. 复制图像

可使用“复制”与“粘贴”命令来复制选区内的图像；将图像移到其他图像窗口中也属于复制图像的一种方法；在利用图层面板也可以复制图像，在后面的章节中将具体介绍。

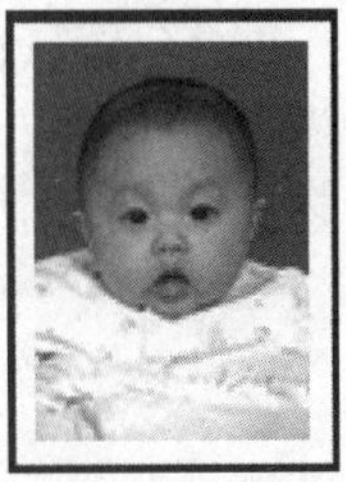

【案例】一寸照片排版。

①用 Photoshop 打开准备好的图片，选取“裁切工具”，在“裁切工具”选项栏中输入固定宽度 2.5 cm、高度 3.5 cm，所得一寸照片如图 2.10.2 所示。

图 2.10.2　素材照片

②仅一张是不够的，为了降低成本，通常都是一版几张的。比如，一般 5 寸相纸可以排下 10 张这样的 1 寸照片。在新生成的单张标准照激活的情况下，单击菜单“选择”→“全选”、“编辑”→“拷贝”或按快捷键 Ctrl + C，把刚才的标准照复制在剪贴板上以备后用。

③新建图像文件，指定要用的纸张大小：5 寸像纸（8.9 cm × 12.7 cm），300 dpi，RGB 模式。

④选择“编辑”→“拷贝”或按快捷键 Ctrl + V，将上一步放在剪贴板上的图像多次粘贴到新建的图像中，每粘贴一次，会产生一个新的图层，共生成 10 个图层，如图 2.10.3 所示。

⑤拖动图层 1 的照片放到画布的左端，拖动图层 5 的照片放到画布的右端，如图 2.10.4 所示。

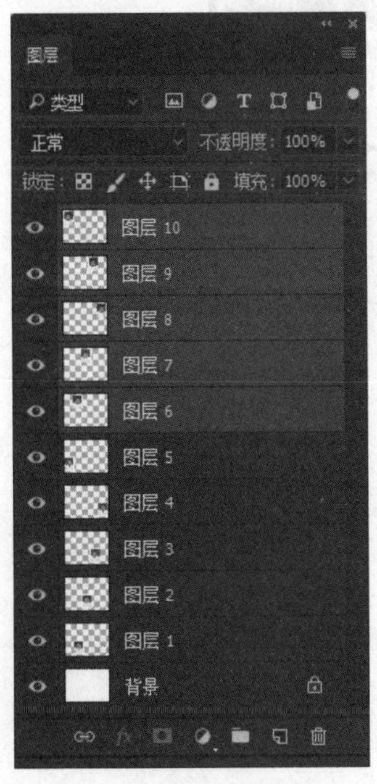

图 2.10.3　图层面板

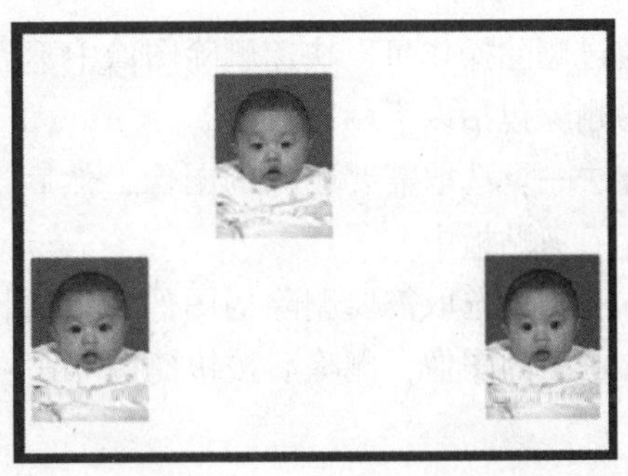

图 2.10.4　效果（1）

⑥按住 Shift 键，单击图层1~图层5，选中5个图层，单击“移动工具”属性栏“底对齐”按钮和“水平居中分布”按钮，让5个图层中的照片靠底部水平平均排列，如图2.10.5所示。

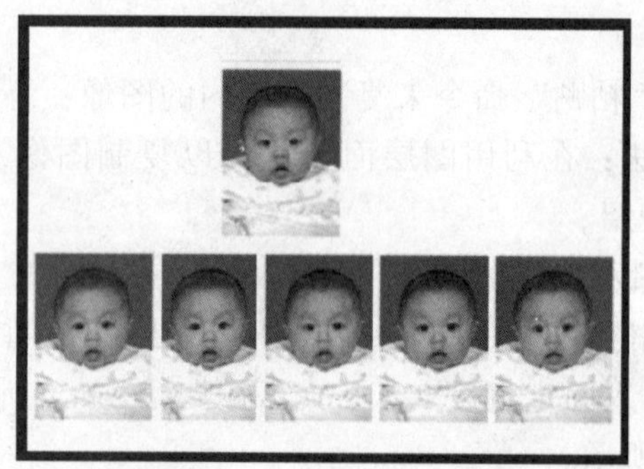

图2.10.5　效果（2）

⑦拖动图层6的照片放到画布的左端，拖动图层10的照片放到画布的右端，按住Shift键，单击图层6~图层10，选中5个图层，单击“移动工具”属性栏“顶对齐”按钮和“水平居中分布”按钮，让5个图层中的照片靠顶部水平平均排列，如图2.10.6所示。

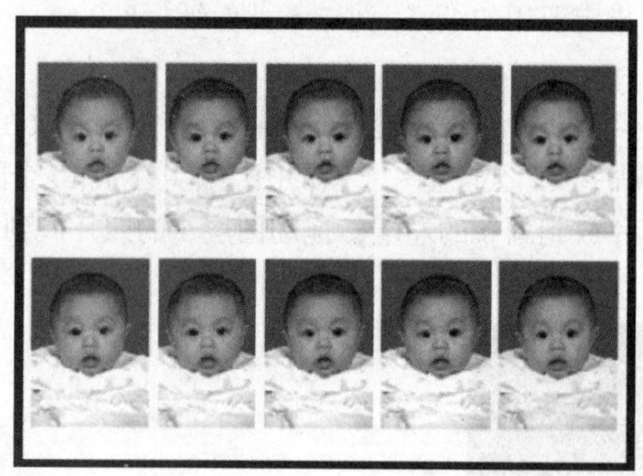

图2.10.6　最终效果

⑧单击菜单“图层”→“合并可见图层”，这样就在一张5寸相纸上排好了多张1寸的标准照。

2.10.2　删除图像

通过删除操作可以快速删除图像中不需要的部分，从而减小文件大小，提高工作效率。图像的删除包括以下两种方法。

方法一：选取需要删除的图像，然后选择“编辑”→“剪切”命令，可以将图像删除并且存入剪贴板中。

方法二：选取需要删除的图像，再选择“编辑”→“清除”命令或者按Delete键，可删除选区中的图像，删除后按快捷键Ctrl+D取消选区。

2.11　工作场景实施

2.11.1　场景一：改变画面对象

要求：用“修复画笔工具”去除照片中后排的人群，并用“修复画笔工具”给背景添加楼房（窗户）。

①在 Photoshop 中打开一张需要修复的素材图片，如图 2.11.1 所示。

图 2.11.1　素材

②选择工具栏中的“修复画笔工具”，工具属性栏设置如图 2.11.2 所示。根据要去除对象的大小设置画笔大小，“源”选择“取样”。

图 2.11.2　“修复画笔工具”属性栏

③画笔设定好后，在图片上，鼠标变成了一个圆圈。按 Alt 键，在图中后面路口的人群空隙处单击取样，再单击人（需要去除的地方反复单击即可），直到污点或者要去除的对象没有了即可。效果如图 2.11.3 所示。为了让涂抹后的地方和周边融为一体，再取样窗户，把刚才去除人群的地方填上楼房（窗户），做好后的效果如图 2.11.4 所示。

图 2.11.3　去除人群效果

图 2.11.4　添加楼房效果

2.11.2　场景二：破损照片修复

①打开要处理的破旧的老照片，如图2.11.5所示。

②按快捷键Ctrl+J复制一层，选择工具栏中的“修补工具”，按住鼠标左键拖动，圈选有破损或者有污迹的地方，如图2.11.6所示。

图2.11.5　原图

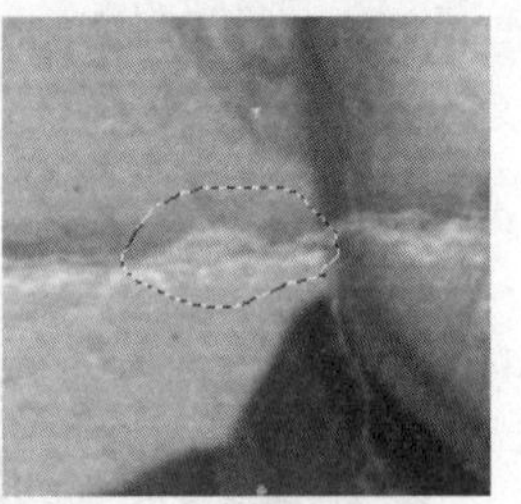

图2.11.6　选取污迹

③将选中的地方拖拽到附近没有太多缺陷的地方，然后松开鼠标。这里要注意的是，有明显轮廓的地方要注意匹配好（破损图和修复图在位置、透视关系等方面保持一致）。如图2.11.7所示。

④也可以换种方法来进行图片的修补操作。用“多边形套索工具”得到选区，执行菜单命令“编辑”→“填充”，在“内容”选项中选择“内容识别”，如图2.11.8所示。

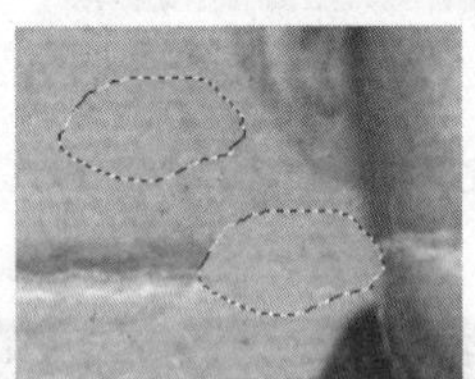

图2.11.7　修补效果（1）

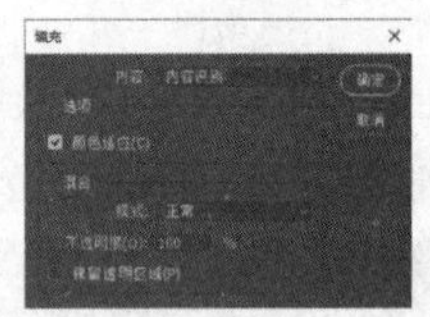

图2.11.8　利用“内容识别”进行修补

⑤在人物的下巴处用仿制图章工具进行处理，按Alt键在下巴附近好的皮肤处进行采样，再到破损的地方进行复制操作。用同样的方法继续修复有破碎或污迹的地方，直至满意为止，如图2.11.9所示。

⑥单击图层面板下方“创建新的填充或调整图层”，在弹出的列表中打开“色阶”对话框，如图2.11.10所示。调整整体色阶，效果如图2.11.11所示。

图2.11.9　修补效果（3）

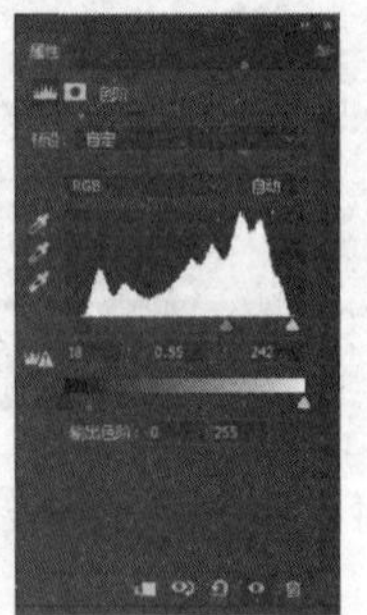

图2.11.10　调整色阶

⑦选中色阶图层的蒙版，单击“画笔工具” ，调整好画笔参数，在蒙版上涂抹，如图 2. 11. 12 所示。

图 2. 11. 11 色阶效果

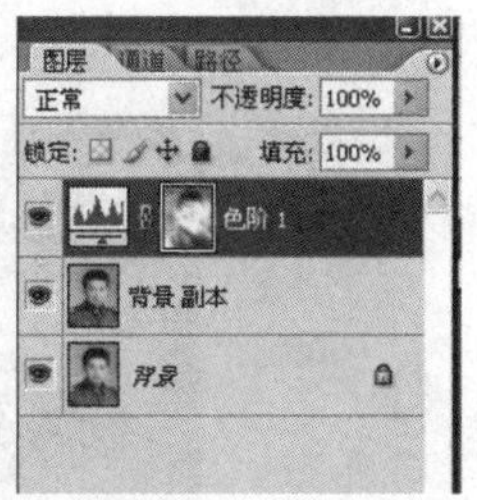

图 2. 11. 12 图层面板

⑧选中“色阶 1”图层和背景副本，按快捷键 Ctrl + E 合并图层，单击图层面板下方的“创建新的填充或调整图层” 按钮，创建“色相/饱和度”调整图层，出现“色相/饱和度”属性对话框，对其进行调整，如图 2. 11. 13 所示。

⑨修复好的照片最终效果如图 2. 11. 14 所示。

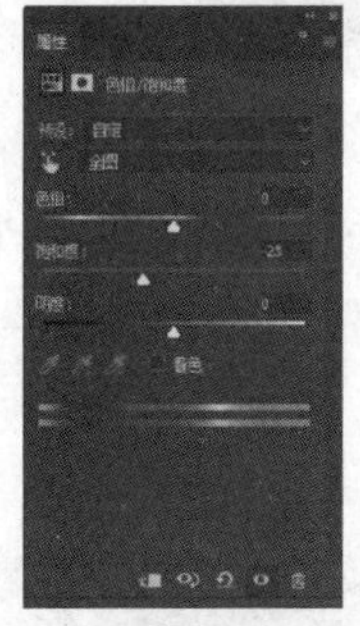

图 2. 11. 13 调整“色相/饱和度”

图 2. 11. 14 最终效果

2. 11. 3 场景三：质感照片设计

要求：利用滤镜、图层混合模式等工具，将一张图片修饰成具有粗糙质感的照片。

①在软件中打开“粗糙质感照片修饰素材”。按快捷键 Ctrl + J 复制图层，将新建图层的混合模式改成“强光”，如图 2. 11. 15 所示。

图 2. 11. 15 修改图层混合模式

②执行“滤镜”→“其他”→“高反差保留”菜单命令，在打开的“高反差保留”对话框中，一边观察预览窗口一边调整参数，只要图像的色温与原图相差不多即可，如图2.11.16所示。

图2.11.16 设置“高反差保留”参数

③按快捷键Ctrl+Alt+Shift对所有图层进行盖印操作，得到一个名为图层1的具有综合效果的新图层。将图层1的图层混合模式改为“强光”。执行“滤镜”→“锐化”→“USM锐化”菜单命令，在打开的菜单中，参数设置如图2.11.17所示，将数量值设置为199%，半径设置为2像素。

图2.11.17 添加锐化效果

④单击图层面板中的“创建新图层”按钮，新建一个名为“图层2”的图层。单击图层面板上的“创建新的填充或调整图层”按钮，选择“色相/饱和度”，数值设置如图2.11.18所示。将图层2的图层不透明度改为71%。

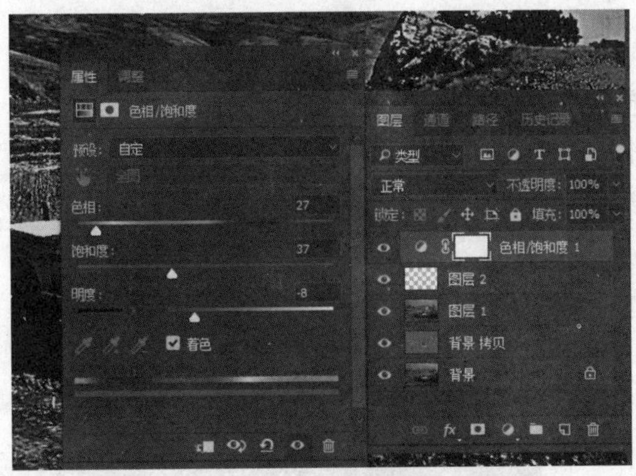

图 2.11.18 添加调整图层

⑤现在为图像增加一些噪点，可以使图像显得更加沧桑与粗糙。单击图层面板中的“创建新图层”按钮，新建一个名为“图层3”的图层。执行“编辑”→“填充”菜单命令，在打开的对话框中选择50%不透明度，如图2.11.19所示。将图层3的图层混合模式改为“强光”。执行“滤镜”→“杂色”→“添加杂色”菜单命令，如图2.11.20所示。

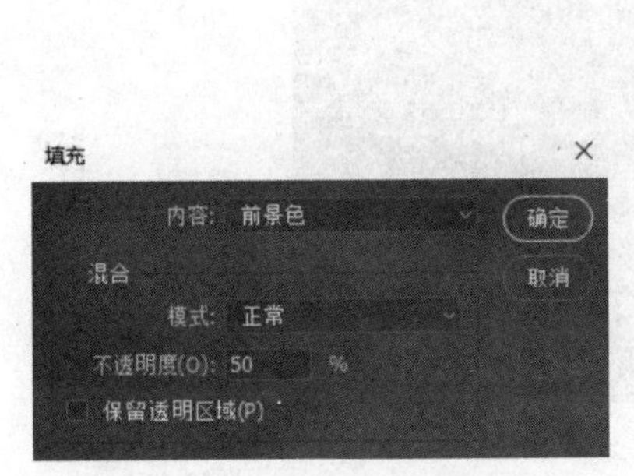

图 2.11.19 添加灰色

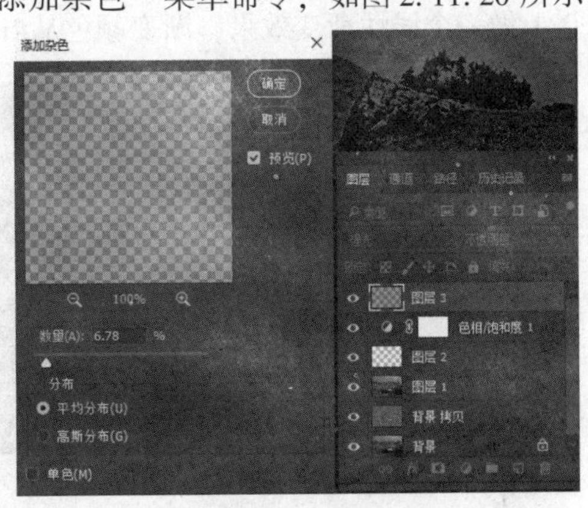

图 2.11.20 添加杂色

⑥最终效果如图2.11.21所示。

图 2.11.21 粗糙质感照片

2.11.4 场景四：壁纸绘制

要求：利用钢笔工具、图层蒙版等工具绘制壁纸。

①新建一个文件，在弹出的“新建”对话框中，设置“宽度”为1 920像素，“高度”为1 080像素，“分辨率”设置为300像素/英寸，设置完成后单击“创建”按钮进行确认，如图2.11.22所示。

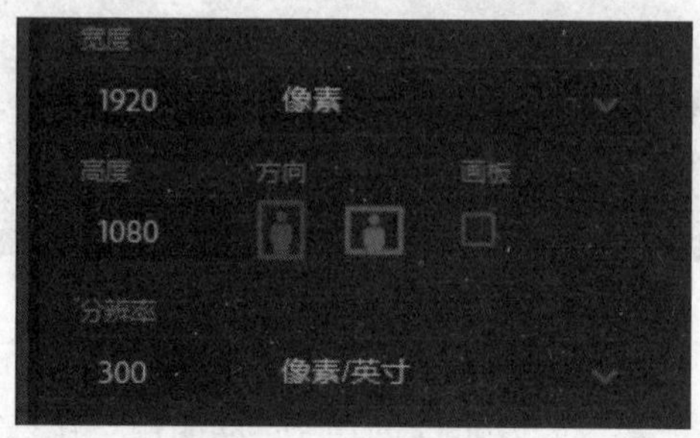

图2.11.22 新建文件

②双击背景图层，使其变成普通图层，名为“图层0”。单击工具栏上的渐变工具，在图层0上做一个线性渐变效果，渐变颜色从#1db7f1到#052ea3，如图2.11.23所示。

图2.11.23 创建参考线

③单击图层面板“创建新图层”按钮，新建一个名为“图层1”的图层。单击工具栏上的椭圆选框工具，在图层1上拉出椭圆选区，如图2.11.24所示。

图2.11.24 绘制椭圆选区

④执行“选择”→“修改”→“羽化”命令，羽化值设置为240像素。在选区内填充颜色值为##B4ECFD的颜色，将图层1的不透明度改为80%。效果如图2.11.25所示。

图2.11.25　对羽化选区填充颜色

⑤单击图层面板“创建新图层”按钮，新建一个名为“图层2”的图层。单击工具栏上的椭圆选框工具，在图层1上拉出椭圆选区，如图2.11.26所示。

图2.11.26　添加椭圆选区

⑥执行“选择”→“修改”→“羽化”命令，羽化值设置为240像素。在选区内填充颜色值为##052DA3的颜色。效果如图2.11.27所示。

图2.11.27　为选区填充颜色

⑦新建一个图层，命名为“彩带1”。用钢笔工具勾出路径，如图2.11.28所示。在路径面板上，选择“将路径作为选区载入”按钮，将路径转换为选区。为选区填充颜色值

为#63D4F6，如图 2. 11. 29 所示。

图 2. 11. 28　绘制路径

图 2. 11. 29　填充颜色

⑧选择名为“彩带 1”的图层，将图层的不透明度改为 40%。在图层面板上单击“添加图层蒙版”按钮，利用黑色画笔在图层蒙版上进行涂抹，隐藏彩带的左侧，如图 2. 11. 30 所示。

图 2. 11. 30　添加图层蒙版

⑨复制“彩带 1”图层，将图层的不透明度改为 30%。在图层面板上单击“添加图层蒙版”按钮，利用黑色画笔在图层蒙版上进行涂抹，擦出明暗效果，如图 2. 11. 31 所示。

图 2. 11. 31　涂出明暗

⑩按住 Ctrl 键，单击“彩带 1”的图层缩览图，得到图层的选区。新建一个名为“图层 3”的图层，将前景色设置为白色，用画笔在选区上涂抹，制作边缘高光效果，如图 2. 11. 32 所示。

图 2. 11. 32　涂出高光

⑪单击图层面板“创建新图层”按钮 ，新建一个名为图层 4 的图层。利用钢笔工具画出路径，按 Enter 键得到选区，如图 2. 11. 33 所示。

图 2. 11. 33　得到选区

⑫为选区填充颜色#63D4F6。按快捷键 Ctrl + D 取消选区。将图层 4 的图层不透明度设置为 30%。为图层 4 添加图层蒙版，在图层蒙版上用黑色画笔涂抹去不需要显示的部分，如图 2. 11. 34 所示。

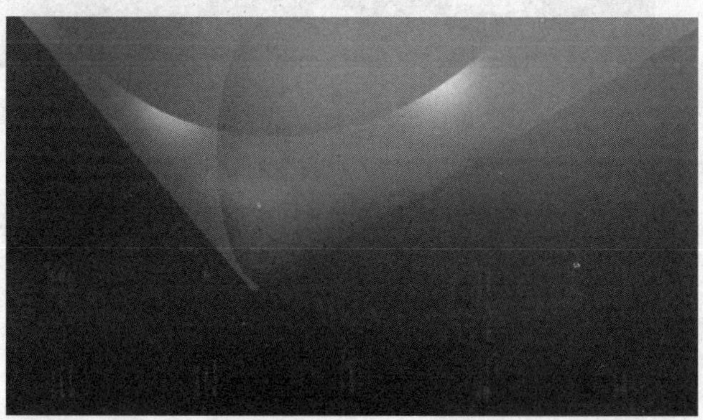

图 2. 11. 34　修改选区

⑬采用同样方法绘制出其他光带，如图 2. 11. 35 所示。

图 2. 11. 35　绘制其他光带

⑭效果如图 2. 11. 36 所示。

图 2. 11. 36　壁纸效果

2. 12　工作实训营

2. 12. 1　训练实例

1. 训练内容

①将图 2. 12. 1 所示旧照片修复，以 JPEG 格式保存。

②将图 2. 12. 2 所示的斜照片用裁剪工具拉正。

图 2. 12. 1　旧照片素材

图 2. 12. 2　斜照片素材

③将图 2. 12. 3 所示的风景照片中的帽子和浴巾去除。

图 2. 12. 3　风景照片素材

④将图 2. 12. 4 所示的风景照片中的花朵用锐化工具涂清晰，背景用模糊工具涂模糊，效果如图 2. 12. 5 所示。

图 2. 12. 4　素材

图 2. 12. 5　效果图

2. 训练要求

照片修饰涉及的内容很多，要求能对不同类型的照片选取不同的修饰工具进行修饰，并且修复不留痕迹。

2. 12. 2　工作实践中常见问题解析

【常见问题 1】 修图主要修什么？

答：①处理掉画面多余的部分。

一般情况下，在前期拍摄时都会尽量避免多余、杂乱的元素，如垃圾桶、杂乱的树干等，这些元素一旦摄入画面中，就会使画面不和谐，但如果前期因某些客观因素无法避免这些元素，在后期必须把它们修掉。

②突出照片的氛围。

一张照片给人的感觉好不好，有很大一部分取决于它所呈现的色彩感觉。后期修图调色，其实也就是增加照片的氛围，使画面的对比更突出，更有感觉。

③弥补拍摄时客观环境的不足。

不是每次拍摄时天气都能如你所愿，因此，弥补客观环境的不足也是很重要的后期部分。比如，更换天空，就是很常见的手法。

【常见问题 2】 人物面部美化要注意什么？

答：人物面部要注意眼睛大小是否一致，有没有眼袋、黑眼圈、皱纹及痘痘等。整体上要看有没有穿帮的细节。

工作实训

1. 将习题图 1 所示画面中遮住椅子的垂柳去掉。
2. 将习题图 2 所示画面中的一束气球变成两束，并摆放到合适位置。

第 2 章习题图 1　素材

第 2 章习题图 2　素材

第 3 章

创建和编辑选区

本章要点

➢ 熟悉 Photoshop CC 2018 选框工具的创建规则。
➢ 学习选区的增减、相交等运算和羽化操作。
➢ 熟练使用套索工具、魔棒工具、快速选择工具创建选区。
➢ 掌握移动、扩展、扩边、收缩及平滑选区的操作方法。
➢ 熟悉对选区进行变形、对选区图像进行变形操作。
➢ 熟练使用色彩范围抠取头发或毛茸茸的宠物。

技能目标

➢ 掌握在 Photoshop CC 2018 中创建和编辑选区的方法。
➢ 熟练掌握创建图像选区的各种工具的使用方法。

引导问题

➢ 什么是选区？为何说选区很重要？
➢ 有哪些方法能创建和编辑选区？
➢ 创建选区有哪些技巧？
➢ 抠取头发或毛茸茸的宠物时，用什么方法快捷？

【工作场景一】杯贴图案

利用创建选区、复制及粘贴图像等基本操作方法和技巧为杯子添加图案，效果如图 3. 0. 1 所示。

图 3. 0. 1　为杯子添加图案效果图

扫码查看
彩图效果

【工作场景二】绘制笑脸

利用选区等工具绘制笑脸。效果如图 3. 0. 2 所示。

图 3. 0. 2　笑脸效果图

扫码查看
原图

【工作场景三】水珠制作

利用创建选区及选区运算制作水珠。效果如图 3. 0. 3 所示。

扫码查看
彩图效果

图 3. 0. 3　水珠

3. 1　创建选区

选区就是选择区域，选区从大的角度分为 3 类：选区工具、路径工具和通道，选区工具又细分为“选框工具”“套索工具”“魔棒工具”和“色彩范围”命令。选区在 Photoshop 图像文件的编辑过程中有着非常重要的作用。显示选区时，表现为有浮动的虚线，也称为蚁形线。当图像文件窗口中存在选区时，用户进行的编辑或绘制操作都将只影响选区内的图像，而对选区外的图像无任何影响。

3. 1. 1　使用选框工具创建

选框工具用于建立简单的几何形状选区。Photoshop CC 2018 提供了 4 种选框工具，包括“矩形选框工具”■、“椭圆选框工具”■、“单行选框工具”■和“单列选框工具”■，分别用于创建矩形、椭圆、单行和单列选区。选框工具如图 3. 1. 1 所示。

图 3.1.1　选框工具

1. 矩形选框工具

“矩形选框工具” 在选区工具中较为常用，使用“矩形选框工具”创建选区时，在起始点按住鼠标左键不放，然后向任意方向拖动就可以创建矩形选区。

2. 椭圆选框工具

利用“椭圆选框工具” 可以在图像中创建椭圆或正圆选区。

小提示：

对于单个选区而言，当需要创建正方形或者圆形选区时，只需在选定工具后按住 Shift 键的同时拖动鼠标即可。按住快捷键 Shift + Alt，则以鼠标的起始点为圆心或正方形的中心绘制圆或正方形。对于多个选区而言，按 Shift 键是选区相加，按 Alt 键是选区相减，按快捷键 Shift + Alt 是选区相交。这 3 个快捷键对“套索工具”和“魔棒工具”都适用。

3. 单行/单列选框工具

在选框工具的右键菜单中，选择“单行选框工具”命令 或“单列选框工具”命令 ，在图像上单击，可以建立一个只有 1 像素高度的水平选区或 1 像素宽度的垂直选区。单行/单列选框工具常用来制作网格。

“选框工具”的属性栏如图 3.1.2 所示。以“矩形选框工具”属性栏说明各参数的含义。

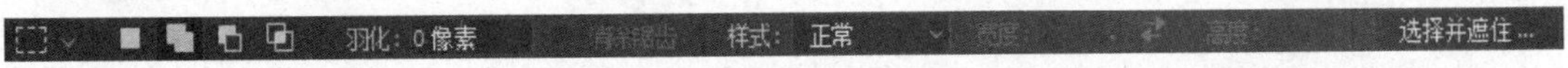

图 3.1.2　“选框工具”的属性栏

• “羽化”：此选框用于设置选区的羽化属性。羽化选区可以模糊选区边缘的像素，产生过渡效果。羽化宽度值越大，则选区的边缘越模糊，选区的直角部分也将变得圆滑。这种模糊会使选定范围边缘上的一些细节丢失。在羽化后面的文本框中可以输入羽化数值，来设置选区的羽化功能。

• “消除锯齿”：勾选此复选框后，选区边缘的锯齿将消除。此选项只有在“椭圆选框工具”中才能使用。

• “样式”：在 Photoshop CC 2018 中，此选项用于设置选区的形状。单击右侧的三角按钮，打开下拉列表框，可以选取不同的样式。其中，“正常”选项表示可以创建不同大小和形状的选区；“固定比例”选项可以设置选区宽度和高度之间的比例，并可在其右侧的“宽度”和“高度”文本框中输入具体的数值；若选择“固定大小”选项，表示将锁定选区的长宽比例及选区大小，并可在右侧的文本框中输入一个数值。

样式下拉列表框仅当选择矩形和椭圆形选框工具后可以使用。

小提示：

Photoshop上下文提示功能如图3.1.3所示，在绘制或调整选区或路径等矢量对象，以及调整画笔的大小、硬度、不透明度时，将显示相应的提示信息。是否需要显示该提示信息，可以通过“编辑”→“首选项”→“工具”的选项设置，选择“总不”来取消提示，如图3.1.4所示。

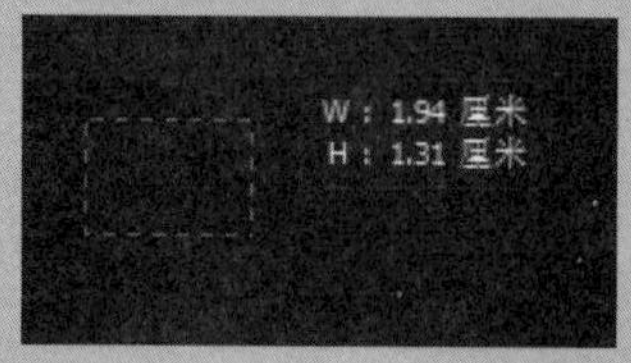

图3.1.3　上下文提示功能

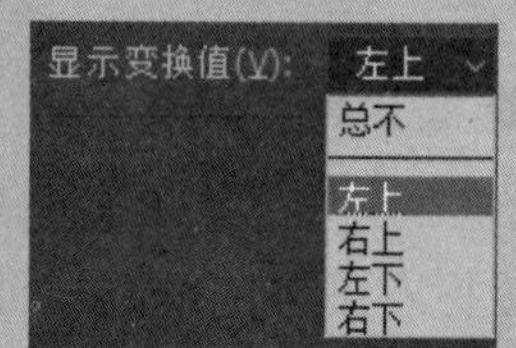

图3.1.4　上下文提示功能设置

3.1.2　使用套索工具创建

使用套索工具可以绘制出不规则的选区，包括“套索工具”、“多边形套索工具”和“磁性套索工具”，如图3.1.5所示。

图3.1.5　套索工具组

1. 套索工具、多边形套索工具

• “套索工具”：用于创建自由形状的选区。将鼠标指针移至图像窗口，鼠标指针将变成形状，按住鼠标左键不放，沿着要选取的图像边缘拖动即可，如图3.1.6所示。

• “多边形套索工具”：用于建立规则的多边形选区，一般用于选择一些较复杂的，棱角分明，边缘呈直线的选区。将鼠标指针移至图像窗口，鼠标指针变成形状，按住鼠标左键，然后沿着需要选取的图像边缘移动鼠标，每当遇到转折点时单击。当鼠标指针移至起始点时，指针变为形状，单击即可闭合选取区域，完成对图像的精确抠取（无论拖出的是一条非闭合曲线还是闭合区域，松开鼠标左键后，双击左键都可以创建一个闭合选区），如图3.1.7所示。

图3.1.6　“套索工具”创建选区示例

图3.1.7　“多边形套索工具”创建选区示例

小提示：

用“多边形套索工具”选取图像时，按住 Shift 键可以水平、垂直或者 45°方向选取线段。在没结束选取前，按 Delete 键可以删除最近选取的一条线段。结束选取后，如果在背景图层下，按 Delete 键删除选区内容，将调用“填充”对话框给选区填充；如果是普通图层，则删除选区图像。

任意一种套索工具，如果想退回前一步，可以按 Backspace 键（退格键）。

2. 磁性套索工具

“磁性套索工具”常用于图像与背景反差较大、形状较复杂的图像选取。该工具能自动捕捉复杂图形的边缘，自动紧贴图像对比最强烈的地方，像磁铁一样具有吸附功能。当经过对比度不强的图像区域时，可单击添加落点，当鼠标指针返回到起始点时，鼠标指针变为形状，单击闭合选取区域，完成对图像的精确抠取；如果鼠标指针没有返回到起始点，想创建一个闭合区域，则双击，系统自动把起始点和双击处连接成封闭区域。按 Delete 键或 Backspace 键删除最近一条线段，按 Esc 键取消已有选区。“磁性套索工具”创建选区示例如图 3. 1. 8 所示。

图 3. 1. 8　“磁性套索工具”创建选区示例

“磁性套索工具”属性栏如图 3. 1. 9 所示。各参数说明如下。

羽化：0 像素　消除锯齿　宽度：10 像素　对比度：10%　频率：57　选择并遮住...

图 3. 1. 9　“磁性套索工具”属性栏

• “羽化”：此选框用于设置选区的羽化属性。羽化选区可以模糊选区边缘的像素，产生过渡效果。羽化宽度越大，则选区的边缘越模糊，选区的直角部分也将变得圆滑，这种模糊会使选定范围边缘上的一些细节丢失。在羽化后面的文本框中可以输入羽化数值，以设置选区的羽化效果（取值范围是 0 ~ 250 px）。

• “消除锯齿”：勾选此复选框后，选区边缘的锯齿将消除。

• “宽度”：此选项指进行磁性套索时，它所捕捉的范围的大小，单位为像素。比如，当输入一个数字为 10，那么磁性套索工具只会寻找 10 个像素距离之内的物体边缘。数字越大，表示寻找的范围越大，所以对于大边界的东西，可以把值调大，对于多轮廓的东西，可以把值调小。

• “对比度”：此选项用于指定索套对图像边缘定位的灵敏度，可根据对象边缘清晰度设置。如果边缘非常鲜明，可以把值调高；反之，就把值调小（例如，一个 RGB（23，45，88）的图在 RGB（23，45，92）背景图片中，要选取前者，要将对比度设得更小，它才能识别，否则锚点就会乱跑）；如果图片的内容好选中，可将宽度值设大，对比度值设大。

• “频率”：此选项用于设置套索创建节点的频率（速度），套索上节点出现的频率越大，节点越多。适用于一些精细的抠图。

3.1.3 使用“魔棒工具”

1. 魔棒工具

“魔棒工具”是依据图像颜色进行选取的工具，可以选取颜色相同或相近的图像区域。选取时，只需在颜色相近的区域单击即可。

“魔棒工具”属性栏如图 3.1.10 所示。各参数说明如下。

取样大小：取样点 容差：32 消除锯齿 连续 对所有图层取样 选择并遮住...

图 3.1.10 “魔棒工具”属性栏

• 取样大小：工具取样的最大像素数目。默认为取样点。还可以选择 3×3 平均、5×5 平均、11×11 平均、31×31 平均、51×51 平均、101×101 平均等。比如 3×3 平均，就是 3 个像素乘 3 个像素那么大。

• 容差：“容差”是影响 Photoshop CC 2018 魔棒工具性能的重要选项，用于控制色彩的范围，数值越大，可选的颜色范围就越广。其用于设置选取的颜色范围的大小，参数设置范围为 0~255。输入的数值越高，选取的颜色范围越大；输入的数值越低，选取的颜色与单击鼠标处图像的颜色越接近，范围也就越小。将容差值分别设置为较大值和较小值。选区效果对比如图 3.1.11~图 3.1.13 所示。

• 清除锯齿：用于消除选区 Photoshop CC 2018 边缘的锯齿。

• 连续：选中该复选框，可以只选取相邻的图像区域；未选中该复选框时，可将不相邻的区域也添加入选区。勾选“连续”复选框和没有勾选“连续”复选框获取选区后的对比如图 3.1.12 和图 3.1.13 所示。选中“连续”复选框，单击图像，可见没有和单击处连接的地方没有被选中。取消选择“连续”复选框，单击图像，可见没有和单击处连接的地方也被选中。

• 对所有的图层取样：当图像中含有多个图层时，选中该复选框，将对所有可见图层的图像起作用；没有选中时，Photoshop CC 2018 魔棒工具只对当前图层起作用。

图 3.1.11 容差值为 10 时的连续选区

图 3.1.12 容差值为 70 时的连续选区

图 3.1.13　容差值为 70 时的不连续选区

小提示：

使用“魔棒工具”时，根据单击图像中的位置不同，会得到不同的选取结果。另外，在原有选区的基础上，还可按住 Shift 键，用“魔棒工具”多次在图像中单击来扩大选取范围。按 Alt 键缩小选取范围，如果要取消当前的选取范围，则可选择“选择”→“取消选择”命令，或者按快捷键 Ctrl + D。

拓展：在“选择”菜单中有“扩大选取”命令和“选取相似”命令，它们是用来扩大选择范围的，并且和“魔棒工具”一样，都根据像素的颜色近似程度来增加选择范围。选择范围是由“容差”选项来控制的，容差值在“魔棒工具”的工具属性栏中设定。

2. 快速选择工具

“快速选择工具”类似于笔刷，并且能够调整圆形笔尖大小来绘制选区。在图像中单击并拖动鼠标即可绘制选区。这是一种基于色彩差别但却是用画笔智能查找主体边缘的新方法。

“快速选择工具”属性栏如图 3.1.14 所示。各参数说明如下。

图 3.1.14　“快速选择工具”属性栏

• 选区方式：

3 个按钮从左到右分别是新选区、添加到选区、从选区减去。

没有选区时，默认的选择方式是新建；选区建立后，自动改为添加到选区；如果按住 Alt 键，选择方式变为从选区减去。

• 画笔：初选离边缘较远的较大区域时，画笔尺寸可以大些，以提高选取的效率；但对于小块的主体或修正边缘时，则要换成小尺寸的画笔。总体来说，大画笔选择快，但选择粗糙，容易多选；小画笔一次只能选择一小块主体，选择慢，但得到的选区边缘精度高。

更改画笔大小的简单方法：在建立选区后，按“]”键可增加快速选择工具画笔的大小；按“[”键可减小画笔大小。

• 自动增强：勾选此项后，可减小选区边界的粗糙度和块效应。即“自动增强”使选区向主体边缘进一步流动并做一些边缘调整。一般应勾选此项。

示例如图 3.1.15 所示。

图 3.1.15　使用“快速选择工具”创建选区示例

3.1.4　使用“焦点区域”命令创建选区

使用“焦点区域”可以轻松地选择位于焦点中的图像区域/像素。

下面用案例来说明参数的含义。

①打开素材图像，如图 3.1.16 所示。

②选取“选择”→“焦点区域”，出现“焦点区域”对话框，如图 3.1.17 所示。使用默认选项选择焦点区域，如图 3.1.18 所示。

图 3.1.16　素材

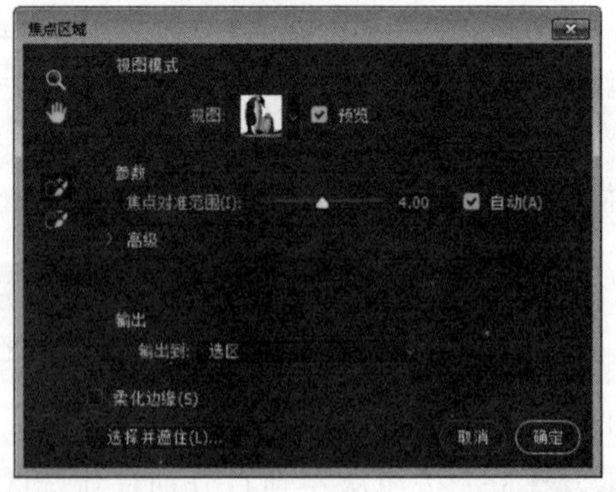

图 3.1.17　“焦点区域”对话框

“焦点对准范围”：调整“焦点对准范围”参数，以扩大或缩小选区。如果将滑块移动到 0，则会选择整个图像。但是，如果将滑块移动到最右侧，则只选择图像中位于最清晰焦点内的部分。

③ ：使用此画笔在选区中手动添加区域，如图 3.1.18 中的③所示。 ：手动移去区域，如图 3.1.18 中的①②④所示。修改区域后的效果如图 3.1.19 所示。

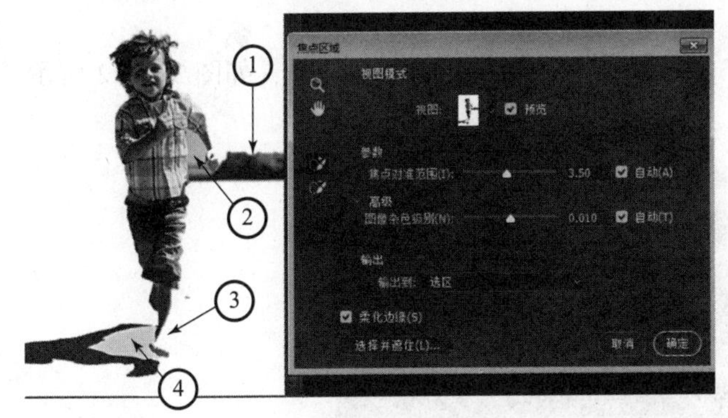

图 3.1.18　使用默认选项选择焦点区域效果

图 3.1.19　修改区域后的效果

④如果选择区域中存在杂色，则通过调整“高级”→“图像杂色级别”滑块控件进行控制。

注意：

可以为“焦点对准范围”和“图像杂色级别”选择“自动”选项。Photoshop 将自动为这些参数选择适当的值。

⑤对“焦点区域”选区进行更改时，可以随时切换“预览”选项，以查看原始图像。

⑥柔化边缘：如果需要，选择“柔化边缘”，以羽化选区边缘。

⑦输出：将选区调整到满意的效果之后，通过输出选项实现将选择选区的内容输出的位置。输出选项如图 3.1.20 所示。

⑧选项都设置好后，单击“确定”按钮。效果如图 3.1.21 所示。

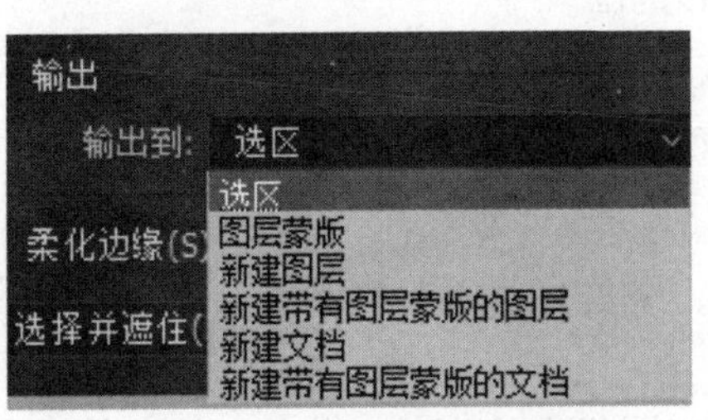

图 3.1.20　输出选项

图 3.1.21　输出选择“新建图层”效果

3.1.5　“色彩范围”命令创建

Photoshop 中的“抠图”是使用的比较多的一个功能。遇到复杂难抠的头发或毛茸茸的宠物，如果用抠图工具抠图，不仅会花费很多时间，而且无法抠出一张质量较好的照片，这时可用“色彩范围”抠图。“色彩范围”可以指定一个标准色彩或用吸管吸取一种颜色，然后在“容差”中设定允许的范围，则图像中所有在色彩范围内的色彩区域都将成为选择区域。

选择“选择”→“色彩范围”命令，打开“色彩范围”对话框，如图3.1.22所示。参数说明如下。

图3.1.22 “色彩范围”对话框

1. 选择

用于设置选区的创建方式。该选项右侧的下拉列表中包括取样颜色、红色、黄色、绿色、青色、蓝色、洋红、高光、中间调、阴影、肤色、溢色等命令。

选择这些命令，可以实现图形中相应内容的选择。比如，如果要选择图形中的高光区，可以选择“选择”右侧下拉列表中的“高光”项，然后单击对话框的“确定”按钮，即可选中图形中的高光部分。

①取样颜色：这是默认选项。可以将“吸管”（位于对话框右侧）放在文档窗口中的图像上，单击背景中的某一处区域，以选择颜色，此时，在“色彩范围”对话框中的“选区预览图”内会自动显示刚才选择的颜色的色彩范围。

如果要添加颜色，可以按下“添加到取样”按钮，然后在文档窗口中的图像的背景中选取颜色；如果要减去颜色，可以按下“从取样中减去”按钮，然后在文档窗口中的图像上选取要减去的颜色。

“取样颜色”可以配合“颜色容差”进行设置，颜色容差中的数值越大，则选取的色彩范围也就越大。

②红色、黄色、绿色、青色、蓝色、洋红：指定图像中的红色、黄色、绿色等成分的色彩范围。选择该选项后，“颜色容差”就会失去作用。

③高光：选择图像中的高光区域。

④中间调：选择图像中的中间调区域。

⑤阴影：选择图像中的阴影区域。

⑥肤色：选择图像中的皮肤颜色区域。

⑦溢色：该项可以将一些无法印刷的颜色选出来。但该选项只用于 RGB 模式下。

2. 检测人脸

如果图像中包含了人脸部分，勾选此项后，会自动显示出人脸部分。

3. 本地化颜色簇

如果在图像中选择多个颜色范围，则选中“本地化颜色簇”复选框将构建更加精确的选区。如果已选中“本地化颜色簇”复选框，则使用“范围”滑块来控制要包含在蒙版中的颜色与取样点的最大和最小距离。

例如，图像在前景和背景中都包含一束黄色的花，但只想选择前景中的花。对前景中的花进行颜色取样，并缩小范围，以避免选中背景中相似颜色的花。

4. 颜色容差

用于控制颜色的选择范围，该值越高，包含的颜色越广。

5. 选区预览图

在对话框的中间有一个选区预览图，它下面包含两个选项：

勾选“选择范围”时，预览区域的图像中，白色代表了被选择的区域，黑色代表了未选择的区域，灰色代表了被部分选择的区域（带有羽化效果的区域）。

如果勾选了“图像”，则预览区内会显示彩色图像，而没有选择区域的显示，所以一般不常用。

6. 选区预览

用于设置文档窗口中选区的预览方式。

选择“无”：表示不在文档窗口中显示选区。

选择“灰度”：在文档窗口中，可以按照选区在灰度通道中的外观来显示选区。

选择“黑色杂边”：在文档窗口中，可以在未选择的区域上覆盖一层黑色。

选择“白色杂边”：在文档窗口中，可以在未选择的区域上覆盖一层白色。

选择“快速蒙版”：在文档窗口中，可以显示选区在快速蒙版状态下的效果，此时，未选择的区域会覆盖一层宝石红色。

7. 载入/存储

单击“存储”按钮，可以将当前的设置状态保存为选区预设；单击“载入”按钮，可以载入存储的选区预设文件。

8. 反相

可以在选取范围和非选取范围之间切换。功能类似于菜单栏中的“选择”→“反向”命令。

> **小提示：**
>
> 如果在图像中创建了选区，则“色彩范围”命令只分析选区内的图像；如果要细调选区，可以重复使用该命令。

3.2　选区运算

在选取图像的过程中，经常需要在原有选区的基础上增加或减少选区，或者恰好需要选中两个选区的交叉部分。当选中某个选框工具后，在工具属性栏中有选区运算按钮，如图3.2.1所示。

图3.2.1　4个选区运算按钮

①“新选区”按钮▣。如果图像中已有选区，在图像中单击可以取消选区，直接新建选区，这是Photoshop默认的选择方式。

②“添加到选区”按钮▣。在原有选区的基础上，增加新的选区。按住Shift键也可以添加选区。

③“从选区中减去”按钮▣。在原有选区中，减去与新的选区相交的部分。如果新绘制的选区范围包含了已有选区，则图像中无选区；按住A1t键也可以从选区中减去。

④“与选区交叉”按钮▣。使原有选区和新建选区相交的部分成为最终的选择范围，如果新绘制的选区与已有选区无相交，则图像中无选区。

1. 增加选区

首先启动Photoshop CC 2018，打开素材，在图中创建一个矩形选区；然后单击“矩形选框工具”属性栏上的“添加到选区”按钮▣；将鼠标指针移至图像窗口区域内，在图像窗口中再拖出一个选区，如图3.2.2所示。

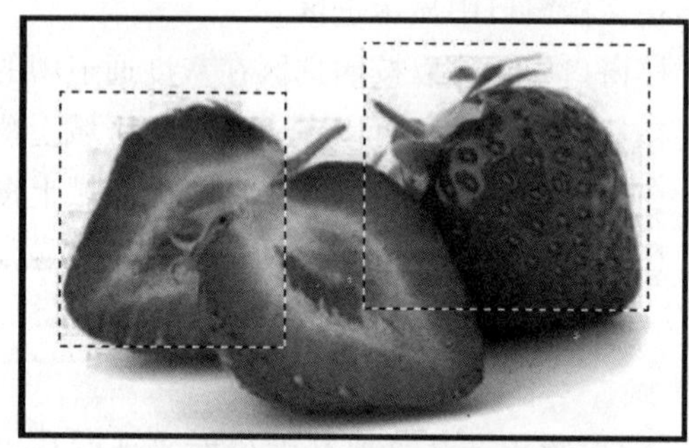

图3.2.2　添加选区

2. 删减选区

如果要在当前选区中减去一部分选区，可在原有选区的基础上，单击“从选区减去”按钮▣；然后将鼠标指针移至图像窗口区域内，再在原有选区上拖出一个选区，即可减去一部分选区范围，如图3.2.3和图3.2.4所示。

3. 选区的相交

如果只想选取两个选区中的交叉部分，可进行如下操作。

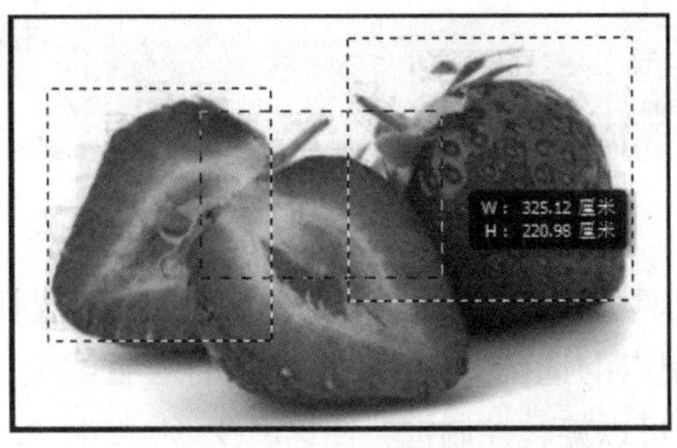

图 3.2.3　在左右矩形选区基础上去掉中间的矩形选区

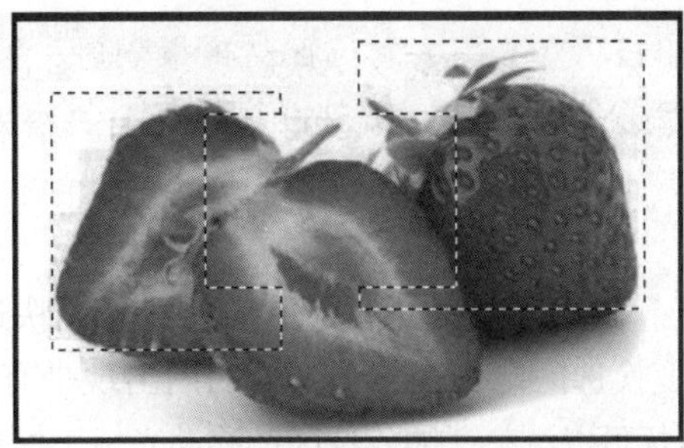

图 3.2.4　从选区减去后的区域

①在图 3.2.4 选区基础上，单击“与选区交叉”按钮，再在画面中拖出一个与原选区交叉的新选区，如图 3.2.5 所示。

②将只留下两个选区的交叉部分，如图 3.2.6 所示。

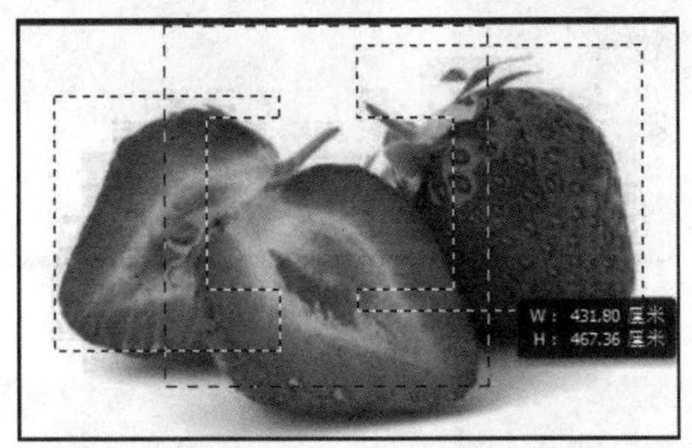

图 3.2.5　交叉选区

图 3.2.6　最终选区

3.3　选区编辑

选区和图像一样，可以移动、翻转、缩放和旋转，调整其位置和形状，得到需要的选区。

1. 选取选区

全选图像：单击“选择”→“全选”命令，或按快捷键 Shift + A，可以选择整幅图像或得到整幅图像选区。

反向选取：选区的反选，就是将当前图层中的选取区域和非选取区域进行互换。单击“选择”→“反向”命令，或按快捷键 Shift + Ctrl + I 实现。

取消选区：当不需要选区时，可以将其取消，单击“选择”→“取消选择”命令，或按快捷键 Ctrl + D 实现。

重选选区：使用“重新选择”命令可以载入/恢复之前的选区，单击“选择”→“重新选择”命令，或按快捷键 Shift + Ctrl + D 实现。

2. 移动选区

为了改变选区位置，需要移动选区，首先在工具栏中选择“移动工具”（或“魔棒工具”），然后移动光标至选区内，拖动即可。

小技巧：当需要对选区精确微调时，按方向键（↑、→、↓、←）可每次以1像素为单位移动选区，按住Shift键的同时再按方向键，则每次以10像素为单位移动选区。

3. 变换选区

创建选区后（注：小猫的选区用快速选择工具，用减去多余部分），单击“选择”→“变换选区”命令，选区的四周出现带有8个控制点的选区变换框，移动光标于框线上，拖动鼠标可以调整、缩放选区；移动光标于控制框外，可以旋转控制框，使选区变形，如图3.3.1所示。右击，在弹出的快捷菜单中选择不同的命令可以对选区进行相应的变换，如图3.3.2所示。

图3.3.1　变换选区快捷菜单

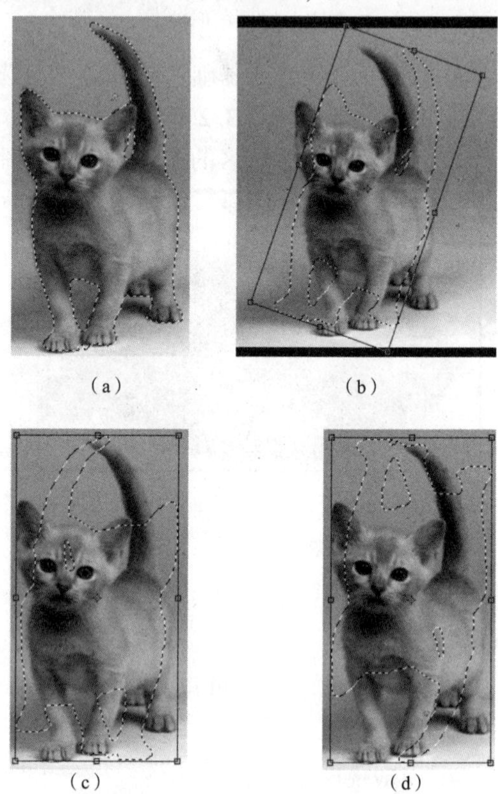

图3.3.2　变换选区

(a) 原选区；(b) 旋转后的选区；(c) 水平翻转的选区；(d) 垂直翻转的选区

①“缩放”命令。选择此命令可以调整选区中的图像的大小，若按住Shift键的同时拖动鼠标，可以按固定比例缩放选区中图像的大小。

②“旋转”命令。选择此命令可以对选区进行旋转变换。

③“斜切”命令。选择此命令可以使选区倾斜变换。

④“扭曲”命令。选择此命令可以任意拖动各节点对选区进行扭曲变换。

⑤“透视”命令。选择此命令可以拖动变换框上的节点，将选区变换成等腰梯形或等腰三角形等形状。

⑥“变形”命令。选择此命令只能对选区的一个顶角进行变形。

4. 变换选区图像

变换选区图像是指对已创建的选区及选区内图像进行移动、调整大小和变形等操作。

选择“编辑”→“自由变换”命令（快捷键为 Ctrl + T），此时选区周围会出现一个变换框，将鼠标指针移至任意一角上，当鼠标指针变成↖↘形状时，按住 Shift 键并拖动鼠标即可等比例缩放图像，其他变形操作同“变换选区”操作，如图 3.3.3 所示。

图 3.3.3　创建自由变换图像选区

5. 修改选区

“选择”菜单下的“修改”菜单提供的几个命令可以实现对选区的扩展、收缩、边界、平滑和羽化操作，如图 3.4.4 所示。

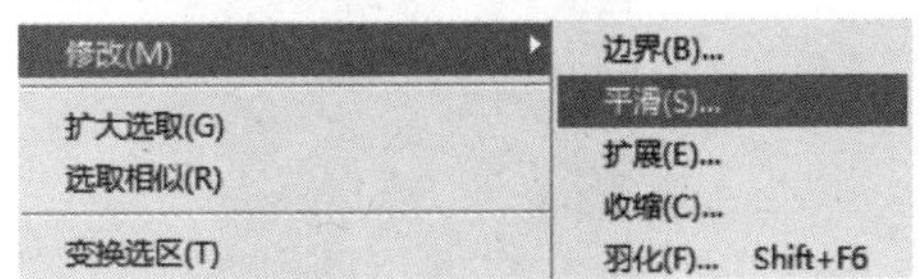

图 3.3.4　“修改”菜单

扩展：创建选区后，选择“选择”→“修改”→“扩展”命令可使选区的边缘向外扩大一定的范围（由“扩展量”参数决定扩展范围）。

收缩：选择“选择”→“修改”→“收缩”命令可将选区的范围向内缩小（由“收缩量”参数决定缩小范围）。

平滑：使用“平滑”命令可为选区的边缘消除锯齿，选择“选择”→“修改”→“平滑”命令，弹出“平滑选区”对话框。在“取样半径”数值框中输入 1 ~ 100 的整数，可以使原选区范围变得连续而光滑。

边界：指将原选区的边缘扩张一定的宽度。一般用于描绘图像轮廓的宽度。

羽化：通过扩展选区轮廓周围像素区域，达到柔和边缘效果。

小提示：

“扩展”命令与“边界”命令的不同之处是，“边界”命令是针对选区的边缘进行一个封闭的区域扩展，而“扩展”命令是将创建的整个选区向外扩展。

上述命令的效果分别如图 3.3.5 ~ 图 3.3.10 所示。

6. 存储选区和载入选区

（1）存储选区

通过“存储选区”命令保存复杂的图像选区，以便在编辑过程中再次使用。当创建选区后，选择“选择”→“存储选区”命令，或在选区上右键单击鼠标，从弹出的快捷菜单中选择“存储选区”命令，给选区命名保存，如图 3.3.11 所示。选区保存在通道面板中，如图 3.3.12 所示。

图 3. 3. 5　创建选区

图 3. 3. 6　扩展量为 10 像素的选区

图 3. 3. 7　收缩量为 10 像素的选区

图 3. 3. 8　取样半径为 50 像素的平滑选区

图 3. 3. 9　宽度为 20 像素的边界选区

图 3. 3. 10　羽化半径为 50 像素的平滑选区

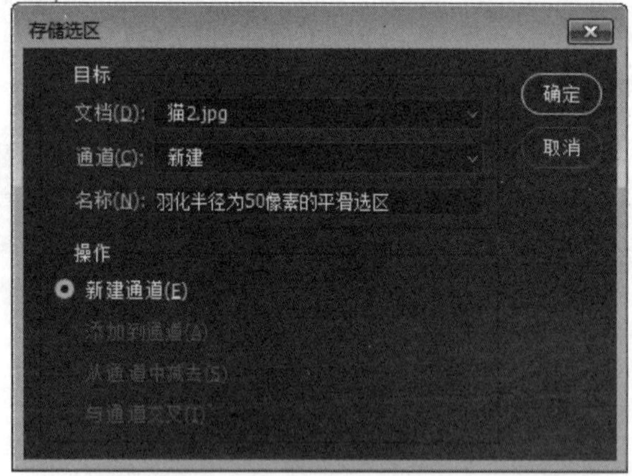

图 3. 3. 11　“存储选区”命令

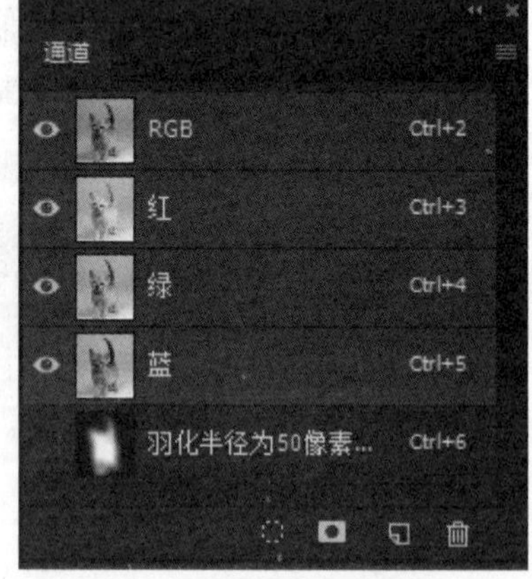

图 3. 3. 12　选区保存在通道面板中

(2) 载入选区

载入选区和存储选区操作正好相反。通过“载入选区”命令，可以将保存在 Alpha 通道中的选区载入图像窗口。选择“选择”→“载入选区”命令，打开“载入选区”对话框，

选择要载入的选区名称。

“载入选区”对话框与“存储选区”对话框中的参数选项基本一致，只是多了“反相”复选框。如果选中此项，则会将 Alpha 通道中的选区反选并载入图像文件中。“载入选区”对话框如图 3.3.13 所示。

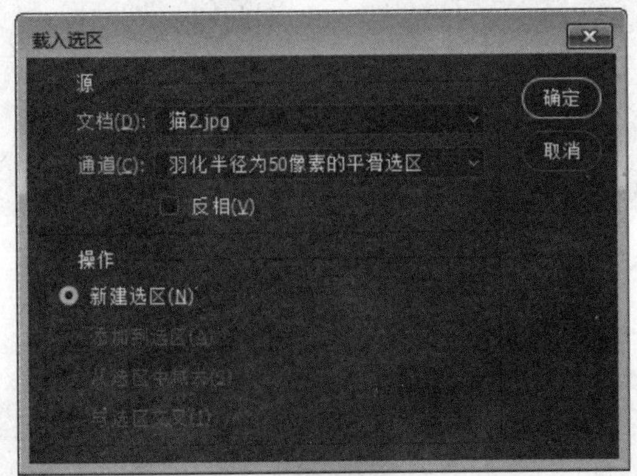

图 3.3.13　“载入选区”对话框

拓展：通道是图像文件的一种颜色数据信息存储形式，其与图像文件的颜色模式密切关联，多个分色通道叠加在一起，可以组成一幅具有颜色层次的图像。通道还可以用来存放选区和蒙版，帮助用户完成更复杂的操作。通道分为：①颜色通道：用于保存颜色信息的通道。②Alpha 通道：用于存放选区信息的通道。③专色通道：指定用于专色油墨印刷的附加面板。

3.4　选区描边与填充

创建了选区后，可以对选区进行描边与填充。

1. 选区描边

选区描边是指用前景色沿着创建的选区描绘边缘。载入选区，如图 3.4.1 所示，选择“编辑”→“描边”命令，打开“描边”对话框。

设置“宽度”选项值为 10。在“颜色”选项中选择描边的颜色 RGB（2，148，250）。“位置”选项中选择“居中”选项，以选区边框为中心进行描边。图 3.4.2 所示为对小猫进行选取，在新建的图层上对选区进行“描边”的效果。

2. 选区填充

①使用快捷键填充。设置好前景色或背景色后，按快捷键 Alt + Delete 可将选区填充为前景色；按快捷键 Ctrl + Delete，可将选区填充为背景色。

②用“填充”命令填充。使用“填充”命令可以在指定的选区内填充颜色、图案或历史记录等内容。选择“编辑”→“填充”命令，打开“填充”对话框，填充图案效果如图 3.4.3 所示。

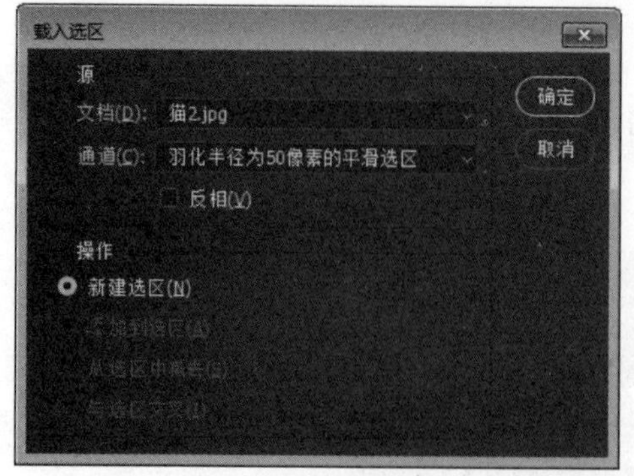

图 3.4.1 “载入选区”对话框

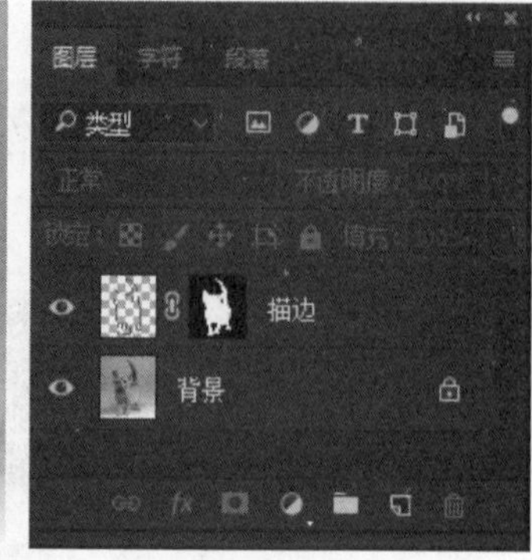

图 3.4.2 “描边”效果

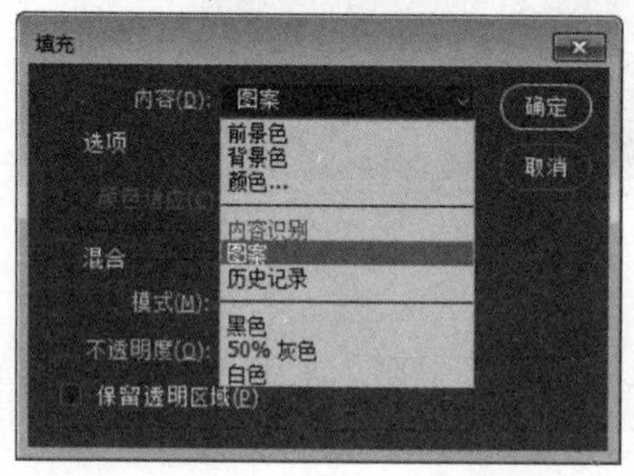

图 3.4.3 “填充”对话框及图案填充效果

3.5 综合性选区调整——“选择并遮住”命令

Photoshop 中的“选择并遮住”功能比之前的“调整边缘”强大了很多，现在这个工具做了极大的增强，不再要求先做好选区，可以在这个工具中进行选取、调整、修改。这样做的好处是，如果在开始做了选区，进入调整边缘工具之后想再重新做大的调整是不可能实现的，而现在直接在工具里制作和调整选区，方便了很多，并且算法进行优化后，选区精确了很多。

选择“选择”→“选择并遮住”，按快捷键 Alt + Ctrl + R，也可在选中任何一个选择工具后，单击工具栏中的“选择并遮住”按钮，打开“选择并遮住”属性栏，如图 3.5.1 所示。

⊕：添加进选区。

⊖：从选区中消去。

大小：21：调整笔尖大小。

：快速选择工具。

：套索工具。

：调整边缘画笔工具。它使选择更加准确和快速，配合加减号能很容易地抠出边缘毛发。

：画笔工具。在这里可以叫作绘制选区画笔，因为它并不能选择颜色，而是用来精确绘制选区。在黑白视图模式下，画出黑白两色代表选中或不选中。与通道和蒙版一样，加

号时绘制白色，代表选中的区域；按住 Alt 键或选中减号时画出黑色，表示没有选区。

如图 3.5.2 所示的“属性”面板，选择合适的视图和蒙版颜色，配合不透明度能十分直观地观察选区的情况。

图 3.5.1　“选择并遮住”属性栏　　　　图 3.5.2　“选择并遮住”属性面板

①打开图 3.5.3 所示素材文件（是一张带彩色背景的宠物照片），单击“选择”→“选择并遮住”。

②在打开的“属性”面板中，将“视图”改为“叠加”，这样更直观。用属性面板左边的快速选择工具涂出宠物的主体，如果选多了，可以单击，从选区中减去，或按住 Alt 键在多涂出来的地方实现减去，如图 3.5.4 所示。

图 3.5.3　素材

图 3.5.4　快速选择工具涂出主体

③用调整边缘画笔工具沿着主体边缘涂抹，软件会自动识别，能很准确地选出毛发。注

意，画笔的十字点尽量不要涂抹到毛发主体（不能涂抹的地方，直接用画笔的十字点在头发的空隙处单击）。完成后用黑白模式观察和调整（快捷键 K）。如图 3.5.5 和图 3.5.6 所示。

图 3.5.5　调整边缘画笔工具涂抹毛发边缘

图 3.5.6　黑白模式

④选择“属性”面板上的“画笔工具”精确调整选区，把主体上黑色和毛发外面的白色涂掉。注意画笔硬度改为 0。放大视图慢慢涂。按 X 键切换显示原图和黑白视图，对照着做。

⑤调整“属性”面板上的参数，适当平滑和羽化，使边缘不要过于生硬。需要注意的是，抠毛发时，羽化一定不要太大，0.5 以下就可以了；对比度可以调大点，使发丝更明显。“移动边缘”可以去掉杂边。勾选“净化颜色”，可以减少发丝和其他边缘处的其他颜色。“输出到”选择“新建带有图层蒙版的图层”，因为这样就可以在完成后继续使用“选择并遮住”，如图 3.5.7 所示。

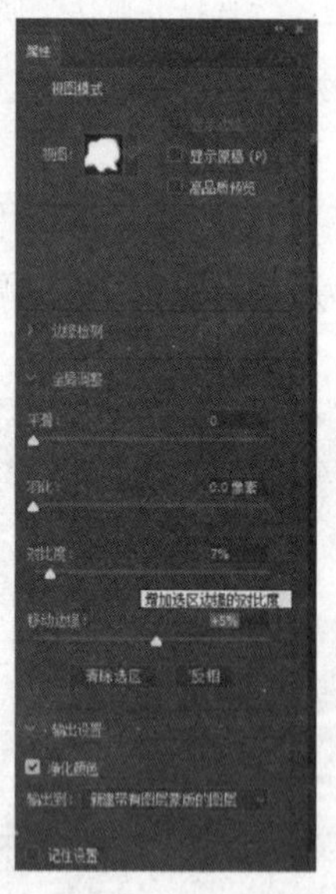

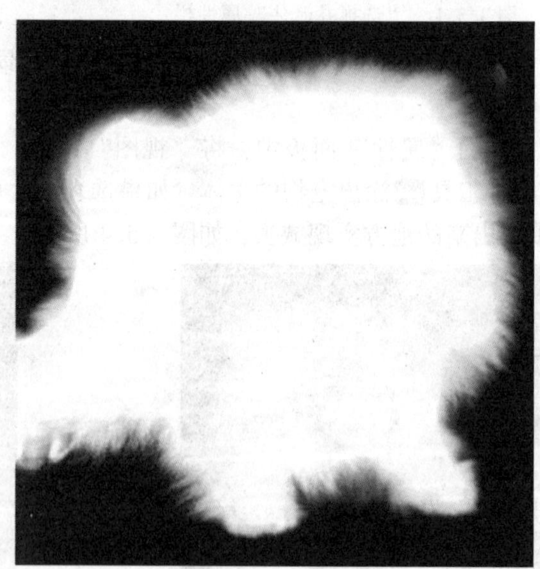

图 3.5.7　调整属性面板上的参数

⑥按 Enter 键确认。

⑦添加背景色（本案例背景色调为红色），如果抠图效果不好，可以在蒙版上双击，或右击，单击“选择并遮住”继续调整，如图 3.5.8 所示。

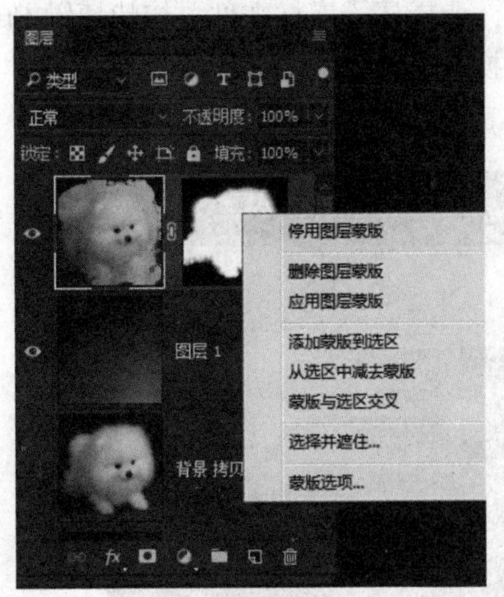

扫码查看
彩图效果

图 3.5.8　效果图

3.6　工作场景实施

3.6.1　场景一：杯贴图案

要求：利用创建选区、复制及粘贴图像等基本操作方法和技巧为杯子添加图案。

①在 Photoshop 中打开杯子素材、图案素材。选择魔棒工具。在图像的白色区域中单击选取白色选区，执行“选择”→“反选”命令，或在选区上单击鼠标右键，在打开的快捷菜单中执行“选择反向”命令，得到如图 3.6.1 所示图像选区。

图 3.6.1　建立图案选区

②按快捷键 Ctrl + C，复制选区内的图像，选择杯子素材文件，按快捷键 Ctrl + V 粘贴选取的图像。按快捷键 Ctrl + T，应用“自由变换”命令，调整贴入图像的大小与位置，调整结束后按 Enter 键。如图 3. 6. 2 所示。

图 3. 6. 2　调整图案的大小与位置

③在图层面板中设置图层 1 的图层混合模式为“颜色加深”，最终效果如图 3. 6. 3 所示。

图 3. 6. 3　设置图层混合模式

④效果如图 3. 6. 4 所示。

图 3. 6. 4　为杯子添加图案最终效果

3. 6. 2　场景二：绘制笑脸

要求：利用选区等工具绘制笑脸。

①执行“文件”→“新建”命令新建一个文件，在弹出的“新建”对话框中，设置“宽度”为 10 厘米，“高度”为 10 厘米，“分辨率”设置为 300 像素/英寸。设置完成后单击“创建”按钮进行确认。

②单击图层面板中的“创建新图层”按钮，新建一个名为“图层 1”的图层，如图 3. 6. 5 所示。

③在工具箱中选择椭圆选框工具，在属性栏中单击“从选区减去”按钮。如图 3. 6. 6 所示。

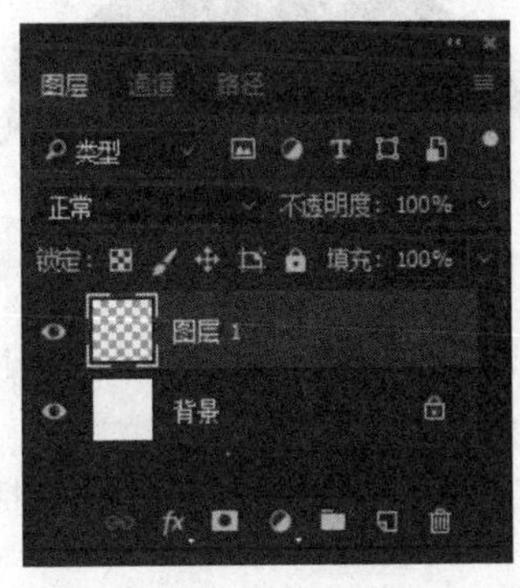

图 3. 6. 5　新建图层

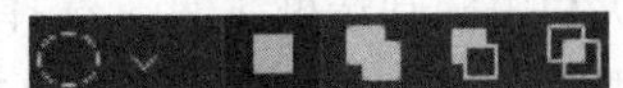

图 3. 6. 6　设置选区模式

④在画面上画一个大圆和一个小圆，两个圆重叠的部分就是得到的新选区，如图 3. 6. 7 所示。为新选区填充黑色，作为笑脸的眉毛，效果如图 3. 6. 8 所示。

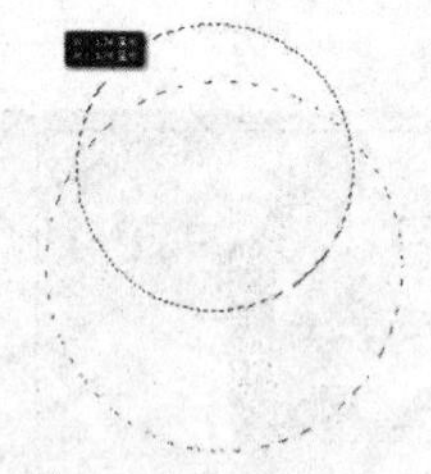

图 3.6.7　绘制选区

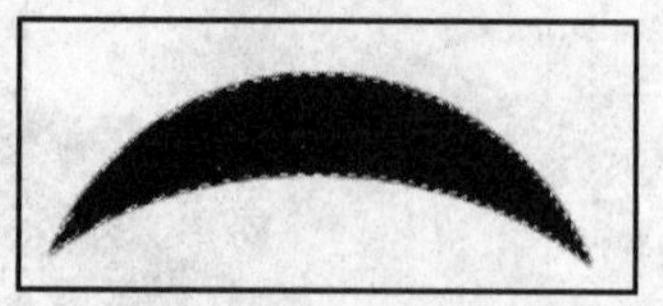

图 3.6.8　为新选区填充黑色

⑤继续使用椭圆工具绘制眼睛。绘制白色的眼球与黑色的眼珠，如图 3.6.9 所示。

⑥拖动“图层 1”到图层面板的“创建新图层”按钮上，复制图层 1。效果如图 3.6.10 所示。

图 3.6.9　绘制眼睛

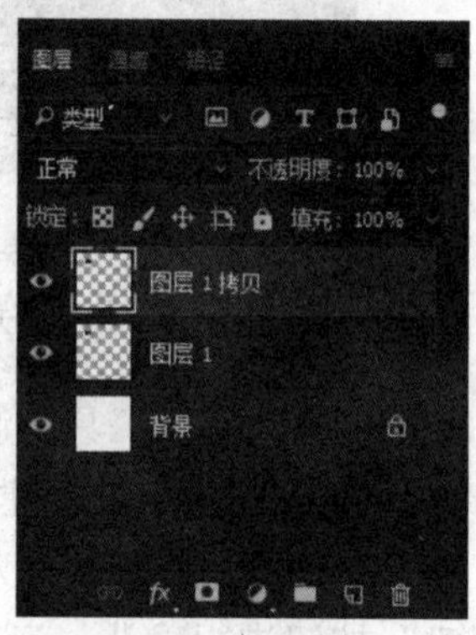

图 3.6.10　复制图层 1

⑦执行“视图”→“对齐”命令，拖动名为“图层 1 拷贝”图层上的图案，利用对齐的辅助线，水平对齐两个图层。效果如图 3.6.11 所示。

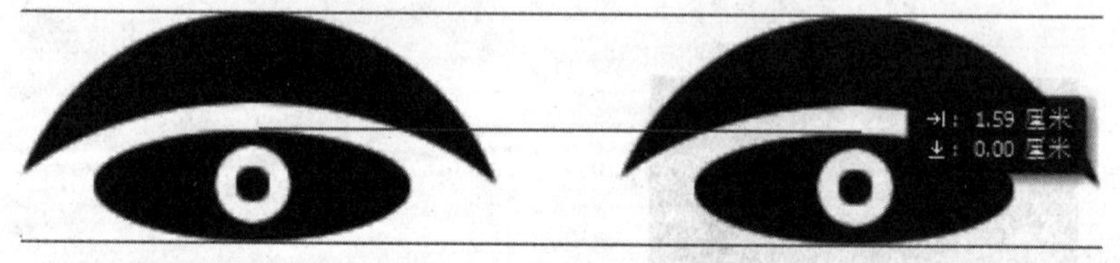

图 3.6.11　对齐图案

⑧对名为“图层 1 拷贝”图层上的图案，按快捷键 Ctrl + T 对其进行自由变换，单击鼠标右键，在打开的快捷命令中选择“水平翻转”命令。

⑨再次利用椭圆选框工具，选择“从选区减去”模式，绘制鼻子。按快捷键 Ctrl + T 对鼻子图案进行自由变换，如图 3.6.12 所示。

⑩新建图层，利用椭圆形选框与矩形选框，选择“从选区减去”模式，得到两个半圆。完成鼻子绘制后，合并两个图层，如图 3.6.13 所示。

⑪新建图层，利用椭圆形选框，选择“从选区减去”模式，完成嘴巴的绘制，如图 3.6.14 所示。

⑫效果如图 3.6.15 所示。

图 3.6.12　绘制鼻子

图 3.6.13　完成鼻子绘制

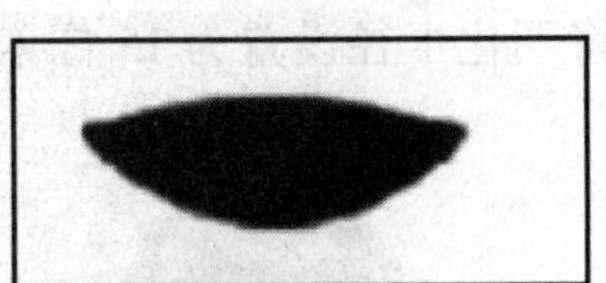

图 3.6.14　绘制嘴巴

图 3.6.15　笑脸效果图

3.6.3　场景三：水珠制作

要求：利用创建选区及选区运算制作水珠。

①打开 Photoshop 软件，新建文件，设置“宽度”为 300 像素，“高度”为 200 像素，“背景颜色”设置为白色。设置完成后，单击“创建”按钮进行确认。

②创建图层 1，在工具箱中选择“椭圆选框工具”，在画布中同时按住快捷键 Shift + Alt 绘制正圆，设置前景色 RGB(9,166,244)，单击图层面板中的“创建新图层”按钮，填充前景色。

③在图层面板中单击“新建图层”按钮，将前景色 RGB 的值设为（128，205，220），在工具箱中选择“画笔工具”，在工具选项栏中打开“画笔预设”，将画笔大小设置为 65 像素，硬度值为 0，笔触选项设置为“柔边缘”，用画笔工具在选区的左下部分进行涂抹。如图 3.6.16 和图 3.6.17 所示。

图 3.6.16　绘制正圆并填充颜色

图 3.6.17　用画笔进行涂抹

④再次使用“椭圆选框工具”，在工具栏选项中选择“从选区中减去”选项，在画布中绘制如图 3.6.18 所示的选区。

⑤执行“选择”→“修改”→“羽化”命令，打开“羽化”对话框，将羽化半径设置为 5 像素。

⑥单击“图层面板”中的“创建新图层”按钮，将前景色设置为白色，将减去并羽化

后得到的选区填充前景色，将图层的不透明度调整至 77%。完成后的效果如图 3.6.19 所示。

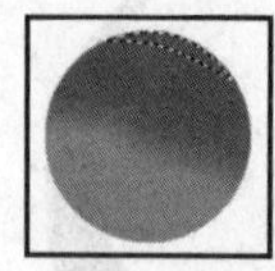

图 3.6.18　减去选区操作

图 3.6.19　羽化并填充白色

⑦新建图层，在工具箱中选择“画笔工具”，在工具选项栏中打开“画笔预设”，将画笔大小设置为 10 像素，硬度值为 0，笔触选项设置为“柔边缘”，用画笔工具在画布中进行绘制，如图 3.6.20 所示。

⑧新建图层 5，将前景色设置为白色，使用“椭圆选框工具”绘制椭圆。执行“选择”→“修改”→“羽化”命令，打开“羽化”对话框，将羽化半径设置为 15 像素，为选区填充前景色，效果如图 3.6.21 所示。

图 3.6.20　使用画笔工具绘制调光

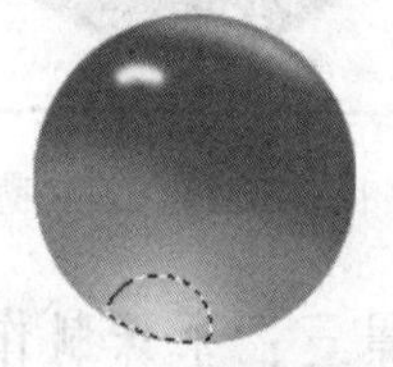

图 3.6.21　为选区填充颜色

⑨新建图层，将其拖放至图层 1 的下面，如图 3.6.22 所示。使用“椭圆选框工具”绘制椭圆。执行“选择”→“修改”→“羽化”命令，打开“羽化”对话框，将羽化半径设置为 15 像素。最终效果如图 3.6.23 所示。

图 3.6.22　新建图层

图 3.6.23　最终效果

3.7　工作实训营

3.7.1　训练实例

1. 训练内容

①在 Photoshop CC 2018 中，打开本章素材 3.7.1，变换选区并调整图像（椭圆选区，羽

化并反选，填充白色）。原图如图 3.7.1 所示，效果图如图 3.7.2 所示。

图 3.7.1　原图

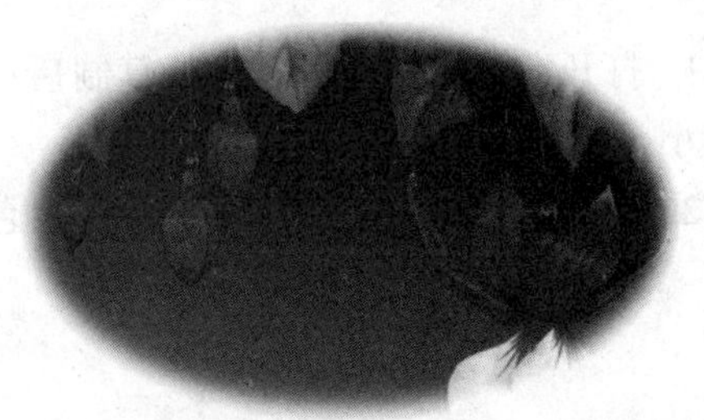

图 3.7.2　效果图

②在 Photoshop CC 2018 中，打开本章素材 3.7.3。对马创建选区并调整选区边缘（对选区应用“滤镜”→“风格化”→“大风”）。原图如图 3.7.3 所示，效果图如图 3.7.4 所示。

图 3.7.3　原图

图 3.7.4　效果图

2. 训练要求

要求能对不同的图像，根据选取对象的背景和前景的不同，使用不同的选区选取工具。熟练掌握各种选区工具的用法。

3.7.2　工作实践中常见问题解析

【常见问题 1】 什么是半选?

答：半选是指选择某些像素时，并没有完全选中它们，而是似选非选。选择“选择”→“修改”→“羽化”命令就是一个将完全的选择区转化为带有半选范围的选择区。

【常见问题 2】 为什么有时无法移动选区?

答：如果所选图层目前为隐藏的，则无法移动选区，若此时移动选区，则会出现错误提示：“不能完成请求，因为目标图层被隐藏”。解决方法是显示该图层或选择其他处于显示状态的图层。

【常见问题 3】 为什么有时无法清除选区中的内容?

答：如果所选图层目前为隐藏的，清除选区的操作是无效的。解决方法是显示该层。

工作实训

1. 打开素材文件，对其进行复制后粘贴至新建文件上，利用自由变换等工具改变图像的大小、形状、边缘。

2. 打开任意图像文件，练习使用“色彩范围”抠取图像并换背景。

第 4 章

图层的基础功能

本 章 要 点

➢ 认识图层及“图层”面板。

➢ 掌握图层的各种操作方法（新建、复制、删除、隐藏与显示、选择、调整、链接、对齐、合并）。

➢ 掌握图层组的创建与管理。

➢ 掌握图层的调整技巧。

➢ 学会改变图层的不透明度。

➢ 掌握图层的链接、对齐与分布、合并图层的实践应用。

➢ 了解各种图层模式的原理。

➢ 掌握各种图层模式的调整和应用。

技 能 目 标

➢ 熟悉“图层”面板，了解图层的类型、特点及它们的创建方法。

➢ 熟练掌握图层的选择、调整顺序、删除、复制、隐藏与显示等基本操作，并了解图层的设置。

➢ 熟练掌握图层的链接、对齐与分布的应用。

➢ 掌握各种图层模式的调整和应用。

➢ 掌握图层蒙版的创建、编辑、删除、转换为选区等基础操作的应用。

引 导 问 题

➢ 什么是图层？图层的类型和特点是什么？如何创建图层？

➢ 如何复制、删除、隐藏与显示图层？如何链接、合并图层？

➢ 图层的不透明度和图层填充不透明度的区别是什么？

➢ 图层模式有什么作用？

【工作场景一】绘制小熊

学习利用画笔、图案等工具进行小熊的绘制。效果如图 4.0.1 所示。

扫码查看
彩图效果

图 4. 0. 1　绘制的小熊

【工作场景二】户外广告设计

利用对素材的适当变换、添加图层蒙版、文字工具等设计广告。效果如图 4. 0. 2 所示。

扫码查看
彩图效果

图 4. 0. 2　户外广告效果图

【工作场景三】正片叠底抠头发

利用图层混合模式抠取人物的头发，主要是利用图层模式的中性色将背景透明化。根据具体情况可以灵活选择不同的图层混合模式，如“正片叠底”可以将白色、浅色背景透明化；“滤色”可以将黑色、深色背景透明化；“叠加”可以将中等亮度的灰色背景透明化。效果如图 4. 0. 3 所示。

扫码查看
彩图效果

图 4.0.3　最终效果

4.1　图层的基础知识

4.1.1　图层工作原理

图层在 Photoshop 中扮演着重要的角色，对图像进行绘制或编辑时，所有的操作都是基于图层的。简单地说，图层可以看作是一张独立的透明胶片，其中每一张胶片上都会绘制图像的一部分内容，将所有胶片按顺序叠加起来观察，便可以看到完整的图像。在 Photoshop 中，通过使用图层，可以非常方便、快捷地处理图像，从而制作各种各样的图像特效。

拓展：①为什么要在多个图层上完成一个完整的图像，而不在一个图层上实现？

一个完整的图像不同部分分在不同图层上，可以单独移动或者修改需要调整的特定区域所在的图层，而剩下的其他区域由于在另外的图层上，则完全不受影响，这样做可提高修图的效率，降低修图的成本。

②图像和图层之间的关系是什么？

每个图层可以包含一个完整的图像的一个部分，多个图层的图像最终叠起来组成一个完整图像。图像包含了图层，一个图像可以有很多个图层。

4.1.2　“图层”面板

“图层”面板是进行图层操作必不可少的工具。它显示了当前图像的图层信息，也集成了所有图层、图层组、图层效果的信息，可以对图层、图层组进行新建、添加图层效果、隐藏、调节图层叠放顺序、设置图层透明度、设置图层混合模式等操作。

选择菜单“窗口”→“图层”命令，调出“图层”面板，如图 4.1.1 所示。各个图层从上往下在“图层”面板中依次排列，默认情况下，先建的图层在下方，后建的图层在上方，下层图像会被上层图像所遮盖。最后的效果如图 4.1.2 所示。

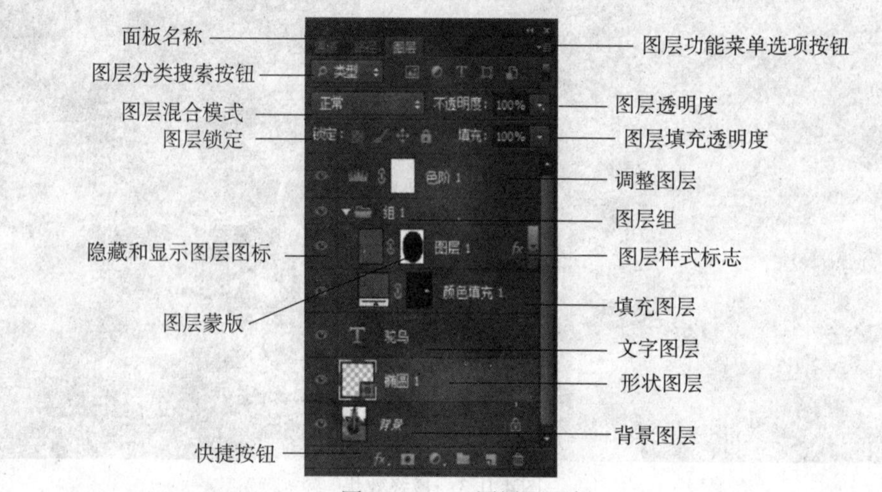

图 4.1.1　“图层”面板

1. 图层面板选项

单击“图层”面板右上方的功能菜单选项按钮▤，在打开的菜单中选择“面板选项”命令，打开“图层面板选项”对话框，从中可以对“图层”面板进行设置，如图 4.1.3 所示。在对话框中可以设置缩览图的大小、缩览图内容等。并不是缩览图越大越好，缩览图太大，占据的空间也大，因此一般设置为最小模式。

图 4.1.2　效果图

图 4.1.3　“图层面板选项”对话框

在图层面板中，每个图层项均由图层缩略图标、图层标签（图层名）和状态标示符号组成，可以表示各图层的内容、排列次序及当前状态。

2. 图层锁定方式

单击“锁定”选项组相应图标可实现相应锁定功能。“图层”面板的“锁定”选项组图标依次为“锁定透明像素”图标▨、“锁定图像像素”图标▨、“锁定位置”图标▨、“锁定全部”图标▨。选择“锁定全部”时，在图层标签后显示图标▨；若选择其他锁定

选项，将显示部分锁定图标🔒。

3. 图层编辑状态

选择图层，标签呈浅灰色，表示该图层为活动图层，可对该图层进行编辑和修改。

在非当前图层的图层状态标示框中出现“链接图层”图标🔗，表示该图层中的图像可以和当前操作图层一起移动和编辑，可通过单击设置或取消链接。

4. 图层样式

在“图层”面板的下方单击“添加图层样式”fx，或选择“图层”→“图层样式”命令，从打开的图层样式列表框中选择图层样式。应用了图层样式的图层，在其图层标签后将显示图层效果名称。

4.1.3　图层菜单

选择“图层”菜单，打开图层菜单，如图4.1.4所示。该菜单中包含了有关图层的所有操作。也可以使用图4.1.5所示的方法：单击“图层”面板右上方的功能菜单选项按钮☰，选择相应的功能命令实现相关的图层操作。这两个菜单侧重点略有不同，前者侧重于控制层与层之间的关系，而后者侧重于设置特定图层的属性。

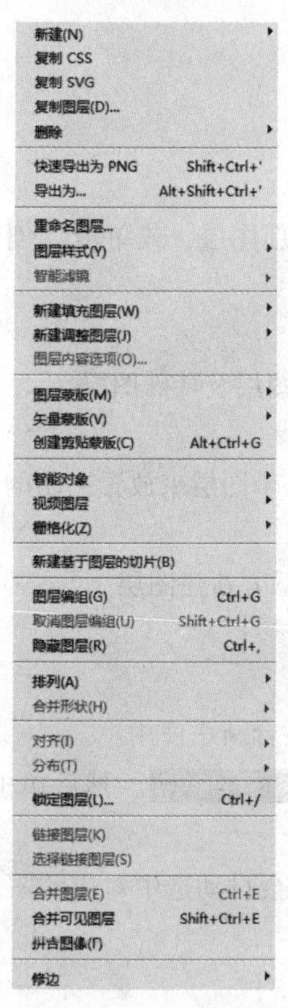

图4.1.4　图层菜单

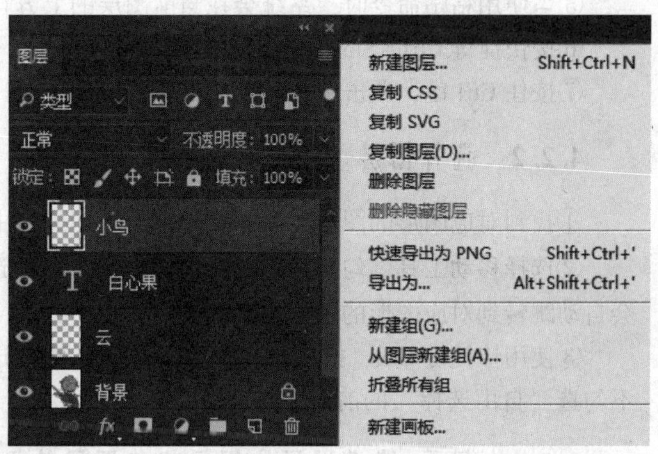

图4.1.5　功能菜单

4.1.4 背景图层及其转换

背景图层是一种特殊的图层，创建新图像时，图层面板最下方的图像为背景。打开原有图像时，原有图像的信息包含在背景图层中。背景图层不能直接编辑，无法更改背景的堆叠顺序、混合模式或不透明度。但同时背景图层可以作为相对稳定的图层，不会因误操作而破坏图层的图像效果，需要时可以将背景转换为常规图层进行编辑。背景图层位于图像的最底层，一个图像文件中只能有一个背景图层。

（1）背景图层转换成普通图层

在“图层”面板中双击背景图层，或选择“图层”→“新建”→“背景图层”命令，在打开的“新建图层”对话框中设置图层参数，单击“确定”按钮实现转换。

（2）普通图层转换成背景图层

选择普通图层，选择“图层”→“新建”→“背景图层”命令，可以将当前图层转换为背景图层。该图层被置于最下层，且透明处由背景色填充。

4.2 图层的基本操作

4.2.1 新建图层

可以通过多种方法新建图层。

①单击“图层”面板下方的“创建新图层”按钮，创建新图层，或单击“创建新的填空或调整图层”按钮，创建新的填充或调整图层。

②选择功能菜单中的“新建图层”命令。

③选择“图层”→“新建”→“…”命令，可以创建普通图层及特殊图层。

④使用文字工具、形状工具时，自动生成相应图层。

⑤当使用粘贴命令时，系统会在当前图层的上方自动生成一个图层来放置粘贴的图像。

⑥按快捷键 Ctrl + Shift + N 创建图层。

⑦按住 Ctrl 键，单击“创建新图层”按钮，在当前图层下方新建图层。

4.2.2 选择图层

①找到对应图形的图层，鼠标左键单击，即可选中图层，适合新手使用。

②选择移动工具，勾选其工具属性栏中的“自由选择” 自动选择，然后单击图形，会自动跳转到对应图形的图层位置。

③使用快捷键 Ctrl，按住 Ctrl 键后，鼠标左键单击图形，也会自动选中对应的图层（在不勾选“自由选择”的前提下）。

4.2.3 显示/隐藏图层、图层组或图层效果

图层、图层组或图层效果缩略图标前出现眼睛图标，表示该层可见，否则表示层隐

藏，可通过单击来切换，如图 4.2.1 所示。

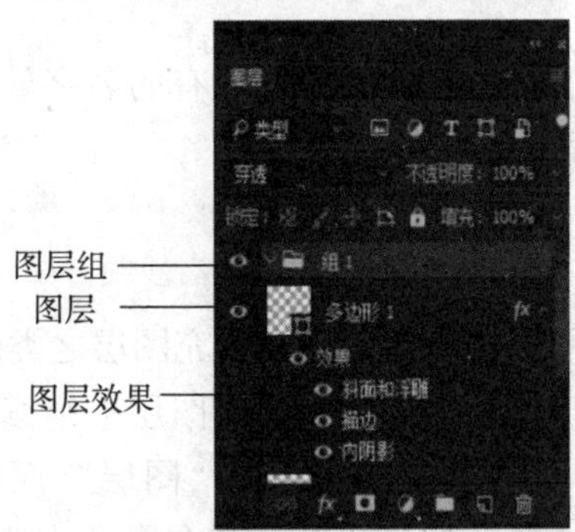

图 4.2.1　图层面板显示/隐藏按钮

4.2.4　调整图层顺序

鼠标拖动图层到插入点，显示一条粗线时松开鼠标，即完成图层排列顺序的调整；或通过选择“图层”→“排列”子菜单项中的命令来调整图层排列顺序。

4.2.5　复制图层

复制图层可以产生一个与原图层完全一致的图层副本。

（1）在同一图像文件中复制图层

选择要复制的图层后，可以通过多种方法实现图层的复制。

①按快捷键 Ctrl + J，可以快速复制当前图层。

②拖动图层至“创建新图层”按钮，可得到当前选择图层的复制图层。

（2）在不同图像文件间复制图层

①如果是在不同的图像间复制，要首先同时显示两个图像窗口，拖动原图像的图层至目标图像文件中，实现不同图像间图层的复制。

②选择“图层”→“复制图层”命令，在“复制图层”对话框中设置图层名称、目标文档等，可将图层复制到任何设定的文件中。在“图层”面板功能菜单中选择“复制图层”命令，同样也会打开“复制图层”对话框，如图 4.2.2 所示。目标文档选同一文档，实现在同一文件中复制图层；选不同文档，实现在不同文件间复制图层。

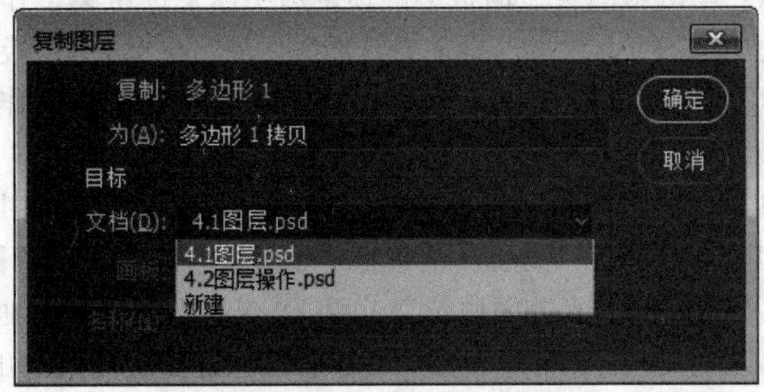

图 4.2.2　“复制图层”对话框

4.2.6 重命名图层

首先选中一个图层，然后将鼠标移到图层现有的名字处，双击，输入名字，按 Enter 键或在名称之外的地方单击即可。

4.2.7 栅格化图层

创建的文字图层、形状图层、矢量蒙版和填充图层之类的图层，不能在它们的图层上再使用绘画工具或滤镜进行处理。如果需要在这些图层上继续操作，就需要使用栅格化图层，将这些图层的内容转换为平面的光栅图像。在“图层”面板中，选择需要栅格化的图层，右击，在打开的快捷菜单中选择“栅格化图层”命令，或选择“图层”→“栅格化”子菜单中的命令，将当前图层栅格化。

4.2.8 删除图层

选择要删除的图层后，执行以下操作之一即可删除图层。

①单击“删除图层”按钮 。

②拖动图层至按钮 上。

③选择“图层”→“删除”→“图层”命令。

④在“图层”面板功能菜单中选择“删除图层”命令。

4.2.9 图层锁定

图层锁定的方法如下：

①选中该图层，单击最上方的锁定图标，再次单击即可解锁。

②选中该图层，将图层上的锁定图标拖到垃圾桶里，解锁图层。

> **拓展**：如果图层被图层组锁定，那么这个组中的文件也会被加锁，例如，选择图 4.2.1 中“组 1”文件夹，然后用上面两个方法将其解锁。

锁定图层是为了防止误操作，Photoshop 提供了 5 种锁定方式：锁定透明像素 、锁定图像像素 、锁定位置 、防止画板自动嵌套 、锁定全部 。

锁定透明像素：单击“图层”面板上的锁定透明像素按钮 ，作用是在选定的图层的透明区域内无法使用绘图工具绘图，即使经过透明区域，也不会留下笔迹。

锁定图像像素：单击“图层”面板上的锁定图像像素按钮 ，作用是防止对选定图层中的图像进行错误绘制或者修改。

锁定位置：单击“图层”面板上的锁定位置按钮 ，被选定的图层即无法移动。

防止画板自动嵌套：单击“图层”面板上防止画板自动嵌套按钮 即可。Photoshop 中的画板是一个大文件夹，它包裹着图层及组。所以，当图层或组移出画板边缘时，图层或组会在组层视图中移除画板。要防止这种事情发生，可以在图层视图中开启防止画板自动嵌套锁定。

锁定全部：如果单击“图层”面板上的锁定全部按钮🔒，则被选定的图层既无法绘制，也无法移动，会被完全锁住。

在背景图层上自带一个锁定的图标🔒，具有自动锁定功能。如果锁定所有设有链接的图层，则先选择链接图层，再选择“图层”→“锁定图层”命令，将打开如图 4. 2. 3 所示的“锁定所有链接图层”对话框，在对话框中可以集中设定锁定方式。要取消锁定设置，可以采用相反的方式操作。

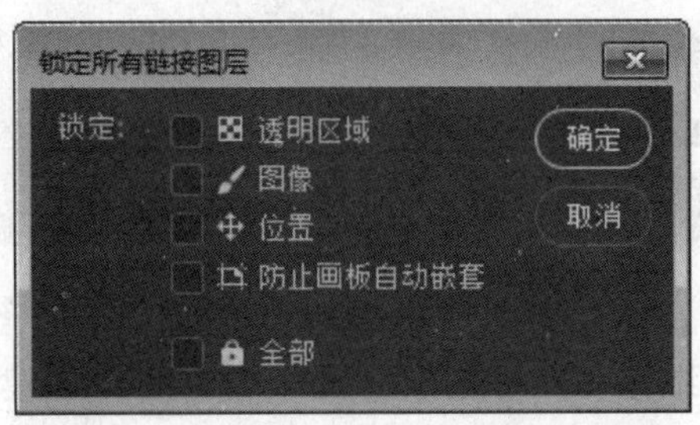

图 4. 2. 3 “锁定所有链接图层”对话框

4. 2. 10 设置图层“不透明度”

图层的“不透明度”确定它遮蔽或显示其下方图层的程度。“不透明度”为 0% 的图层是完全透明的，而“不透明度”为 100% 的图层则是完全不透明的。

①各个图层不透明度互相独立，各自调整。

②图像半透明效果可能是由多种不透明度的综合作用而成。

③背景层作为一种特殊图层，一定是 100% 不透明，且不能调整不能移动。

4. 2. 11 图层过滤

用 Photoshop 做一些大型设计时，经常会建立几十甚至上百的图层，那么该如何快速地选择其中的某些图层呢？Photoshop 已经准备好了筛选方案，图层分类搜索用于快速选择图层，其下拉菜单分别有类型、名称、效果、模式、属性、颜色等选项可供选择，如图 4. 2. 4 所示。例如搜索图层的名称，单击“类型”，选择名称之后，在其右侧出现一个搜索选框，输入要搜索的图层名称，按下 Enter 键，在图层面板下侧的图层显示界面中只显示搜索到的图层。再单击“类型”，显示所有图层。

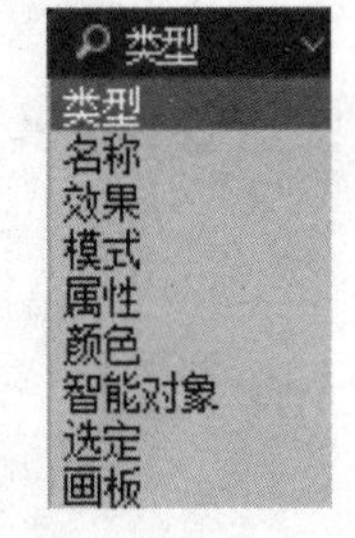

图 4. 2. 4 图层类型

4. 3 管理图层组

设计过程中有时会用到很多图层，尤其在设计网页时，超过 100 层也不少见。这会导致即使关闭缩览图，“图层”面板也会很长，使查找图层等操作很不方便。前面学过使用恰当的文字来命名图层，但实际使用时，为每个图层输入名字很麻烦；可使用色彩来标识图层，但在图层众多的情况下，作用也十分有限。为此，Photoshop 提供了图层组功能。将图层归组，可提高“图层”面板的使用效率。

Photoshop 中图层组在概念上不再只是一个容器，它具有了普通图层的意义。图层组可以像普通图层一样设置样式、填充不透明度、混合颜色带及其他高级混合选项。

当要将图层从图层组中取出时，可将相应图层拖拽出图层组。图层组也可以像图层一样被查看、选择、复制、移动和改变图层排列次序，其内部的图层将随同图层组操作，可以设置组的名称、颜色、模式及不透明度等属性。

小提示：

默认情况下，图层组的混合模式是“穿透”，表示该组没有自己的混合属性。为图层组选择其他混合模式时，可以有效地更改图像各个组成部分的合成顺序。

图层组可以多级嵌套，在一个图层组中还可以建立新的图层组，通俗地说，就是组中组。方法是将现有的图层组拖动到“图层”面板下方的“创建新组”按钮上，这样原组将成为新组的下级组，如图 4.3.1 所示。

如果在展开的组中选择任意图层，然后单击“创建组”按钮，将会建立一个新的下级组，如图 4.3.1 所示。如果选择图层组，单击“创建组”按钮，则会建立一个同级的新组，如图 4.3.1 所示。因此，在单击“创建组”按钮前，要考虑清楚是建立下级组还是同级组。

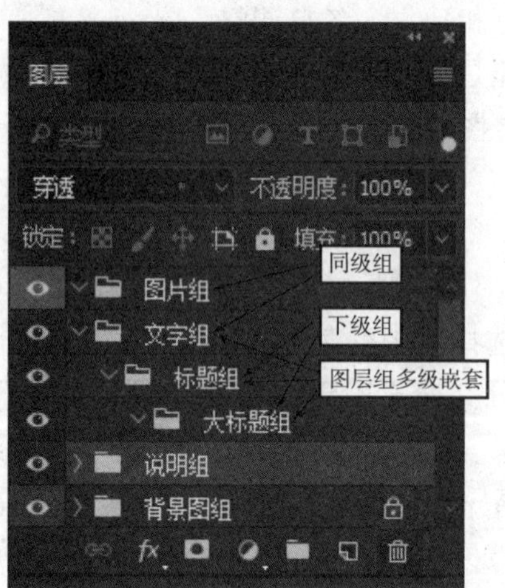

图 4.3.1　图层组多级嵌套或下级组或平级组图示

可以将图层组中的所有层合并为一个普通层。方法是选择图层组后，单击“图层”面板右上方的功能菜单选项按钮，选择“合并组”命令，或使用快捷键 Ctrl + E 命令实现。

图层组内部之间各图层仍保留通常的层次关系。图层组与图层组之间另外有着整体的层次关系。对齐功能也对图层组有效。

合理的图层组织说明操作者有清晰明朗的制作思路，是一个富有经验的设计师。

4.4　链接、对齐、分布与合并图层

4.4.1　链接图层

当需要同时对几个不同图层的图像进行编辑（如移动图像等）时，可在相关图层之间建立链接关系，把两个或多个图层链接起来。选择多个要链接的图层，单击“图层”面板下方的“链接图层”按钮▭，建立链接，或选择“图层”→“链接图层”命令，在图层的状态框中即可出现链接标志图标▭，表示该层与当前层之间建立链接关系。被链接的图层可以同时进行移动、变形和对齐等操作。若要取消链接，则选择多个已链接的图层，单击“图层”面板下方的▭，取消链接。

4.4.2　对齐与分布图层

在绘制图像时，有时需要对多个图像进行整齐的排列，以达到一种美的感觉。在 Photoshop 中提供了多种对齐方式，可以快速准确地排列图像，选择“图层”→“对齐”，如图 4.4.1 所示，或单击“图层”→“分布”子菜单中的命令，如图 4.4.2 所示，来设定图层排列方式，实现自动对齐。在“移动”工具栏中也有相对应的按钮，并且作用相同。

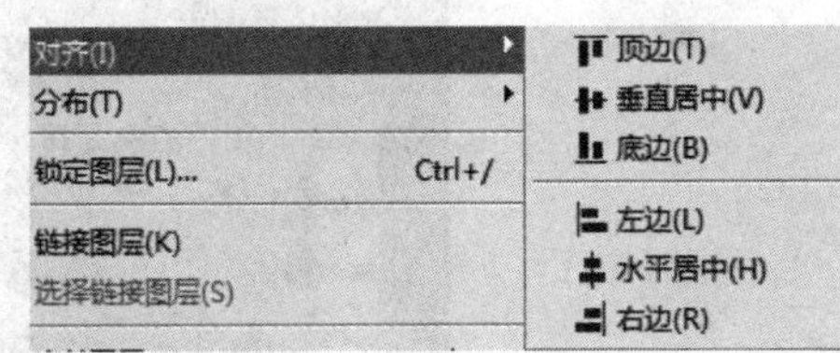

图 4.4.1　对齐方式

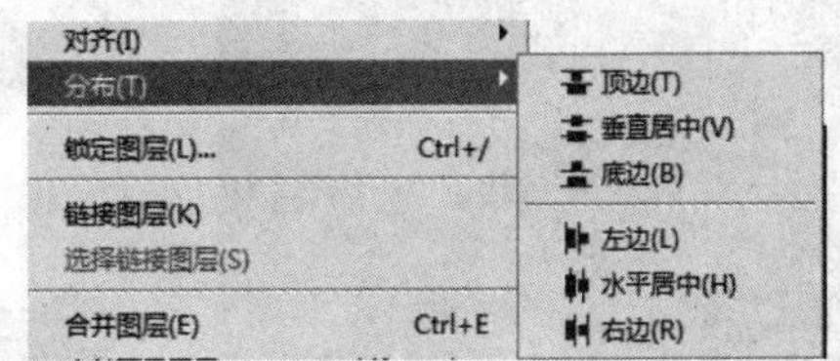

图 4.4.2　分布方式

对齐方式：对齐操作只能针对两个或以上图层。

“顶边”可将选择或链接图层的顶层像素与当前图层的顶层像素对齐，或与选区边框的顶边对齐。

“垂直居中”可将选择或链接图层上垂直方向的重心像素与当前图层上垂直方向的重心像素对齐，或与选区边框的垂直中心对齐。

“底边”可将选择或链接图层的底端像素与当前图层的底端像素对齐，或与选区边框的底边对齐。

“左边”可将选择或链接图层的左端像素与当前图层的左端像素对齐，或与选区边框的左边对齐。

“水平居中”可将选择或链接图层上水平方向的中心像素与当前图层上水平方向的中心像素对齐，或与选区边框的水平中心对齐。

“右边”可将选择或链接图层的右端像素与当前图层的右端像素对齐，或与选区边框的右边对齐。

分布方式：

“顶边”从每个图层的顶端像素开始，间隔均匀地分布选择或链接的图层。

“垂直居中”从每个图层的垂直居中像素开始，间隔均匀地分布选择或链接的图层。

“底边”从每个图层的底部像素开始，间隔均匀地分布选择或链接图层。

“左边”从每个图层的左边像素开始，间隔均匀地分布选择或链接图层。

“水平居中”从每个图层的水平中心像素开始，间隔均匀地分布选择或链接图层。

“右边”从每个图层的右边像素开始，间隔均匀地分布选择或链接的图层。

小提示：

分布操作只能针对选中3个或3个以上的图层进行。

如图4.4.3所示，有3个图层，每个图层上都有一个不同颜色的心（通过属性W、H值设置实现一样大小）。如图4.4.4所示，在“图层面板”中选择“图层3”图层，按住Shift键的同时单击“图层1”图层，将这3个图层全部选中（分布对齐操作只能针对3个或3个以上图层）。在工具箱中选择“移动工具”，单击其属性栏中的“按顶分布”按钮，从每个图层的顶端开始，间隔均匀地分布选中图层，如图4.4.5所示。单击其属性栏中的“顶对齐”按钮，以3个图层的最上方一个图层中的图像为基准，对齐排列其他图层的图像，如图4.4.6所示。

图4.4.3　3个图层的心　　　　图4.4.4　选中3个图层

图4.4.5　“按顶分布”效果

图4.4.6　“顶对齐”效果

4.4.3　合并图层

合并图层可以减小文件所占用的磁盘空间，同时可以提高操作速度。合并图层可以选择“图层”→“向下合并”或“图层”→“合并可见图层”或“图层”→“拼合图像”命令，也可以使用“图层”面板功能菜单选项按钮，选择“向下合并”（快捷键Ctrl + E）

或“合并可见图层”（快捷键 Shift + Ctrl + E）或“拼合图像”命令，如图 4. 4. 7 所示。

其作用分别如下。

向下合并：先选择图层顺序在上方的图层，使其与位于下方的图层合并，进行合并的图层都必须处于显示状态。合并以后的图层名称和颜色标记沿用位于下方的图层名称和颜色标记。

合并可见图层：作用是将目前所有处于显示状态的图层合并，处于隐藏状态的图层则保持不变。

拼合图像：将所有的图层合并为背景层，如果有隐藏的图层，拼合时会出现提示框，如果选择“确定”按钮，处于隐藏状态的图层都将被丢弃，如图 4. 4. 8 所示。

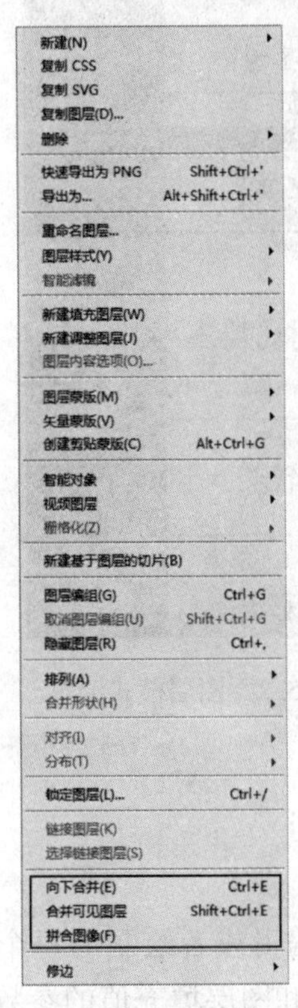

图 4. 4. 7　合并图层命令

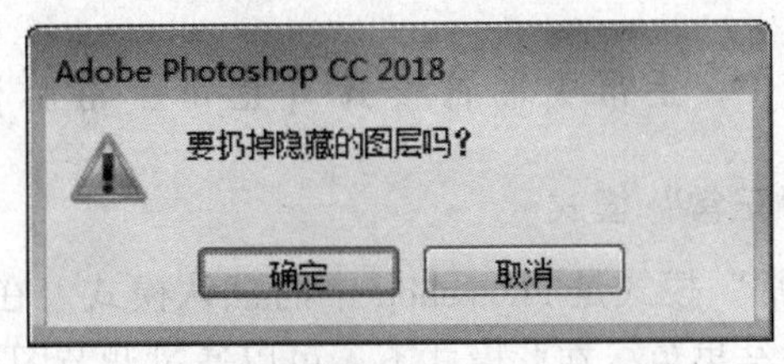

图 4. 4. 8　拼合提示框

4. 5　图层混合模式

在使用 Photoshop 中文版进行图像合成时，图层混合模式是使用最为频繁的技术之一。它通过控制当前图层和位于其下的图层之间的像素作用模式，使图像产生奇妙的效果。

先明确 3 个概念：基色，混合色，结果色。

图层混合模式是作用在两个图层之间，单一图层是没有混合效果的，如图 4. 5. 1 所示，下面 个图层，称为基色，基色上面的一层，称为混合色，就是将这个图层通过不同的混合模式混合到下面一层（基色）中去，而两个图层混合后的效果，就是结果色了。

Photoshop 提供了 27 种图层混合模式，它们全部位于“图层面板”左上角的“正常”下拉列表中。在27种混合模式中，系统会默认将其分成六大类，分别是正常类、变暗类、提亮类、对比类、比较类、色彩类。

单击“图层”面板上方的“正常”选项，打开图层模式，图4.5.2所示。下面介绍每一种图层模式。

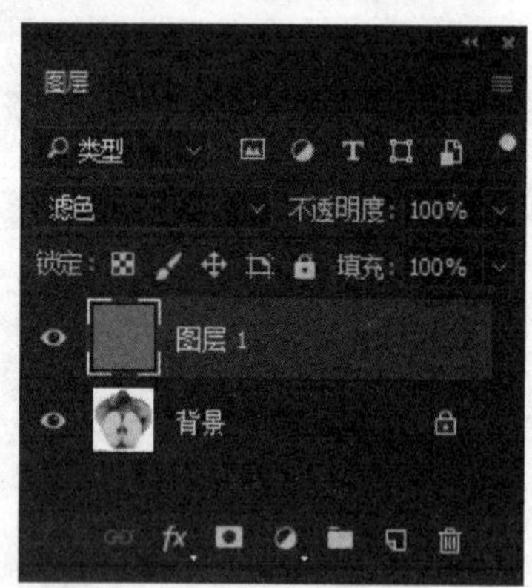

图4.5.1　图层混合模式

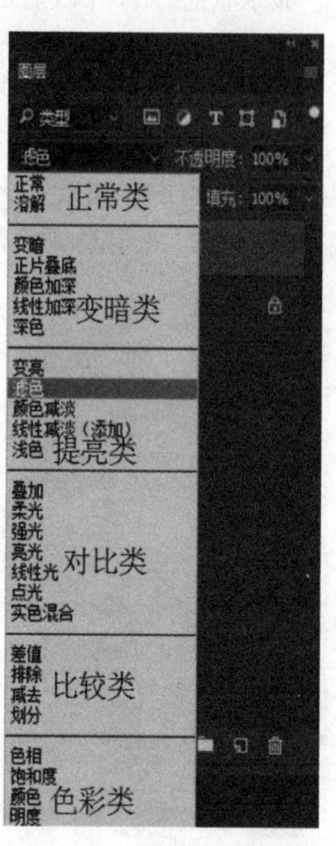

图4.5.2　图层模式菜单

4.5.1　正常类混合模式（正常、溶解）

1. “正常”模式

“正常”模式是Photoshop中的默认模式。在此模式下编辑或者绘制的每个像素，都将直接形成结果色。在此模式下，可以通过调节图层不透明度和图层填充值的参数，不同程度地显示下一层的内容。“正常”模式下图像效果如图4.5.3所示。降低透明度后得到的图像效果如图4.5.4所示。

扫码查看
彩图效果

图4.5.3　“正常”模式下的图像效果（不透明度设置为100%）

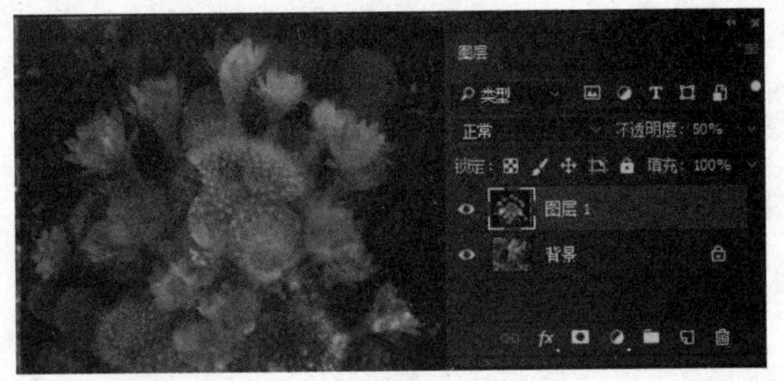

扫码查看
彩图效果

图 4.5.4　“正常”模式下的图像效果（不透明度设置为 50%）

2. “溶解”模式

“溶解”模式随机消失部分图像的像素，消失的部分可以显示背景内容，从而形成两个图层交融的效果。当“不透明度”小于 100% 时，图层逐渐溶解；当“不透明度”为 100% 时，“溶解”模式不起作用。“溶解”模式效果如图 4.5.5 所示。

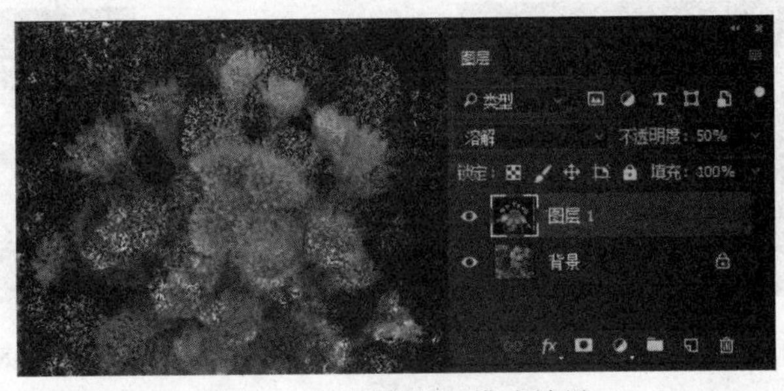

扫码查看
彩图效果

图 4.5.5　“溶解”模式效果

4.5.2　变暗类混合模式（变暗、正片叠底、颜色加深、线性加深、深色）

1. “变暗”模式

选择“变暗”模式后，Photoshop 上面图层中较暗的像素将代替下面图层中与之相对应的较亮的像素，而下面 Photoshop 图层中较暗的像素将代替上面图层中与之相对应的较亮的像素，从而使叠加后的图像区域变暗。Photoshop “变亮”模式与“变暗”模式正好相反，选择“变亮”模式后，“变亮”模式上面图层中较亮的像素将代替下面图层中与之相对应的较暗的像素，而下面图层中较亮的像素将代替上面图层中与之相对应的较暗的像素，从而使叠加后的 Photoshop 图像区域变亮。图 4.5.6 是“变暗”模式下的图像效果，图 4.5.7 是“变亮”模式下的图像效果。

扫码查看
彩图效果

图 4.5.6　“变暗”模式下的图像效果

图 4.5.7 “变亮”模式下的图像效果

扫码查看彩图效果

2. “正片叠底”模式

使用 Photoshop 正片叠底模式可以产生比当前图层和底层颜色都暗的颜色。在这个模式中，黑色与任何颜色混合之后还是黑色。而任何颜色和白色混合，颜色不会改变。针对 Photoshop 正片叠底的特点，可以快速调整曝光过度的照片。图 4.5.8 是图 4.5.9 在“正片叠底”模式下的图像效果。

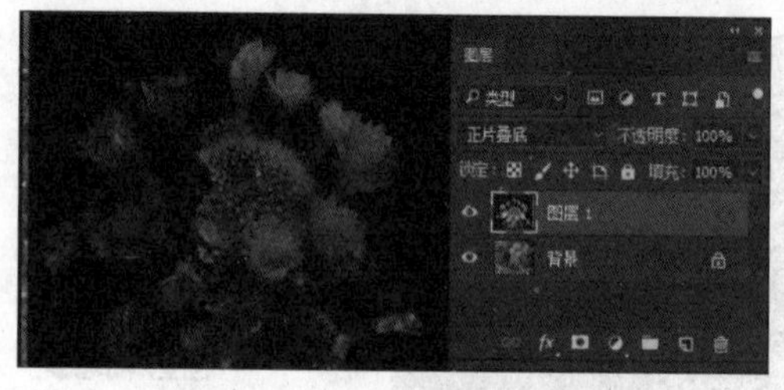

图 4.5.8 “正片叠底”模式下的图像效果

扫码查看彩图效果

图 4.5.9 原图

扫码查看彩图

3. “颜色加深”/“颜色减淡”模式

使用 Photoshop“颜色加深”模式可以使图层的亮度降低，色彩加深，将底层的颜色变暗反映当前图层的颜色，与白色混合后不产生变化，如图 4.5.10 所示。Photoshop“颜色减淡”模式将通过降低上下图层中像素的对比度来提高 Photoshop 图像的亮度；“颜色减淡”模式的效果比滤色模式效果更加明显，如图 4.5.11 所示。

图 4.5.10 “颜色加深”模式下的图像效果

扫码查看彩图效果

图 4.5.11 “颜色减淡”模式下的图像效果

扫码查看彩图效果

4. “线性加深”模式

使用“线性加深”模式降低底层的颜色亮度，从而反映当前图层的颜色；将查看每个颜色通道中的颜色信息，加暗所有通道的基色，并通过提高其他颜色的亮度来反映 Photoshop 混合颜色，与白色混合后不产生任何的变化。图 4. 5. 12 是“线性加深”模式下的图像效果。

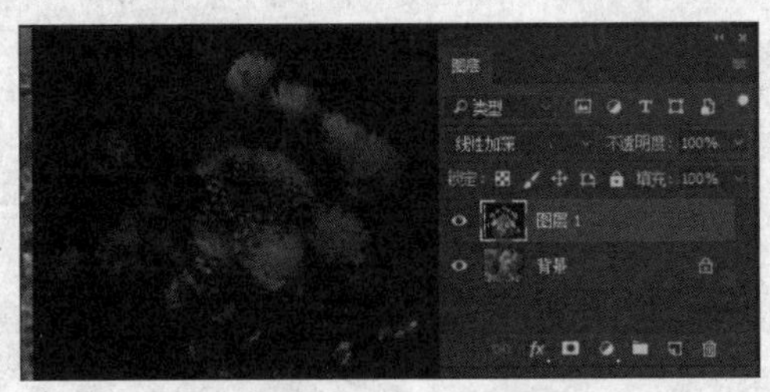

图 4. 5. 12　“线性加深”模式下的图像效果

扫码查看
彩图效果

5. “深色”模式

查看基色和混合色的信息，选取其中较深的颜色作为混合色，所以不会产生新的颜色。图 4. 5. 13 是“深色”模式下的图像效果。

图 4. 5. 13　“深色”模式下的图像效果

扫码查看
彩图效果

4. 5. 3　提亮类混合模式（变亮、滤色、颜色减淡、线性减淡、浅色）

1. “变亮”模式

查看每种颜色的颜色信息，选择基色和混合色中较亮的颜色作为结果色，比混合色暗的像素被替换，比混合色亮的像素保持不变。图 4. 5. 14 是“变亮”模式下的图像效果。

图 4. 5. 14　“变亮”模式下的图像效果

扫码查看
彩图效果

2. “滤色”模式

查看每种颜色的颜色信息，并将基色和混合色复合（任何颜色与黑色复合保持不变，与白色复合变为白色，所以结果色总是较亮的颜色）。这个模式较为常用。图 4.5.15 是“滤色”模式下的图像效果。

扫码查看
彩图效果

图 4.5.15　“滤色”模式下的图像效果

3. “线性减淡”模式

查看每种颜色的颜色信息，通过增加亮度使基色变暗来反衬混合色。其与黑色混合不产生变化，与“颜色减淡”模式有些类似。图 4.5.16 是“线性减淡”模式下的图像效果。

扫码查看
彩图效果

图 4.5.16　“线性减淡”模式下的图像效果

4. “浅色”模式

查看基色和混合色的信息，选取其中较浅的颜色作为混合色，所以不会产生新的颜色。图 4.5.17 是“浅色”模式下的图像效果。

扫码查看
彩图效果

图 4.5.17　“浅色”模式下的图像效果

4.5.4 对比类混合模式（叠加、柔光、强光、亮光、线性光、点光、实色混合）

1. “叠加”模式

Photoshop 叠加模式是将绘制的颜色与底色相互叠加，也就是说，把图像的下层颜色与上层颜色相混合，提取基色的高光和阴影部分，产生一种中间色。下层不会被取代，而是和上层相互混合来显示 Photoshop 图像的亮度和暗度，如图 4.5.18 所示。

扫码查看彩图效果

图 4.5.18　“叠加”模式下的图像效果

2. “柔光”/“强光”模式

Photoshop“柔光”模式会产生柔光照射的效果。该模式是根据绘图色的明暗来决定图像的最终效果是变亮还是变暗的。如果上层颜色比下层颜色更亮一些，那么最终将更亮；如果上层颜色比下层颜色更暗一些，那么最终颜色将更暗，使 Photoshop 图像的亮度反差增大。“强光”模式与“柔光”模式类似，也就是将下面图层中的灰度值与上面图层进行处理，所不同的是，产生的效果就像一束强光照射在 Photoshop 图像上一样。图 4.5.19 是“柔光”模式下的图像效果，图 4.5.20 是“强光”模式下的图像效果。

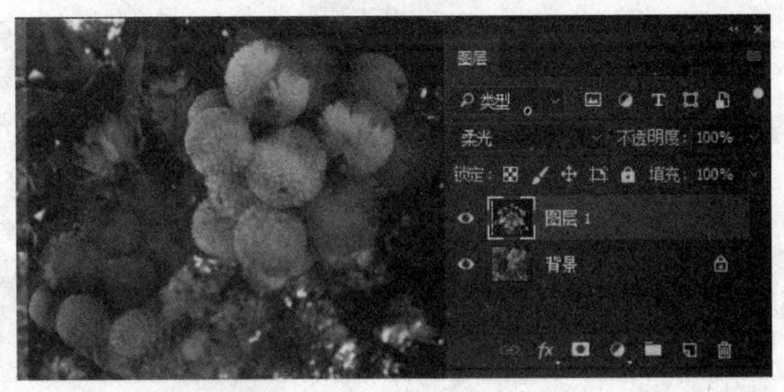

扫码查看彩图效果

图 4.5.19　“柔光”模式下的图像效果

3. “亮光”模式

亮光模式根据绘图色增加或减小对比度来加深或减淡颜色，具体取决于混合色。如果混合色比 50% 的灰度亮，图像通过降低对比度来加亮图像；反之，通过提高对比度来使 Photoshop 图像变暗。图 4.5.21 是“亮光”模式下的图像效果。

扫码查看
彩图效果

图 4. 5. 20　“强光”模式下的图像效果

扫码查看
彩图效果

图 4. 5. 21　“亮光”模式下的图像效果

4. “线性光”模式

“线性光”模式是通过增加或降低当前层颜色亮度来加深或减淡颜色的。若当前图层颜色比 50% 的灰度亮，图像通过增加亮度使整体变亮；若当前图层颜色比 50% 的灰度暗，Photoshop 图像通过降低亮度使整体变暗。图 4. 5. 22 是“线性光”模式下的图像效果。

扫码查看
彩图效果

图 4. 5. 22　“线性光”模式下的图像效果

5. “点光”模式

“点光”模式通过置换颜色像素来混合图像。如果混合色比 50% 的灰度亮，比图像暗的像素会被替换，而比源图像亮的像素无变化；反之，比原图像亮的像素会被替换，而比 Photoshop 图像暗的像素无变化。图 4. 5. 23 是“点光”模式下的图像效果。

扫码查看
彩图效果

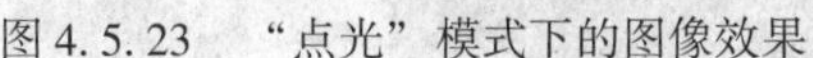

图 4. 5. 23　“点光”模式下的图像效果

6. “实色混合”模式

Photoshop“实色混合”模式将两个图层叠加后，当前层产生很强的硬性边缘，将原本逼真的图像以色块的方式表现。该模式可增加颜色的饱和度，使 Photoshop 图像产生色调分离的效果。图 4. 5. 24 是“实色混合”模式下的图像效果。

扫码查看
彩图效果

图 4. 5. 24　“实色混合”模式下的图像效果

4. 5. 5　比较类混合模式（差值、排除、减去、划分）

1. “差值”模式

该模式取决于当前层和其下层像素值的大小，用较亮的像素点的像素值减去较暗的像素点的像素值，差值当作最终色的像素值。图 4. 5. 25 是“差值”模式下的图像效果。

扫码查看
彩图效果

图 4. 5. 25　“差值”模式下的图像效果

2. “排除”模式

“排除”混合模式与“差值”模式相似，但“排除”模式具有高对比度和低饱和度的特点，比“差值”模式的效果要柔和、明亮。白色作为混合色时，图像反转基色而呈现；黑色作为混合色时，图像不发生变化。“排除”模式下的图像效果如图 4. 5. 26 所示。

扫码查看
彩图效果

图 4. 5. 26　“排除”模式下的图像效果

3. “减去”/“划分”模式

“减去”模式是两个像素相减（取绝对值），而“划分”模式是两个像素绝对值相加的值。图 4. 5. 27 是“减去”模式下的图像效果，图 4. 5. 28 是“划分”模式下的图像效果。

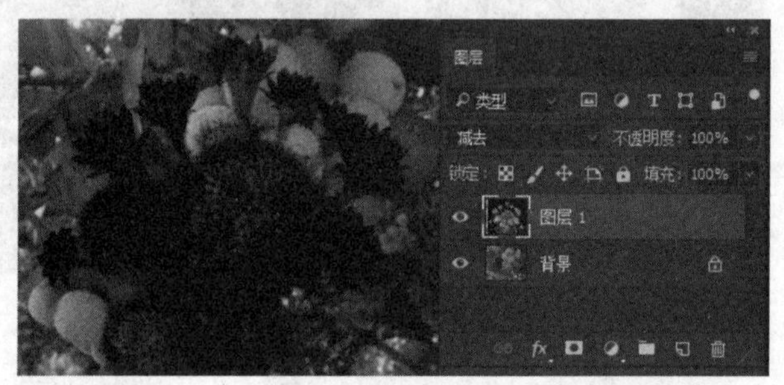

扫码查看
彩图效果

图 4. 5. 27　“减去”模式下的图像效果

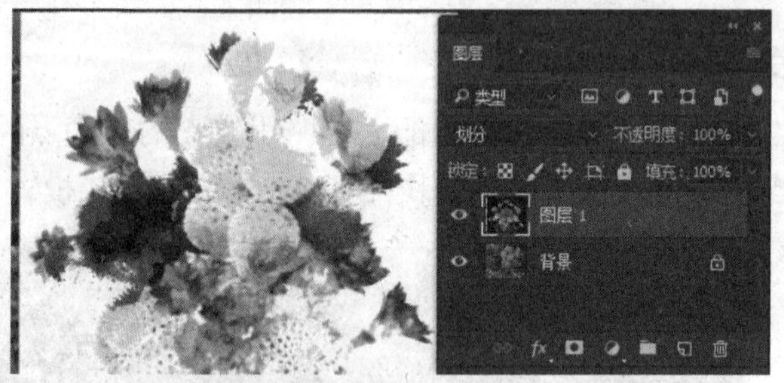

扫码查看
彩图效果

图 4. 5. 28　“划分”模式下的图像效果

4. 5. 6　色彩类混合模式（色相、饱和度、颜色、明度）

1. “色相”模式

“色相”模式是选择下方图层颜色亮度和饱和度值与当前层的色相值进行混合创建的效

果。混合后的亮度及饱和度取决于基色，但色相则取决于当前层的颜色。图 4. 5. 29 是“色相”模式下的图像效果。

图 4. 5. 29　“色相”模式下的图像效果

扫码查看
彩图效果

2. “饱和度”模式

“饱和度”模式的作用方式与“色相”模式的相似，它只用上层颜色的饱和度值进行着色，而使色相值和亮度值保持不变。下层颜色与上层颜色的饱和度值不同时，才能使用描绘颜色进行着色处理。图 4. 5. 30 是“饱和度”模式下的图像效果。

图 4. 5. 30　“饱和度”模式下的图像效果

扫码查看
彩图效果

3. “颜色”模式

“颜色”模式使用基色的明度及混合色的色相和饱和度创建结果，能够使用“混合色”颜色的饱和度值和色相值同时进行着色，这样可以保护图像的灰色值，但混合后的整体颜色由当前混合色决定。“颜色”模式可以看成是“饱和度”模式和“色相”模式的综合效果。该模式能够使灰色图像的阴影或轮廓透过着色的颜色显示出来，掺和某种色彩化的效果。图 4. 5. 31 是“颜色”模式下的图像效果。

图 4. 5. 31　“颜色”模式下的图像效果

扫码查看
彩图效果

4. “明度”模式

“明度”模式：利用混合色的明度及基色的色相与饱和度创建结果色。因此，混合色图片只能影响图片的明暗度，不能对基色的颜色产生影响，但黑、白、灰除外。黑色与基色混合得到黑色；白色与基色混合得到白色；灰色与基色混合得到明暗不同的基色。明度模式得到的效果与“颜色”模式得到的效果相反。图 4. 5. 32 是“明度”模式下的图像效果。

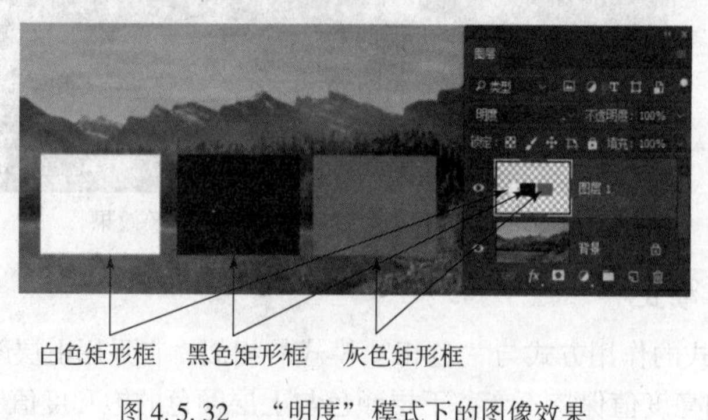

扫码查看彩图效果

图 4. 5. 32 “明度”模式下的图像效果

4. 6 工作场景实施

4. 6. 1 场景一：绘制小熊

要求：学习利用画笔、图案等工具进行小熊的绘制。

①新建一个文件，在弹出的“新建”对话框中，设置“宽度”为 25 厘米，“高度”为 30 厘米，“分辨率”设置为 150 像素/英寸，设置完成单击“创建”按钮进行确认。

②在图层面板上单击“创建新图层”按钮，创建图层 1。在工具箱中选择画笔工具，设置前景色为#ebe806，画笔大小为 260 像素，硬度为 100%，如图 4. 6. 1 所示。在画布上单击绘制小熊的耳朵。

260 模式：正常 不透明度：100% 流量：100% 平滑：10%

图 4. 6. 1 设置画笔

③新建一个图层，名为图层 2，在图层 2 上绘制一个椭圆，为该椭圆填充黑色。在图层面板上对图层 2 单击右键，在弹出的菜单命令中执行“向下合并”命令，将图层 1 与图层 2 合并成一个图层，将该图层命名为“耳朵左”。按住鼠标左键，将名为“耳朵左”的图层拖动到“创建新图层”按钮上，即对“耳朵左”图层进行了复制操作，将复制的图层命名为“耳朵右”。向右移动耳朵右图层上的图案，如图 4. 6. 2 所示。

④在图层面板上单击“创建新图层”按钮，创建新的图层。在工具箱中选择画笔工具，设置前景色为#d4d226，画笔大小为 500 像素，硬度为 100%。如图 4. 6. 3 所示。在画布上绘制小熊的脸。将图层命名为“脸”，如图 4. 6. 3 所示。

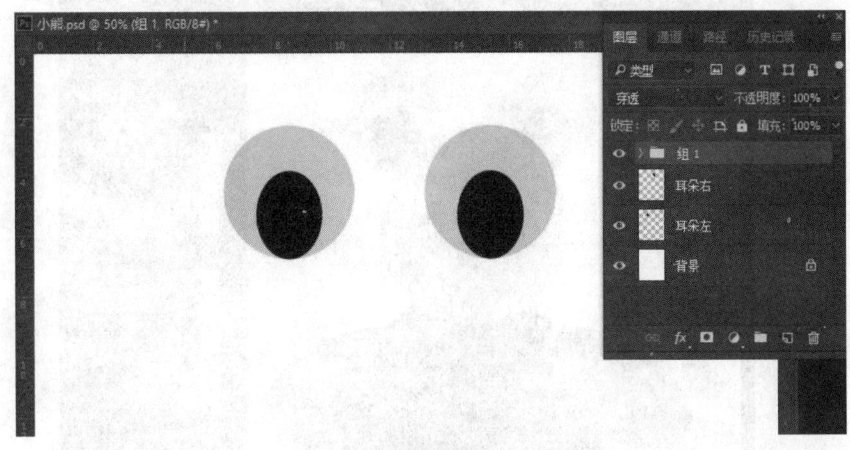

图 4.6.2　绘制小熊耳朵

图 4.6.3　绘制小熊脸部

⑤新建图层，用颜色为黑或白、硬度为 100% 的画笔在不同的图层上画出小熊的眼睛与鼻子。在工具箱中选择椭圆工具，设置前景色为#4ad11a，画出小熊的胳膊和脚。设置前景色为#29281b，画出小熊的身体，如图 4.6.4 所示。

⑥为小熊做一件衣服。新建一个文档，文档的宽度与高度都是 100 像素，分辨率为 100 像素/英寸，如图 4.6.5 所示。

⑦在图层面板上单击“创建新图层”按钮，创建新的图层。按快捷键 Ctrl + A 全选该图层，设置前景色为#ff00cc，设置背景色为黑色。将前景色填充给该图层。执行“滤镜”→“风格化”→“拼贴”命令，如图 4.6.6 所示。

⑧按快捷键 Ctrl + T 执行自由变换命令，按住 Shift 键锁定宽高比例将图缩小一点，如图 4.6.7 所示。

图 4.6.4　绘制小熊的身体、胳膊与脚

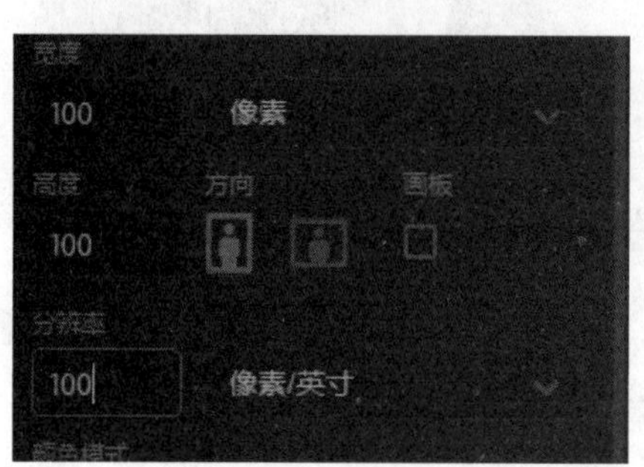

图 4.6.5　新建文档

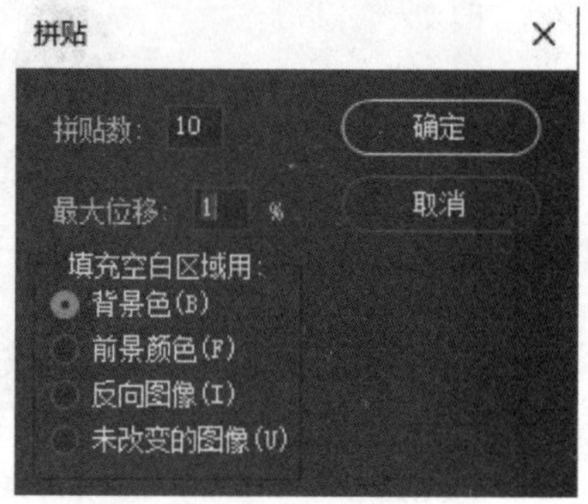

图 4.6.6　添加滤镜效果

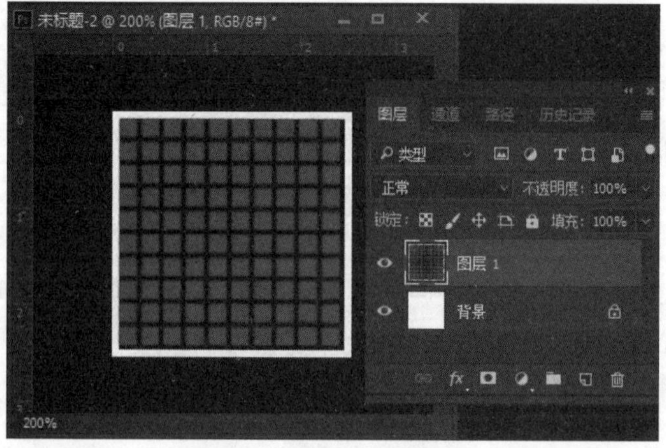

图 4.6.7　进行自由变换

⑨在图层面板上，用鼠标右键在图层 1 上单击，执行菜单命令“合并可见图层”。执行“编辑”→“自定义图案”菜单命令。

⑩回到小熊文件中，按住鼠标左键，将名为“身体”的图层拖动到“创建新图层”按钮上，即对“身体”图层进行了复制操作。复制的图层名为“身体拷贝”，选择该图层，在图层面板上单击“添加图层样式”按钮，添加“图案叠加”样式。图案选择刚才定义好的图案，如图 4. 6. 8 所示。

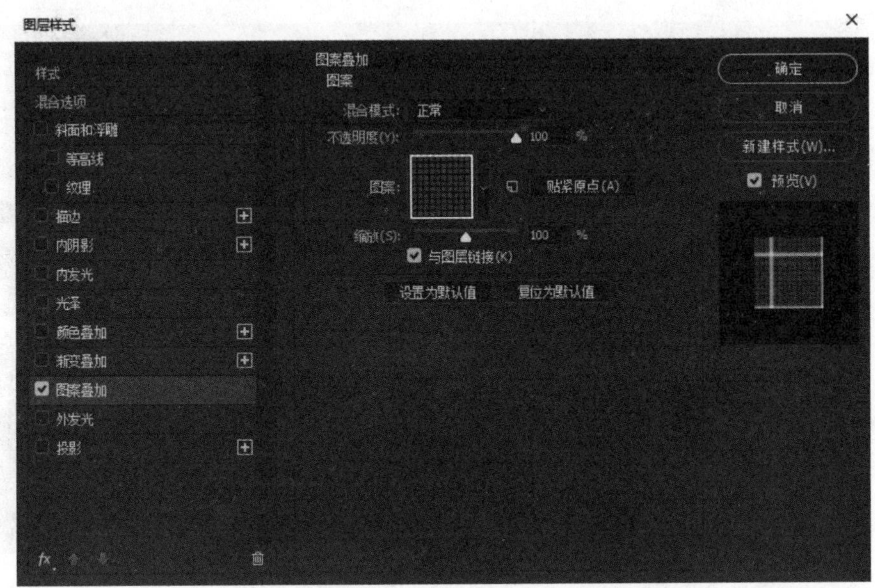

图 4. 6. 8　添加图层样式

⑪选择名为“身体拷贝”的图层，用橡皮擦工具在小熊底部擦掉多余的图案。最终完成了小熊的绘制，如图 4. 6. 9 所示。

图 4. 6. 9　完成绘制

4.6.2 场景二：户外广告设计

要求：利用对素材的适当变换、添加图层蒙版、文字工具等设计广告。

①新建一个空白文件，尺寸为38 cm×18 cm，分辨率为200 像素/英寸，背景色为白色，颜色模式为 RGB。

②使用移动工具将素材一拖入文件，按快捷键 Ctrl + T 对素材进行自由变换，大小调整到合适，如图 4. 6. 10 所示。

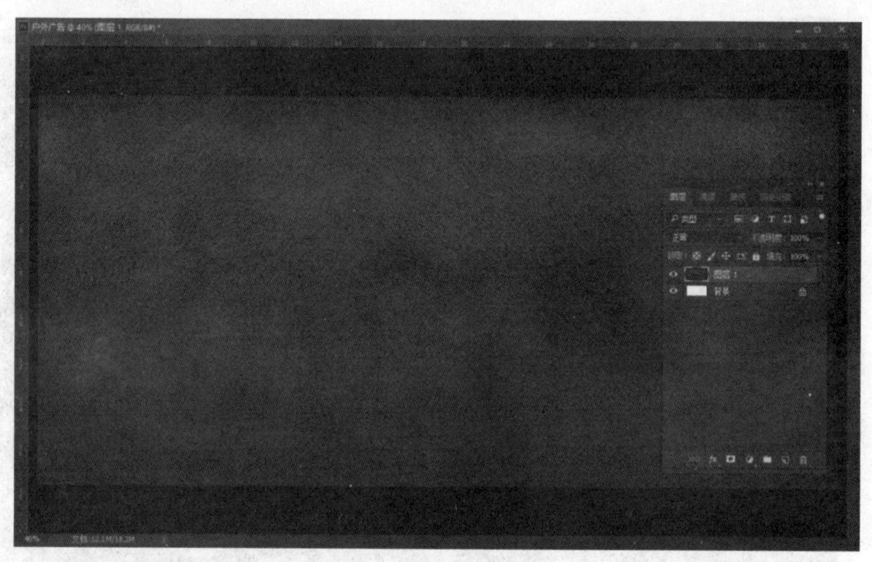

图 4. 6. 10　拖入素材

③使用移动工具将素材二拖入文件，按快捷键 Ctrl + T 对素材进行自由变换，将素材大小调整到合适。为素材二所在的图层，即图层2 添加图层蒙版：单击图层面板上的“添加图层蒙版”按钮，选择工具栏上的画笔工具，将前景色设置为黑色，将画笔工具的硬度调至0，开始在图层蒙版上进行涂抹，画笔所到位置可以将图片上不需要被看到的位置进行隐藏，如图 4. 6. 11 所示。

④使用移动工具将“月亮”素材拖入文件中，即新建了图层 3。按快捷键 Ctrl + T 对素材进行自由变换，大小调整到合适。按住鼠标左键将图层 3 拖放到图层 2 的下面，如图 4. 6. 12 所示。

⑤使用移动工具将“大闸蟹”文字素材拖入文件，按快捷键 Ctrl + T 对素材进行自由变换，将素材大小调整到合适。为素材四所在的图层，即图层 4 添加图层蒙版：单击图层面板上的“添加图层蒙版”按钮，选择工具栏上的画笔工具，将前景色设置为黑色，将画笔工具的硬度调至 0，开始在图层蒙版上进行涂抹，画笔所到位置可以将图片上不需要被看到的位置进行隐藏，如图 4. 6. 13 所示。

⑥选择“横排文字工具”，输入图 4. 6. 14 所示的文字，将“国庆有礼”的文字颜色设置为#b10e11，并对文字添加大小 1 像素、位置是外部的红色描边效果。将促销文字的颜色设置为#f3f3b9。

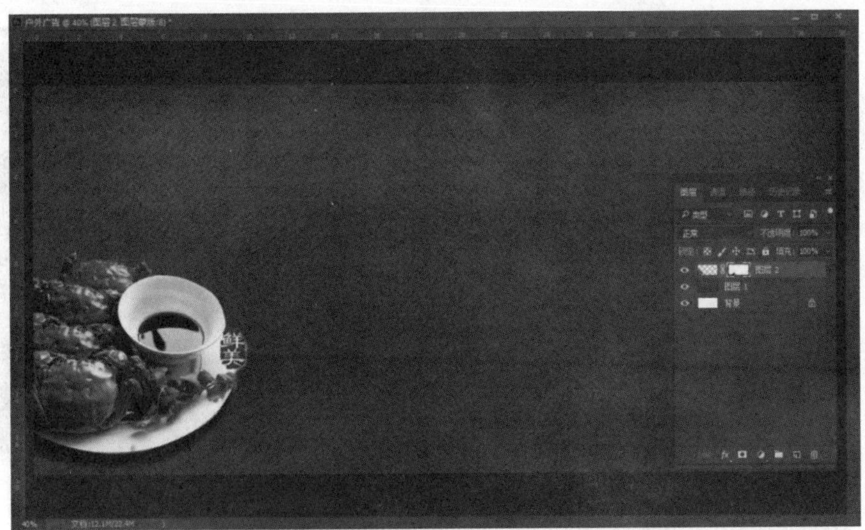

图 4. 6. 11　利用蒙版处理素材

图 4. 6. 12　处理“月亮”素材效果

图 4. 6. 13　处理“大闸蟹”文字素材与效果

图 4. 6. 14　输入文字

⑦效果如图 4. 6. 15 所示。

图 4. 6. 15　户外广告效果图

4. 6. 3　场景三：正片叠底抠头发

要求：利用图层混合模式抠取人物的头发，主要是利用图层模式的中性色将背景透明化。根据具体情况可以灵活选择不同的图层混合模式，如“正片叠底”可以将白色、浅色背景透明化；“滤色”可以将黑色、深色背景透明化；“叠加”可以将中等亮度的灰色背景透明化。

①在软件中打开名为“人物素材”“背景素材”的素材。利用工具栏中的“移动工具”将“人物素材”移动到“背景素材”的文件中，“人物素材”所在的图层名为图层 1。双击“背景素材”所在的背景图层，将其变为普通图层，名为“图层 0”。按快捷键 Ctrl + T 对名为图层 1 中的人物素材进行自由变换。将图层 0 放在图层 1 的上面。选择人物图层，按快捷键 Ctrl + J 进行复制，将复制好的人物图层移动到图层面板的最上面，名为“图层 1 拷贝”，如图 4. 6. 16 所示。

图 4.6.16　调整图层顺序

②选择名为“图层 1 拷贝”的图层，执行“图像”→“调整”→“色阶”命令，在打开的“色阶”面板的右侧，选择“白场”吸管，利用“白场”吸管工具，为所在的图层定义最亮的像素值所在的位置。设置“白场”时要兼顾人物与头发的细节，如图 4.6.17 所示。

图 4.6.17　定义白场

③将当前的图层的混合模式设置为“正片叠底”，如图 4.6.18 所示。

图 4.6.18　修改图层的混合模式

④复制人物图层所在的“图层 1”，得到名为“图层 1 拷贝 2”的图层，将其移动到图层面板的最上面。单击图层面板上的“添加图层蒙版”按钮，为当前图层添加图层蒙版。利用黑色的画笔沿人物及发丝边缘擦出背景，如图 4. 6. 19 所示。

图 4. 6. 19　最终效果

4. 7　工作实训营

4. 7. 1　训练实例

1. 训练内容

①用 Photoshop 制作一张五寸大的相纸上有 9 张一寸照片的相片。

把如图 4. 7. 1 所示的素材照片设置成 2. 5 cm × 3. 5 cm 的一寸照片，新建一个 11. 9 cm × 8. 9 cm 的画布，利用图层的复制、粘贴和对齐与分布等操作，实现连排，如图 4. 7. 2 所示。

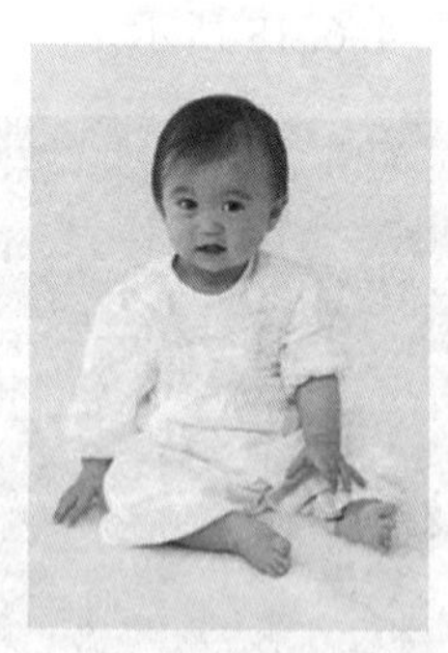

图 4. 7. 1　素材

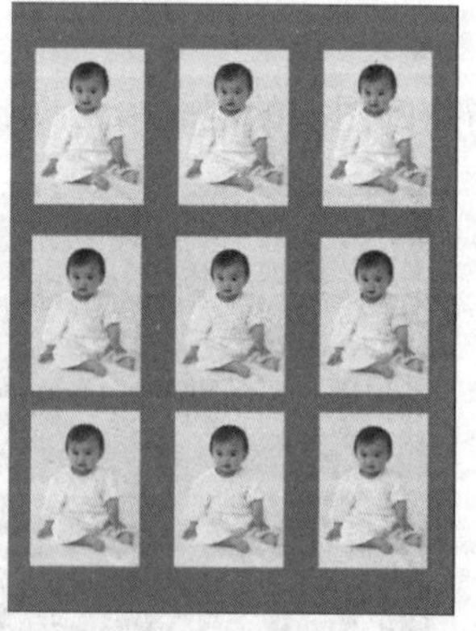

图 4. 7. 2　效果图

②在 Photoshop 中打开如图 4. 7. 3 所示的素材，把素材所在的背景图层转换为普通图层，用魔棒工具选取背景色，按 Delete 键删除。新建图层，填充红色，实现背景更换。如果男孩头像边缘还有背景色，在选中头像的前提下，单击“选择”→“修改”→“收缩”命令，

把选区收缩 2 px，单击“选择”→“反相”，按 Delete 键删除选中的 2 px，会删除杂边，如图 4.7.4 所示。

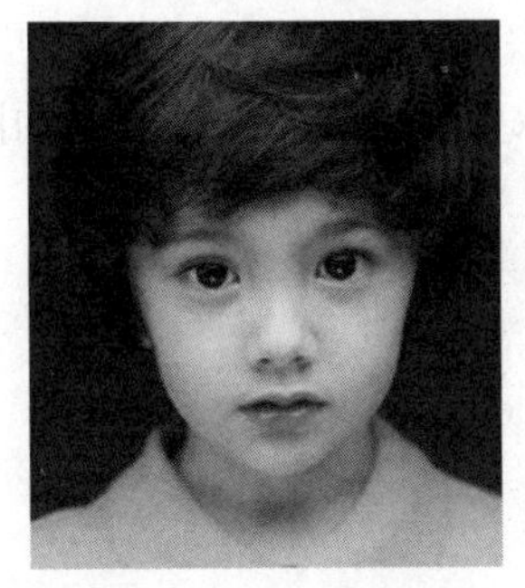

图 4.7.3 素材

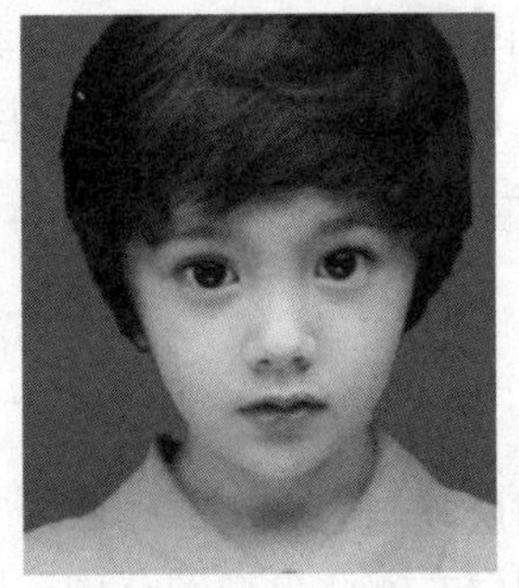

图 4.7.4 效果图

③选取裙子选区，对素材 1 进行反相选定，删除裙子以外不需要的部分，得到裙子形状的图案，用图层混合模式，将素材 1（图 4.7.5）的春色荷花印到素材 2（图 4.7.6）的白色长裙上，让白色长裙合成彩色长裙。

图 4.7.5 素材 1

图 4.7.6 素材 2

2. 训练要求

熟练掌握图层的各种操作。

4.7.2 工作实践常见问题解析

【常见问题 1】在单一图层内绘制了多个图形，想重新排列各个图形，发现不能移动单个图形了，怎么回事？

答：在工作中，在一个图层中做各种效果的习惯可真不好。单一图层制图，缺乏灵活性，无法针对性地做出修改。最安全的做法是：一种效果，一个新图层，这样以后修改起来会非常方便。

【常见问题 2】做了一个平面设计后，发现图层面板上有几十个图层，很长，想找某一个图层时，要一一打开看内容，毫无组织，怎么办？

答：使用 Photoshop，不但要会使用各种工具，还要注意培养习惯，比如说，组织性。多个图层，作用于图像的不同区域，要记住分类编图层组及合理命名。初学者可能会认为这是浪费时间，但是后期你会发现，这是节省时间。当你要编辑某一特定图层时，你发现图层命名全是“图层 1、图层 2、图层 3、椭圆 1、椭圆 2”，根本无法快速分辨。所以说，合理组织图层非常重要，尤其是团队工作，需要把 PSD 文件传给同事的时候，要学会组织图层。

【常见问题 3】 如何在形状图层上创建形状?

答：图形工具包括“矩形工具”“圆角矩形工具”“椭圆工具”“多边形工具”“直线工具”和“自定义形状工具”。这些工具主要用于在图像中绘制规则或不规则的图形，其实质是建立了一个剪切路径。

工作实训

1. 图层复制的方法有哪些?
2. 图层有哪些类型? 分别用图示说明。
3. 图层的不透明度和图层填充不透明度有什么区别?

第 5 章

绘制图像

本章要点

- 掌握颜色选择工具的使用。
- 学会使用画笔工具、铅笔工具绘制图像。
- 学会使用油漆桶、渐变工具填充颜色。
- 掌握绘制图形的方法和技巧。
- 掌握绘制和编辑路径图形的方法和技巧。
- 掌握路径的运算方法。

技能目标

- 掌握在 Photoshop 中绘制图像的基本方法。
- 掌握图像绘制、颜色填充工具的使用方法和技巧。
- 掌握绘制和编辑形状图形的方法和技巧。
- 掌握绘制路径图形的方法和技巧。

引导问题

- 如何用绘制工具绘图?
- 绘制路径时，应注意什么?
- 路径的描边和填充是如何操作的?

【工作场景一】给衣服添加花纹

利用钢笔工具、剪贴蒙版等工具与方法为衣服添加花纹。效果如图 5. 0. 1 所示。

【工作场景二】调正卡片

利用扭曲等命令调正卡片。效果如图 5. 0. 2 所示。

【工作场景三】绘制卡通小虎

利用钢笔工具、图层样式等工具绘制老虎。效果如图 5. 0. 3 所示。

图 5.0.1　衣服添加花纹效果图

扫码查看
彩图效果

图 5.0.2　调正后的卡片

扫码查看
彩图效果

图 5.0.3　卡通小虎效果

扫码查看
彩图效果

5.1　绘制工具

5.1.1　绘画工具

Photoshop 中最为常用的绘图工具是“画笔工具”和“铅笔工具”，分别用于绘制边缘较柔和的笔画和硬边笔画。

1. 画笔工具

Photoshop CC 2018 中，对画笔工具有了不少加强，虽然之前的 Photoshop 也有类似的功能，但是这次新版本中，将预设画笔发挥到了全新的高度。

最新版 Photoshop 对画笔工具的优化，首先是将画笔的管理模式改变为类似于电脑中文件夹的模式，更为直观，支持新建和删除，通过拖放重新排序、创建画笔组、扩展笔触预览、切换新视图模式，以及保存包含不透明度、流动、混合模式和颜色的画笔预设，特别是增加了一个非常好用的预设画笔的功能，如图 5.1.1 所示。

图 5.1.1　画笔管理新模式

画笔在描边平滑上也进行了优化，笔刷响应速度也明显加快了，Photoshop 现在可以对描边执行智能平滑。在使用画笔、铅笔、混合器画笔或橡皮擦工具时，只需在选项栏中输入平滑的值（0～100）即可。值为 0 等同于 Photoshop 早期版本中的旧版平滑。应用的值越大，描边的智能平滑量就越大。并且还有了抖动修复功能，完全防止 Photoshop 新手由于没有手绘板而画出歪歪扭扭的线条。

描边平滑在多种模式下均可使用。单击⚙图标可启用以下一种或多种模式，如图 5.1.2 所示。

拉绳模式：拉绳模式下，仅在绳线拉紧时绘画。在平滑半径内，移动光标不会留下任何标记。当按下鼠标并且拖拽画笔时，会出现一个圆形平滑区域，圆形区域的边缘就是画笔移动的边界，就是说，当鼠标在圆形区域中移动时，画笔是不会移动的，鼠标指针后的那根线就像是一根现实中的细绳子，通过细绳拖动物体移动，所以叫做拉绳模式，如图 5.1.3 所示。

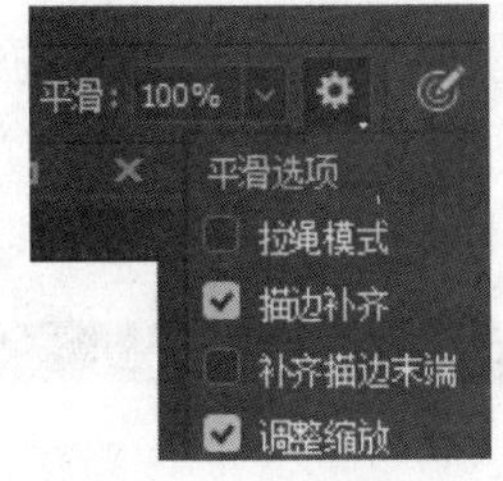

图 5.1.2　绘制模式

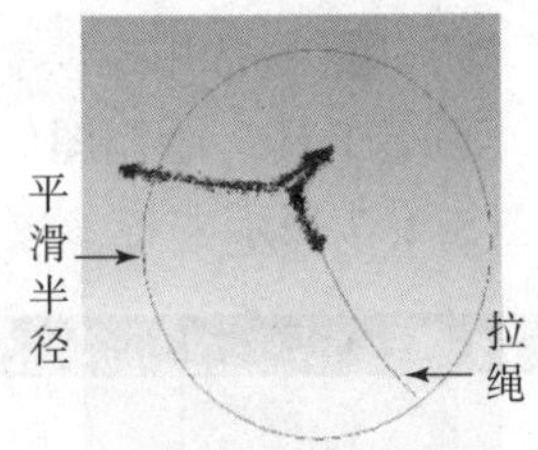

图 5.1.3　拉绳模式绘图

描边补齐：用鼠标绘制一条曲线，在曲线还未绘制到鼠标指针处时，依然按住左键不松手，曲线会自动补齐末尾的线条，如图 5.1.4 所示。那么，如果按下鼠标绘制一段后，未等线条移动到鼠标指针处就松开鼠标左键，线条会不会补齐呢？这就要看“补齐描边末端”选项了。

补齐描边末端：此选项专门用来控制绘制线条后是否释放鼠标左键的行为。在没有勾选“补齐描边末端”选项时，绘制线条后，当释放鼠标左键时，线条会直接从平滑的拖拽点断开。如果勾选了“描边补齐”，但是没选“补齐描边末端”，当按住鼠标绘制线条时，指针拖拽到一定区域时，突然释放左键，这时线条就会在拖拽点处断开；反之，拖拽到一定位置时按住左键不松手，那么线条会自动慢慢补齐至指针处。

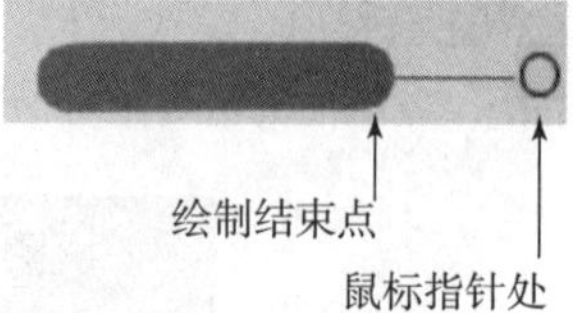

图5.1.4　鼠标绘制曲线

缩放调整：通过调整平滑，防止抖动描边。在放大文档时减小平滑；在缩小文档时增加平滑。

绘画对称：最新版Photoshop引入了“绘画对称”功能，默认状态为关闭。要启用此功能，则单击“首选项”→“技术预览”→“启用绘画对称”。Photoshop现在允许在使用画笔、铅笔或橡皮擦工具时绘制对称图形。在使用这些工具时，单击属性栏中图标，如图5.1.5所示，从几种可用的对称类型中选择。绘画描边在对称线间实时反映，从而可以更加轻松地素描人脸、汽车、动物等，如图5.1.6所示。

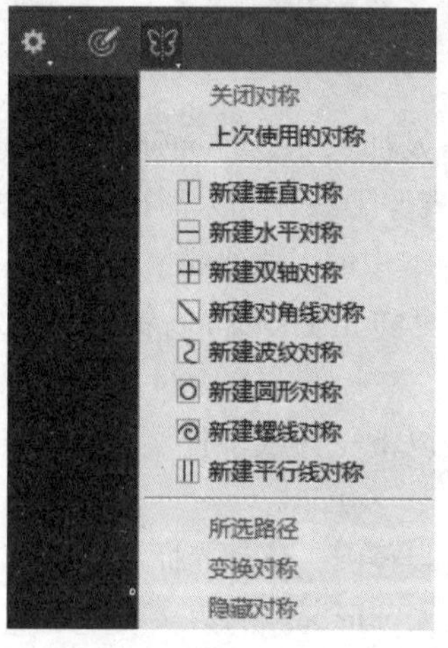

图5.1.5　可选择的对称类型

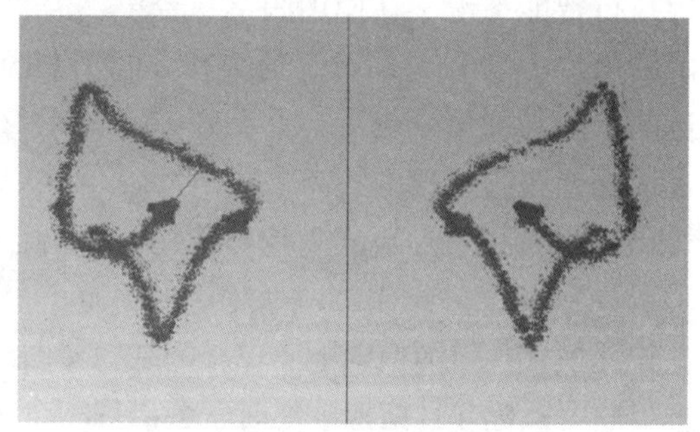
图5.1.6　使用“垂直对称”及“平滑100”绘制的图形

“画笔工具”通常用于绘制偏柔和的线条，其作用类似于使用毛笔的绘画效果。

在使用“画笔工具”绘制图像时，应根据要绘制的不同效果选择画笔。“画笔工具”工具属性栏如图5.1.7所示。各参数说明如下。

图5.1.7　“画笔工具”属性栏

①“画笔”选项。此选项用于选择画笔样式和设置画笔大小。

②“模式”选项。此选项用于设置“画笔工具”对当前图像中像素的作用形式，即当前使用的绘图颜色如何与图像原有的底色进行混合。绘图模式与图层的混合模式选项相同。

③“不透明度”选项。此选项用于设置画笔颜色的不透明度。可以在文本框中直接输入数值，也可以单击按钮，在弹出的滑杆中拖动滑块进行调节。不透明度数值越大，不透明度越高。

④“流量”选项。此选项用于设置图像颜色的压力程度。流量数值越大，画笔笔触越浓。

⑤“启用喷枪模式”选项。单击按钮，启用喷枪进行绘图工作。

⑥“切换‘画笔设置’面板”选项。单击按钮，可打开“画笔设置”面板，如图 5. 1. 8 所示。面板中左侧有多种选项，右侧的选项组中可以选择和预览画笔的样式，设置画笔的大小、笔尖的形状、硬度和间距等。Photoshop 内置的笔刷比之前的版本丰富了很多，习惯使用 Photoshop 作画的读者可以不用到处找笔刷下载了。

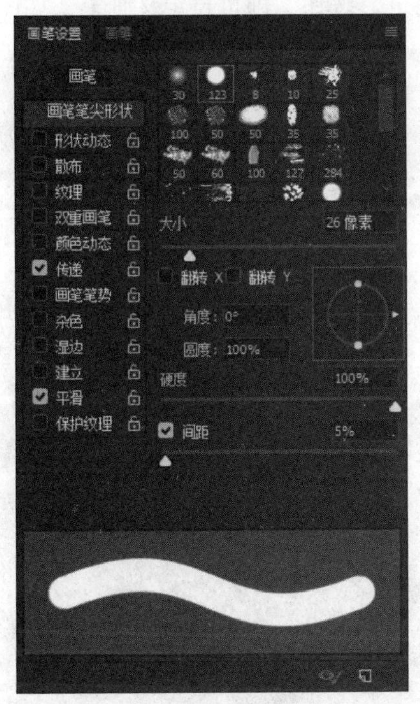

图 5. 1. 8 “画笔设置”面板

“大小”选项：该选项用来控制画笔的直径。在该选项文本框中输入数值或拖动滑杆来改变画笔的粗细，或按“［”或“］”来减小或增加画笔直径。

“角度”选项：该选项用来设置画笔长轴的倾斜角度，即偏离水平线的距离。

“圆度”选项：该选项用来设置椭圆短轴和长轴的比例关系。

“间距”选项：该选项用来设置连续运用画笔绘制时，前一个产生的画笔和后一个产生的画笔之间的距离，它是用相对于画笔直径的百分数来表示的。

2. 自定义画笔

若 Photoshop 自带的画笔样式不能满足需求，可以根据需要自定义画笔。自定义画笔时，可将一个几何图形定义为画笔，也可将动物、人物图形等多种形状定义为画笔。

下面以把人物图形定义为画笔为例进行讲解，具体操作步骤如下。

①Photoshop，打开素材 5.1.9。选择一个要定义为画笔的选区，如图 5.1.9 所示。

图 5.1.9　选择画笔选区

②选择“编辑”→“定义画笔预设”命令，在打开的“画笔名称”对话框中输入画笔名称为“小鹿”，单击“确定”按钮，即可自定义画笔，如图 5.1.10 所示。

图 5.1.10　输入画笔名称

③定义好画笔后，在“画笔”面板的画笔样式列表框中选择自定义的画笔样式（小鹿），修改画笔大小，如图 5.1.11 所示。

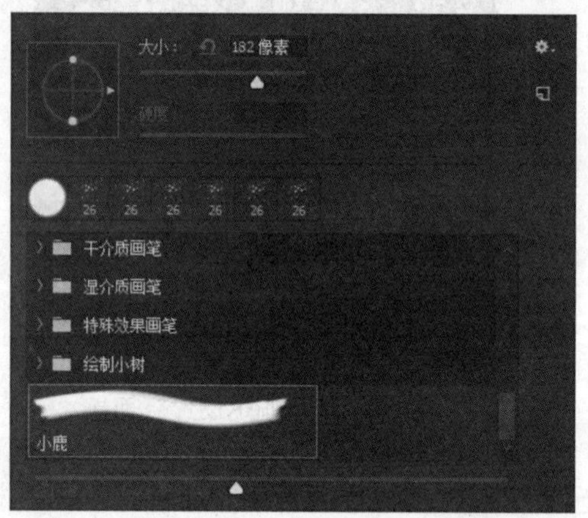

图 5.1.11　选取自定义画笔

④将鼠标移到图像窗口中，单击或按住鼠标左键拖动鼠标进行绘画即可。自定义的画笔是灰度图像，不保留源图像的色彩信息，被调用时，画笔颜色由当前的前景色决定。

3. 画笔预设

①直接按键盘的 F5 键，打开画笔设置，如图 5.1.12 所示。画笔属性设置，如模式、不透明度等参数的设置如图 5.1.13 所示。

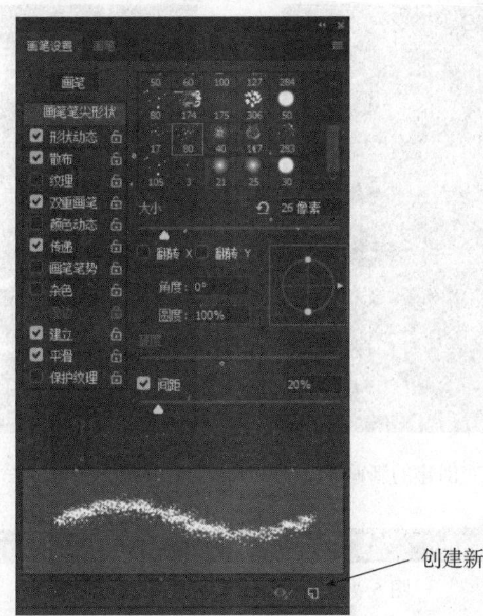

图 5.1.12　“画笔设置”面板

图 5.1.13　画笔参数设置

②这个画笔如果后面还要用到，需要保存为画笔预设。单击“画笔设置”面板的下方创建新画笔按钮，在“新建画笔”面板（如图 5.1.14 所示）中，给新建的画笔起个名字，勾选上“捕获预设中的画笔大小”和“包含颜色”，单击“确定”按钮。打开画笔面板，看到刚刚新建好的这个画笔预设了，如图 5.1.15 所示。单击画笔面板右上方按钮，在打开的下拉菜单中选择新建画笔组（如图 5.1.16 所示）。给新的画笔组取个名字。可以把预设好的各种画笔都拖拽进某个组，以方便管理与调用，以免画笔太多而找不到。

图 5.1.14　新建画笔面板

4. 铅笔工具

“铅笔工具”不同于“画笔工具”的最大特点是，其硬度比较大且不可变。“铅笔工具”的使用方法和“画笔工具”的类似，工具属性栏如图 5.1.17 所示。

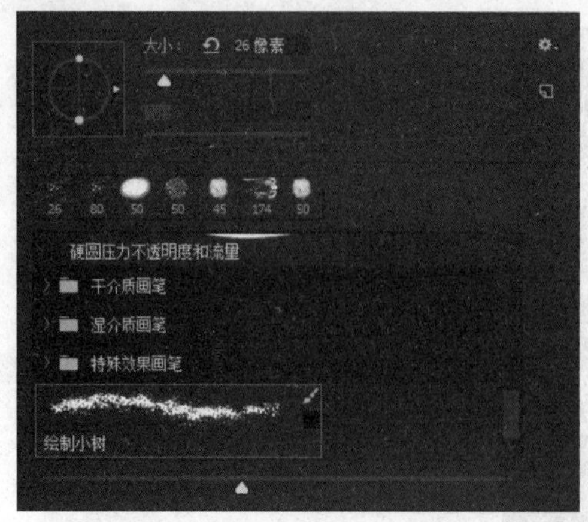

图 5.1.15 “绘制小树”创建的新画笔

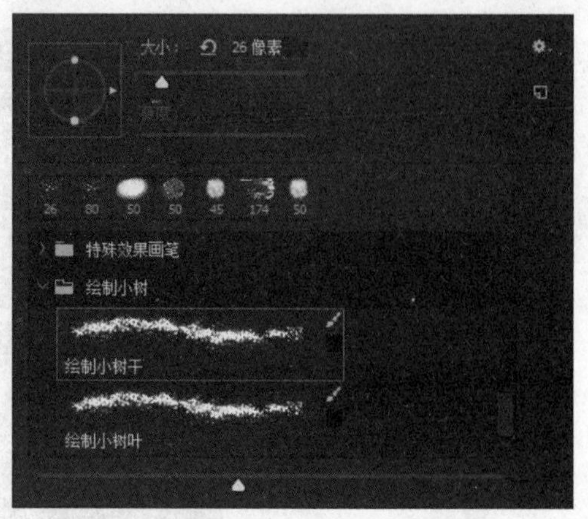

图 5.1.16 创建的新组

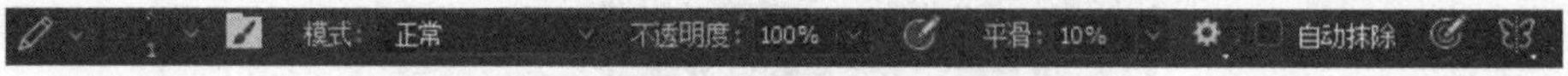

图 5.1.17 “铅笔工具”属性栏

“自动抹除”选项是“铅笔工具”特有的选项。选中此选项，如果在与前景颜色相同的图像区域内绘图，“铅笔工具”相当于橡皮擦，拖动过的地方会自动擦除前景色并填入背景色；如果在不包含前景色的区域上拖动，则绘制成前景色。

5. 混合器画笔工具

混合器画笔工具可以绘制出逼真的手绘效果，是较为专业的绘画工具。通过 Photoshop 属性栏的设置可以调节笔触的颜色、潮湿度、混合颜色等，就如同在绘制水彩或油画的时候，随意地调节颜料颜色、浓度、颜色混合等，可以绘制出更为细腻的效果图。工具属性栏如图 5.1.18 所示。

图 5.1.18 “混合器画笔工具”属性栏

①“画笔”：单击该按钮，在打开的下拉列表中选择 Photoshop 画笔笔头大小。

②：显示前景色颜色。单击右侧三角，可以载入画笔、清理画笔、只载入纯色。

③：每次描边后载入画笔。

④：每次描边后清理 Photoshop 画笔。包括“每次描边后载入画笔”和“每次描边后清理画笔”两个按钮，控制每一笔涂抹结束后对画笔是否更新和清理。类似于画家在绘画时一笔过后是否将画笔在水中清洗的选项。

⑤“混合画笔组合” 潮湿，深混合：提供多种为用户提前设定的画笔组合类型，包括干燥、湿润、潮湿和非常潮湿等。当选择某一种混合画笔时，右边的 4 个选择数值会自动改变为预设值。

⑥“潮湿” 潮湿：50%：设置从画布拾取的油彩量。就像是给颜料加水，设置的值越大，画在画布上的色彩越淡。

⑦“载入” 载入：50%：设置画笔上的油彩量。

⑧“混合” 混合：100%：用于设置 Photoshop 多种颜色的混合。当潮湿为 0 时，该选项不

能用。

⑨“流量” 流量: 100%：设置画笔颜色的轻重。

⑩：启用喷枪样式建立效果，画笔在一个固定的位置一直描绘时，画笔会像喷枪那样一直喷出颜色。如果不启用这个模式，则画笔只描绘一下就停止流出颜色。

⑪ 对所有图层取样：对所有图层取样的作用是，无论本文件有多少图层，将它们作为一个单独的合并的图层看待。

⑫：绘图板压力控制大小选项。当选择普通画笔时，它可以被选择。此时可以用绘图板来控制画笔的压力。

下面用同一张素材图片，分别用“干燥”和“湿润”两种混合类型进行绘画，如图5.1.19和图5.1.20所示。Photoshop中，较干燥的画笔较多地保留了自定义的颜色，较为湿润的画笔则可以从画面上取出自己想要的颜色。就如沾了水的笔头，越湿的笔头，就越能将画布上的颜色化开。另一个对颜色有较强影响的是混合值，混合值高，画笔原来的颜色就会越浅，从画布上取得的颜色就会越深。

扫码查看
彩图效果

图 5.1.19　干燥画笔绘制的太阳

扫码查看
彩图效果

图 5.1.20　湿润画笔绘制的太阳

6. 颜色替换工具

“颜色替换工具” 使用 Photoshop 前景色对图像中特定的颜色进行替换，该工具常用来校正图像中较小区域的颜色。工具属性栏如图 5.1.21 所示。

图 5.1.21　“颜色替换工具” 属性栏

①模式：包括色相、饱和度、颜色和明度。色相模式更加精准细微，颜色模式相较之下就没有那么细致。

② “取样”：连续，是在拖移时连续对颜色取样； “取样”：一次，只替换第一次单击的颜色所在区域的目标颜色（即如果一幅图有红、黄、绿 3 种颜色，设置前景色为蓝色，选择“一次”按钮，鼠标单击红色处开始涂抹，将只替换图像中红色的颜色为蓝色，其他颜色不受影响）； “取样：背景色板”，只替换包含当前背景色的区域（即如果一幅图有红、黄、绿 3 种颜色，设置前景色为蓝色，设置背景色为黄色，选择“背景色板”按钮 ，在图像上涂抹，将只替换图像中（背景色）黄色的颜色为蓝色，其他颜色不受影响）。

③限制：也有 3 个选项，“连续”表示替换画笔邻近的颜色；“不连续”替换出现在指针下任何位置的颜色；“查找边缘”替换样本颜色的相连区域，同时更好地保留边缘的锐化程度。

④容差：设置较低的百分比可以替换与所选像素非常相似的颜色；而增加百分比可以替换范围更广的颜色。选择“消除锯齿”，这样可以得到一个柔和的边缘，弊端就是图片可能不是那么精确。可以使用“查找边缘”限制消除锯齿。

【案例】　快速生成多色柠檬

①按快捷键 Ctrl + O，打开一幅柠檬素材图像，如图 5.1.22 所示。

②打开前景色拾色器，设置前景色 RGB（255，0，0），即红色。

③选择 Photoshop 工具箱中的“颜色替换工具” ，设置合适画笔大小，在柠檬的一个切片上涂抹，改变颜色为 RGB（0，0，255），即蓝色，在柠檬的另一个切片上涂抹，如图 5.1.23 所示，一个多彩柠檬片就诞辰了。

扫码查看
彩图效果

图 5.1.22　素材图片

图 5.1.23　效果图

扫码查
彩图效

5.1.2　擦除工具

橡皮擦工具用于擦除背景或图像。橡皮擦工具组含有“橡皮擦工具”、“背景橡皮擦工具”和“魔术橡皮擦工具”，下面分别介绍它们的使用方法。

1. 橡皮擦工具

使用橡皮擦工具，在图像中涂抹可以擦除图片中不需要的部分。如果在背景图层或锁定的透明图层上擦，在擦除前景图像像素的同时，填入背景色；如果在普通图层上擦，擦除的位置变为透明。“橡皮擦工具”的工具属性栏如图 5.1.24 所示，各参数的含义如下。

图 5.1.24　“橡皮擦工具”属性栏

（1）“模式”选项

可选择橡皮擦的种类，包括“画笔”“铅笔”和“块”3 个选项。“画笔”模式具有边缘柔和及羽化效果；“铅笔”模式则是硬边效果；“块”模式，擦除的效果为块状，不能改变“不透明度”和“流量”选项值，如图 5.1.25 所示。

（2）“抹到历史记录”选项

选中此复选框，“橡皮擦工具”具有了历史记录画笔的功能，能够有选择地恢复图像到某一历史记录状态，如图 5.1.25 所示。

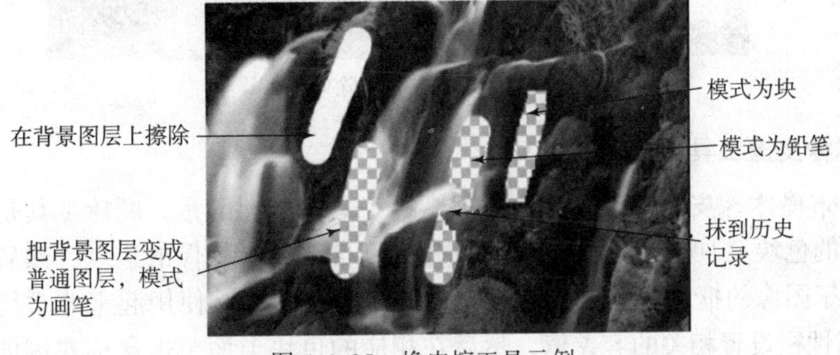

图 5.1.25　橡皮擦工具示例

2. 背景橡皮擦工具

背景橡皮擦工具也是一款擦除工具，主要用于图片的智能擦除。其自动识别对象边缘的功能，可采集画笔中心的色样并删除。如果选择工具属性栏中“保护前景色”选项框，即可保护前景色不被擦除。为了抠取如图 5.1.26 所示的猫，选中“保护前景色”选项，将鼠标移至猫身体边缘，按住 Alt 键不放，单击吸取猫的边缘颜色为前景色，并设置“背景橡皮擦工具”的大小和硬度，先将猫边缘的背景擦除。由于猫的身体和头部边缘颜色有差别，在不同的部位要多次按住 Alt 键不放，多次选取前景色，再擦除，且光标十字心只能靠近猫的身体边缘，擦除效果如图 5.1.27 所示。

图 5. 1. 26　原图

图 5. 1. 27　擦除效果

3. 魔术橡皮擦工具

Photoshop 魔术橡皮擦工具有点儿类似魔棒工具，不同的是，魔棒工具是用来选取图片中颜色近似的色块。“魔术橡皮擦工具” 可以自动分析图像的边缘，然后快速去掉图像的背景，对于图像的抠图来说，具有很好的效果。这款工具使用起来非常简单，只需要在 Photoshop 属性栏设置相关的容差值，然后在相应的色块上面单击鼠标左键即可擦除。擦除效果如图 5. 1. 28 和图 5. 1. 29 所示。

图 5. 1. 28　不同参数擦除效果（1）

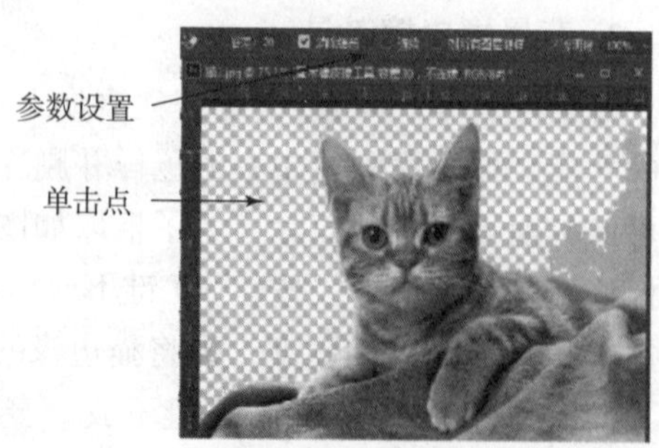

图 5. 1. 29　不同参数擦除效果（2）

小提示：

在“背景图层”中使用“背景橡皮擦工具” 或者“魔术橡皮擦工具” 时，像素可以被擦除为透明。同时，“背景图层”将自动被转换为普通图层。如果在已锁定透明度的图层中单击，这些像素将被更改为背景色。

5.1.3 填充工具

1. 油漆桶工具

“油漆桶工具” 与“编辑”→“填充”命令相似，用于在图像、选区中填充颜色或者图案。配合吸管等工具，使用“油漆桶工具”可以方便地给图像，尤其是手绘图着色。

“油漆桶工具”属性栏如图5.1.30所示，各参数说明如下。

前景 模式：正常 不透明度：100% 容差：32 消除锯齿 连续的 所有图层

图5.1.30 “油漆桶工具”属性栏

①填充：有两个选项，“前景”表示在图中填充的是Photoshop工具箱中的前景色，“图案”表示在图中填充的是连续的图案。当选中“图案”选项时，单击 按钮，在图案的弹出式面板中可选择不同的填充图案。

②模式：其后面的弹出菜单用来选择填充颜色或图案和图像的混合模式。

③不透明度：用来定义填充的不透明度。

④容差：用来控制油漆桶工具每次填充的范围。数值越大，允许填充的范围也越大。

⑤消除锯齿：选择此项，可使填充的边缘保持平滑。

⑥连续的：选中此选项，填充的区域是和鼠标单击点相似并连续的部分；如果不选择此项，填充的区域是所有和鼠标单击点相似的像素，不管是否和鼠标单击点连续。

⑦所有图层：此选项和Photoshop中特有的“图层”有关，当选择此选项后，就不管当前在哪个层上操作，用户所使用的工具对所有的层都起作用，而不是只针对当前操作层。

如果创建了选区，填充的区域为所选区域；如果没有创建选区，则填充与鼠标单击点颜色相近的区域。

在填充内容选项中设置填充前景或图案，当选择图案时，“图案”列表框被激活，单击按钮 ，从打开的图案下拉列表中选择填充图案，如图5.1.31所示。“容差”选项用来定义填充像素颜色的相似程度；选中“连续的”选项只填充与鼠标单击点相邻的像素，如图5.1.32所示。不选中该选项，则可填充图像中所有相似的像素，如图5.1.33所示。

2. 渐变工具

“油漆桶工具”和“渐变工具”都用于给图像填充，但两者的填充方式和内容不同，“油漆桶工具” 只能填充一种颜色或图案，而“渐变工具” 可以填充两种以上的颜色，且过渡细腻，融合效果好。选择该工具后，在图像中单击并拖动出一条直线，以标示渐变的起始点和终点，释放鼠标后即填充了渐变效果。

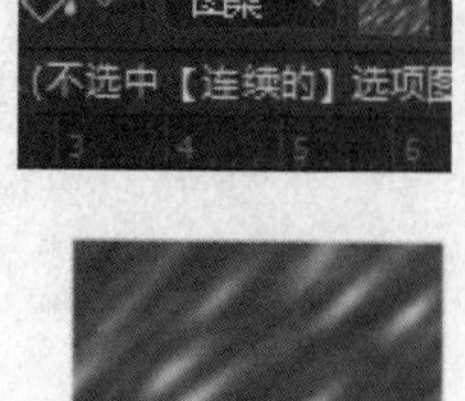

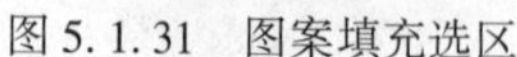

图 5. 1. 31　图案填充选区

图 5. 1. 32　选中“连续的”选项图案填充

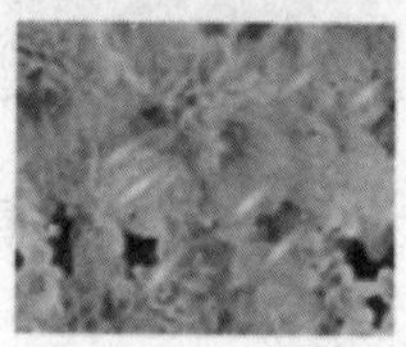

图 5. 1. 33　不选中“连续的”选项图案填充

Photoshop 可以创建 5 种渐变：线性渐变、径向渐变、角度渐变、对称渐变和菱形渐变。在工具箱中的“油漆桶工具”上单击鼠标右键，选择“渐变工具”命令。在工具属性栏中选择相应渐变类型，效果如图 5. 1. 34 所示。

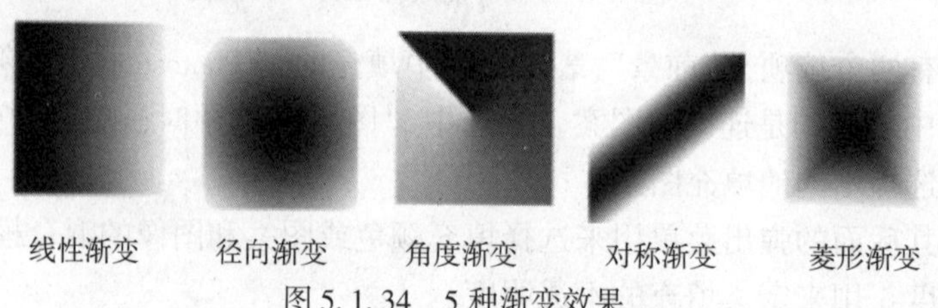

图 5. 1. 34　5 种渐变效果

在如图 5. 1. 35 所示的工具属性栏中选择渐变类型，还可以设置渐变颜色的混合模式、不透明度等参数，从而创建出更丰富的渐变效果。各参数含义如下。

模式：正常　不透明度：100%　反向　仿色　透明区域

图 5. 1. 35　“渐变工具”属性栏

①渐变颜色条选项。该选项用于显示当前的渐变颜色，单击其右侧下拉按钮，打开下拉面板，在面板中选择预设的渐变颜色。

②渐变类型选项。选项栏中有上文所说的 5 种渐变类型。

③“模式”选项。该选项用于设置应用渐变时的混合模式。

④“不透明度”选项。该选项用于设置渐变效果的不透明度。

⑤“反向”选项。该选项用于转换渐变中的颜色顺序，得到反向的渐变效果。

⑥“仿色”选项。用较小的带宽创建较平滑的混合，可防止打印时出现条带化现象。

⑦“透明区域”选项。选中该选项复选框可以创建透明渐变；取消该选项复选框可以创建实色渐变。

单击“渐变工具”属性栏中的渐变颜色条，打开如图 5. 1. 36 所示的“实底”渐变编辑器、图 5. 1. 37 所示的“杂色”渐变编辑器对话框。对话框中各选项功能如下：

①“预设”选项。该选项列表框中提供软件自带的渐变样式缩略图。单击可选取渐变样式，并且在对话框下部显示出不同渐变样式的参数和选项的设置。

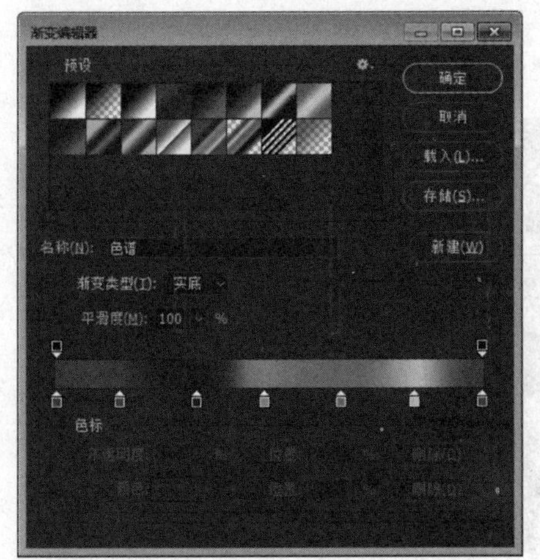

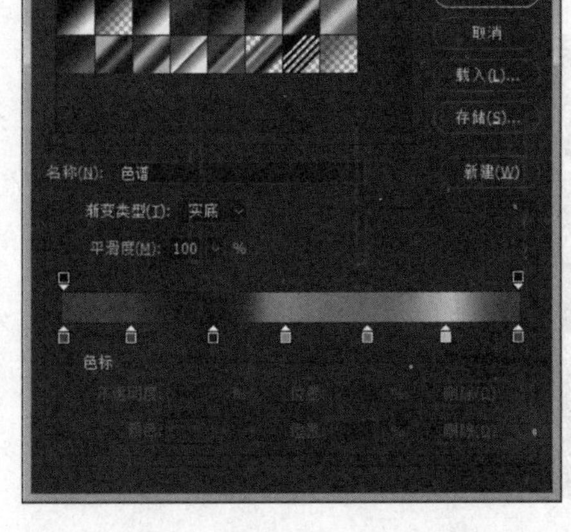

扫码查看
彩图效果

图 5.1.36 “渐变编辑器”对话框（1）

图 5.1.37 “渐变编辑器”对话框（2）

扫码查看
彩图效果

②“名称”选项。该文本框中显示当前所选渐变样式名称，也可以用来设置新样式的名称。

③“新建”选项。单击该选项按钮，根据当前的渐变设置创建一个新的渐变样式，并添加到“预设”窗口的末端位置。

④“渐变类型”选项。该选项下拉列表包括“实底”和“杂色”。当选择“实底”选项时，可以对均匀渐变的过渡色进行设置；当选择“杂色”选项时，可以对粗糙的渐变过渡色进行设置。

⑤“平滑度”选项。该选项用于调节渐变的光滑程度。

⑥色标滑块。该滑块用于控制颜色在渐变中的位置。如果在色标滑块上单击并拖动鼠标，可调整该颜色在渐变中的位置。要在渐变中添加新颜色，在渐变颜色编辑条下方单击，可以创建一个新色标滑块，然后双击该色标滑块，在打开的“选择色标颜色”对话框中设置所需的色标颜色。

⑦颜色中单击滑块。在单击色标滑块时，会显示其与相邻色标滑块之间的颜色过渡中点。拖动该中点，可以调节渐变颜色之间的颜色过渡范围。

⑧不透明度色标滑块。该滑块位于颜色条上方，用于设置渐变颜色的不透明度。单击该滑块后，通过“不透明度”文本框中设置其颜色的不透明度。再单击不透明度色标滑块时，会显示与其相邻不透明度色标之间的不透明度过渡中点。拖动中点，调整渐变颜色之间的不透明度的过渡范围。

⑨“位置”选项。该选项用于设置色标滑块或不透明度色标滑块的位置。

⑩“删除”选项。单击该选项按钮，可以删除所选的色标或不透明度色标。

【案例】 绘制彩虹。在“渐变编辑器”对话框中选择“透明彩虹渐变”，移动渐变条上方的“不透明度色标”并改变“不透明度”数值和“位置”的数值，移动渐变条下方的“色标”，如图 5.1.38“渐变编辑器”对话框（3）所示，勾选“渐变工具”属性栏最后的“透明区域”选项，画出如图 5.1.39 所示的彩虹效果。

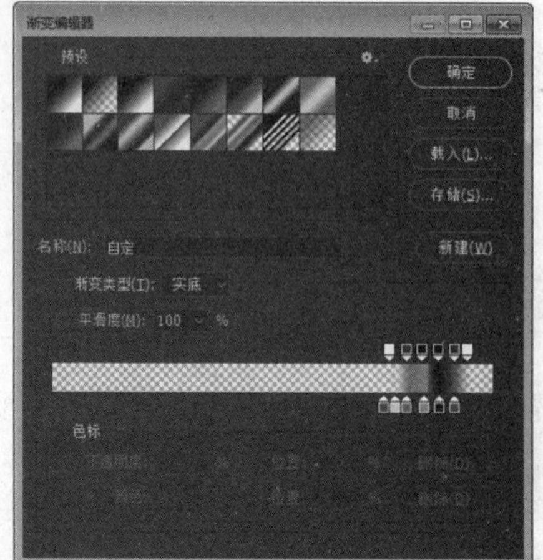

扫码查看
彩图效果

图 5.1.38 “渐变编辑器”对话框（3）

扫码查看
彩图效果

图 5.1.39 彩虹效果

拓展：在“渐变编辑器”对话框中设置好渐变后，在“名称”文本框中输入渐变的名称，单击“新建”按钮，可以将其保存到“预设”列表框中。在图 5.1.40 所示的渐变编辑器预设列表中，选择一个渐变，右击，下拉菜单有“新建渐变”“重命名渐变”“删除渐变”选项，可以实现新建渐变，或对选择的渐变进行改名，或删除。单击“预设”右上角的按钮，在弹出的菜单中选择所需的样本名称，可将样本载入“预设”区中，在弹出的菜单中选择“复位渐变”，则恢复默认的渐变预设。

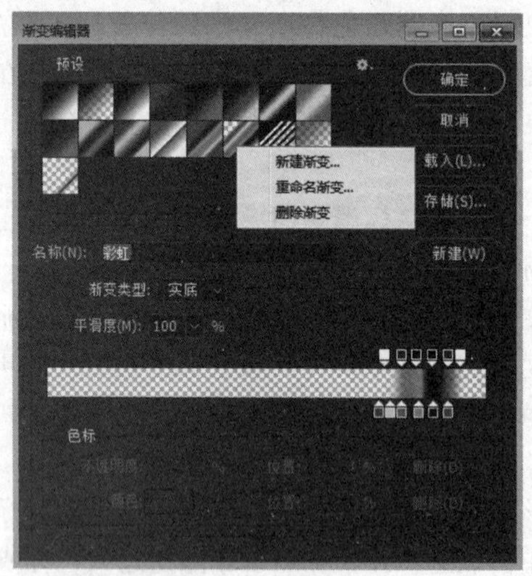

扫码查看
彩图效果

图 5.1.40 “渐变编辑器”对话框（5）

3. 3D 材质拖放工具

3D 材质拖放工具可以对 3D 文字和 3D 模型填充纹理效果。下面实现用 3D 材质拖放工具给玩偶贴图。

①按快捷键 Ctrl + O 打开一幅素材图像，如图 5. 1. 41 所示。

②新建图层，将其命名为“背景”，然后执行“3D”→“从所选图层新建 3D 模型”命令，将 2D 图层转换为 3D 图层，如图 5. 1. 42 所示。

图 5. 1. 41　素材图片

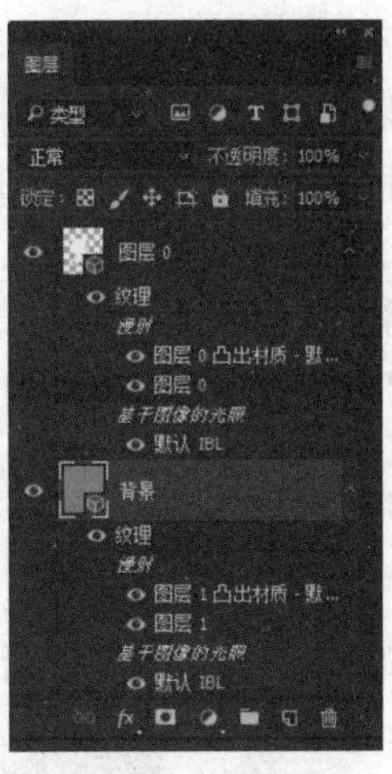

图 5. 1. 42　3D 模型层

③单击工具箱“3D 材质拖放工具”；单击其属性栏中的按钮，选择材质，如选择趣味纹理材质，在后边显示所载入的材质名称，如图 5. 1. 43 所示。在 Photoshop 图像中选择需要修改材质的地方，单击鼠标左键，将选择的材质应用到当前选择区域中。用同样方法为“背景”图层填充其他材质。效果如图 5. 1. 44 所示。

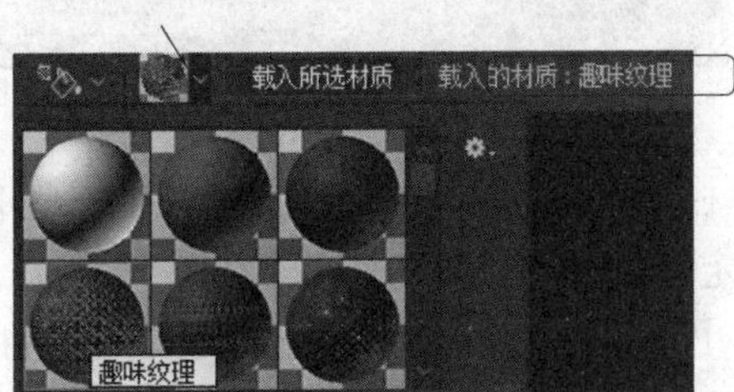

图 5. 1. 43　“3D 材质拖放工具”属性栏

图 5. 1. 44　效果图

5.1.4 历史记录画笔工具

历史记录画笔是 Photoshop 中的图像编辑恢复工具，使用历史记录画笔，可以将图像编辑中的某个状态还原出来。使用历史记录画笔可以起到突出画面重点的作用。所谓历史记录，是指图像处理的某个阶段，建立快照后，无论何种操作，系统均会保存该状态。Photoshop 中的历史记录画笔和历史记录艺术画笔工具都属于恢复工具，它们需要配合历史记录面板使用。

拓展：需要注意的是，历史记录画笔的笔刷设定与画笔等工具的完全一样，除了默认的圆形笔刷，也可以使用各种形状各种特效的笔刷。同时，在顶部公共栏中可以设定画笔的各种参数。因此笔刷并不只针对某一工具，而是一种全局性的设定。

【案例】

①按快捷键 Ctrl + O，打开一幅素材图像，如图 5.1.45 所示，按快捷键 Ctrl + J 复制一层。

图 5.1.45　素材图片

②执行 Photoshop 菜单栏“模糊”→“高斯模糊”命令，打开“高斯模糊”对话框，设置对话框参数，单击“确定”按钮，如图 5.1.46 所示。

③打开 Photoshop“历史记录”面板，在打开的历史状态的左侧图标上单击，使“历史记录画笔的源”图标显示出来，将该状态设置为“历史记录画笔”的源。如果在面板区没有“历史记录”面板，可以执行菜单栏“窗口”→“历史记录”命令，打开 Photoshop 的历史记录面板，如图 5.1.47 所示。

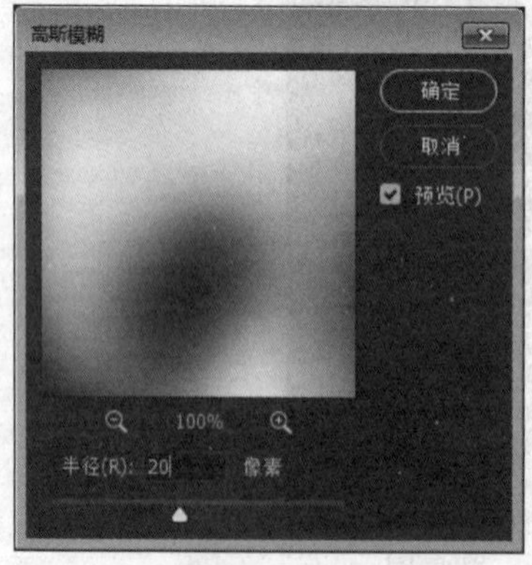

图 5.1.46　“高斯模糊”对话框

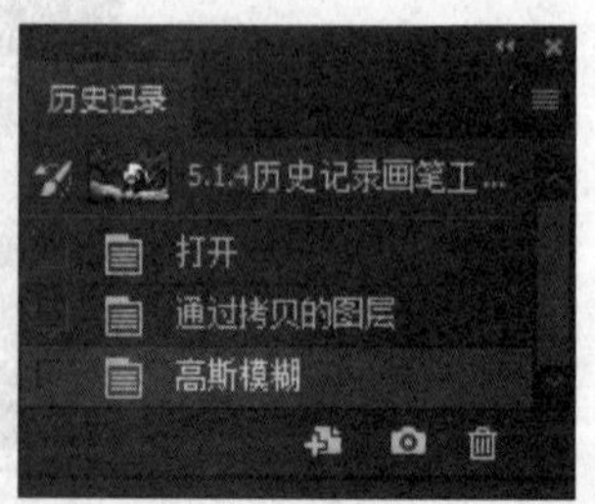

图 5.1.47　历史记录面板

④执行 Photoshop 菜单栏“滤镜”→“风格化”→“风”，在弹出的拼贴对话框中保持默认设置，如图 5.1.48 所示。单击“确定”按钮。按快捷键 Ctrl + F 两次，加大风吹效果，如图 5.1.49 所示。

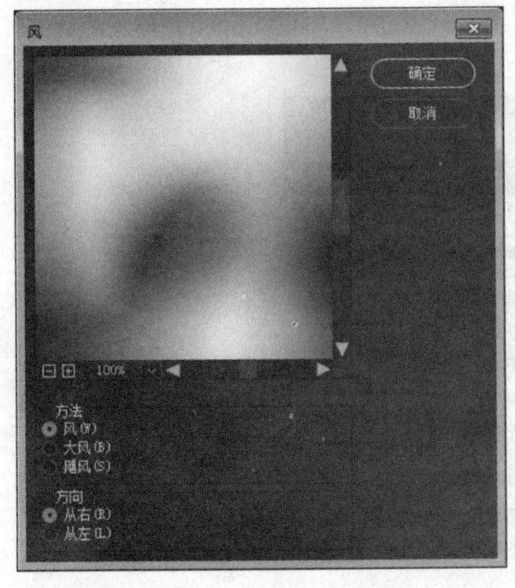

图 5.1.48 “风”对话框

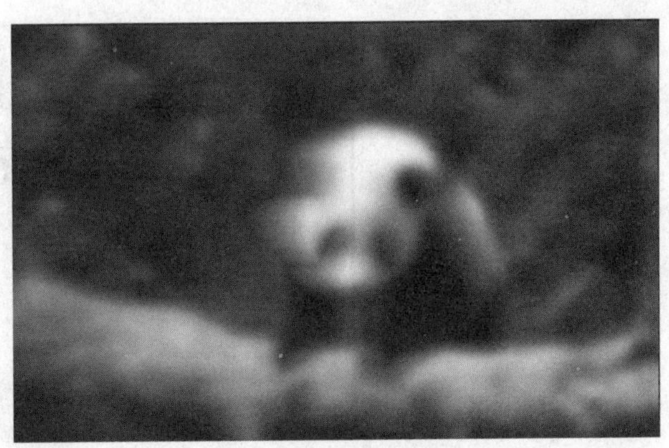

图 5.1.49 风吹效果图

⑤在 Photoshop“历史记录”面板设置历史记录画笔源（历史记录画笔源就是要把图像的某部分恢复到所选择源图像的时候）。“历史记录”面板如图 5.1.50 所示。

⑥选择 Photoshop 工具箱“历史记录画笔工具”，设置合适画笔大小，在需要恢复的部分，如这里的熊猫头，按住鼠标左键拖动涂抹，这时被涂抹的部分将恢复到所选“历史记录画笔源”的图像时的状态。效果如图 5.1.51 所示。

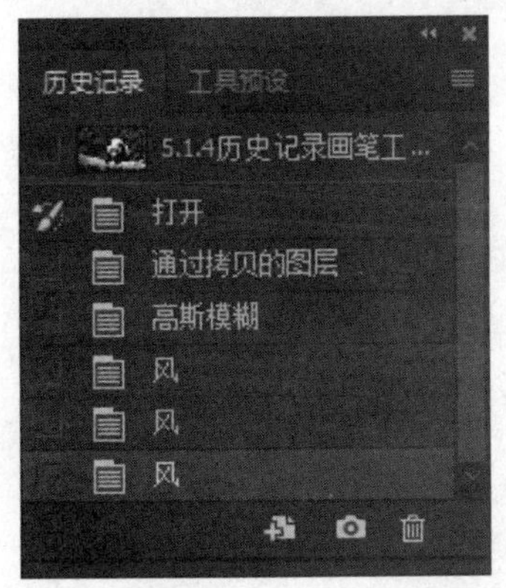

图 5.1.50 “历史记录”面板

图 5.1.51 效果图

5.2 变换对象

5.2.1 缩放图像

打开一张素材图片，执行“编辑”→“自由变换”，或按快捷键 Ctrl + T，进入自由变换。或者执行“编辑”→“变换”→“缩放”，如图5.2.1所示。图5.2.2中的8个点均为调节点。自由变换有3个辅助键：Shift、Ctrl、Alt。Shift代表限制（包括限制方向，限制比例），按住Shift键，调节4个角上的点，能够等比例（限制）地缩放。调节边上的4个点，能够定方向地拉动（限制）。

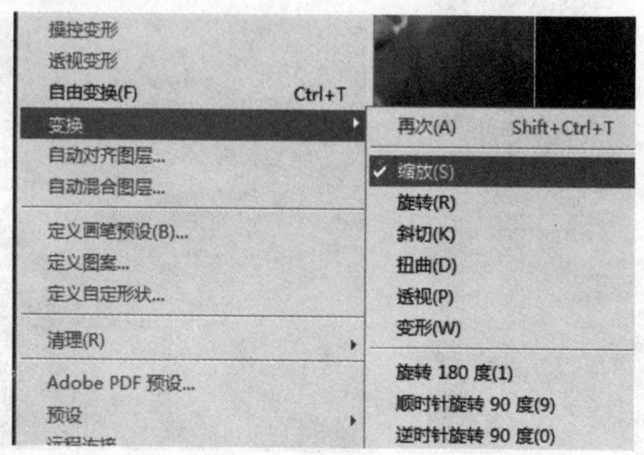

图5.2.1 “缩放”菜单

将光标放在界定框边上，单击并拖动可以缩放对象。

其中，在使用缩放工具的同时按住Alt键，即可对选区以选取中心为基准点进行缩放。

另外，在使用缩放工具的同时按住Shift键，可让图片保持高宽比例不变进行缩放。如果在此时按住快捷键Shift+Alt，即可对该选区以中心为基准点进行一定比例的缩放，如图5.2.3所示。

图5.2.2 变换状态

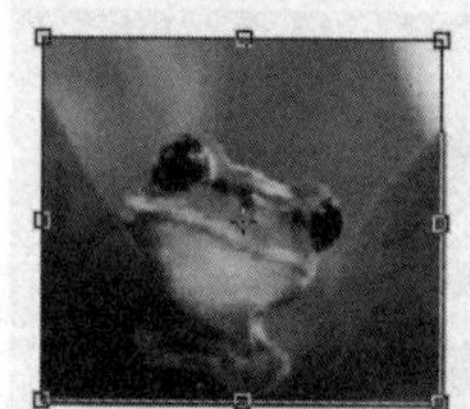

图5.2.3 按照中心为基准点缩放

5.2.2 旋转图像

打开一张素材图片，执行“编辑”→“自由变换”；或按快捷键Ctrl+T，进入自由变换；或者执行“编辑”→“变换”→“旋转”，或自由变换状态下，鼠标右击，在出现的快捷菜单中选择“旋转”命令，如图5.2.4所示。

将光标放在界定框外，单击并拖动鼠标即可对选区进行任意角度旋转。

其中，在使用旋转工具的同时按住快捷键Shift，即可对选区按照一定的等角度进行旋转。

或者直接在“自由变换”属性栏的角度框中输入旋转的度数，旋转更准确，如图5.2.5所示。

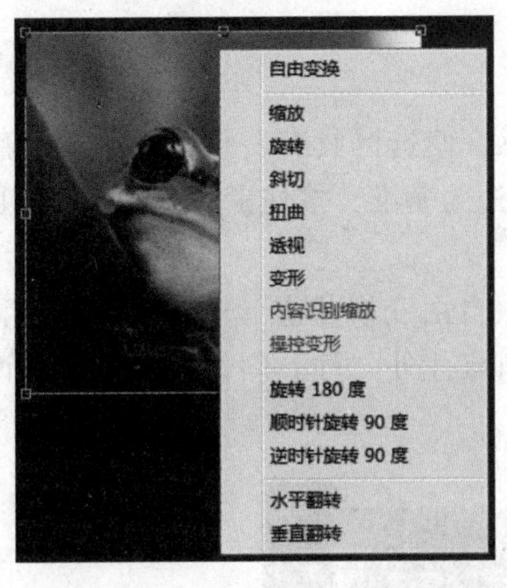

图 5.2.4　“自由变换”快捷菜单

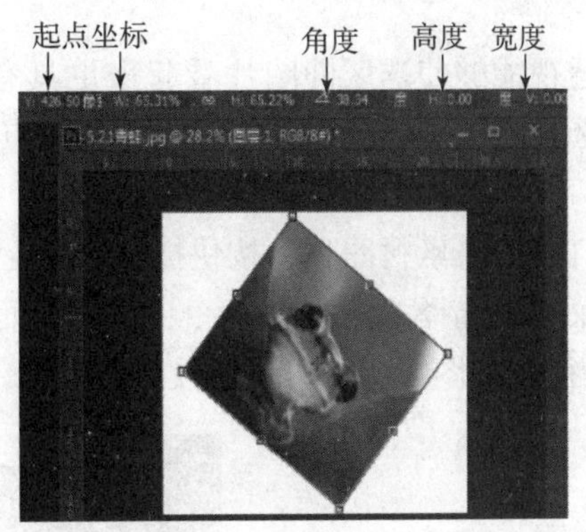

图 5.2.5　旋转图像

5.2.3　斜切图像

斜切图像是指对选区的某个边界进行拉伸和压缩，但作用的方向只能沿着该边界所在的直线上。例如，将正方形变成平行四边形就可以使用斜切工具，其可对正方形的某个边进行拉伸和压缩。

打开一张素材图片，执行快捷键 Ctrl + T，单击鼠标右键，在出现的快捷菜单中选择“斜切”命令，拖动上面两个角点往内，出现如图 5.2.6 所示的效果。

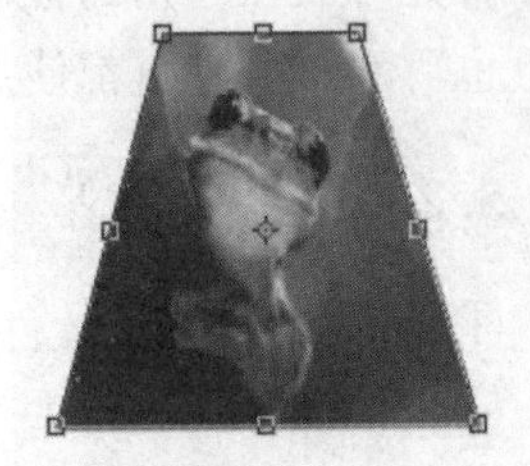

图 5.2.6　“斜切”效果

按住快捷键 Shift + Ctrl，将光标放到选定框外侧中间位置，单击并拖动鼠标即可沿垂直或水平方向斜切对象。按住快捷键 Shift + Ctrl，将光标放到选定框外侧边角位置，即可扭曲对象。

5.2.4　扭曲图像

扭曲图像是将图片进行扭曲变形。

打开一张素材图片，按快捷键 Ctrl + T，进入自由变换状态；按住 Ctrl 键，就是扭曲；按住快捷键 Ctrl + Alt，按中心点扭曲。“扭曲”效果如图 5.2.7 所示。

图 5.2.7　“扭曲”效果

5.2.5 透视图像

透视能够使选区即图片看起来更具有真实感，使选区具有一种由近到远的感觉。使用时，选择透视工具，以某个边界为作用点，另一边为基准，按住鼠标左键并移动鼠标，即可实现。

打开一张素材图片，按快捷键 Ctrl + T，进入自由变换状态，单击鼠标右键，在出现的快捷菜单中选择“透视”命令，拖动上面一个角点往外（注：斜切要拖动上面两个角点往外），得到如图 5.2.8 所示的效果。

图 5.2.8 透视效果

将光标放在边角的控制点上，按住快捷键 Shift + Ctrl + Alt，单击水平拖动，即可水平透视；将光标放在边角的控制点上，按住快捷键 Shift + Ctrl + Alt，单击垂直拖动，即可垂直透视。也可水平、垂直都使用透视。

5.2.6 翻转图像

①打开 Photoshop 软件，打开素材图片，如图 5.2.9 所示。

②第一种方法：单击“图像”→“图像旋转”，然后选择水平翻转或者是垂直翻转，或者是其他的翻转方式。“图像旋转”菜单如图 5.2.10 所示。

图 5.2.9 素材图片

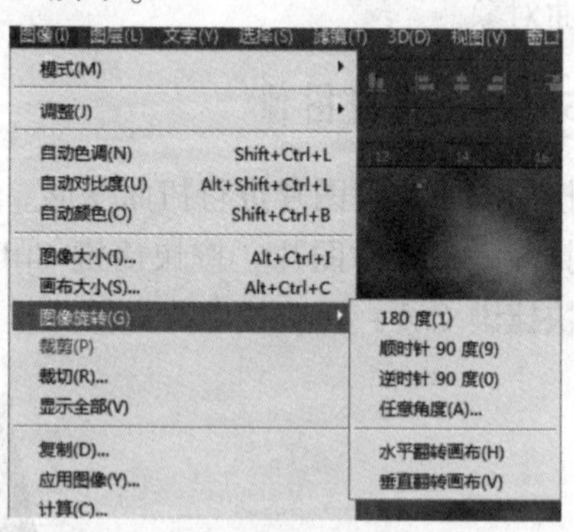

图 5.2.10 “图像旋转”菜单

第二种方法：选择小羊图层，按快捷键 Ctrl + T，然后在图片选区上右击，在弹出的菜单上选择翻转方式，菜单如图 5.2.11 所示。

③垂直翻转效果如图 5.2.12 所示。

图 5.2.11　弹出菜单

图 5.2.12　垂直翻转效果

注：“图像”→“图像旋转”是所有图层上的对象都一起旋转。第二种方法只对图层的对象旋转，其他图层对象不变。

5.2.7　再次变换

①打开 Photoshop 软件，新建文件 400×400 px，72 ppi，白色背景的文件。

②单击图层面板下方的创建新图层按钮，新建图层 1。选择椭圆选框工具，按住 Shift 键绘制一个小圆，填充渐变颜色，如图 5.2.13 所示。先介绍两个快捷键：按住 Alt 键 + 鼠标拖动对象是复制一个对象；按快捷键 Shift + Ctrl + T 是再次变换，但是不复制。下面会用到二者的组合。

③按住 Alt 键 + 鼠标拖动小圆，复制 4 个小圆，如图 5.2.14 所示。按住 Shift 键选择图层 1 到图层 1 拷贝 3，按住快捷键 Ctrl + E 合并图层为一个图层。

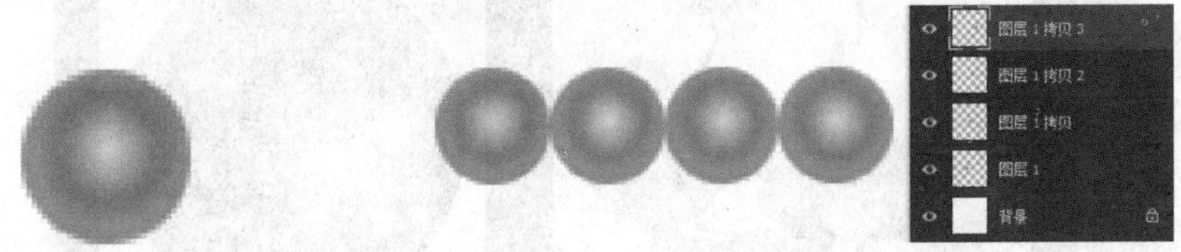

图 5.2.13　绘制小圆　　　　图 5.2.14　复制四个小圆

④选择图层 1 拷贝 3，按快捷键 Ctrl + T，然后在界定框上右击，在弹出的菜单上选择透视，拖动左端角点，改变透视为左小右大，如图 5.2.15 所示。

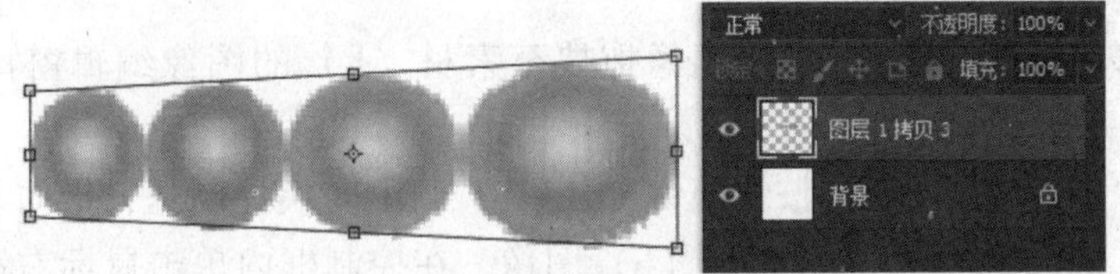

图 5.2.15　改变透视为左小右大

⑤选择“图层 1 拷贝 3”图层，按快捷键 Ctrl + T，鼠标拖动界定框中心点到界定框外的左端，如图 5.2.16 所示。在属性栏的角度处输入 15（正值顺时针转动，负值逆时针转动），执行快捷键 Shift + Ctrl + Alt + T 操作，发现每次变换都是以刚才的中心点在复制和转

动，按 Enter 键确认，如图 5.2.17 所示。

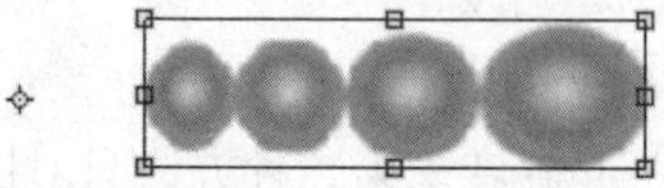

图 5.2.16　移动中心点位置

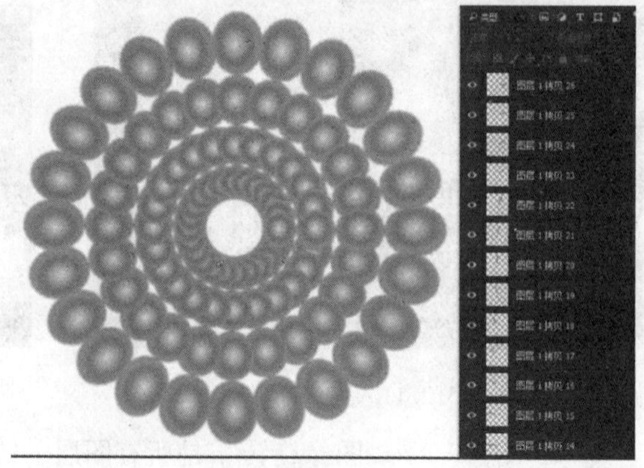

图 5.2.17　效果图

5.2.8　变形图像

单击变形工具，选区表面即被分割成 9 块长方形，每个交点即为作用点，针对某个作用点按住鼠标左键并移动鼠标即可以对选区进行适当的变形。

①打开 Photoshop 软件，单击“文件”→“打开”命令，打开素材文件，如图 5.2.18 所示。

（a）　　（b）

图 5.2.18　素材文件

②使用移动工具将素材（a）图像拖拽至素材（b）的图像编辑窗口中，如图 5.2.19 所示。

③选择“图层 1”图层，按快捷键 Ctrl + T，调出变换控制框，指向角点，按鼠标键拖动缩小素材（a）图像正好盖住素材（b）图像。在控制框内单击鼠标右键，在弹出的快捷菜单中选择“变形”选项，以执行变形操作，如图 5.2.20 所示。

④将鼠标指针移至控制框右上角的控制点上，按住鼠标左键并拖拽，此时图像随之进行相应的变形，如图 5.2.21 所示。

图 5.2.19　两个文件合并到一个文件中

图 5.2.20　变形

图 5.2.21　调整控制点

⑤将鼠标指针移至控制柄上，按住鼠标左键并拖拽，使图像变形，再通过调整各控制点和控制柄，使图像进行合理的变形，如图 5.2.22 所示。

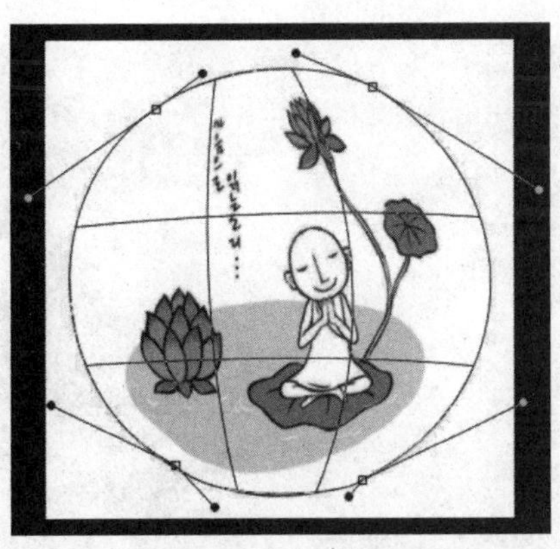

图 5.2.22　调整控制柄变形图像

⑥按 Enter 键确认，即可完成变形图像操作，如图 5.2.23 所示。

⑦在“图层”面板中设置“图层 1”图层的混合模式为“叠加”，改变图像效果，如图 5.2.24 所示。

图 5. 2. 23　完成变形

图 5. 2. 24　最终效果

5. 2. 9　操控变形

①打开 Photoshop 软件，单击“文件”→“打开”命令，打开素材图像，如图 5. 2. 25 所示。

图 5. 2. 25　素材图像

②选择“梅花鹿”图层，选择工具栏上的魔棒工具，单击白色背景，按 Delete 键删除白色背景，按快捷键 Ctrl + T，适当缩小梅花鹿，如图 5. 2. 26 所示。

图 5. 2. 26　缩小梅花鹿

③执行“编辑”→“操控变形”命令，梅花鹿图像会显示变形网格。“操控变形”工具属性栏中的“浓度”选项可改变网格的浓度程度，点越多，细节可以调整得越好，如图 5. 2. 27 所示。

图 5.2.27　变形网格

④调整好以后，在网格上单击右键，选择“隐藏网格”，或者“操控变形”工具属性栏，取消“显示网格”选项的勾选，以便能更清楚地观察到图像的变化，如图 5.2.28 所示。

图 5.2.28　隐藏网格

⑤在梅花鹿主要关节处单击鼠标左键添加图钉（就是一个黄色的圆点），通过这些圆点，就能够改变梅花鹿肢体的位置，如图 5.2.29 所示。按住 Alt 键，当图形形状变成剪刀样时，就可以删除该点（黄色圆点中有黑色的小点的是表示该点为当前选中的点）。

⑥单击图钉并拖动鼠标即可改变梅花鹿的动作。按住 Alt 键，鼠标稍微远离一点黄色的圆点，就会出现一个圆，可以旋转来控制关节。在工具选项中会显示其转动角度。选择移动工具拖动梅花鹿到合适的地方，如图 5.2.30 所示。

图 5.2.29　效果图（1）

图 5.2.30　效果图（2）

5.3 形状与路径

5.3.1 认识形状工具

在 Photoshop 中，可以通过形状工具创建路径图形。形状工具一般可分为两类：一类是基本几何体图形的形状工具，如图 5.3.1 所示；另一类是形状较多样的自定形状工具。

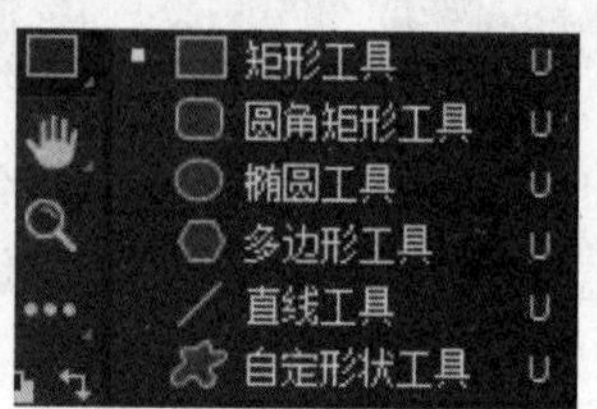

图 5.3.1　形状工具

①矩形工具：选择该命令可以绘制矩形（正方形）形状。

②圆角矩形工具：选择该命令可以绘制具有圆角的矩形，圆角的大小可以自行设置。

③椭圆工具：选择该命令可以绘制椭圆或圆形（圆角半径可以设置）。

④多边形工具：选择该命令可以绘制多边形（设置边数、半径等）。

⑤直线工具：选择该命令可以绘制直线。

⑥自定形状工具：选择该命令可以绘制自由的形状（可以用预设形状库中的形状替换当前形状）。

“形状工具”的属性栏对形状工具的使用十分重要。在其工具属性栏中可以设置所要绘制形状的一些参数。选择“矩形工具”后出现的工具栏如图 5.3.2 所示。

图 5.3.2　“矩形工具”的属性栏

下面介绍一下“形状工具”的工具属性栏的部分选项。

绘图模式：Photoshop 中的钢笔和形状等矢量工具可以创建不同的对象，包括路径、形状、像素。使用矢量工具开始绘图之前，需要在其工具属性栏中选择一种绘图模式，如图 5.3.3 所示。选取的绘图模式将决定是创建工作路径，还是在当前图层上方创建形状图层，或是在当前图层绘制填充图形。

①形状。在画面上绘制形状时，“图层”面板上自动生成一个名为“形状”的新图层，并在“路径”面板上保存矢量形状。

②路径。在画面上绘制形状时，此形状自动转变为路径线段，并在“路径”面板中保存为工作路径。

③像素。绘制形状时，在原图层上自动用前景色填充或描边（有些自定形状是用前景色描边）此形状。在“图层”面板和“路径”面板中不会保存形状。

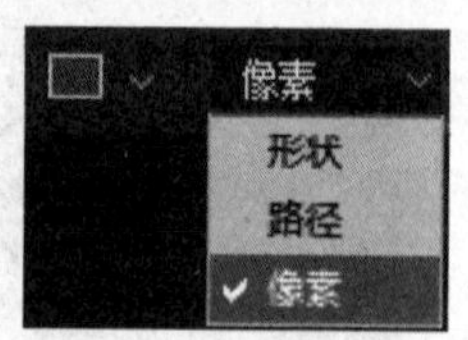

图 5.3.3　绘图模式

5.3.2 创建和编辑形状

绘制形状时，首先要在工具属性栏中选择合适的绘制模式。

绘制形状的方法很简单，只需在画面上拖动鼠标，便可以绘制出所需要的形状。

绘制形状的过程中，必须注意以下问题。

①按住 Shift 键，可以绘制出规则的图形。选择“直线工具”，按住 Shift 键，在画面上拖动鼠标，可以绘制出水平、竖直或45°的直线；选择“矩形工具”，按住 Shift 键，在画面上拖动鼠标，可以绘制出正方形；选择“椭圆工具”，按住 Shift 键，在画面上拖动鼠标，可以绘制出正圆。

②按住 Alt 键拖动鼠标，可以从中心开始绘制形状，即鼠标的起始点是形状的中心，例如从圆心开始绘制椭圆或圆；按住快捷键 Shift + Alt，鼠标的起始点为圆心或正方形的中心，绘制圆或正方形。

案例：自定形状工具。

Photoshop 自定形状工具可以绘制自定形状路径，在 Photoshop 中文版自定形状工具属性栏中，绘图模式选择“像素”，单击形状: → 按钮，出现如图 5. 3. 4 所示的形状列表，分别选择心形和信封形状，在不同的图层上改变前景色，绘制出红色的心和蓝色的信封，表达每封信都是主人的心声的意境。最终效果如图 5. 3. 5 所示。

图 5. 3. 4 形状列表

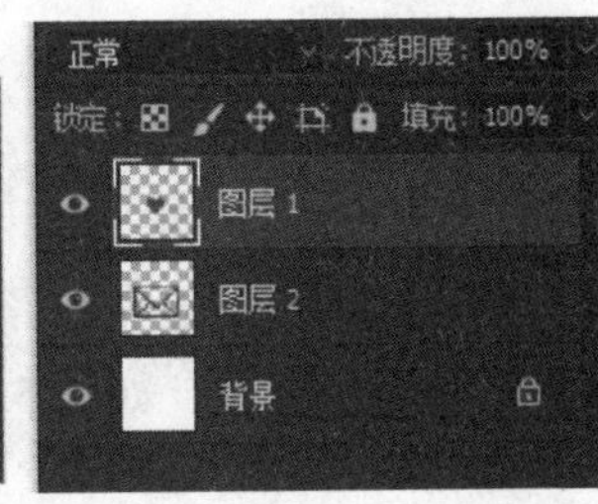

图 5. 3. 5 效果图

> **拓展**：单击图 5. 3. 4 右侧的按钮，在弹出的下拉菜单中可以进行复位形状、存储形状和载入形状操作。

5.3.3 路径和“路径”面板

路径是 Photoshop 中的重要工具，主要用于光滑图像选择区域及辅助抠图、绘制光滑线条、定义画笔等工具的绘制轨迹、输出输入路径及和选择区域之间转换。

“路径”面板列出了每条存储的路径、当前工作路径和当前矢量蒙版的名称与缩览图。关闭缩览图可提高性能。

①要显示“路径”面板，选择菜单“窗口”→“路径”命令，如图 5. 3. 6 所示。

图 5. 3. 6 “路径”面板

②要查看路径，单击“路径”面板中相应的“路径缩览图”。一次只能选择一条路径。

③要取消选择路径，单击“路径”面板中的空白区域。

“路径”面板下方各按钮的含义如下。

①“用前景色填充路径”。用前景色来填充路径区域。

②“用画笔描边路径”。可以按设置的绘画工具和前景色描边路径（如选择铅笔或钢笔，注意事先调整笔头大小和颜色）。

③“将路径作为选区载入”。将路径转换为选区。

④“从选区生成工作路径”。由图像文件窗口中的选区转换为路径。

⑤“添加蒙版”。将当前路径转换为图层蒙版。

⑥“创建新路径”。可以创建一条新路径。

⑦“删除当前路径”。可以删除当前选中路径。

单击“路径”面板中相应的“路径缩览图”可以显示路径。一次只能选择一条路径。单击“路径”面板中的空白区域取消选择路径的显示。

通过“路径”面板的按钮，或单击“路径”面板中的“工作路径”后右击，在快捷菜单中选择相应菜单，可以实现新建路径，复制、删除和重命名路径，路径和选区相互转换，填充和描边路径。

5.4 路径的创建和编辑

在 Photoshop 中，除了使用形状工具绘制路径外，可以使用“钢笔工具”或“自由钢笔工具”绘制更为复杂的路径。路径工具组有6个工具，分别用于绘制路径，添加、删除锚点及转换锚点类型，如图5.4.1所示。

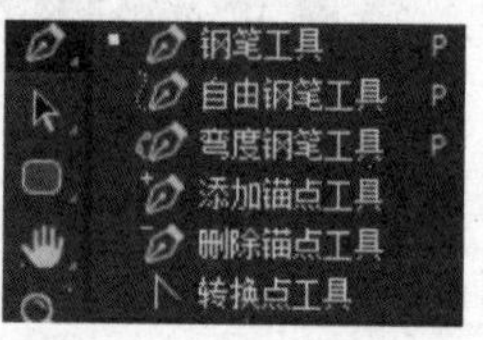

图5.4.1 钢笔工具组

5.4.1 钢笔工具

通过如图5.4.2所示的“钢笔工具”属性栏，可以设置“钢笔工具”的选项。

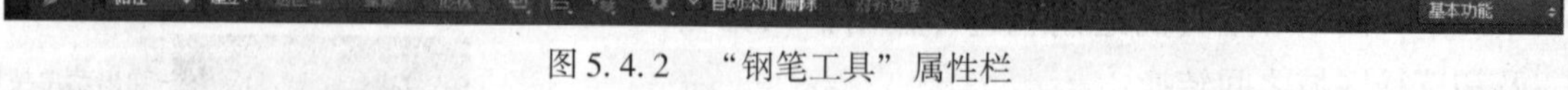

图5.4.2 “钢笔工具”属性栏

①“类型”：包括形状、路径和像素3个选项。每个选项所对应的工具选项也不同（选择矩形工具后，像素选项才可使用）。

②“建立”：建立是 Photoshop 新加的选项，可以使路径与选区、蒙版和形状间的转换更加方便、快捷。绘制完路径后，单击选区按钮，可以弹出“建立选区”对话框，在对话框中设置完参数后，单击“确定”按钮即可将路径转换为选区；绘制

完路径后，单击蒙版按钮可以在图层中生成矢量蒙版；绘制完路径后，单击形状按钮可以将绘制的路径转换为形状图层。

③“绘制模式”：其用法与选区相同，可以实现路径的相加、相减和相交等运算。

④“对齐方式”：可以设置路径的对齐方式（文档中有两条以上的路径被选择的情况下可用）与文字的对齐方式类似。

⑤“排列顺序”：设置路径的排列方式。

⑥“橡皮带”：可以设置路径在绘制的时候是否连续。

⑦“自动添加/删除” 自动添加/删除：如果勾选此选项，当钢笔工具移动到锚点上时，钢笔工具会自动转换为删除锚点样式；当移动到路径线上时，钢笔工具会自动转换为添加锚点的样式。

⑧“对齐边缘” 对齐边缘：将矢量形状边缘与像素网格对齐（选择“形状”选项时，对齐边缘可用）。

5.4.2　利用“钢笔工具”创建路径

下面通过绘制花瓣介绍如何使用“钢笔工具”绘制路径。操作步骤如下。

①新建立一个文档，设置背景色为黑色（前景色为白色，背景色为黑色），然后新建一个图层，使用钢笔工具在画面上单击作为第一点，移动鼠标到左下方，单击作为第二点，不要松开鼠标左键，拖动出方向线，绘制弧线，如图5.4.3所示。移动鼠标到第一点，单击成封闭曲线绘制如图5.4.4所示。选择“钢笔工具”组的“转换点工具”，指向锚点拖出方向线，指向一边方向线拖动改变弧线，如图5.4.5所示。继续拖动其他方向线，得到如图5.4.6所示的形状。

图5.4.3　路径1

图5.4.4　路径2

②按快捷键 Ctrl + Enter，把路径转为选区，按快捷键 Alt + Delete 填充为白色，如图5.4.7所示。

图5.4.5　路径3

图5.4.6　路径4

图5.4.7　填充效果

③用同样方法再创建新图层，使用钢笔工具绘制另外的线条，如图 5.4.8 所示。然后按快捷键 Ctrl + Enter 制作选区，填充为白色，如图 5.4.9 所示。

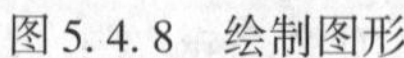
图 5.4.8　绘制图形

图 5.4.9　图层

5.4.3　自由钢笔工具

用“自由钢笔工具”绘制路径的方法比较简单，只要在画面上拖动鼠标，便可以创建一条路径。用这种方式绘制的路径通常不太准确，可以在绘制完以后拖动控制点对其进行修改。选择“自由钢笔工具”后，选择其工具属性栏中的“磁性的”选项，将“自由钢笔工具”转为“磁性钢笔工具”，让自由钢笔具有“磁性套索”类似的功能。使用时，按下 Delete 键删除锚点，双击鼠标闭合路径。图 5.4.10 是自由钢笔工具绘制的图形。绘制的路径在“路径”面板中列出。

图 5.4.10　自由钢笔工具（磁性的）绘制路径示例

5.4.4　弯度钢笔工具

弯度钢笔工具是 Photoshop CC 2018 的新增功能，操作方法很简单，但是它却是一个很实用的钢笔工具，和之前的钢笔工具相比，更加灵活、全面。

选择工具面板钢笔工具组中的“弯度钢笔工具”，再设置工具属性模式为“路径”，如图 5.4.11 所示。

图 5.4.11　“弯度钢笔工具”属性栏

然后在画板中单击一下，落下一个锚点；再在目标点单击，落下第二个锚点，这时就绘

制出一条直的路径；接着再在另一处落下第三个锚点，锚点与锚点之间形成了弧线。选定一个控制锚点拖动鼠标，锚点可以任意滑动，路径也随之移动。鼠标双击中间的锚点，可以把弧线变成直线，即可以把锚点所在位置变成尖角，再双击，再变为圆滑。当鼠标放在路径任意位置上时，鼠标变成添加锚点的钢笔鼠标，单击一下，即在这里添加一个锚点。选定一个锚点，按下 Delete 键就可以删除锚点。用“弯度钢笔工具”绘制小猪路径，如图 5.4.12 所示。

图 5.4.12　小猪路径

5.4.5　编辑路径

1. 移动路径

“路径选择工具”是用来选择或移动整条路径的工具。使用的时候，只需要在任意路径上单击，就可以选中路径，拖动可以移动整条路径，同时还可以框选或按 Shift 键，进行多条路径的选择。用这款工具在路径上用鼠标右键单击，在快捷菜单中有一些路径的常用操作功能，如删除锚点、增加锚点、建立选区、描边路径等。按住 Alt 键可以复制路径。

“直接选择工具”不仅可以调整整个路径位置，还可以调整路径中的锚点位置。选择这款工具在路径上单击，路径的各锚点就会出现，单击任一个锚点并拖动鼠标移动锚点位置，框选路径上的所有锚点进行路径的整体移动操作。按住 Alt 键也可以复制路径，如图 5.4.13 所示。

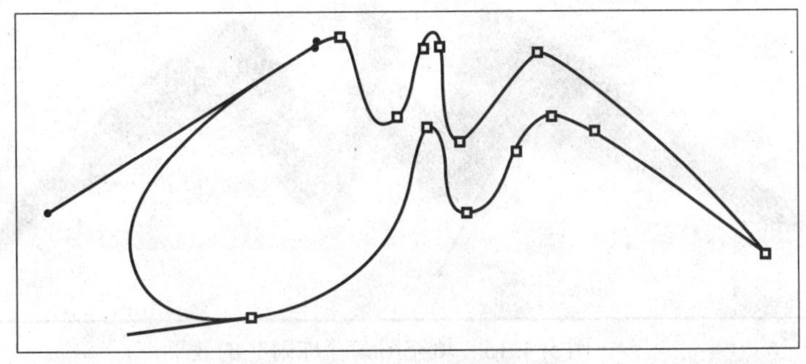

图 5.4.13　改变曲线的曲率

2. 断开或连接路径

要断开路径，则用“直接选择工具”单击路径上需要断开的控制点，然后按 Delete 键，就可以将原路径断开。

要连接两条断开的路径，则可以用“钢笔工具”单击一条路径上的一个端点，然后单击或拖动另一条路径的端点，这样就将两条路径连接起来了。

3. 删除路径

在绘制路径的过程中，按 Delete 键可以删除当前的锚点（或用删除锚点工具），按 2 次 Delete 键可以删除整条路径，按 3 次 Delete 键可以删除所有显示的路径。

5.4.6　填充和描边路径

建立路径以后，要将绘制的路径转化为像素的形式，从而应用于图像制作中。下面将介绍路径的描边及填充。

1. 填充路径

根据闭合路径所围住的区域，用指定的颜色进行填充，便可对路径进行填充。打开“编辑”→“填充”命令，或右击“路径”面板，选择“填充路径”，打开“填充”或“填充路径”对话框，如图 5.4.14 所示。图 5.4.15 是填充图案“冻雨”的效果。

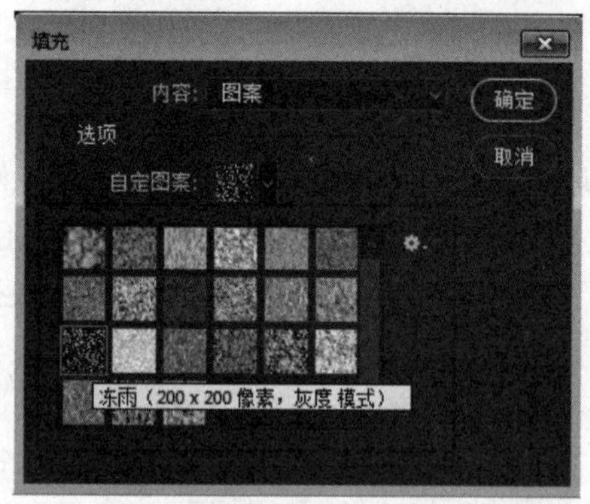

图 5.4.14　“填充”对话框

扫码查看
彩图效果

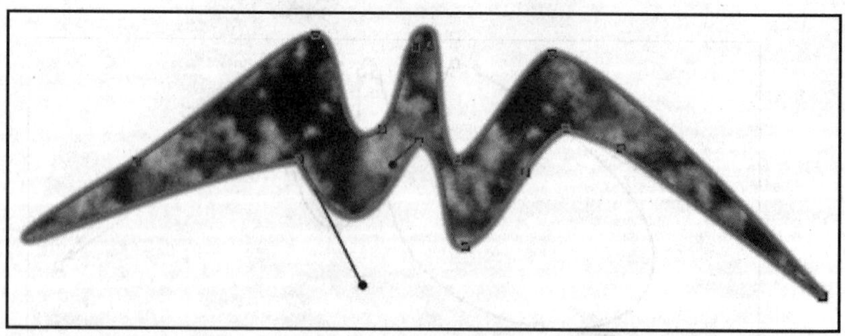

图 5.4.15　填充图案“冻雨”的效果

2. 描边路径

对路径进行描边，在路径面板中右击“路径缩览图”，在弹出的菜单中选择“描边路径”命令，出现“描边路径”对话框（图 5.4.16），选择描边工具（如选择铅笔或钢笔，注意事先调整笔头大小和颜色），描边后的效果如图 5.4.17 所示。

图 5.4.16　“描边路径”对话框

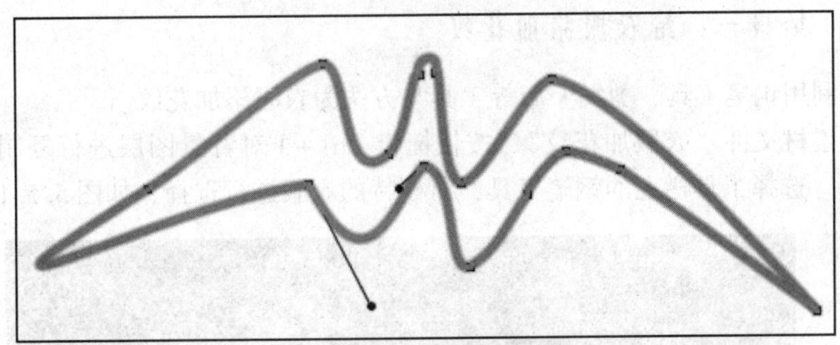

图 5.4.17　描边效果

5.4.7　路径与选区的转换

在 Photoshop 中，除了使用“钢笔工具”或形状工具创建路径外，还可以通过图像文件窗口中的选区来创建路径。要想通过选区来创建路径，用户只需在创建选区后单击“路径”面板底部的“从选区生成工作路径”按钮，即可将选区转换为路径。

在 Photoshop 中，不但能够将选区转换为路径，而且能够将所选路径转换为选区进行处理。要想转换绘制的路径为选区，可以单击“路径”面板中的按钮，将路径作为选区载入。

5.4.8　路径的运算

设计过程中，经常需用创建复杂的路径，利用路径运算功能，可将多个路径进行相加、相减、相交等组合运算，如图 5.4.18 所示。

路径的运算方式分别如下。

“合并形状”：所绘制的路径将添加到原有的路径。

“减去顶层形状”：从原有的路径中减去所绘制区域。如果没有重叠，则没有减去效果。

“与形状区域相交”：保留所绘制的与原有路径区域重叠的部分。

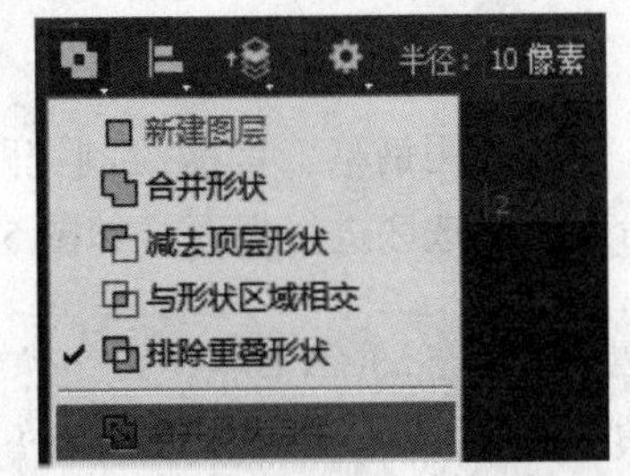

图 5.4.18　路径的运算菜单

“排除重叠形状”：即反交叉路径区域，保留多个路径区域的重叠部分以外区域。

路径运算在标志设计等方面常被用到。制作出来的路径成品可以作为自定形状存储起来，方便以后调用。如果将路径列表存储为外部文件，则还可以提供给他人使用。

创建路径后，也可以使用“路径选择工具”选择多个子路径，通过工具选项中的“组合”按钮合并得到最终的路径。

路径运算在LOGO设计等方面常被用到。制作出来的路径成品可以作为自定形状存储起来，方便以后的调用。如果将路径列表存储为外部文件，则还可以提供给他人使用。

5.5 工作场景实施

5.5.1 场景一：给衣服添加花纹

要求：利用钢笔工具、剪贴蒙版等工具与方法为衣服添加花纹。

①打开素材文件“衣服加花纹”，按快捷键 Ctrl + J 对背景图层进行复制，得到“背景拷贝”图层。选择工具栏上的钢笔工具，对模特的衣服进行选择，如图 5.5.1 所示。

图 5.5.1 新建文件

②利用钢笔工具绘制完路径后，按 Enter 键得到选区。执行“选择”→“存储选区”命令，对选区进行保存，如图 5.5.2 所示。

小技巧： 利用钢笔工具进行操作时，单击是绘制直线；按住鼠标拖动是绘制曲线；按 Alt 键在锚点上单击是去除一边的方向线。

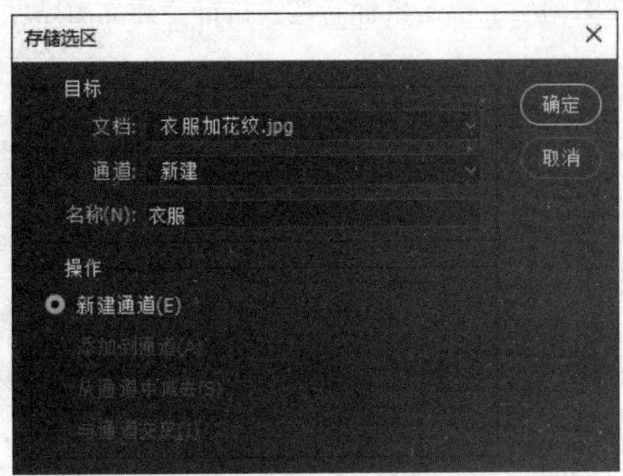

图 5.5.2　存储选区

③按快捷键 Ctrl + J 新建图层并对选区进行复制，如图 5.5.3 所示（我们看到的蓝色边缘是路径，将路径删除即可看不到线框）。

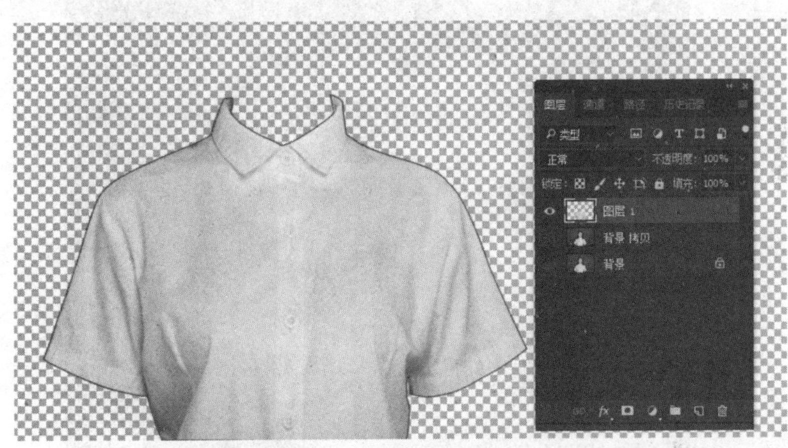

图 5.5.3　新建图层并复制选区

④将名为“花纹”的素材拖入文件中，按快捷键 Ctrl + T 对花纹进行自由变换，如图 5.5.4 所示。

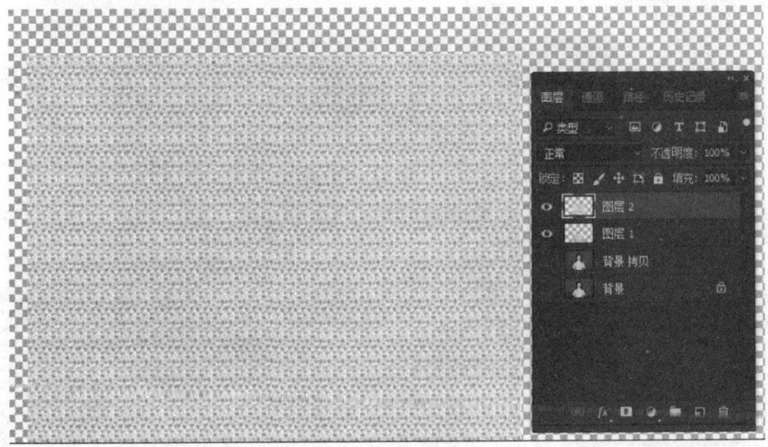

图 5.5.4　对花纹进行自由变换

⑤在花纹素材所在的图层上单击鼠标右键，执行“建立剪贴蒙版”，如图 5.5.5 所示。

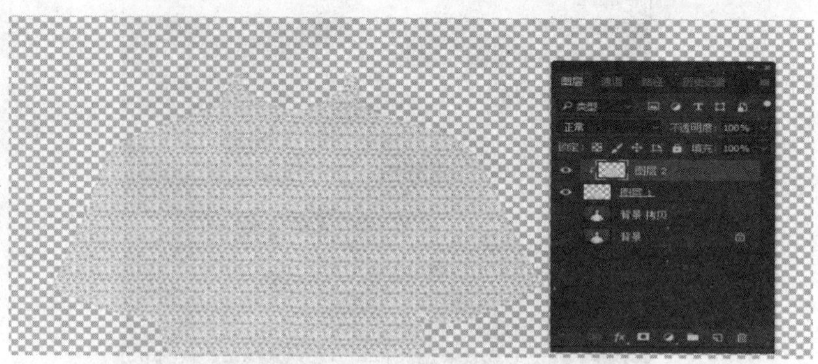

图 5.5.5 建立剪贴蒙版

⑥将剪贴蒙版所在图层的混合模式设置为“正片叠底”，就完成了为人物衣服添加花纹的效果，如图 5.5.6 所示。

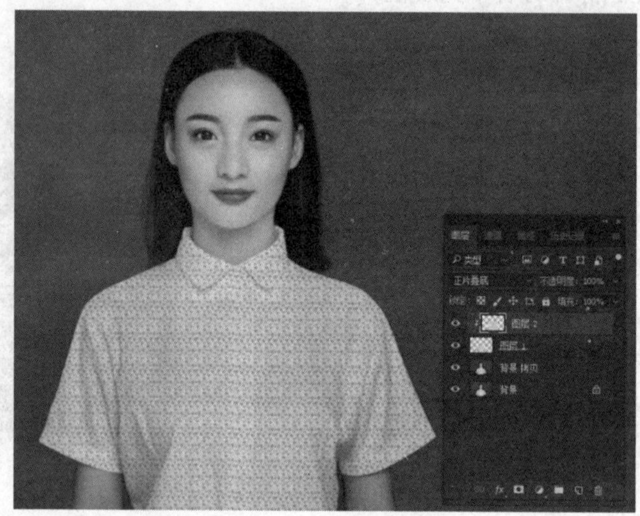

图 5.5.6 衣服添加花纹

⑦最终效果如图 5.5.7 所示。

图 5.5.7 最终效果

5.5.2 场景二：调正卡片

要求：利用扭曲等命令调正卡片图片。

①在软件中打开素材1，利用多边形套索工具，选取食堂卡范围，如图5.5.8所示。

图5.5.8 选择食堂卡

②按快捷键Ctrl+J，新建图层并对选区进行复制，如图5.5.9所示。

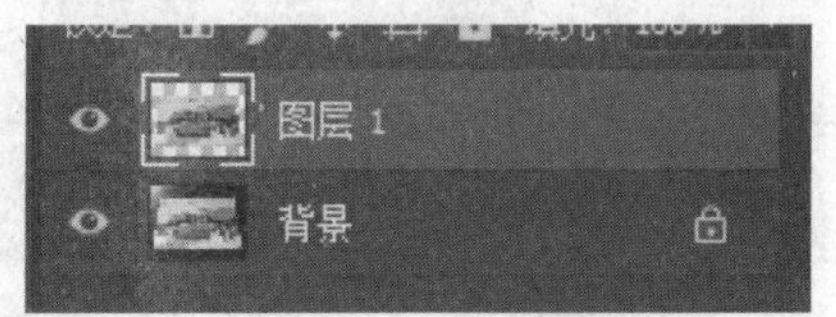

图5.5.9 新建图层并复制食堂卡

③按快捷键Ctrl+R打开标尺，拉出垂直与水平参考线，如图5.5.10所示。

图5.5.10 添加参考线

④按快捷键Ctrl+T对图层1上的素材进行自由变换，单击鼠标右键，选择“扭曲”菜单命令，如图5.5.11所示。

⑤在扭曲的状态下，将鼠标放在变换框的右上角控制点上，按住快捷键Shift+Alt即可对该选区以中心为基准点进行等比例缩放，如图5.5.12所示。

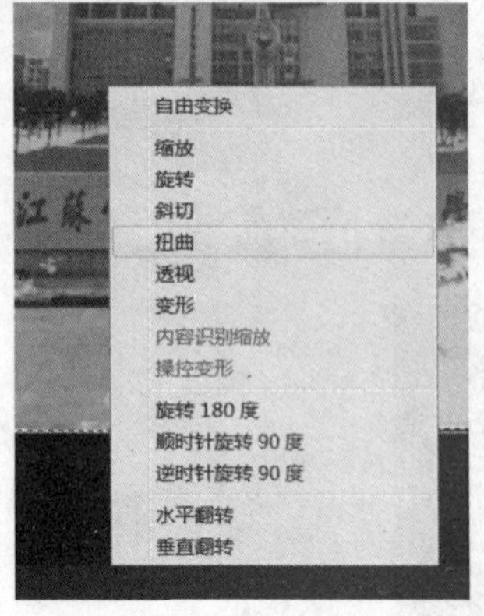

图 5.5.11　选择“扭曲”

图 5.5.12　对素材进行变换

⑥按快捷键 Ctrl + H 关闭参考线。选择工具栏上的“矩形选框工具” ，将矩形选框工具的羽化值设为 0，框选一些比图片小一些的矩形选区，如图 5.5.13 所示。

图 5.5.13　得到矩形选区

⑦执行“选择”→“修改”→“平滑”命令。打开平滑选区对话框，将平滑半径设置为 25，如图 5.5.14 所示。

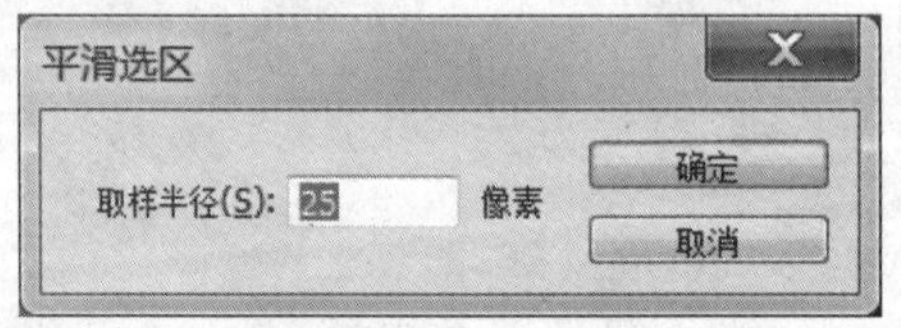

图 5.5.14　平滑选区

⑧按快捷键 Ctrl + Shift + I 对选区进行反选操作，按 Delete 键删除选区，按快捷键 Ctrl + D 取消选区。效果如图 5.5.15 所示。

图 5.5.15　删除多余部分

⑨最终效果如图 5. 5. 16 所示。

图 5. 5. 16　调正卡片效果

5. 5. 3　场景三：绘制卡通小虎

要求：利用钢笔工具、图层样式等工具绘制老虎。

①新建一个文件，在弹出的“新建”对话框中，设置“宽度”为 10 厘米，“高度”为 10 厘米，“分辨率”为 300 像素/英寸。设置完成后，单击“创建”按钮进行确认。双击背景图层，将其变成普通图层。设置前景色为灰色（RGB（107，107，107）），为图层 1 填充前景色。使用“钢笔工具” ，勾画出卡通老虎头部的外形，如图 5. 5. 17 所示，单击路径面板上的“将路径作为选区载入”按钮 ，载入选区。新建图层，设置前景色为#f9bc2e，对选区进行填充，如图 5. 5. 18 所示。

图 5. 5. 17　绘制路径

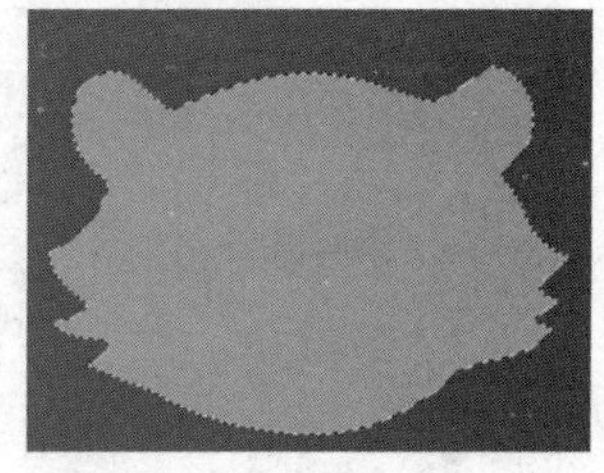

图 5. 5. 18　填充颜色

②选择“钢笔工具”，新建图层，继续为头部创建胡子，并为胡子选区填充白色，效果如图 5. 5. 19 所示。

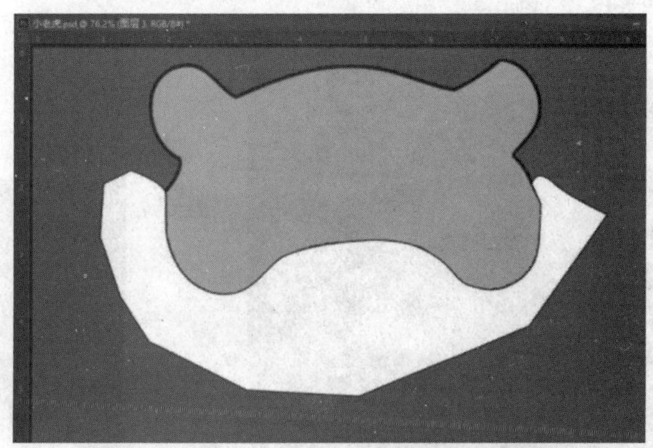

图 5. 5. 19　绘制胡子

③单击路径面板上的“将路径作为选区载入”按钮■，将头部形状载入选区，选择胡子图层，按快捷键 Ctrl + Shift + I 进行反向选取，然后按 Delete 键将多余部分删除，如图 5.5.20 所示。

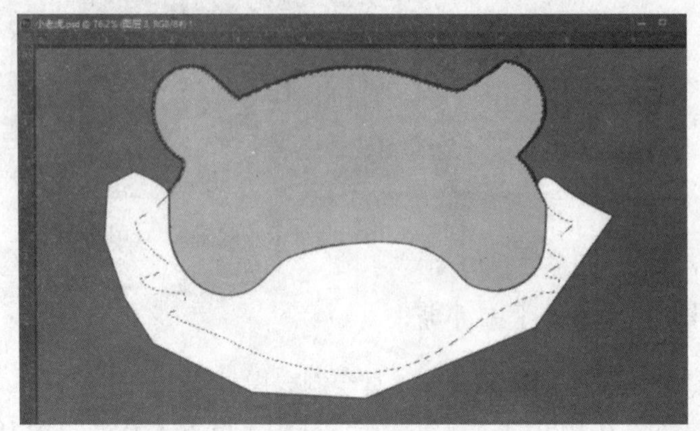

图 5.5.20　得到胡子选区

④选择“椭圆工具”绘制一个椭圆，并用“转换点工具”进行编辑，效果如图 5.5.21 所示。

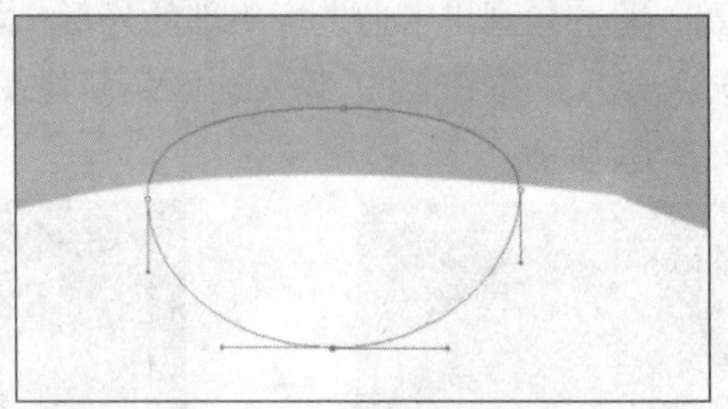

图 5.5.21　绘制椭圆选区

⑤单击路径面板上的“将路径作为选区载入”按钮■，将其载入选区，并新建图层，将前景色设置为黑色并进行填充。

⑥在图层面板上分别选择各个颜色图层缩览图，单击鼠标右键，选择“混合选项”，打开“图层样式”对话框，选择“描边”，描边颜色的 RGB 值为（37，17，10），如图 5.5.22 所示。描边效果如图 5.5.23 所示。

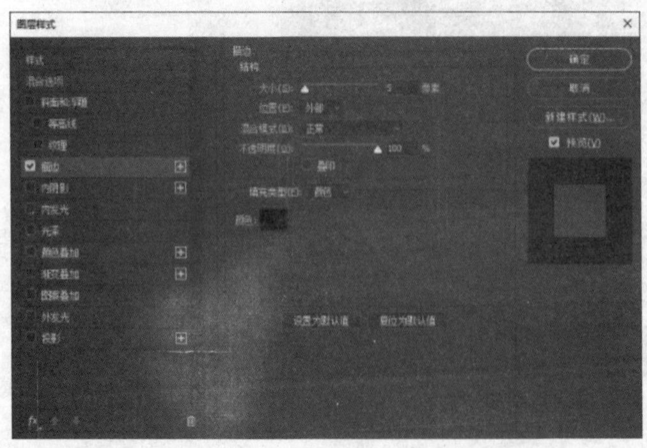

图 5.5.22　设置描边

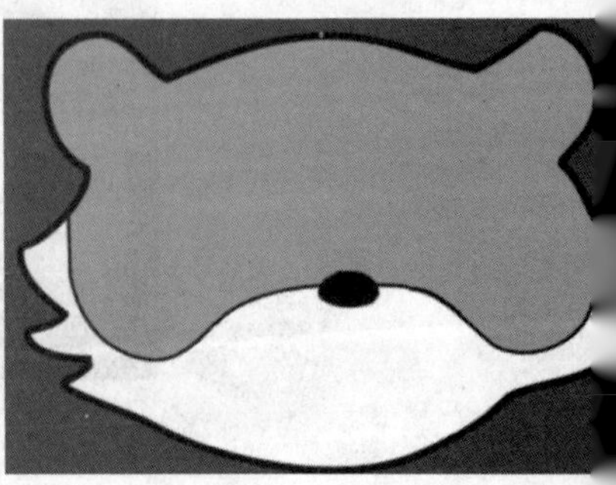

图 5.5.23　描边效果

⑦选择“钢笔工具”和“椭圆工具”，继续创建其他部分，效果如图5.5.24所示。

图5.5.24 绘制脸部

⑧分图层创建出身体、手臂，以及尾巴部分，分别为其描边，效果如图5.5.25所示。

⑨选择“铅笔工具”为身体添加花纹，效果如图5.5.26所示。

图5.5.25 绘制身体、手臂、尾巴

图5.5.26 绘制花纹

⑩选择“铅笔工具”，根据老虎的形体，为其添加阴影，如耳朵、右腋、左侧等部位，完成效果如图5.5.27所示。

⑪使用“横排文字工具”输入文字“食”，选择字体为“汉仪萝卜体简”。对文字进行栅格化操作。对文字图层添加描边样式，描边的RGB值为#efb169，并添加RGB值为#59e08f的颜色叠加图层样式，最终效果如图5.5.28所示。

图5.5.27 添加阴影

图5.5.28 添加文字效果

⑫卡通老虎效果如图 5. 5. 29 所示。

图 5. 5. 29　卡通老虎效果

5. 6　工作实训营

5. 6. 1　训练实例

1. 训练内容

①使用“形状工具”“选区工具”和“填充工具”等绘制小熊。效果如图 5. 6. 1 所示。

图 5. 6. 1　效果图

②选择“椭圆工具”，选择模式为“路径”，绘制如图 5. 6. 2 所示椭圆，复制椭圆路径，按快捷键 Ctrl + T，调整旋转中心到参考线中心，旋转 10 度，如图 5. 6. 3 所示。接着按快捷键 Ctrl + Shift + Alt + T 若干次，直至形成一个圆形图案为止，全选路径，描边路径，最终效果如图 5. 6. 4 所示。

图 5. 6. 2　椭圆路径

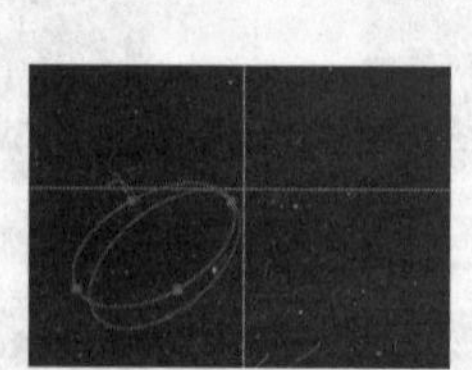

图 5. 6. 3　复制并旋转椭圆路径

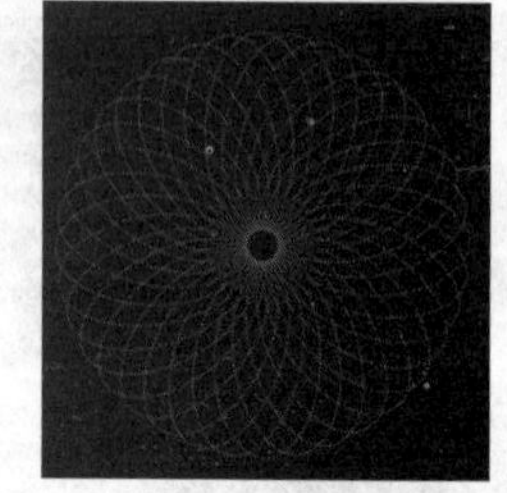

图 5. 6. 4　描边路径效果图

2. 训练要求

能综合应用各种绘制工具、填充工具、编辑工具设计图形。

5.6.2 工作实践常见问题解析

【常见问题1】“背景橡皮擦工具”的工具属性栏中的“容差”选项有何意义？

答：对于“背景橡皮擦工具”，“容差”值越大，“背景橡皮擦工具”对颜色相似程度的要求就越低，擦除的颜色范围越宽，抠像的精度就越低；而“容差”值越小，“背景橡皮擦工具”对颜色相似程度的要求就越高，擦除的范围就窄一些，抠像的精度就高一些。要根据实际情况设置“容差”值的大小。

【常见问题2】用钢笔工具勾画的图形，怎样抠取到新建的文件中？

答：用钢笔工具勾画出图形以后，把路径变成选区，新建文件，使用复制、粘贴或者直接拖动选区到新建文件的操作即可。

【常见问题3】如何画出一个精确的等腰梯形？

答：先用矩形工具画出矩形，按快捷键 Ctrl + T（由变换的透视功能精确地控制形状），在按住快捷键 Ctrl + Shift + Alt 的同时，用鼠标拖动顶点，得到等腰梯形。

【常见问题4】怎么安装下载的笔刷？

答：

①下载笔刷并解压缩后，打开 Photoshop 软件，单击“编辑”→“预置管理器”。

②在弹出的“预置管理器”对话框中，将“预置类型”选择“画笔”。

③在载入对话框中找到下载的笔刷文件后，单击“载入”按钮。

④完全载入后，单击工具栏中的画笔工具，在工具属性栏里操作就可以找到新笔刷。

工作实训

1. 利用所学的知识绘制卡通娃，如习题图1所示。

2. 用“形状工具”和变形命令绘制三菱 LOGO，用“渐变工具”绘制背景。效果图如习题图2所示。

第5章习题图1 卡通娃

第5章习题图2 效果图

第 6 章
图层的特效处理功能

本章要点

- 掌握图层样式的参数设置含义，学会使用投影样式设置各种效果。
- 掌握图层模式的调整和应用。
- 掌握智能对象的应用。
- 了解 3D 图层概念和应用。

技能目标

- 掌握使用图层样式设置特殊效果的典型应用。
- 掌握应用 3D 图层做三维模型。
- 掌握智能对象的应用。

引导问题

- 图层样式有什么作用？图层样式怎么打开？
- 图层模式有什么作用？图层模式分为哪几大类？
- 使用智能对象有什么好处？

【工作场景一】硬币制作

利用椭圆选框工具、路径文字工具、定义图案、滤镜等制作硬币。效果如图 6.0.1 所示。

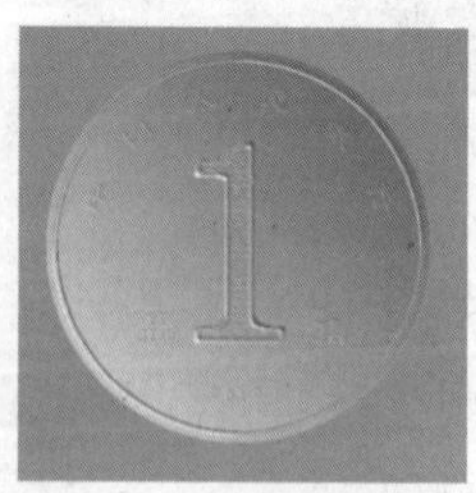

图 6.0.1　硬币效果图

扫码查看
彩图效果

【工作场景二】调整风景照片色彩

应用图层模式、图层蒙版、色相/饱和度调整照片，让照片色调清晰，叶更绿，花更红。

效果如图 6.0.2 所示。

扫码查看
彩图效果

图 6.0.2　调整后的效果

【工作场景三】**3D 效果图制作**

利用素材图片、图层、矩形选框工具、自由变换、填充颜色等制作 3D 图片效果。效果如图 6.0.3 所示。

扫码查看
彩图效果

图 6.0.3　3D 立体图

6.1　图层样式

6.1.1　"图层样式"对话框

图层样式是应用于一个图层或图层组的一种或多种效果，具有制作各种效果的强大功能。利用图层样式功能，可以简单快捷地制作出各种立体投影、各种质感及光景效果的图像特效。与不用图层样式的传统操作方法相比较，图层样式具有速度更快、效果更精确、可编辑性更强等无法比拟的优势。

1. 应用样式

图层样式包括普通图层、文本图层和形状图层等。

图层样式的调用方法有以下几种。

①选择"图层"→"图层样式"命令，然后在"图层样式"子菜单中选择具体的样式。

②单击“图层”面板下方的 fx 按钮。

③双击要添加样式的图层，这种方法最简便。

④右键单击图层，选择“混合选项”。

2. “图层样式”对话框

“图层样式”对话框的左侧是不同种类的图层效果，包括投影、发光、斜面、叠加和描边等几个大类。对话框的左窗格是各种效果的不同选项，右边小窗格中看到的是所设定效果的预览。如果选中了“预览”复选框，则在效果改变后，即使还没有应用于图像，在图像窗口也可以看到效果变化对图像的影响，如图 6.1.1 所示。如果有内存问题，可关闭“预览”。可将一种或几种效果的集合保存为一种新样式，应用于其他图像。

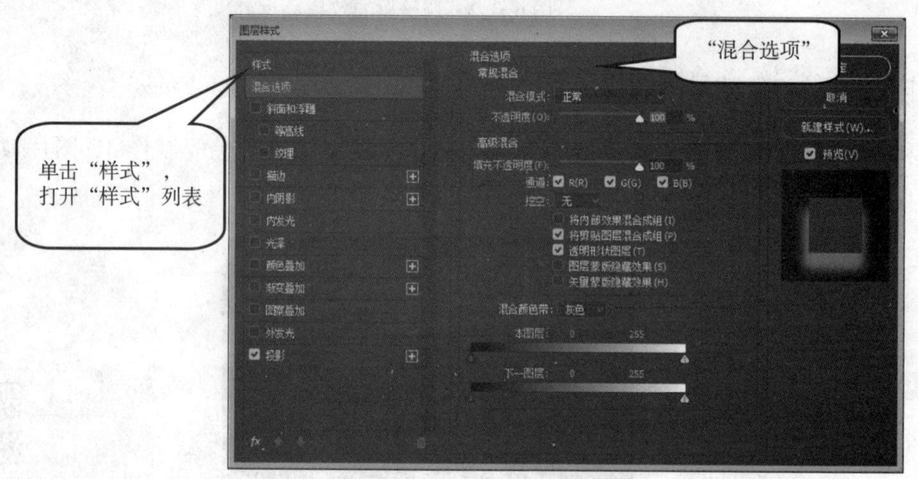

图 6.1.1 “图层样式”对话框

除了 10 种默认的图层效果之外，“图层样式”对话框中还有如下两种选项。

①“样式”列表。“样式”列表显示了所有被存储在“样式”面板中的样式。所谓样式，就是一种或更多的图层效果或图层混合选项的组合。在图 6.1.1 中，单击“样式”选项，打开“样式”列表。单击“样式”列表右上方的三角按钮，打开的下拉菜单中出现“载入样式”“替换样式”等命令，可以在此改变样式缩览图的大小。选中某种样式后，可以对它进行重命名和删除操作。在创建并保存了自己的样式后，它们会同时出现在“样式”选项和“样式”面板中。

②“混合选项”选项组。它分为“常规混合”“高级混合”和“混合颜色带”3 个部分。其中，“常规混合”选项组包括了“混合模式”和“不透明度”两项，这两项是调节图层最常用到的，是最基本的图层选项。它们和图层面板中的混合模式及不透明度是一样的。在没有更复杂的图层调整时，通常在“图层”面板中进行调节。无论在哪里改变图层混合模式和图层的不透明度，“常规混合”选项组中和“图层”面板中这两项都会同步改变。

6.1.2 “填充不透明度”与图层样式

在“高级混合”选项组中，可以对图层进行更多的控制。“填充不透明度”影响图层中

绘制的像素或形状，对图层样式和混合模式却不起作用。而对混合模式、图层样式不透明度和图层内容不透明度同时起作用的是图层总体不透明度。这两种不同的不透明度选项使图层内容的不透明度和其图层效果的不透明度可以分开处理。对文字层添加简单的投影效果后，仅降低“常规混合”选项组中的图层不透明度，保持“填充不透明度”为100%，用户会发现文字和投影的不透明度都降低了，如图6.1.2所示；而保持图层的总体不透明度不变，将“填充不透明度”降低为0%时，图片变得不可见，而投影效果却没有受到影响，如图6.1.3所示，用这种方法，可以在隐藏图层内容的同时依然显示图层效果，这样，可以创建隐形的投影或透明的浮雕效果。

图6.1.2　“填充不透明度”为100%

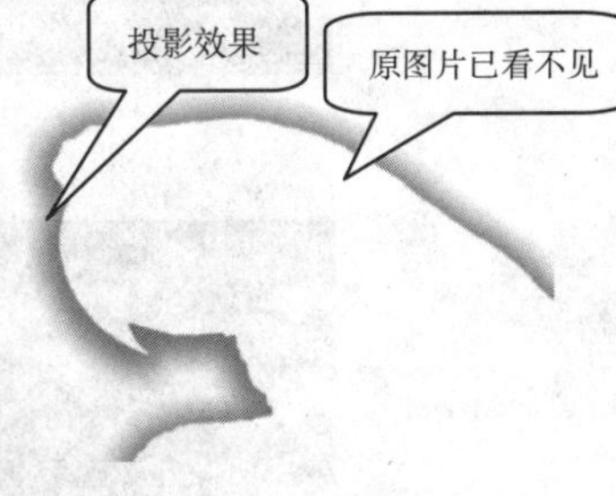

图6.1.3　“填充不透明度”降低为0%

“高级混合”选项组包括限制混合通道、“挖空”选项和分组混合效果。限制混合通道的作用，是在混合图层或图层组时，将混合效果限制在指定的通道内，未被选择的通道被排除在混合之外。

挖空是指下面的图像穿透上面的图层显示出来。创建挖空时，首先要将被挖空的图层放到要被穿透的图层之上，然后将需要显示出来的图层设置为“背景”图层。选择“无”表示不创建挖空；选择“浅”或“深”，都可以挖空到“背景”图层。

如果图层组的混合模式为“穿过”，只挖空穿透整个图层组。如果将挖空模式设为“深”，则挖空将穿透所有的图层，直到背景层，中空的文字将显示出背景图像；如果没有背景层，那么挖空则一直到透明区域。

小提示：

如果希望创建挖空效果，则需要降低图层的“填充不透明度”，或是改变混合模式，否则图层挖空效果不可见。

6.1.3　“样式”面板

可以直接使用“图层样式”面板中的“样式”设置图层样式。如对“图层样式”面板中的样式不满意，可以创建自己想要的样式。用面板上的“新建模式”来保存自己创建的样式，用自己的样式来替换默认的“图层样式”。选择“样式”列表中的样式，右击，在快捷菜单中选择“删除样式”，可把当前列表中的某一样式删除。单击“样式”列表右上方的按钮，选择“存储样式”，则以文件方式存储列表中的所有样式。选择“载入样式…”，则加载文件中保存的样式。单击“图层样式”对话框左上方的“样式”选项，打开样式库，如图6.1.4所示。“样式”的快捷菜单如图6.1.5所示。

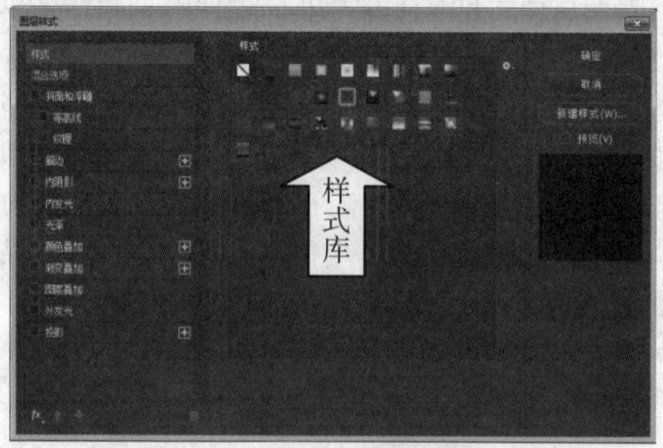

图 6. 1. 4　样式库

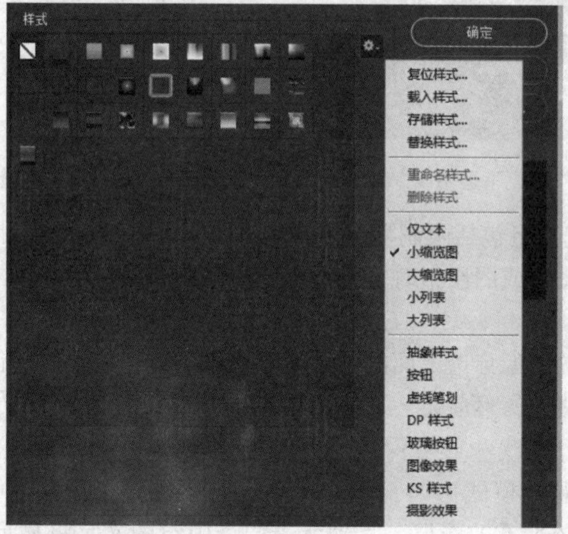

图 6. 1. 5　“样式”的快捷菜单

6.1.4　图层样式的相关操作

1. 图层样式的应用

①选中要添加样式的图层（混合选项）。

②右击图层调板上的“添加图层样式（混合选项）”按钮。

③从列表中选择图层样式，然后根据需要修改参数。

如果需要，可以将修改保存为预设，以便日后需要时使用。

2. 显示或隐藏图层样式

以利用 Photoshop 图层样式制作高光字为例来说明图层样式的应用，以及显示或隐藏操作。

①新建 370 × 240 像素，其他参数默认，前景色为黑色的文件，如图 6. 1. 6 所示。

②单击工具面板上的切换前景色和背景色按钮，让前景色为白色。用文字工具输入文字“中国”，大小为 200 点，华文新魏，如图 6. 1. 7 所示。

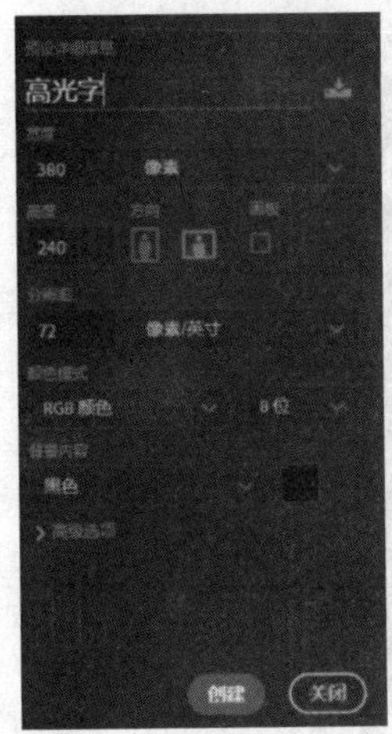

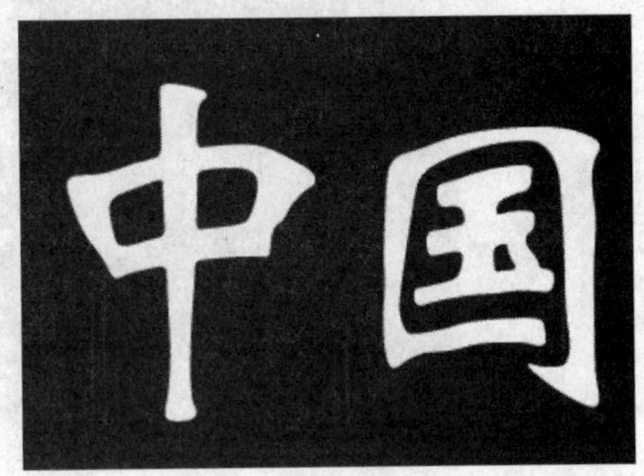

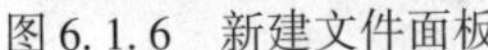
图 6.1.6　新建文件面板

图 6.1.7　输入文字

③右击字体图层，选择“混合选项”，打开“图层样式”面板，设置如图 6.1.8 ~ 图 6.1.12 所示的图层效果。

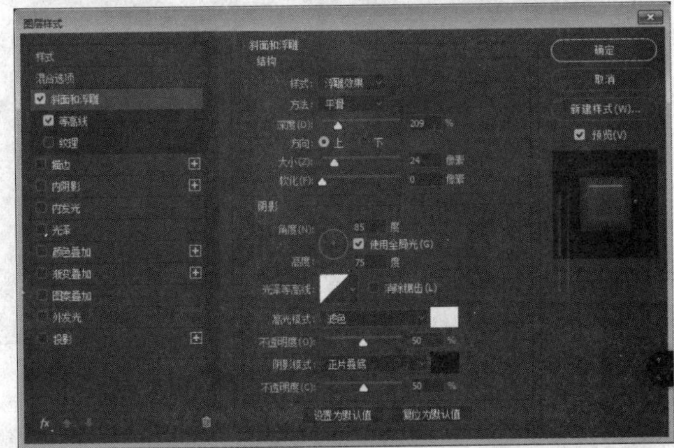

图 6.1.8　“斜面和浮雕”图层面板

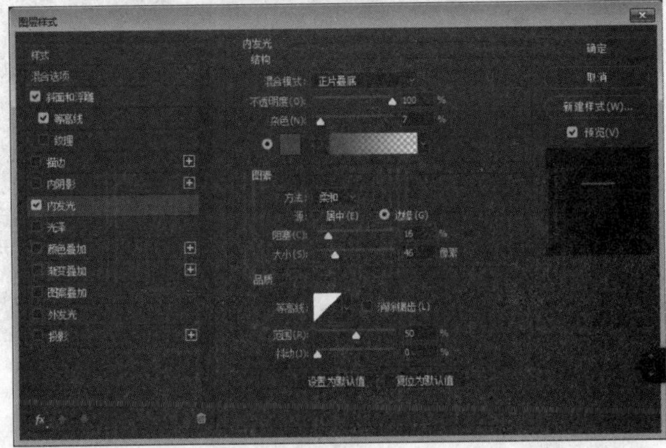

图 6.1.9　“内发光”图层面板

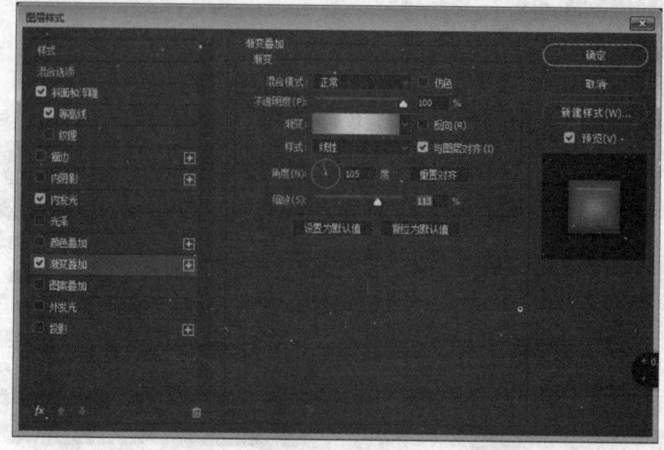

图 6. 1. 10　“渐变叠加”图层面板

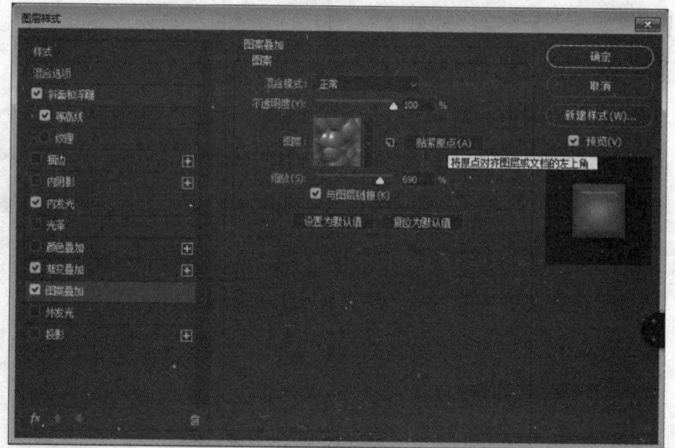

图 6. 1. 11　“图案叠加”图层面板

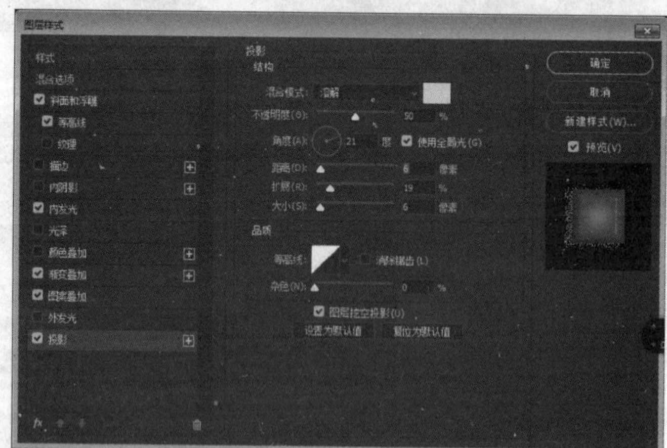

图 6. 1. 12　“投影”图层面板

④加上图层样式后的效果如图 6. 1. 13 所示。

扫码查看
彩图效果

图 6. 1. 13　最终效果

显示和隐藏图层样式的操作如下。

方法一：图层样式显示、隐藏的方法和图层显示、隐藏的方法类似。单击“效果”前面的眼睛图标，隐藏所有样式。再次单击即可显示所有样式。如果只单击“效果”下的具体样式，如单击“内发光”前面的眼睛图标，只隐藏“内发光”效果。再次单击，显示该样式，如图 6. 1. 14 所示。

方法二：单击“图层”→“图层样式”→“隐藏所有效果”，即可隐藏。

隐藏后单击“图层”→“图层样式”→“显示所有效果”，即可显示，如图 6. 1. 15 所示。

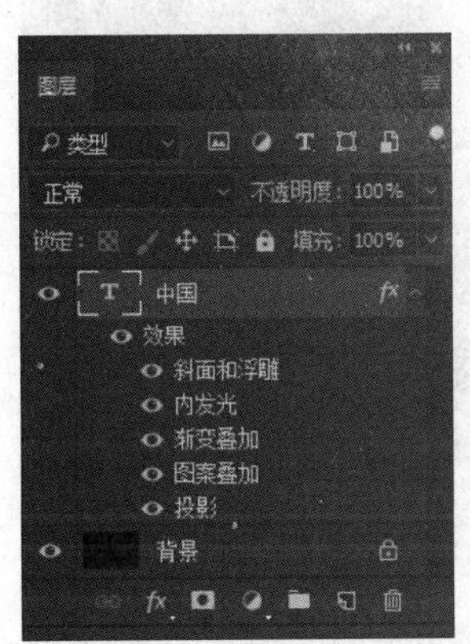

图 6. 1. 14　应用图层样式的图层

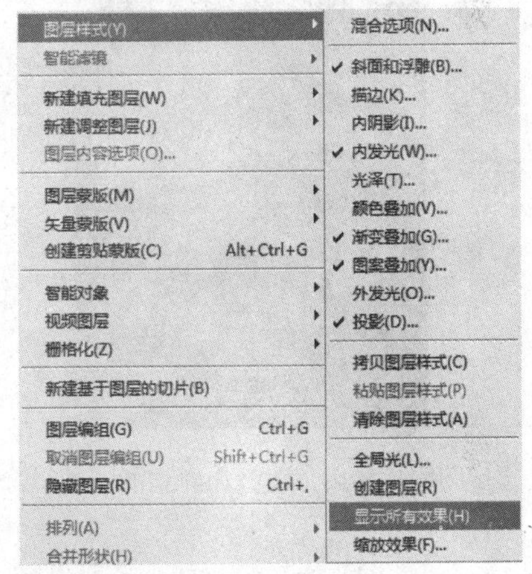

图 6. 1. 15　“图层样式”菜单

3. 复制、移动图层样式

在同一个图像文件中，如果将一个图层的样式移动到另一个图层，可以单击“图层”面板中的按钮，展开所应用的所有图层效果，从中选择所需效果，拖动到目标图层，或是单击按钮，拖拽实现全部效果的移动。

复制图层样式的方法如下。

方法一：先选择目标样式层，右击，从打开的菜单中选择“拷贝图层样式”命令，再选择应用样式的图层，右击，选择“粘贴图层样式”命令。

方法二：选中要复制的图层样式，按住 Alt 键，然后用鼠标左键拖拽到目标图层。这种方法和方法一的效果是一样的。

4. 删除图层样式

首先选择欲清除样式的图层，然后进行如下操作。

方法一：用鼠标左键拖拽图层的 fx 到右下角的垃圾桶。

方法二：选中要删除图层样式的图层，右击，选择“清除图层样式”，最后得到的效果和方法一的相同。

6.1.5 将图层样式转换为图层

在一些较为复杂的图像中，图层样式也许需要从图层中分离出来，成为独立的图层，这样就需要再次编辑所形成的图层。右击图层效果，从打开的菜单中选择“创建图层”命令，这个命令会将目标图层的所有图层效果都转换为独立的图层，不再和刚才的目标图层有任何联系，如图 6.1.16 和图 6.1.17 所示。在将图层样式转换为图层的过程中，某些图层效果可能不能被复制，Photoshop 会出现警告信息。转换后的图层名称非常具体地描述了作为图层效果的作用，其“混合模式”和“不透明度”依然在图层效果中。有些图层效果转换为图层后，成为剪切图层。有时转换后图层顺序会有所变化，再加上混合模式的作用，所以图像会有少许改变。

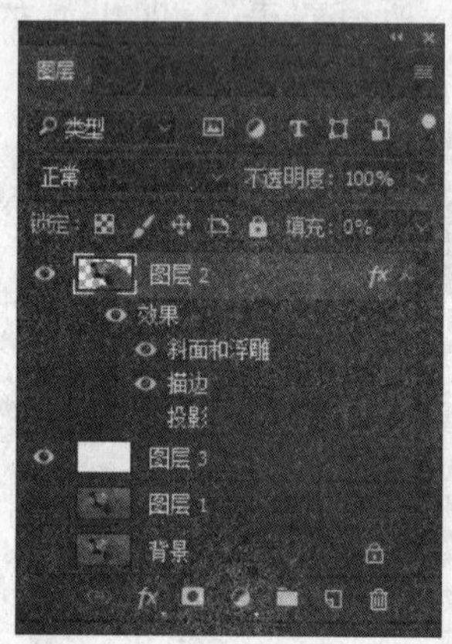

图 6.1.16　已添加样式的图层

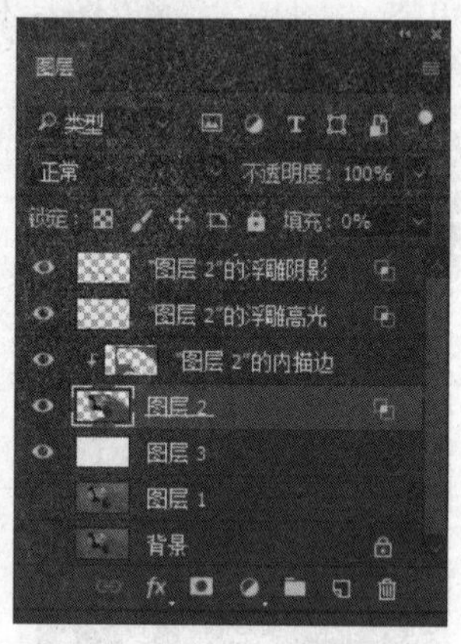

图 6.1.17　样式转换为图层

6.2　调整图层和填充图层

在 Photoshop 中，图像色彩与色调的调整方式有两种：

①执行“图像”→“调整”下拉菜单中的命令。

②通过调整图层来执行操作。

单击“图像”→“调整”下拉菜单中的调整命令会直接修改所选图层中的像素数据。而调整图层是一个独立存在的图层，可以达到同样的调整效果，但不会修改像素。同时，只要隐藏或删除调整图层，便可以将图像恢复为原来的状态，并且多个色彩调整图层可以产生综合的调整效果，彼此之间可以独立修改。

6.2.1　调整图层

调整图层可将颜色和色调调整应用于图像，而不会对图像造成破坏。创建调整图层以后，颜色和色调调整就存储在调整图层中，并影响它下面的所有图层。如果想要对多个图层进行相同的调整，可以在这些图层上面创建一个调整图层，通过调整图层来影响这些图层，而不必分别调整每个图层。

①打开一个图像文件，如图6.2.1所示。

图6.2.1　素材（春天的热带风景）

扫码查看
彩图效果

②单击“图层”面板底部的“创建新的填充或调整图层”按钮◐，弹出一个创建调整图层的菜单（通过“图层”→“新建调整图层”，或者“窗口”→“调整”，也可以创建调整图层），如图6.2.2所示。选择“色相/饱和度”即可在“图层”面板中创建一个“色相/饱和度”调整图层，如图6.2.3所示。

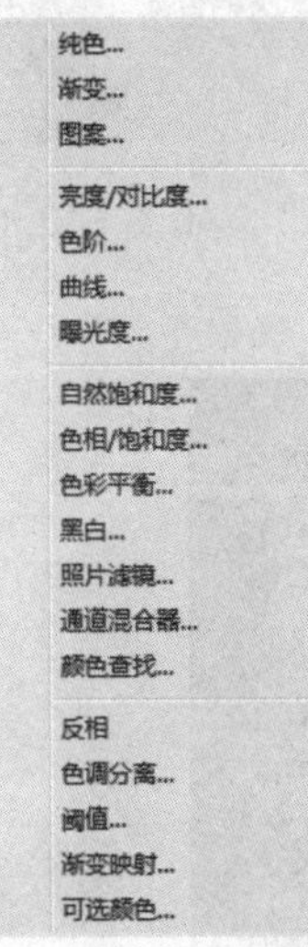

图6.2.2　“新建调整图层”菜单

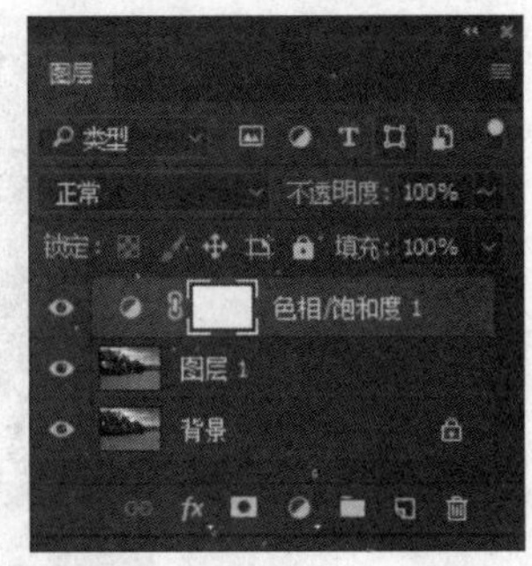

图6.2.3　“图层”面板

③在其“属性”面板中会显示相应的参数设置选项，如图6.2.4所示。设置好后，得到了秋天的效果图，如图6.2.5所示。

图 6.2.4 “色相/饱和度”属性面板

扫码查看
彩图效果

图 6.2.5 秋天的红枫效果

“色相/饱和度”属性面板上的参数的含义如下：

• 创建剪贴蒙版：按下该按钮，可以将当前的调整图层与它下面的图层创建为一个剪贴蒙版，使调整图层仅影响它下面的一个图层。如果再次单击该按钮，调整图层会影响下面的所有图层。

• 查看上一状态：调整参数以后，单击该按钮，可以在窗口中查看图像的上一个调整状态，以便比较两种效果。

• 复位到调整默认值：单击该按钮，可以将调整参数恢复为默认值。

• 切换图层可见性：单击该按钮，可以隐藏或重新显示调整图层。隐藏调整图层后，图像便会恢复为原状。

• 删除此调整图层：单击该按钮，可以删除当前调整图层。

提示：多个文档之间复制调整图层。

如果同时打开了多个图像，将“图层”面板中的一个调整图层拖动到另外的文档中，则可以将其复制到这一文档中。

④在“图层”面板中单击调整图层的“图层缩览图”，如图 6.2.6 所示，在面板中可以修改该图层的混合模式、不透明度或填充等选项。

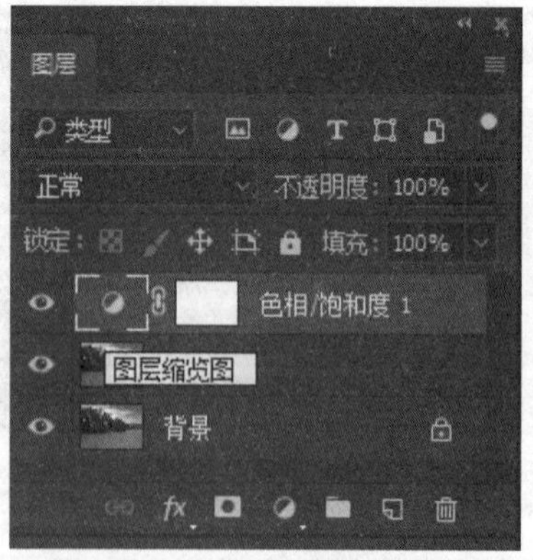

图 6.2.6 “图层”面板

⑤选择调整图层，按下 Delete 键，或者将它拖动到“图层”面板底部的“删除图层”

按钮 上，即可将其删除。如果只想删除蒙版而保留调整图层，可以在调整图层的“图层蒙版缩览图”上单击鼠标右键，然后选择快捷菜单中的“删除图层蒙版”命令，即可将其删除。

6.2.2　填充图层

填充图层是指向图层中填充纯色、渐变或图案等而创建的特殊图层。可以基于选区进行局部填充的创建。

打开一个图像文件，如图 6.2.7 所示。

图 6.2.7　素材图片

1. 创建纯色填充图层

①单击“图层”面板底部的“创建新的填充或调整图层”按钮 ，弹出菜单，如图 6.2.8 所示。(执行“图层”→“新建填充图层”→“纯色”菜单命令，也可以创建填充图层。)

图 6.2.8　填充图层菜单

②在菜单中单击“纯色”命令，打开“拾色器（颜色）”对话框，如图 6.2.9 所示。选定填充图层的颜色后，单击“确定”按钮，创建一个颜色填充图层。

③因为填充的是实色，所以颜色将完全覆盖下面图层的图像。将不透明度修改为 50%，如图 6.2.10 所示。最终效果如图 6.2.11 所示。

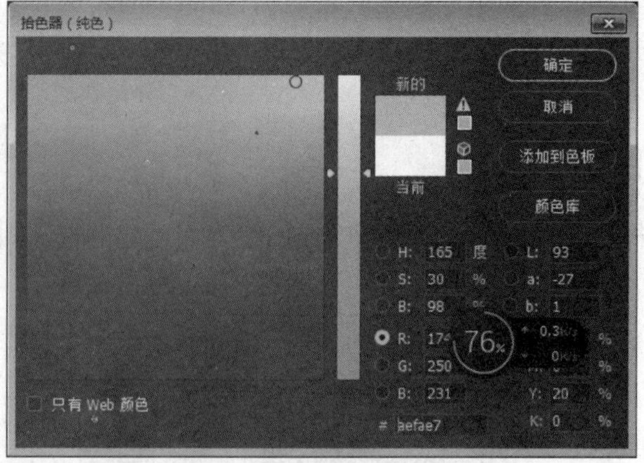

图 6.2.9　“拾色器（颜色）”对话框

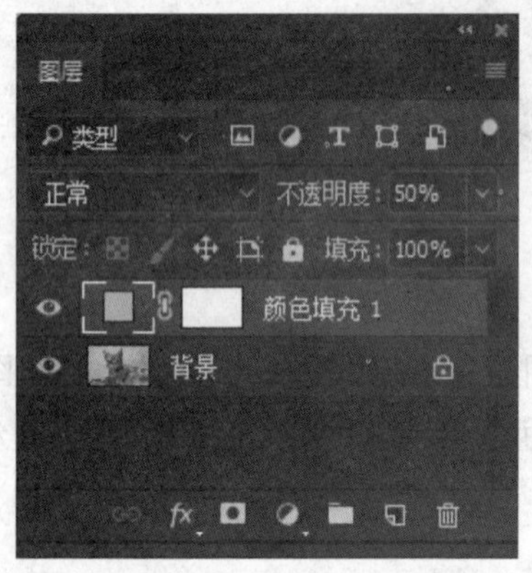

图 6.2.10　“图层”面板

图 6.2.11　纯色填充效果

扫码查看彩图效果

2. 创建渐变填充图层

执行“图层”→“新建填充图层”→“渐变”菜单命令，则会打开“渐变填充”对话框，各参数的含义类似于渐变工具，如图 6.2.12 所示。在“图层”面板中调整不透明度后，得到使用渐变填充图层的效果，如图 6.2.13 所示。

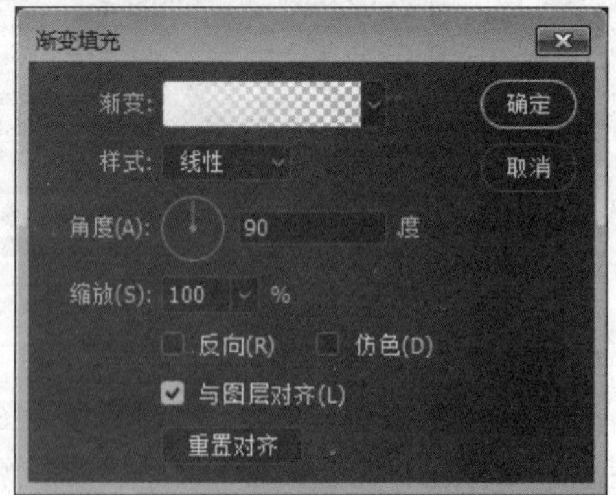

图 6.2.12　“渐变填充”对话框

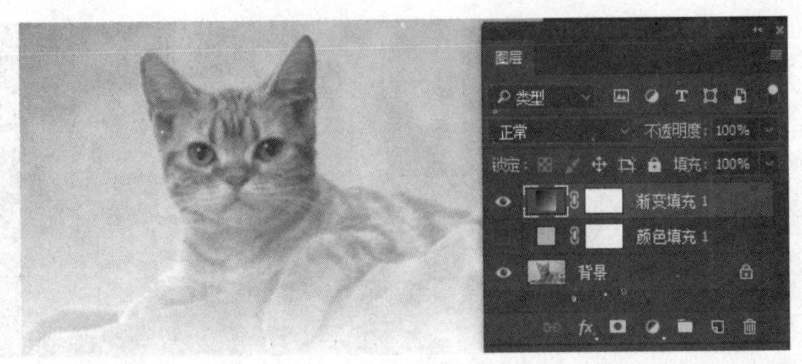

扫码查看
彩图效果

图 6. 2. 13　渐变填充效果

3. 创建图案填充图层

①执行“图层”→“新建填充图层”→“图案变”菜单命令，则会打开“图案填充”对话框，如图 6. 2. 14 所示。

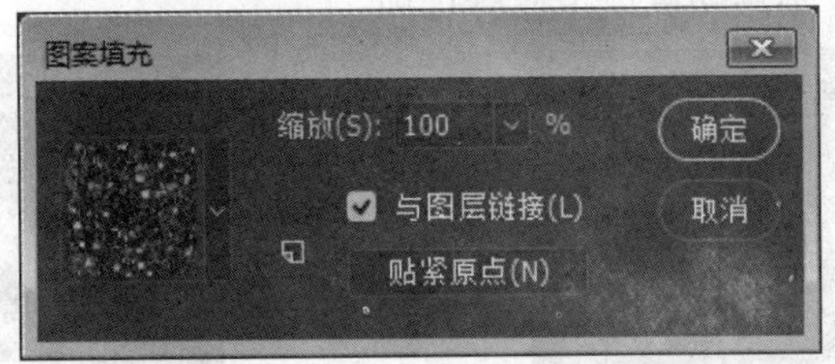

图 6. 2. 14　“图案填充”对话框

在对话框的左侧单击按钮，可以打开“图案”拾色器面板，如图 6. 2. 15 所示。在“图层”面板中将不透明度设置为 50%，然后将混合模式设置为“叠加”，即可获得使用图案填充图层的效果，如图 6. 2. 16 所示。

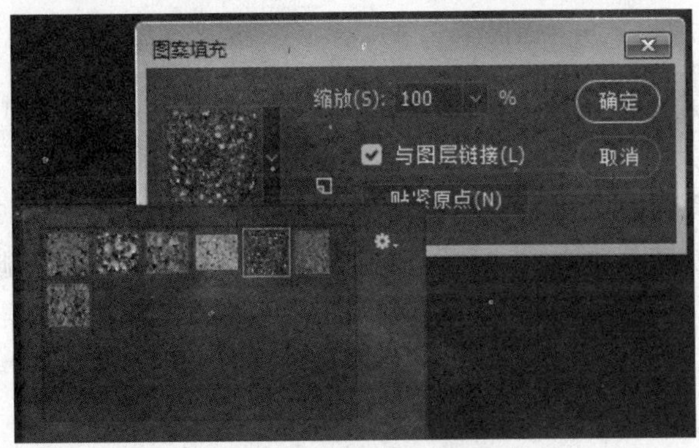

图 6. 2. 15　选择图案

在面板中可以选择相应的图案。可以使用系统默认的图案，也可以应用自定义的图案。单击右上角的按钮，可以打开“图案”拾色器的面板菜单。缩放：可以对填充的图案进行缩放。值越大，图案越大；值越小，图案越小。与图层链接：如果希望图案在图层移动时随图层一起移动，可勾选该项。从当前图案创建新的预设：单击此按钮，可以将当前图案创建成一个新的预设图案，并存放在“图案”拾色器面板中。贴紧原点 贴紧原点(N)：可以使图案的原点与文档的原点相同。

扫码查看
彩图效果

图 6.2.16　图案填充效果

②在“图层”面板中双击图层蒙版缩览图，如图 6.2.17 所示。打开“属性”面板，对“图层蒙版”的选项进行修改（参数同图层属性）。

③在“图层”面板中单击填充图层的图层缩览图，如图 6.2.18 所示。在面板中可以修改该图层的混合模式、不透明度或填充等选项。

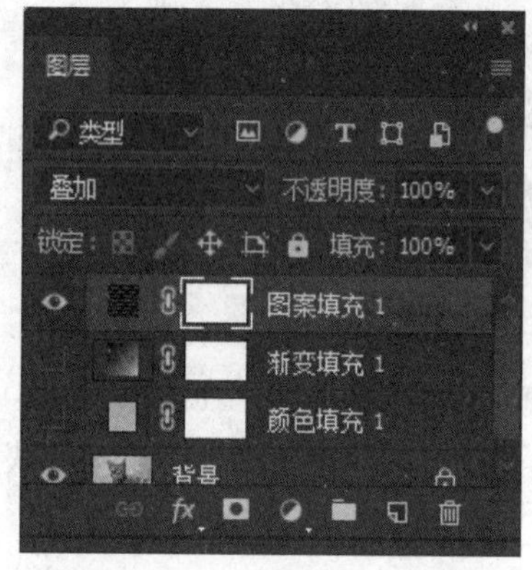

图 6.2.17　“图层”面板

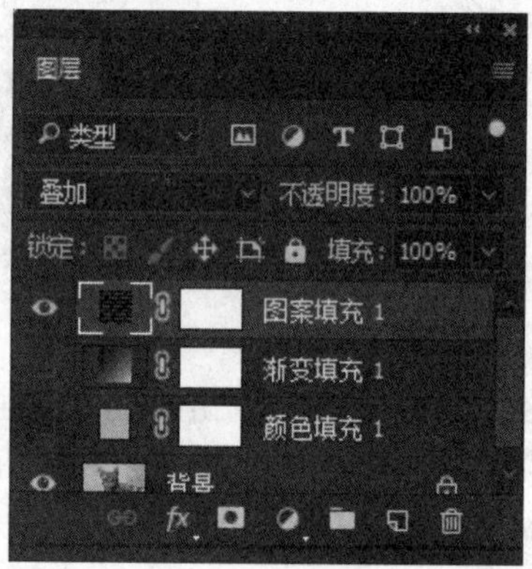

图 6.2.18　“图层”面板

④选择填充图层，按下 Delete 键，或者将它拖动到“图层”面板底部的“删除图层”按钮■上，即可将其删除。

如果只想删除蒙版而保留填充图层，可以在填充图层的“图层蒙版缩览图”上单击鼠标右键，然后选择快捷菜单中的“删除图层蒙版”命令，即可将其删除。

创建填充图层时，如果图像中有选区，则选区会转换到填充图层的蒙版中，使填充图层只影响选中的图像。

6.3　智能对象

智能对象是包含栅格或矢量图像（如 Photoshop 或 Illustrator 文件）中的图像数据的图层。智能对象将保留图像的源内容及其所有原始特性，从而能够对图层执行非破坏性编辑。

Photoshop 中创建智能对象的方法有链接式和嵌入式两种。嵌入：和在 QQ 空间上传本地图片文件一样，调用本地文件上传到服务器，占用服务器内存，即使在其他电脑上打开，也正常显示。链接：在 QQ 空间里写入图片链接地址，调用链接显示图片，不保存到服务器，

如果链接失效，图片就显示不了。

1. 创建“链接到智能对象”

“链接到智能对象”这个功能在 Photoshop CC 14.2 中出现，这使用户对智能对象使用外部文件源成为可能。最大的好处就是可以在几个 Photoshop 文件中同时使用图像或矢量作为“链接到智能对象”。如此，只要修改了原始图像，那么它会在所有链接到的 Photoshop 文件中同步更新。另外一个好处则是，使用“链接到智能对象”，并不会增加 Photoshop 文件的大小。

(1) 打开为智能对象

①在 Photoshop 中，执行“文件”→“置入链接的智能对象”，打开素材图片，如图 6.3.1 所示。

图 6.3.1　置入链接的智能对象

②图层面板上，图层缩览图右下方有智能对象链接的标识，这个图像只是暂时链接到这里，如果原图片被删或移动到别的电脑，就看不到这个图层了。

③双击图层，打开源文件，对原图进行修改，将直接同步到链接的文件中。这里用画笔工具对图中部分涂黑，如图 6.3.2 所示。保存文件，关闭源文件窗口。

图 6.3.2　源文件窗口

④回到源文件窗口，可以看到原图已经改变，如图 6.3.3 所示。

注意：原图片一定不能删除。

图 6.3.3　原图发生改变

（2）转换为智能对象

在下面的案例中，要实现只做一次修改，便能修改所有图层中文字的目的。注意，这些图层并不是完全相同的。

①在 Photoshop 中，新建 300×400 像素的文件，选择“文件”→“置入链接的智能对象”，在工具栏上单击“矩形工具”，在 Photoshop 中绘制一个矩形，如图 6.3.4 所示。

②在矩形所在的图层名称上右击鼠标，选择“转换为智能对象”，或者选择“图层”→“智能对象”→“转换为链接对象”，如图 6.3.5 所示。

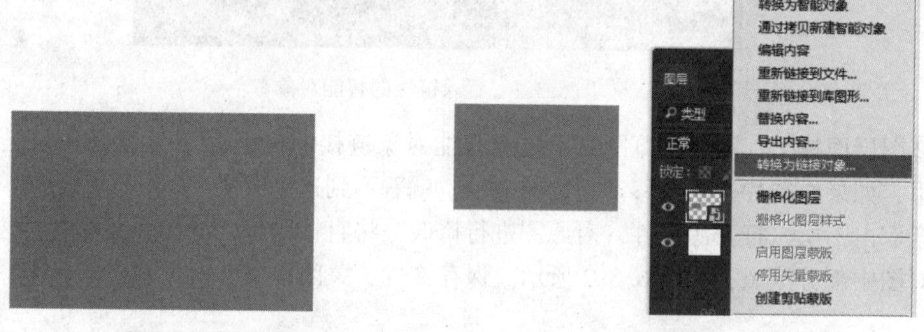

图 6.3.4　效果 1　　　　图 6.3.5　转换为链接对象

③按快捷键 Ctrl+J 复制一个智能对象图层，按快捷键 Ctrl+T，右击，选择“透视”，将新复制图层图形进行适当变形，如图 6.3.6 所示。

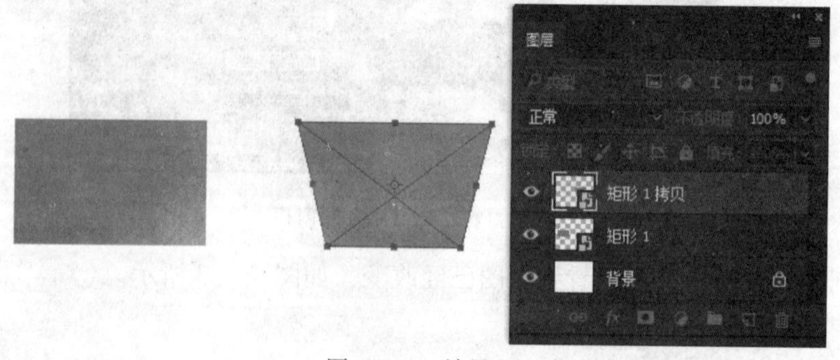

图 6.3.6　效果 2

④双击矩形 1 所在图层，打开左边矩形 1 的编辑窗口，如图 6.3.7 所示。

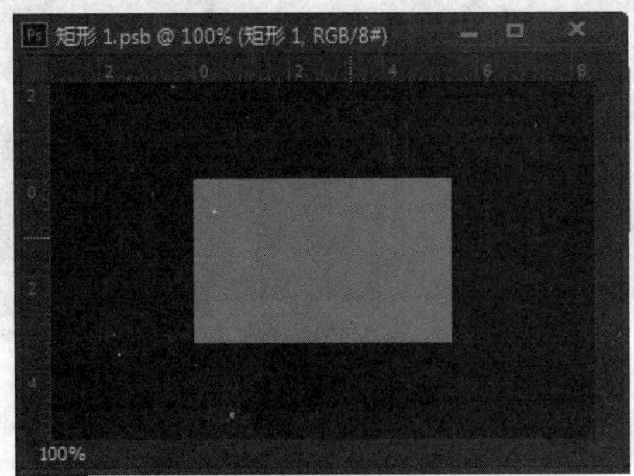

图 6.3.7　效果 3

⑤在新打开的矩形 1 文档中，选择文字工具，输入“智能对象”，适当调整文字大小，如图 6.3.8 所示，保存文档，单击 按钮关闭矩形 1 文档。

图 6.3.8　效果 4

⑥回到之前的页面，发现两个智能对象图层都已经写上新加的文字了。变形图层中的文字还根据图层变形的状态适当进行了调整，如图 6.3.9 所示。

图 6.3.9　效果 5

2. 置入嵌入对象

在 Photoshop 中，新建 300 × 400 像素的文件，选择“文件”→“置入嵌入对象”，或直接拖动图片到 Photoshop 的文件窗口，嵌入的图片上出现一个带 × 号标志的调整框，其他操作同“链接到智能对象”，如图 6.3.10 所示。

图 6.3.10　效果 6

6.4　3D 图层

下面用案例来说明创建、编辑 3D 模型、3D 网格、材质与纹理、3D 光源的操作。

①创建大小 800×400 像素，淡蓝色背景（RGB(54,173,248)）的新文件，如图 6.4.1 所示。

②单击图层面板上的创建新图层按钮，新建"图层 1"，使用白色前景，大小 300 像素，使用"柔边圆"画笔工具在画布中心点上白点，如图 6.4.2 所示。

图 6.4.1　淡蓝色背景的新文件

图 6.4.2　白点效果

③设置图层 1 的混合模式为"柔光"，如图 6.4.3 所示。

④使用"文字工具"，前景色为淡粉色（RGB(249,185,185)），字体为"华文行楷"，字号为 250 点，输入一行字，自动生成"中国梦"图层，如图 6.4.4 所示。

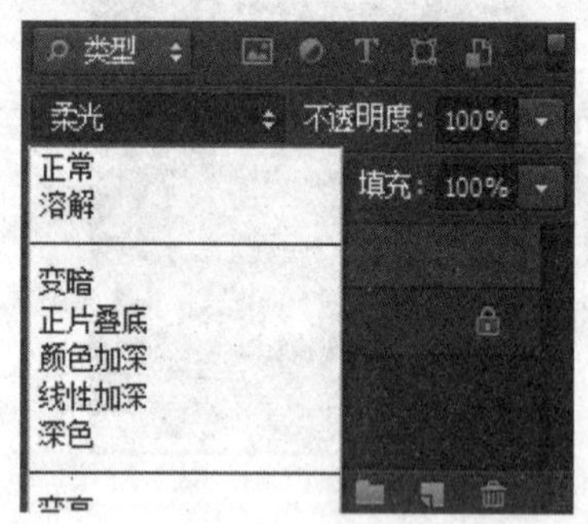

图 6.4.3　图层混合模式

图 6.4.4　效果 1

⑤选择"3D"→"从所选图层新建 3D 模型"，如果第一次使用，会弹出"创建 3D 图层"对话框，单击"是"按钮，弹出对象的"3D"面板，如图 6.4.5 所示。双击"3D"面板的"中国梦"前面的，弹出如图 6.4.6 所示的"属性"面板，按图设置参数。"属性"

面板中网格、变形、盖子、坐标、材质、无限光参数设置分别如图 6. 4. 7 ~ 图 6. 4. 12 所示。

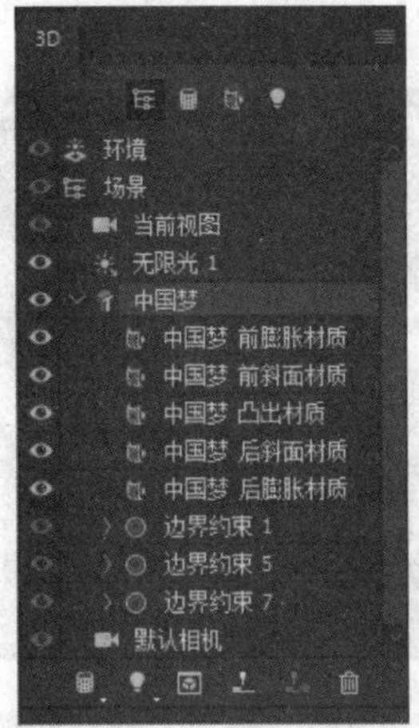

图 6. 4. 5　“3D” 面板

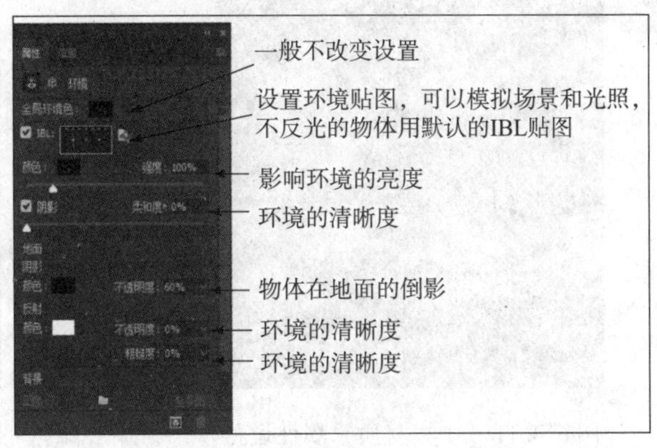

图 6. 4. 6　环境 “属性” 面板

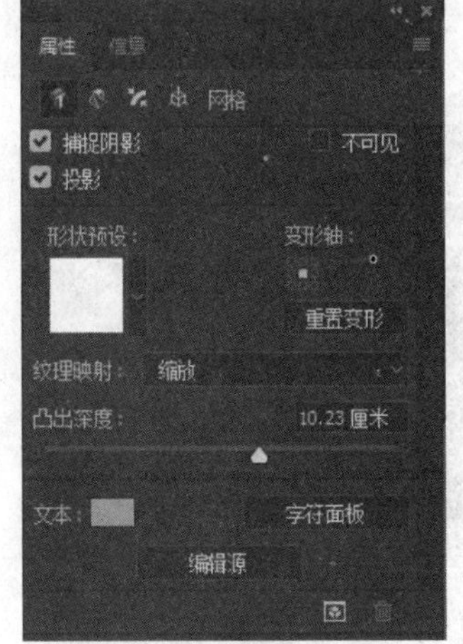

图 6. 4. 7　3D “网格” 属性面板

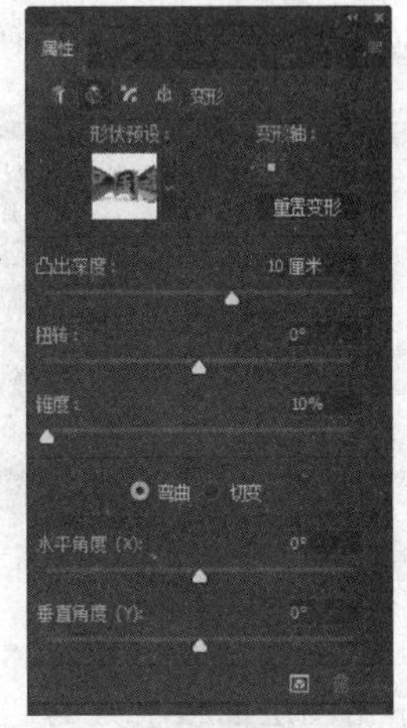

图 6. 4. 8　3D “变形” 属性设置

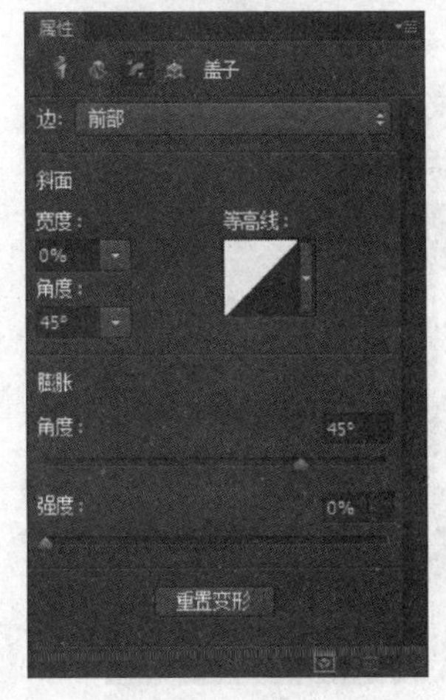

图 6. 4. 9　3D “盖子” 属性面板

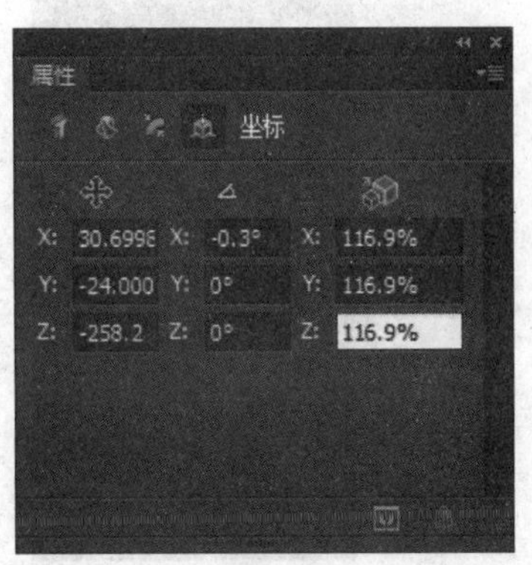

图 6. 4. 10　3D “坐标” 属性面板

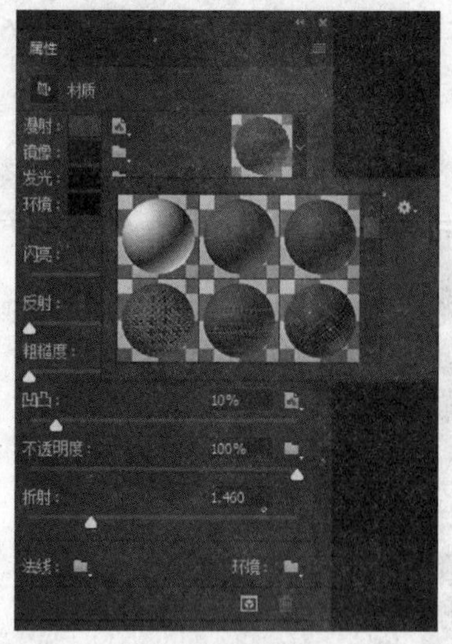

图 6. 4. 11　3D“材质”属性设置

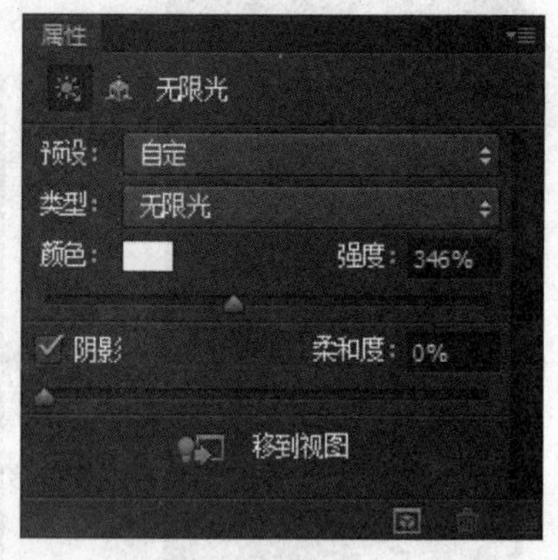

图 6. 4. 12　3D“无限光”属性设置

⑥各参数设置后，3D 字体如图 6. 4. 13 所示。选择“图层”→“智能对象”→“转换为智能对象”，把 3D 文字转换为智能对象。

图 6. 4. 13　效果 2

⑦单击图层面板下方的“创建新的填充或调整图层”按钮 ，新建色阶、曲线两个调整图层。色阶、曲线的参数设置如图 6. 4. 14 和图 6. 4. 15 所示。按住 Alt 键单击色阶、曲线图层的分界线，把它们分别作为文字图层的剪贴蒙版。

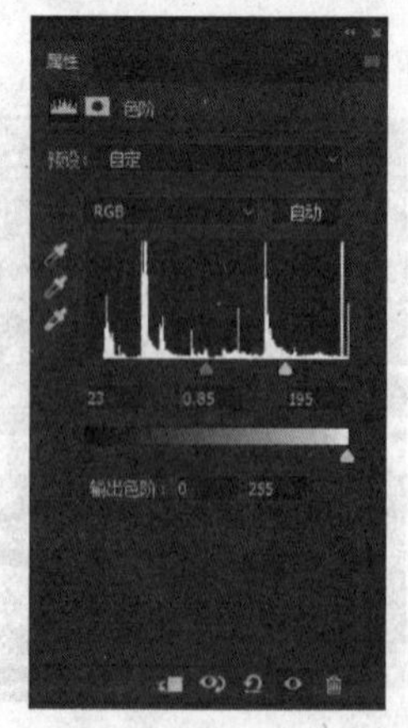

图 6. 4. 14　“色阶”面板

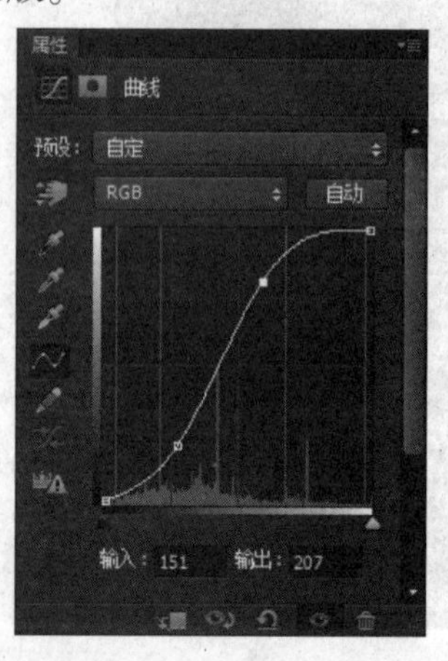

图 6. 4. 15　“曲线”面板

⑧最终效果如图 6.4.16 所示。

扫码查看
彩图效果

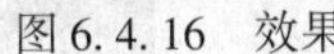

图 6.4.16　效果

⑨把文件以 PSD 和 JPG 格式分别保存为“中国梦 3D 艺术字”。

6.5　工作场景实施

6.5.1　场景一：硬币制作

要求：利用椭圆选框工具、路径文字工具、定义图案、滤镜等制作硬币。

①建立一个尺寸为 600 × 600 像素，分辨率为 300 像素/英寸，背景色为灰色（RGB(167,167,167)），名称为“硬币”的新文档。

②单击工具箱中的“椭圆选框工具” ，按住 Shift 键的同时，在画布中间绘制一个正圆，效果如图 6.5.1 所示。

③单击图层面板的“创建新图层”按钮，新建图层 1，将前景色设置为白色，按快捷键 Alt + Delete 将其填充白色，效果如图 6.5.2 所示。

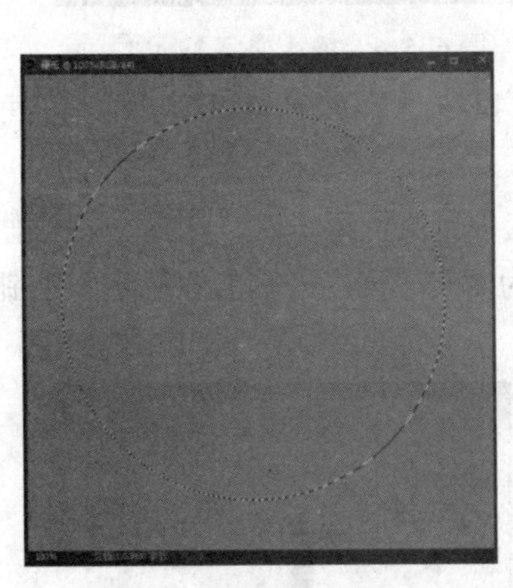

图 6.5.1　绘制正圆

图 6.5.2　填充白色

④切换到“路径”面板，执行“从选区生成工作路径命令”，按快捷键 Ctrl + T 进行自由变换，按住快捷键 Shift + Alt，以中心点进行等比例缩放路径，如图 6.5.3 所示。

⑤单击工具箱中的“横排文字工具” ，单击路径，输入文字“中国人民银行”，字体为“隶书”，颜色为“黑色”，调整文字大小和间距，如图 6.5.4 所示。

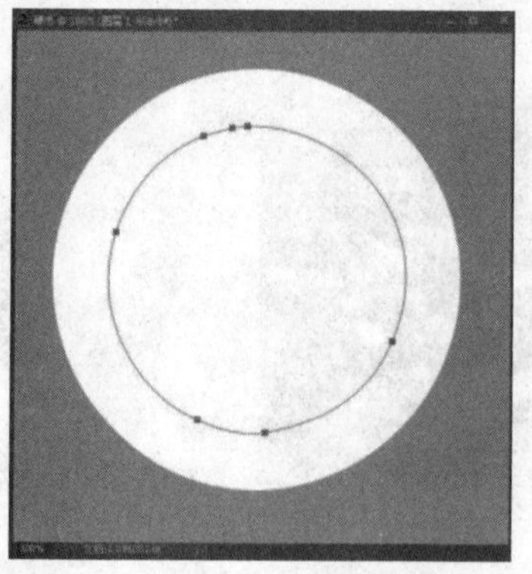
图 6.5.3 生成工作路径

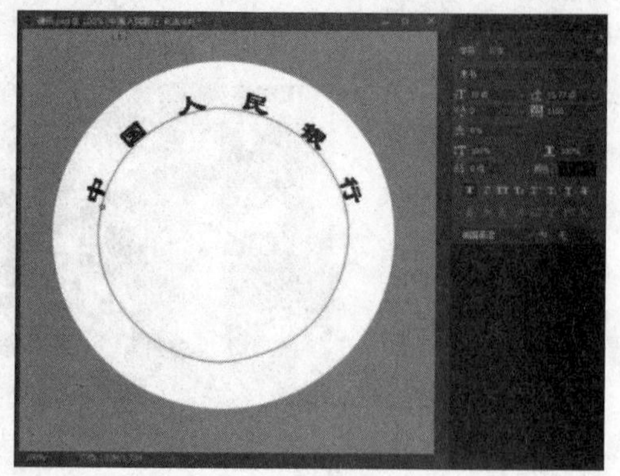

图 6.5.4 输入文字 1

⑥使用同样方法，在画面中分别输入文字“1”“YIJIAO”“角”等文字，字体为“宋体”，调整文字大小和间距，如图 6.5.5 所示。

⑦切换到“路径”面板，单击选中“工作路径”，再单击“横排文字工具” T，输入文字“2019”，文字为“隶书”，调整文字大小和间距，按 Ctrl 键的同时，将文字翻转到路径内部，如图 6.5.6 所示。

图 6.5.5 输入文字 2

图 6.5.6 输入文字 3

⑧隐藏背景图层，按住 Ctrl 键将其他图层选中，执行“合并可见图层命令”，再按快捷键 Ctrl + J，将其复制一层，如图 6.5.7 所示。

⑨按住 Ctrl 键的同时，单击图层缩览图，将图层选中，执行菜单栏“选择”→“修改”→“收缩”命令。在弹出的对话框中，设置“收缩量”为“10 像素”，单击“确定”按钮，如图 6.5.8 所示。

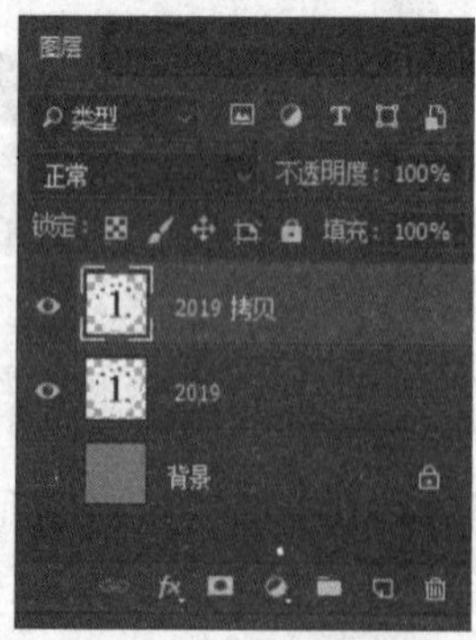

图 6.5.7 复制图层

图 6.5.8 执行“收缩”命令

⑩执行菜单栏“编辑”→“描边”命令，在弹出的对话框中设置“宽度”为“5 像素”，“描边”为“居中”，“颜色”为“黑色”，单击“确定”按钮，如图 6.5.9 所示。按快捷键 Ctrl + D 取消选区。

⑪再新建一个尺寸为 1 ×3 像素，分辨率为 72 像素/英寸，背景色为透明，名称为“图案”的新文档。

⑫单击工具箱中的“铅笔工具”，将前景色设置为黑色，沿画布下方绘制图案。效果如图 6.5.10 所示。

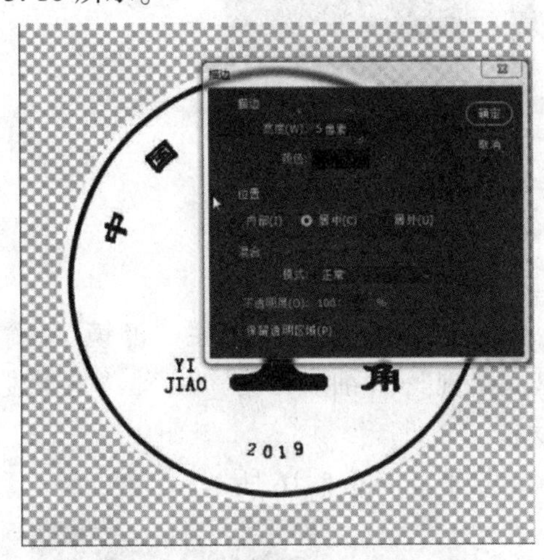

图 6.5.9 执行“描边”命令

图 6.5.10 绘制图案

⑬执行菜单栏“编辑”→“定义图案”命令，在弹出的对话框中，直接单击“确定”按钮，如图 6.5.11 所示。

图 6.5.11 自定义图案

⑭单击工具箱中的“快速选择工具”，将画布中的数字“1”选中，如图 6.5.12 所示。

⑮执行菜单栏“编辑”→“填充”命令，在弹出的对话框中选择“自定义图案”，如图 6.5.13 所示。

图 6.5.12 创建选区

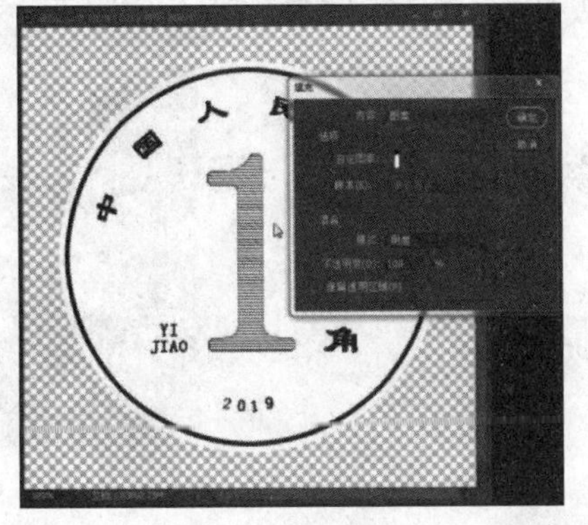

图 6.5.13 填充图案

⑯执行菜单栏“编辑”→“描边”命令，在弹出的对话框中设置“宽度”为“5 像素”，“描边”为“居中”，“颜色”为“黑色”，单击“确定”按钮，如图 6.5.14 所示。按快捷键 Ctrl + D 取消选区。

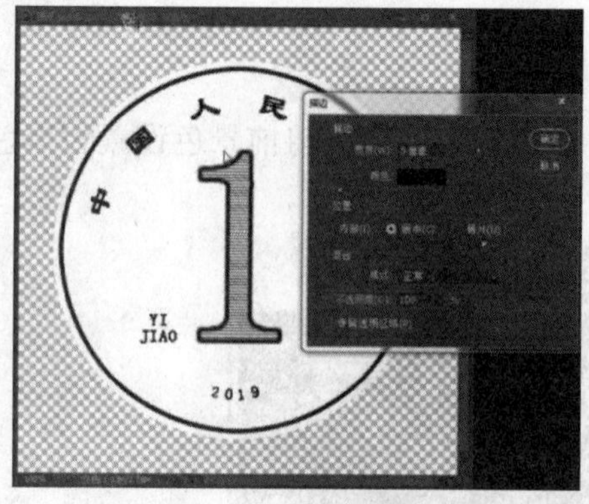

图 6.5.14　执行描边

⑰将前景色设置为灰色（RGB(100,100,100)），执行菜单栏“滤镜”→“滤镜库”，在弹出的对话框中，选择“素描”→“基底凸现”，“细节”为“15”，“平滑度”为“1”，“光照”为“左下”，效果如图 6.5.15 所示。

⑱按快捷键 Ctrl + S，保存并导出图片，效果如图 6.5.16 所示。

图 6.5.15　滤镜“基底凸现”

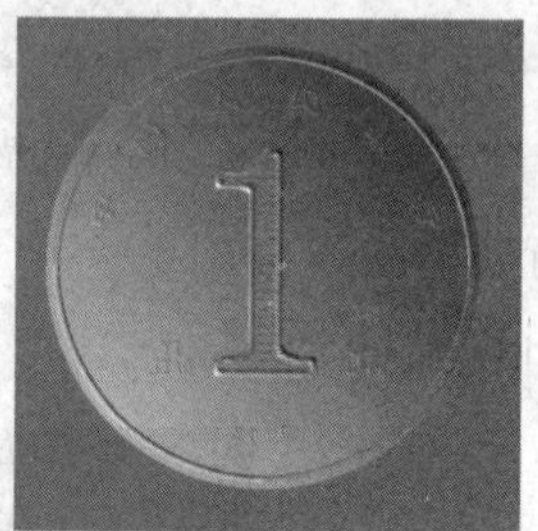

图 6.5.16　最后效果

6.5.2　场景二：调整风景照片色彩

要求：应用图层模式、图层蒙版、色相/饱和度调整照片，让照片色调清晰，叶更绿，花更红。

①在 Photoshop 中打开素材，如图 6.5.17 所示，照片中色调不清晰，叶不够绿，花不够红。

图 6.5.17　素材

扫码查看
彩图效果

②按快捷键 Ctrl + J 复制“背景”图层，得到“图层 1”，将图层 1 的混合模式改为“线性减淡（添加）”，将画面的色调提亮，如图 6. 5. 18 所示。

图 6. 5. 18　中间效果

扫码查看
彩图效果

③照片中的花和叶子变得清晰了，但太过明亮，丢失了细节，下面恢复花和叶子细节。单击“图层面板”下部的“添加图层蒙版”按钮，为“图层 1”添加蒙版，在工具箱中选择“画笔”工具，在工具选项栏将画笔工具“不透明度”设置为 30%，在花朵和叶子上涂抹黑色，用蒙版遮盖当前图层，显示“背景”图层中的花和叶子，如图 6. 5. 19 所示。

图 6. 5. 19　添加图层蒙版

扫码查看
彩图效果

④单击“调整面板”中的“曲线”按钮，创建“曲线”调整图层，在曲线中单击，以添加控制点，并将该点向下拖动，将阴影的色调调暗，从而增加对比度，使整个图像的色调变得清晰；接下来在曲线右上角添加一个控制点，通过该点将上半部曲线尽量恢复为原状，这样，调整只增加中间调和阴影的对比度，不会影响高光区域，如图 6. 5. 20 所示。

图 6. 5. 20　添加曲线

扫码查看
彩图效果

⑤单击“调整面板”中的“色相/饱和度”按钮，创建“色相/饱和度”调整图层，拖动“饱和度”滑块，增加全图色彩的饱和度，如图 6. 5. 21 所示。

扫码查看
彩图效果

图 6. 5. 21　添加“色相/饱和度”

⑥选择“红色”，增加红色的饱和度，如图 6. 5. 22 所示；选择“绿色”，增加绿色的饱和度，如图 6. 5. 23 所示。

扫码查看
彩图效果

图 6. 5. 22　增加红色的饱和度

扫码查看
彩图效果

图 6. 5. 23　增加绿色的饱和度

⑦调整风景照片色彩，让照片中的花更红、叶子更绿，最终效果如图 6. 5. 24 所示。

图 6.5.24　最终效果

扫码查看
彩图效果

6.5.3　场景三：3D 效果图制作

要求：利用素材图片、图层、矩形选框工具、自由变换、填充颜色等制作 3D 图片效果。

①打开素材图片，如图 6.5.25 所示。选择多边形套索工具，单击立体盒子的一个面的四个顶点，生成平行四边形选区，如图 6.5.26 所示。

图 6.5.25　素材 1

图 6.5.26　多边形套索工具生成选区

②单击图层面板上的创建新图层按钮，新建图层 1，设置前景色为淡颜色（RGB（150,240,200）），按快捷键 Alt + Delete 填充选区，按快捷键 Ctrl + D 取消选区，如图 6.5.27 所示。

③用②同样的方法，生成另外两面，填充不同的颜色，可以让立体效果更明显，如图 6.5.28 所示。

④新建图层 4，拖动到背景图层上方，按 D 默认前景/背景色为黑/白色，按快捷键 Alt + Delete 填充图层 4 为前景色，如图 6.5.29 所示。

⑤打开素材图片，用“矩形选框工具”画一个矩形选区，按快捷键 Ctrl + C 拷贝图片，如图 6.5.30 所示。

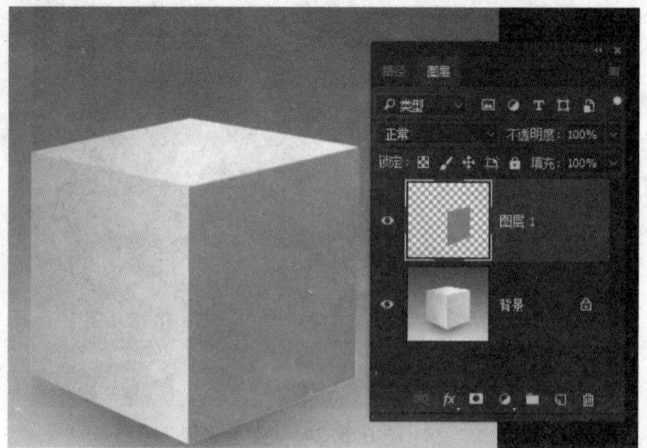

图 6.5.27　填充颜色

图 6.5.28　填充后效果

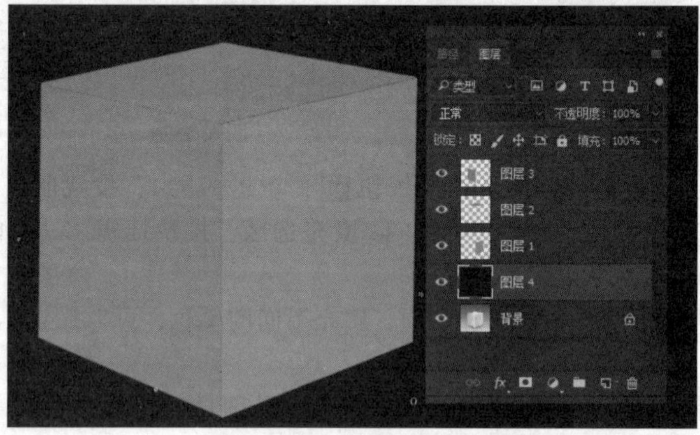

图 6.5.29　生成黑色背景

图 6. 5. 30　素材 2

⑥关闭素材图片，转到立体化图形文件界面，按快捷键 Ctrl + V 粘贴图片。拖动至最顶层，按快捷键 Ctrl + T 自由变换，缩小图片，使其和盒子其中一面差不多大，鼠标右击，选择“扭曲”，拖动角点到盒子的顶点，如图 6. 5. 31 所示。完成后双击鼠标确定，完成变换，如图 6. 5. 32 所示。

图 6. 5. 31　扭曲素材

图 6. 5. 32　完成变换后效果 1

⑦打开另外一幅素材图片，按快捷键 Ctrl + C 拷贝图片，转到立体化图形文件界面，按快捷键 Ctrl + V 粘贴图片，按快捷键 Ctrl + T 自由变换，右击，选择“扭曲”变换图片大小，如图 6. 5. 33 所示。

⑧用同样的方法完成另一幅图片的操作，如图 6. 5. 34 所示。

图 6. 5. 33　完成变换后效果 2

图 6. 5. 34　完成变换后效果 3

扫码查看
彩图效果

⑨单击图层面板上的👁，隐藏黑色图层 4 和背景层（参考图层），按快捷键 Ctrl + Alt + Shift + E 盖印可见图层，按快捷键 Ctrl + T 自由变换，旋转 3D 图片，如图 6. 5. 35 所示。

图 6. 5. 35　旋转 3D 图片

⑩拖动图层 4 到图层 8 下方，再单击👁显示黑色图层，如图 6. 5. 36 所示。最终效果如图 6. 5. 37 所示。

图 6. 5. 36　黑色图层上移效果

图 6. 5. 37　最终效果图

扫码查看
彩图效果

6.6　工作实训营

6.6.1　训练实例

1. 训练内容

①生成3D立体字，如图6.6.1所示。

图6.6.1　3D立体字

②利用色相/饱和度、曲线等调整图层，调整图6.6.2所示的素材为图6.6.3所示的效果。

扫码查看彩图效果　扫码查看彩图效果

图6.6.2　素材　　图6.6.3　效果

2. 训练要求

注意3D图层中各属性的设置，以及色相/饱和度的合理应用。

6.6.2　工作实践常见问题解析

【常见问题1】如何快速复制为图层样式？

答：目前有图层1～图层10，需要设置同样的图层样式，可先给图层1设置图层样式，生效后右键单击该图层下方的“效果”，选择“拷贝图层样式”，然后按Shift键选中图层1～图层10，右击，选择“粘贴图层样式”即可完成图层样式的复制。

【常见问题2】智能对象不能编辑时怎么办？

答：想用Photoshop对一张图片进行编辑时，系统会提醒“无法完成请求，因为智能对象不能进行编辑”。一种解决方式是将这两个图层合并，就可进行编辑了。右击任一图层，在下拉框中选择“合并可见图层”即可。第二种方法，选择菜单栏“图层”→“栅格化”，并选择“智能对象”，智能对象变成了普通图层，就可以对图片进行编辑了，也可以通过右击需要编辑的图层，选择“栅格化图层”进行快速操作。

工作实训

1. 新建一个文件，打开本章素材（习题图 1），应用调整图层给素材的黑白照片上色（色彩自己定，注意协调）。

2. 新建一个文件，白色背景，应用图层样式制作手环，效果如习题图 2 所示。

第 6 章习题图 1　素材

第 6 章习题图 2　手环效果图

第 7 章

文字处理

本章要点

- 掌握输入普通文字和段落文字的方法。
- 学会如何编辑文字、设置字符格式、设置段落格式。
- 学会如何创建变形文字。
- 掌握栅格化文字图层的方法。
- 学会将文字转换为路径或形状。
- 灵活运用文字工具制作特效字。

技能目标

- 掌握文字的输入方法。
- 学会编辑文字、格式化文本。
- 学会如何创建变形文字、栅格化文字图层，以及将文字转换为路径或形状。
- 掌握图案字、彩边字、象形字、球形字、火焰字、霓虹灯等特效文字的制作技巧。

引导问题

- 普通文字和段落文字怎么输入?
- 如何对文字设置字符格式和段落格式?
- 如何将文字变形为自己想要的形状?
- 如何将文字转换为路径?
- 如何实现特效文字?

【工作场景一】名片设计

应用文字工具、矩形工具，以及对素材的处理、排版等知识设计名片。效果如图 7.0.1 所示。

【工作场景二】工作证设计

使用参考线划分区域，“圆角矩形工具”画背景图，使用扭曲特工具对图进行变形，使用文字工具输入文字，设计工作证。效果如图 7.0.2 所示。

【工作场景三】纸杯设计

应用圆角矩形工具、路径、选区填充、渐变工具等设计纸杯。效果如图 7.0.3 所示。

图 7.0.1 名片效果图

扫码查看
彩图效果

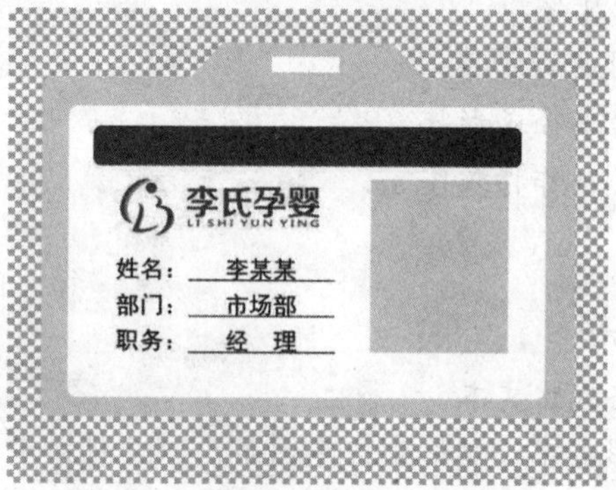

图 7.0.2 工作证效果图

扫码查看
彩图效果

图 7.0.3 纸杯效果图

扫码查看
彩图效果

7.1 文字工具

Photoshop 提供了功能强大的文字功能，可以在图像中输入文字。

7.1.1 横排文字工具

Photoshop“横排文字工具” 可以将图像窗口中输入的文本进行横向排列，如图 7.1.1 所示。

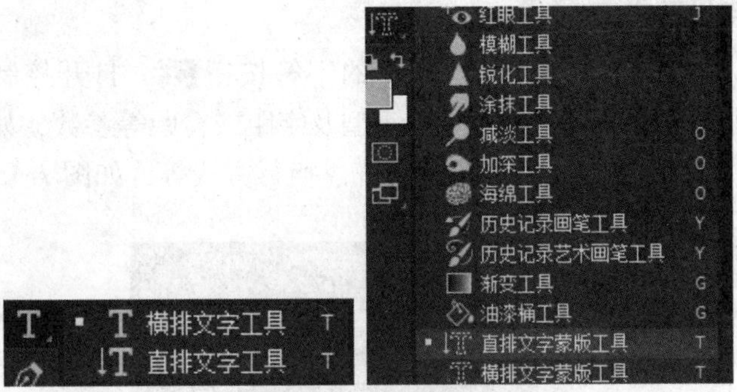

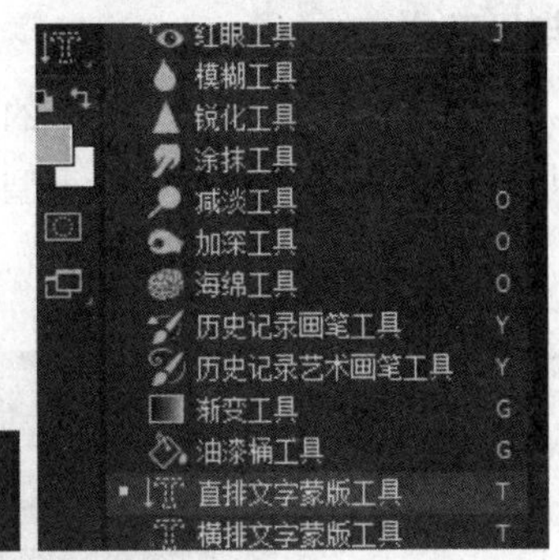

图 7.1.1 文字工具

1. 横排文字工具属性栏

“横排文字工具”属性栏如图 7.1.2 所示。

图 7.1.2 “横排文字工具”属性栏

①“更改文字方向”：单击该按钮，可将选择的水平方向的文字转换为垂直方向，或将垂直方向的文字转换为水平方向。

②“字体”：设置文字的字体。单击右侧的倒三角按钮，在弹出的下拉列表中可以选择字体。

③“字形”：可以设置字体形态。只有使用某些具有该属性的字体，该下拉列表才能被激活，包括 Regular（规则的）、Italic（斜体）、Bold（粗体）、Bold Italic（粗斜体）和 Black（加粗体）。

④“字体大小”：可以单击右侧的倒三角按钮，在弹出的下拉列表中选择需要的字号或直接在文本框中输入字体大小值。

⑤“设置消除锯齿的方法”：设置消除文字锯齿的功能。

⑥“对齐方式”：包括左对齐、居中对齐和右对齐，可以设置段落文字的排列方式。

⑦“文本颜色”：设置文字的颜色。单击可以打开“拾色器”对话框，从中选择字体颜色。

⑧“创建文字变形”：单击打开“变形文字”对话框，在对话框中可以设置文字变形。

⑨“字符和段落面板”：单击该按钮，可以显示或隐藏“字符”和“段落”面板，用来调整文字格式和段落格式。

⑩：“取消”文字编辑按钮。

⑪：“提交”文字按钮。要确定输入的文字，则单击“提交”按钮即可；也可以选择“移动工具”确定。

⑫“更新此文本联的 3D”：单击此按钮，将切换到文字为 3D 立体模式，可制作 3D 立体文字。

2. 设置字符与段落文字

单击 Photoshop 横排文字工具属性栏上的字符按钮，打开控制面板，单击“字符”选项卡，其主要功能是设置文字、字号、字型及字距或行距等参数，如图 7. 1. 3 所示。单击“段落”选项卡，其主要功能是设置段落对齐、换行方式等，如图 7. 1. 4 所示。

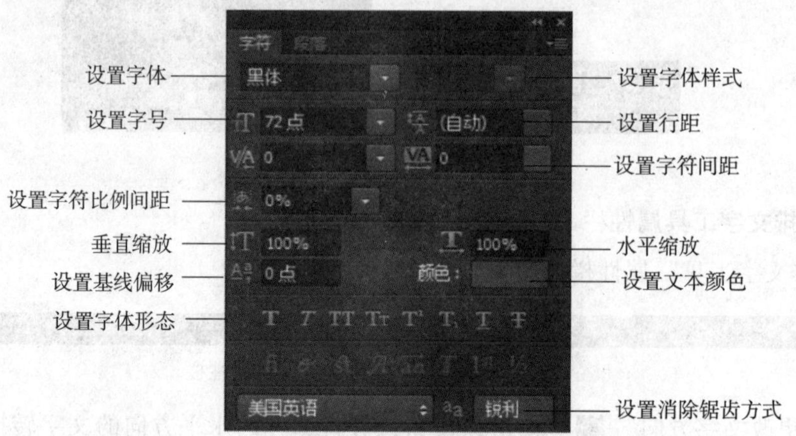

图 7. 1. 3　字符面板

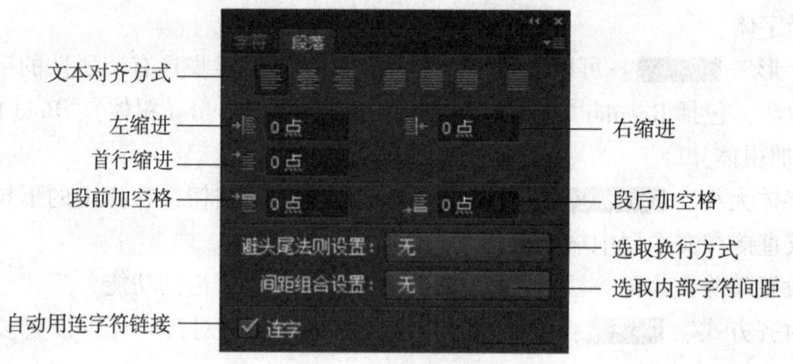

图 7. 1. 4　段落面板

3. 打造变形文字

变形文字的作用是使文字产生变形。

①选择创建好的文字，单击文字属性栏上的变形文字按钮，打开“变形文字”对话框，单击“样式”下拉列表框，出现变形选项，如图 7. 1. 5 所示。

②在“样式”下拉列表框中选择“旗帜”样式，打开“变形文字”对话框，设置参数，如图 7. 1. 6 所示。

③单击“确定”按钮，效果如图 7. 1. 7 所示。

【案例】杯贴文字

1）打开 Photoshop 软件，单击“文件”→“打开”命令，打开本书素材图片“3D 文字素材 . JPEG”，如图 7. 1. 8 所示。

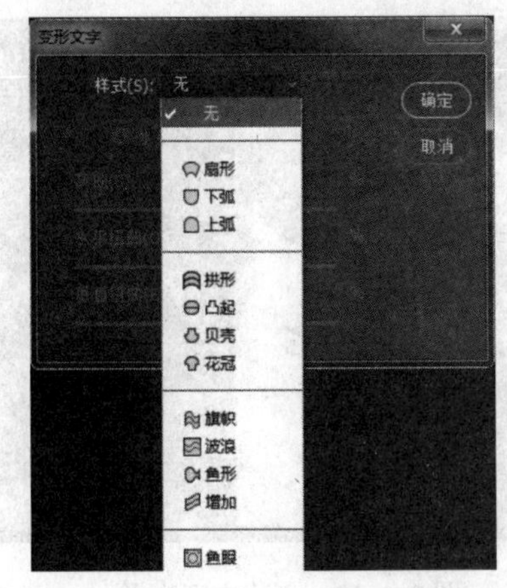

图 7.1.5 “变形文字”对话框

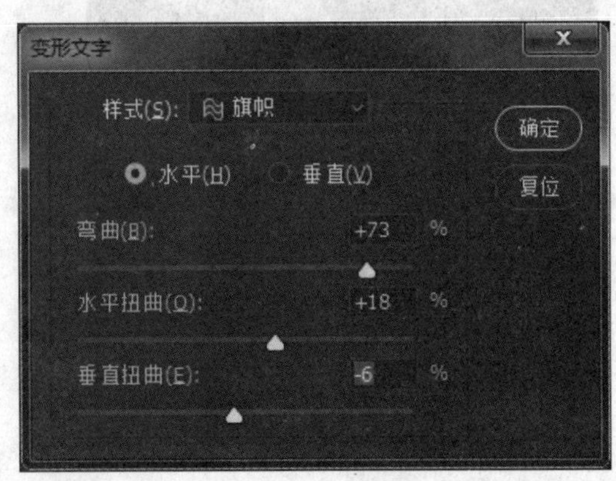

图 7.1.6 变形样式

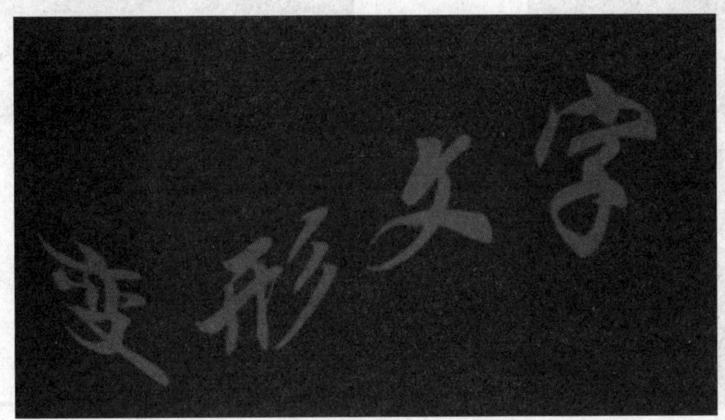

图 7.1.7 变形文字效果

图 7.1.8 素材

2）单击工具箱中的“横排文字工具” T，输入文字“COFFEE”，调整文字位置，效果如图 7.1.9 所示。

3）执行属性栏“创建文字变形”命令，更改文字形状，在弹出的对话框中，设置“样式”为拱形，“弯曲”为 –29，“水平扭曲”为 0，“垂直扭曲”为 –2，如图 7.1.10 所示。

4）设置“图层”面板中的“图层混合模式”为“叠加”，如图 7.1.11 所示。

5）最终效果如图 7.1.12 所示，按快捷键 Ctrl + S，保存并导出图片。

图 7.1.9　输入文字

图 7.1.10　创建文字变形

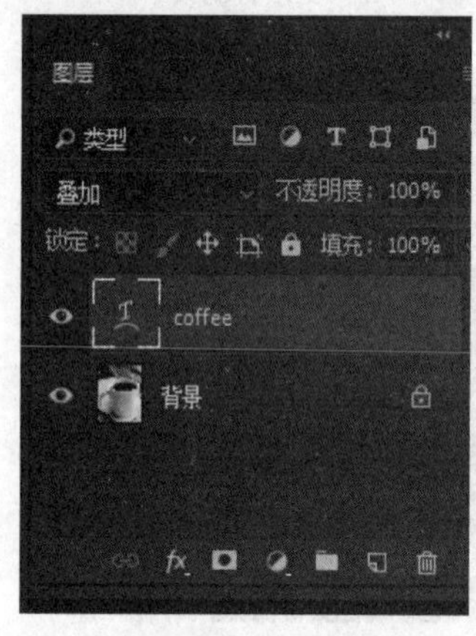

图 7.1.11　设置图层混合模式

图 7.1.12　最终效果

扫码查看
彩图效果

【案例】输入横排文字

a. 新建一个空白文档，在 Photoshop 工具箱中选择“横排文字工具”，在图像窗口中单击鼠标左键，这时图像窗口中出现一个闪烁的光标，这时便可直接输入文字了。

b. 当文字工具处于编辑模式时，便可以输入并编辑文字了，此时 Photoshop“图层”面板将会自动生成文字层，如图 7.1.13 所示。

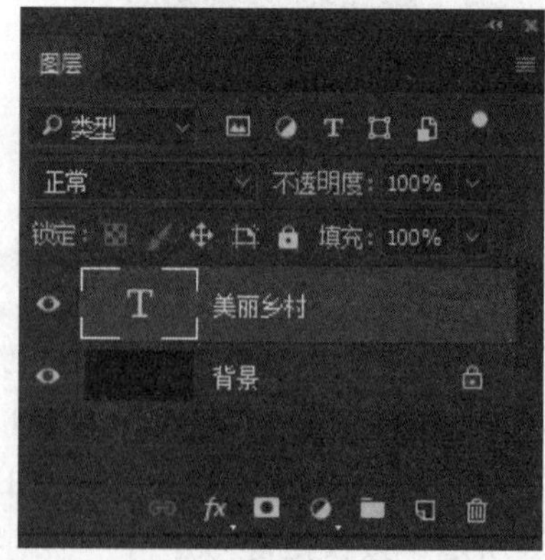

图 7.1.13　图层面板

c. Photoshop 文字的属性设置主要是指文字的字号大小、字体、颜色及字体样式等参数设置。

在文字上按住鼠标左键，拖动鼠标选择输入的文字，在文字属性栏上设置字体为“华文行楷”，字体大小为100，设置消除锯齿方法为“平滑”。设置字体颜色，单击文字的属性栏上的颜色按钮，弹出“拾色器”对话框，设置字体颜色为红色（RGB(255,0,0)），单击文字属性栏后方的，确认文字的输入和设置，效果如图 7. 1. 14 所示。

图 7. 1. 14　文字效果

7. 1. 2　直排文字工具

“直排文字工具” 可以将图像窗口中输入的文本以竖向排列，如图 7. 1. 15 所示。

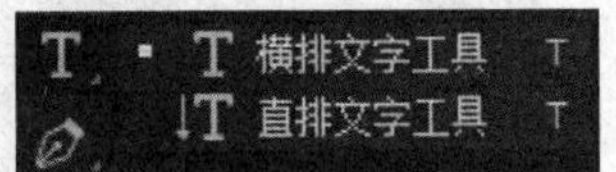

图 7. 1. 15　文字工具

①按快捷键 Ctrl + O 打开一幅素材图像，如图 7. 1. 16 所示。

图 7. 1. 16　素材

②选择 Photoshop 工具箱中的“直排文字工具”，在文字属性栏选择文本字体（毛泽东字体可从网上下载），设置字体大小为 150，文本颜色为黑色，如图 7. 1. 17 所示。

草檀斋毛泽东字体　150 点　平滑

图 7. 1. 17　“直排文字工具”属性栏

③在图像合适位置单击鼠标，输入文字“李白诗意图”；输入完文字后，如果感觉位置不合适，可以选择“移动工具”，在其属性栏勾选“自动选择”，单击选择需要移动的文字，按住图标左键拖动即可；也可调整文字大小，如图 7. 1. 18 所示。

图 7.1.18　直排文字效果

7.1.3　横排文字蒙版工具

Photoshop“横排文字蒙版工具” 可以直接创建横排文字选区，如图 7.1.19 所示。

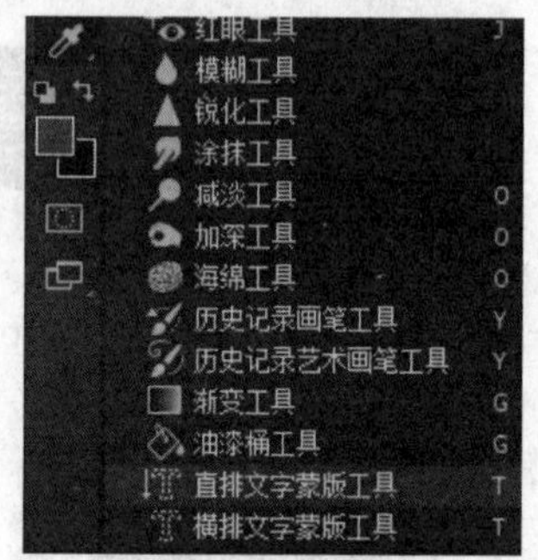

图 7.1.19　横排文字蒙版工具

①按快捷键 Ctrl + O 打开一幅素材图像，如图 7.1.20 所示。

图 7.1.20　素材图像

②选择工具箱“横排文字蒙版工具”，在其属性栏设置字体、字号，如图 7.1.21 所示。

图 7.1.21　“横排文字蒙版工具”属性栏

单击按钮，在弹出的字符选项栏中设置字符的间距为 20，如图 7.1.22 所示。

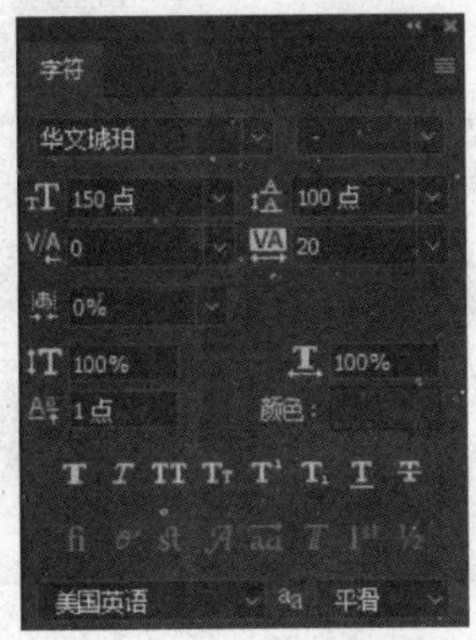

图 7.1.22　字符面板

③在图像窗口中适当位置单击并输入“深秋校园”，如图 7.1.23 所示。

图 7.1.23　输入文字

④输入完文字后，单击其属性栏上的“提交”按钮，确定文字的输入（或选择工具箱中的“移动工具”确定文字输入），即可得到如图 7.1.24 所示的文字选区。

图 7.1.24　文字选区

⑤选择工具箱中“选框工具”（随便选择任意一种选框工具都可以，如椭圆或矩形选框工具，工具属性栏上的选区运算方式一定要选择“新选区”），在图像窗口中文字选区上按住鼠标左键拖动，把文字移动到合适的位置松开鼠标，如图 7.1.25 所示。

图 7.1.25　移动文字选区

⑥按快捷键 Ctrl + C 进行复制，再按快捷键 Ctrl + V 进行粘贴，即可得到“图层 1”。在 Photoshop “图层面板”中单击“添加图层样式”按钮 fx，从弹出的菜单中选择“斜面和浮雕”，即可弹出“图层样式”对话框，如图 7.1.26 所示。

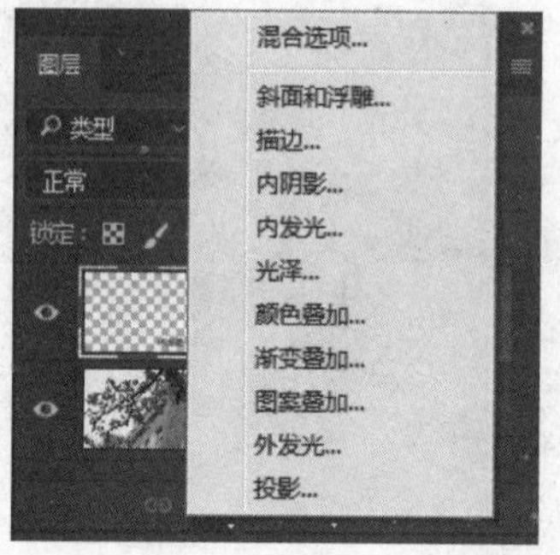

图 7.1.26　添加图层样式按钮

⑦在 Photoshop “图层样式”对话框中设置图层样式，设置好后单击“确定”按钮，为文字选区添加图层样式，如图 7.1.27 所示。

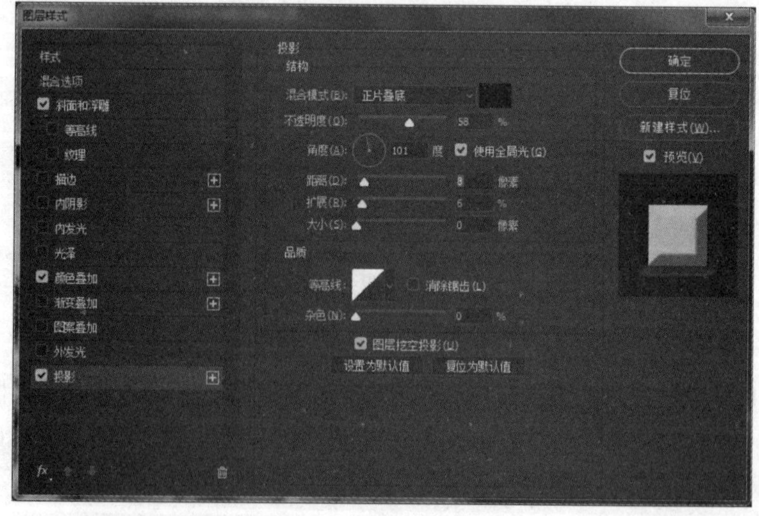

图 7.1.27　图层样式面板

⑧按快捷键 Ctrl + J 复制当前图层，再按快捷键 Ctrl + T 打开自由变换，在文字上单击鼠标右键，选择“垂直翻转”后，按住鼠标左键拖动文字到合适位置后松开鼠标左键，调整自由变换框，按 Enter 键确认变换，如图 7. 1. 28 所示。

图 7. 1. 28　垂直翻转文字效果

⑨在“图层面板”中设置“不透明度为 40%”，完成最终效果，如图 7. 1. 29 所示。

图 7. 1. 29　最终效果图

扫码查看
彩图效果

7. 1. 4　直排文字蒙版工具

“直排文字蒙版工具”可以直接创建直排文字选区，如图 7. 1. 30 所示。

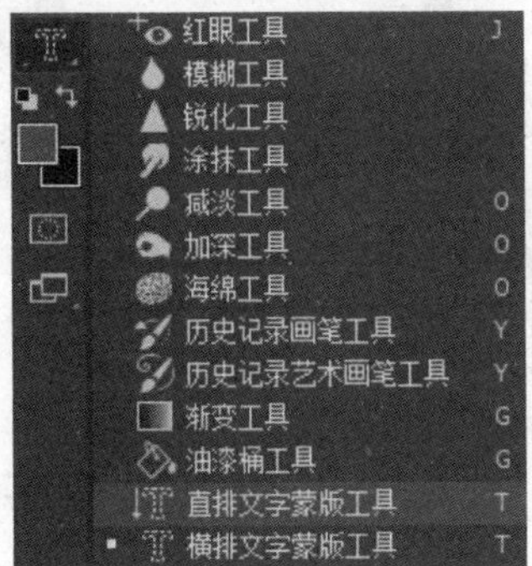

图 7. 1. 30　文字工具

①按快捷键 Ctrl + O 打开一幅素材图像，如图 7. 1. 31 所示。

②新建图层，选择工具箱中的“自由钢笔工具”，在图像中绘制一条路径，如图7.1.32所示。

图7.1.31　素材图像

图7.1.32　绘制路径

③选择工具箱中的“直排文字蒙版工具”，在其属性栏设置字体黑体、文字大小为100；在图像窗口中适当位置，单击并输入“冬雪．校园”，如图7.1.33所示。

④输入完文字后，单击其属性栏上的“提交”按钮，确定文字输入（或选择工具箱中的“移动工具”确定文字输入），即可得到如图7.1.34所示文字选区。

图7.1.33　输入路径文字

图7.1.34　确定文字输入

⑤选择Photoshop工具箱中的“渐变工具”，打开“渐变编辑器”，选择“预设”中的“色谱”，单击“确定”按钮。

⑥在图像窗口中按住鼠标左键拖动，应用渐变，按快捷键Ctrl＋D取消选区，如图7.1.35所示。

⑦选择工具箱中的“移动工具”，单击绘制的路径，按Delete键删除路径，得到最终效果，如图7.1.36所示。

图7.1.35　文字渐变效果

图7.1.36　最终效果

7.2　编辑文字

使用“移动工具”对文字进行移动，选择菜单“编辑”→“变换”命令，可以改变文字的角度和大小。

7.2.1 栅格化文字图层及创建工作路径

使用文字工具输入文字时，在“图层”面板上自动生成一个文字图层。要对文字图层使用滤镜效果或进行其他操作，如文字形状改变后重新填充颜色等，必须对文字进行栅格化操作。

例如，使用“横排文字工具” 在新建文件上输入“一带一路”，设置字体为华文行楷、72 磅，红色，字符间距为 100，选中“一路”，把字符间距改为 -100，如图 7.2.1 所示。

图 7.2.1 文字效果（1）

选择“图层”面板上的文字所在图层，鼠标指向文字图层名称处，右击，在快捷菜单中选择“创建工作路径”命令，则在文字周围自动产生路径。选择“直接选择工具” ，单击“带”和“路”上的拐点拉动变形，但变形的部分没有填充颜色，如图 7.2.2 所示。

图 7.2.2 文字效果（2）

打开“路径”面板，单击“把路径作为选区载入”按钮 ，把路径变为选区，如图 7.2.3 所示。选择“矩形选框工具” ，选择“从选区减去” ，框选“一带一路”选区的下半部分，得到上半部分选区，如图 7.2.4 所示。

图 7.2.3 选区效果（1）

单击图层面板回到图层状态，把前景色设置为黄色，这时会发现按快捷键 Alt + Delete 无法实现填充前景色，需要选择“图层”→“栅格化”→“文字”命令，或在选中的文字图层右击，从弹出的快捷菜单上选择“栅格化文字”命令，把文字栅格化，按快捷键 Alt + Delete 填充，得到文字上半部分是黄色、下半部分是红色的两色文字，如图 7.2.5 所示。

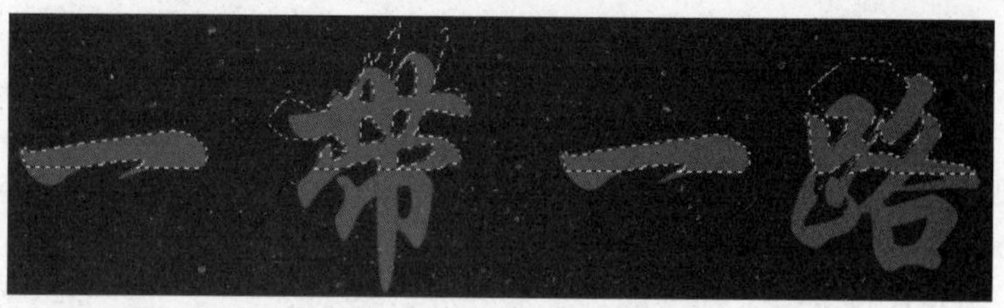

图 7.2.4　选区效果（2）

图 7.2.5　文字效果

7.2.2　转换文字属性

1. 将文字转换为路径

①打开 Photoshop 软件，按下快捷键 Ctrl + N，新建 15 cm × 10 cm，300 dpi，黑色背景的文件。

②选择工具箱“横排文字工具” T，输入“文字变形”，设置字体为华文行楷，字号为 72 磅，红色。

③在图层面板上选择文字图层，选择“文字”→“创建工作路径”，将文字转换为路径，如图 7.2.6 所示。

④在路径面板中可以看到刚刚创建的文字路径，如图 7.2.7 所示。

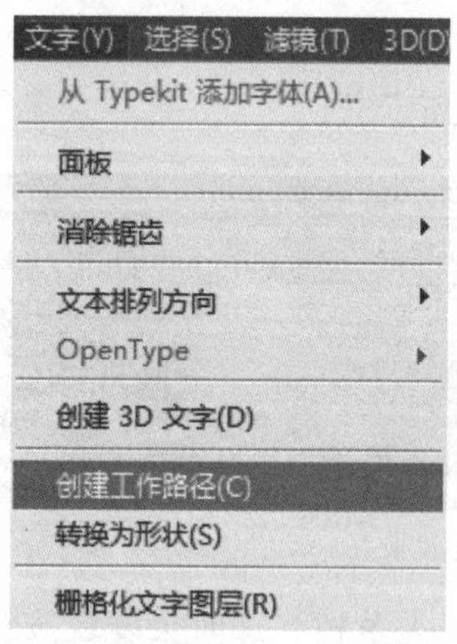

图 7.2.6　“创建工作路径”菜单

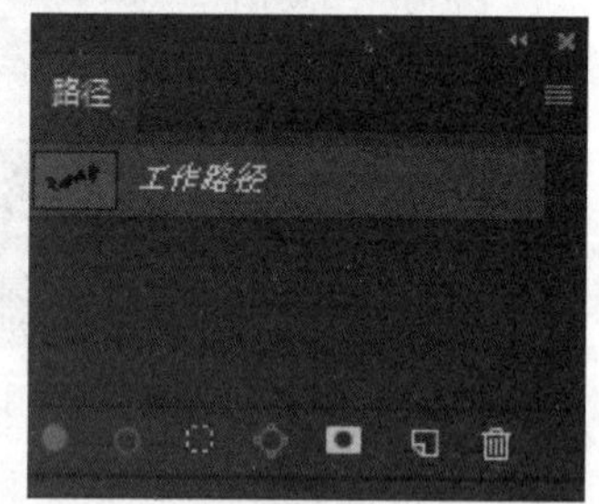

图 7.2.7　路径面板

2. 将文字转换为形状

选择菜单“图层”→“文字”→“转换为形状”命令，可以改变文字的形状，制作特效文字。

例如，使用“横排文字工具” T 在新建文件上输入“一带一路”，设置字体为华文行楷、红色，文字大小为150点，字符间距为100，文字图层及文字如图7.2.8所示。鼠标指向文字图层名称处，右击，在快捷菜单中选择“转换为形状”命令，把文字转换为形状，如图7.2.9所示。用“转换点工具” 改变文字的形状，如图7.2.10所示。最终得到奇形怪状的文字效果，如图7.2.11所示。

图7.2.8　文字图层及文字

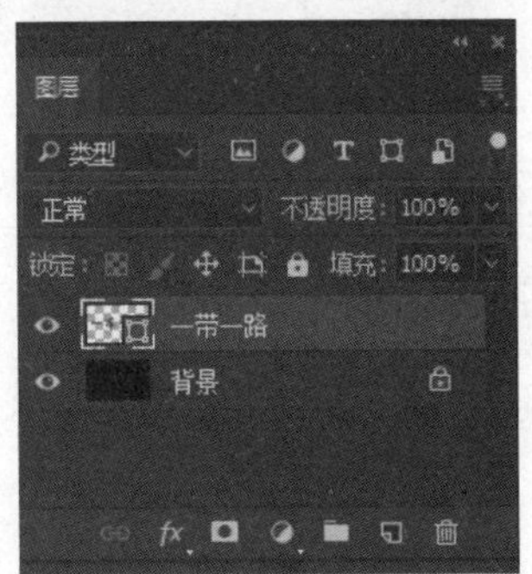

图7.2.9　形状图层

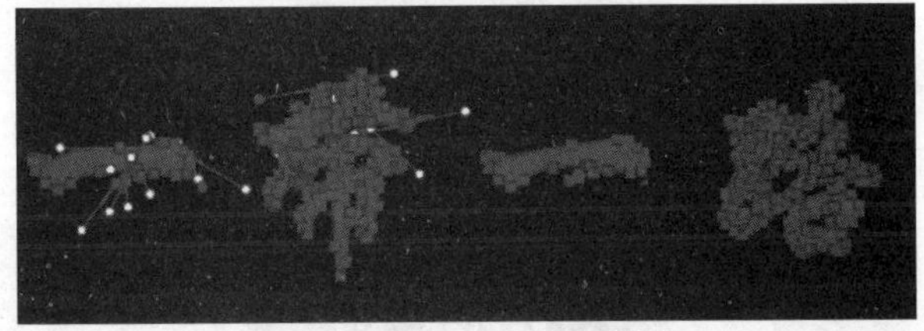

图7.2.10　改变文字形状

图7.2.11　文字效果

3. 将文字转换为图像

输入文字后，便可对文字选择一些编辑操作了，但并不是所有的编辑命令都适用于刚输入的文字，这时必须先将文字图层转换成普通图层，也就是说，将文字转换为图像。

①在文字图层面板的名称上（不是缩览图）单击鼠标右键，如图 7. 2. 12 所示。

②在弹出的快捷菜单中选择“栅格化文字”命令，这样将文字图层转换成普通图层，文字已经变成了图像，如图 7. 2. 13 所示。

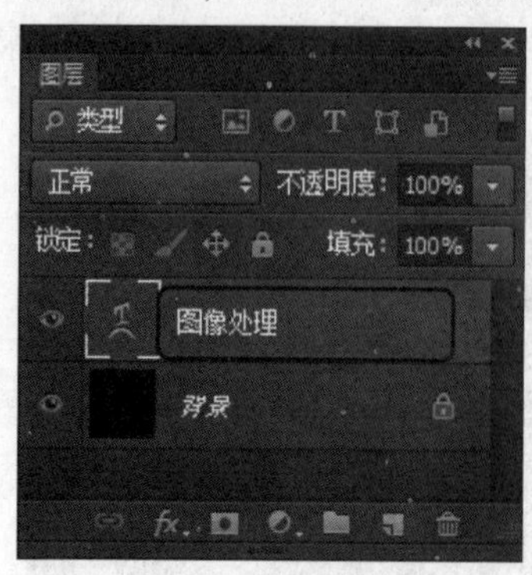

图 7. 2. 12　文字图层

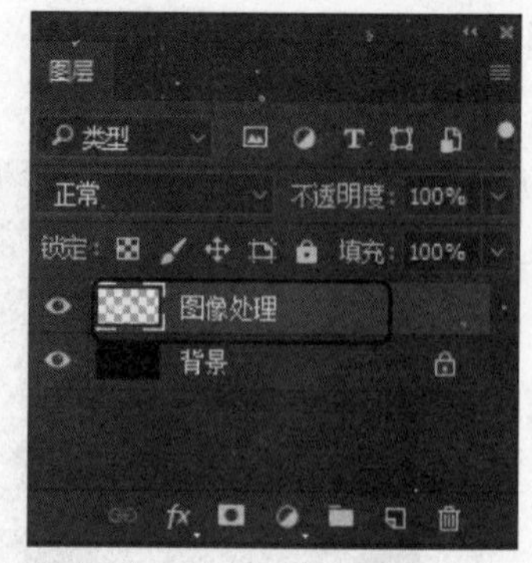

图 7. 2. 13　图像图层

7. 2. 3　制作异型文字

1. 路径文字

新建一个文件，选择“自由钢笔工具” ，绘制一条路径。使用文字工具，将光标放在路径上，当光标变成路径文字光标 时，单击输入文字，如图 7. 2. 14 所示。

图 7. 2. 14　在路径上创建文本（1）

选择“自由钢笔工具” ，在按住 Ctrl 键的同时拖动鼠标，调节锚点的手柄，使路径形状发生改变，文字的排列也随之调整，如图 7. 2. 15 所示。

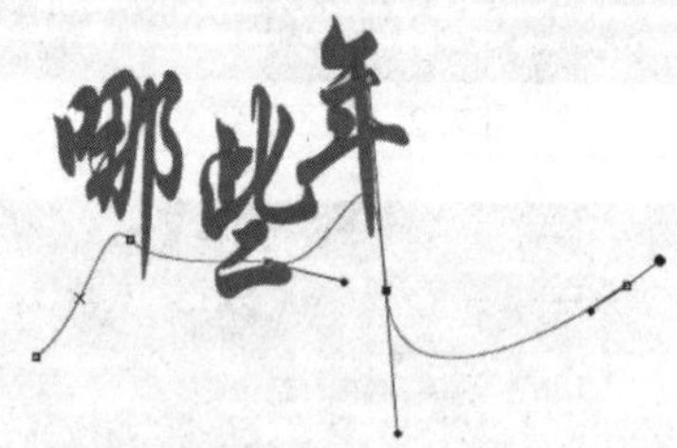

图 7. 2. 15　在路径上创建文本（2）

使用工具箱中的“直接选择工具” ，或者“路径选择工具” ，或者“钢笔工具” ，在按住 Ctrl 键的同时，把光标移动到文字路径的起点，当光标变成 形状时，拖动文字的起点，可以调整文字的开始位置。把光标移动到文字路径的终点，当光标变成 形状时，拖动文字的终点，可以调整文字的终止位置。

2. 区域文字

用文本工具在图像中拖拉出一个输入框，然后输入文字。这样文字在输入框的边缘将自动换行，这样排版的文字也称为文字块。对输入框周围的几个控制点进行拖拉（将鼠标置于控制点上变为双向箭头），可以改变输入框的大小，如图 7. 2. 16 所示。

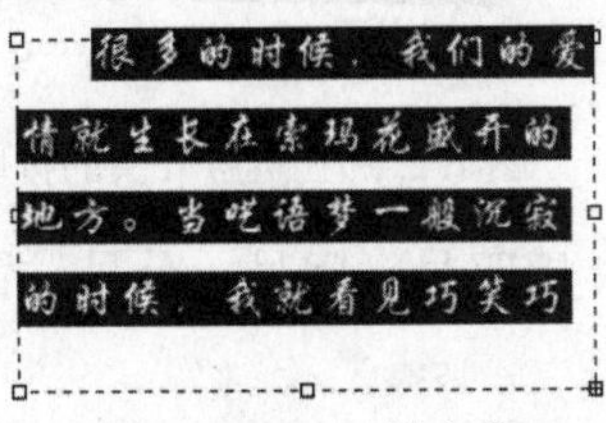

图 7. 2. 16　区域文字

输入框在完成文字输入后是不可见的，只有在编辑文字时才会再次出现，对如图 7. 2. 16 所示的输入框进行调整，只会更改文字显示区域而不会影响文字的大小。如果在调整的时候按住 Ctrl 键，就可类似自由变换快捷键 Ctrl + T 那样对文字的大小和形态加以修改。按住 Ctrl 键后，拖拉下方的控制点可产生拉长、压扁效果。对其他控制点如此操作可以产生倾斜的效果。如图 7. 2. 17 ~ 图 7. 2. 19 所示。

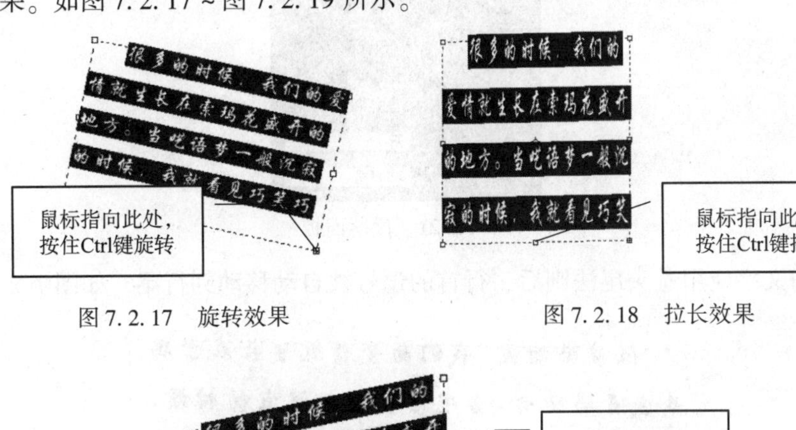

图 7. 2. 17　旋转效果　　　　图 7. 2. 18　拉长效果

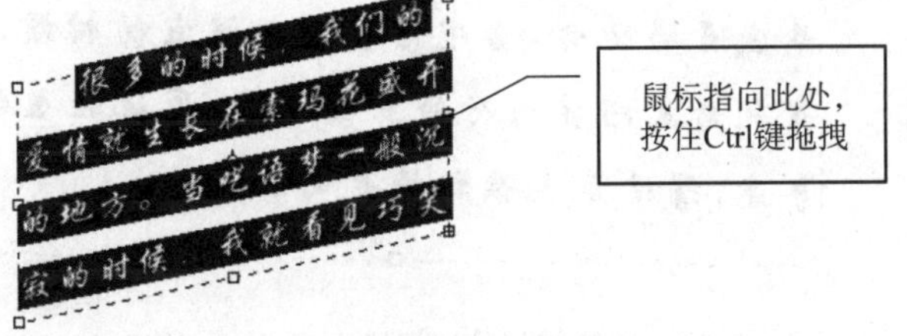

图 7. 2. 19　倾斜效果

自由变换命令也可以令文字块产生相同的效果，但不能使用透视和扭曲选项。制作透视和扭曲效果，需要转换文字为路径。

注意，如图 7. 2. 20 所示的文字，在第三行的开头是一个逗号，这在中文习惯的排版中是不允许出现的。中文对于行首和行尾可以使用的标点是有限制的，称作避头尾。以下就常用标点的限制做一个说明：

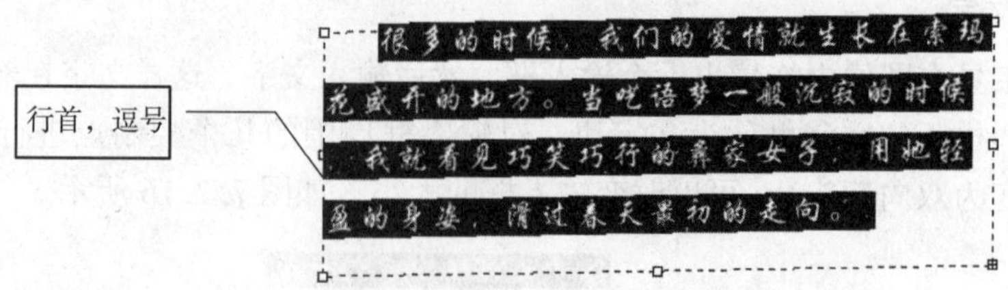

图 7.2.20　逗号开头的排版

行首不允许：逗号、句号、感叹号、问号、分号、冒号、省略号、后引号、后书名号、后括号。

行尾不允许：前引号、前书名号、前括号。

在输入过程中，刻意去遵照这些规定是很难的。可以通过段落调板中的“窗口”→“段落”对已输入的文字设置避头尾法则，如图 7.2.21 所示。

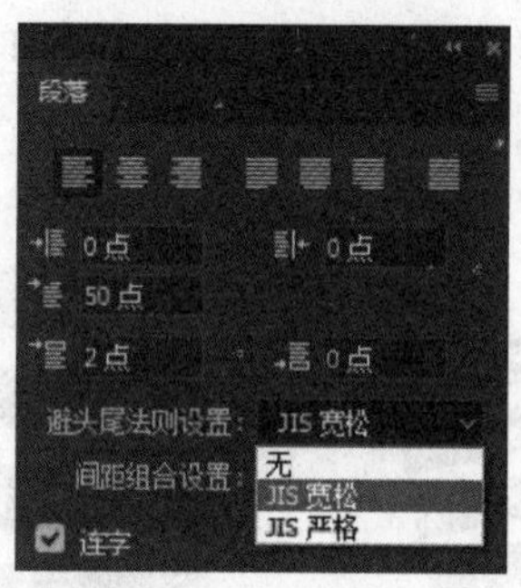

图 7.2.21　段落面板

区域内的文字应用避头尾法则后，行首的逗号被自动移动到行尾，如图 7.2.22 所示。

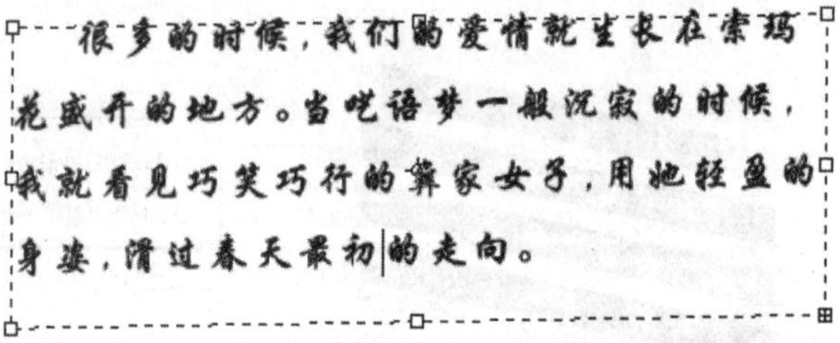

很多的时候，我们的爱情就生长在素玛
花盛开的地方。当呓语梦一般沉寂的时候，
我就看见巧笑巧行的彝家女子，用她轻盈的
身姿，滑过春天最初的走向。

图 7.2.22　原第三行的逗号被自动移动到第二行的行尾

在段落调板中，还可以对文字段落做更多、更细致的调整。在其中可以看到原先在公共栏见过的 3 种对齐方式（居左对齐▤、居中对齐▤、居右对齐▤），还有 4 种新的对齐方式（末行居左▤、末行居中▤、末行居右▤、全部对齐▤），注意，这 4 种对齐方式只对由框式文本输入的段落文字才有效。

在使用过程中，大家可能会觉得“居左对齐”和“末行居左”两种居左的效果差不多。其实不然，虽然都是居左，但它们有不同的参照物。“居左对齐”▤以文字宽度为参照物。而“末行居左”▤以文本输入框的宽度作为参照物，这样就保证了文字充满整个输入框。其余两种居中和两种居右的区别也在于此。最后一个比较独特的是全部对齐▤，它令文字

中每一行都充满输入框。这样可以令字数不同的多行文字左右边界相齐（无论字号大小）。

7.3　工作场景实施

7.3.1　场景一：名片设计

要求：应用文字工具、矩形工具，以及对素材的处理、排版等知识设计名片。

①新建 9 cm×4.8 cm，分辨率 300 ppi，背景色为白色（RGB(255,255,255)）的文件，并命名为“名片”。

②按快捷键 Ctrl + -，使图像窗口适中。

③打开本书“素材”文件夹“李氏孕婴标准 logo”文件，拖拽至本图像窗口中，按快捷键 Ctrl + T，调整大小和位置，如图 7.3.1 所示。

图 7.3.1　导入 logo

④新建图层 2，单击“矩形工具”，样式设置为“像素”，将前景色设置为黑色（RGB(0,0,0)），沿画面下方绘制一个矩形，效果如图 7.3.2 所示。

图 7.3.2　绘制黑色矩形

⑤新建图层 3，用同样方法，单击“矩形工具”，样式设置为“像素”，将前景色设置为粉红色（RGB(216,33,123)），沿画面下方再绘制一个矩形，效果如图 7.3.3 所示。

⑥单击“横排文字工具” T，输入文字“代用名”，调整文字位置，效果与参数如图 7.3.4 所示。

图 7.3.3　绘制粉红色矩形

图 7.3.4　输入文字

⑦方法同⑥，输入文字“总经理”，具体参数与效果如图 7.3.5 所示。

图 7.3.5　文字效果

⑧方法同⑥，输入文字“M：18956827896”，具体参数与效果如图 7.3.6 所示。

图 7.3.6　文字效果

⑨方法同⑥，输入文字“LISHI YUNYING LIANSUO JIGOU CO. LTD”，具体参数与效果如图 7.3.7 所示。

图 7.3.7　文字效果

⑩方法同⑥，输入文字“T:(0539)26051805 81784185　F:(0539)26408191　E:janpoeme @163. com　H:www. janpeeom. com”，具体参数与效果如图 7.3.8 所示。

图 7.3.8　文字效果

⑪调整得到最终效果，如图 7.3.9 所示。

图 7.3.9 最终效果

7.3.2 场景二：工作证设计

要求：使用参考线划分区域，“圆角矩形工具”画背景图，使用扭曲特工具对图进行变形，使用文字工具输入文字，设计工作证。

①新建尺寸为 9 cm × 7 cm，名称为“工作证”，分辨率为 200 像素/英寸，背景为透明的新文档，如图 7.3.10 所示。

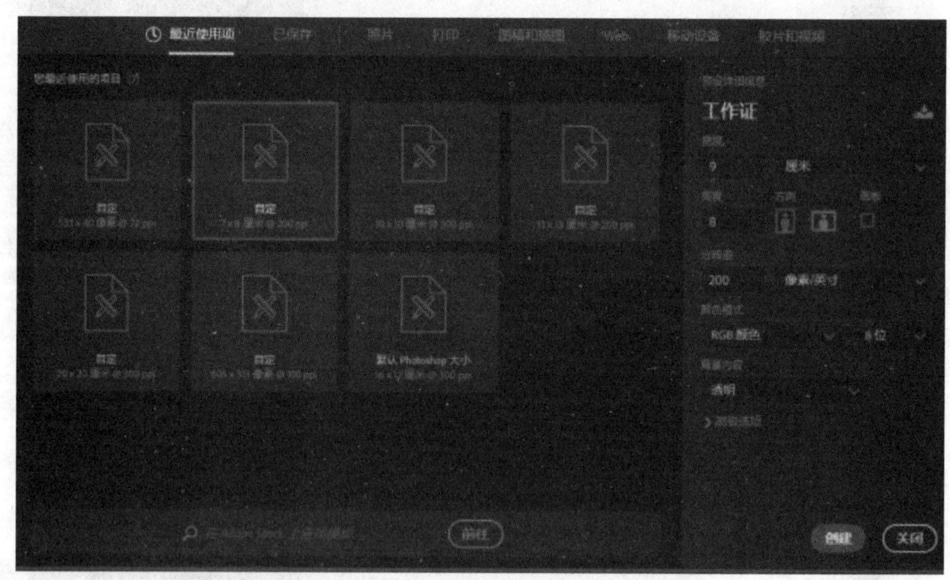

图 7.3.10 新建文档

②按快捷键 Ctrl + R 显示标尺，横向和纵向各新建 3 条参考线，效果如图 7.3.11 所示。

③新建“图层 1”，单击“圆角矩形工具”，样式设置为“像素”，将前景色设置为灰色(RGB(230,230,230))，沿参考线绘制一个圆角矩形，效果如图 7.3.12 所示。

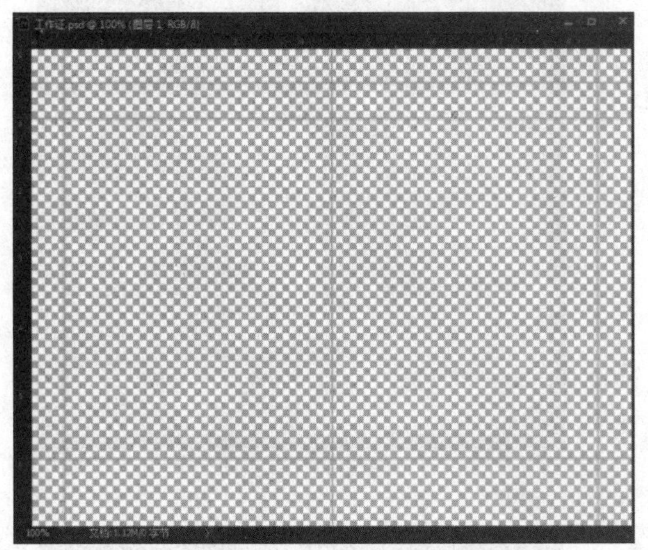

图 7.3.11 新建参考线

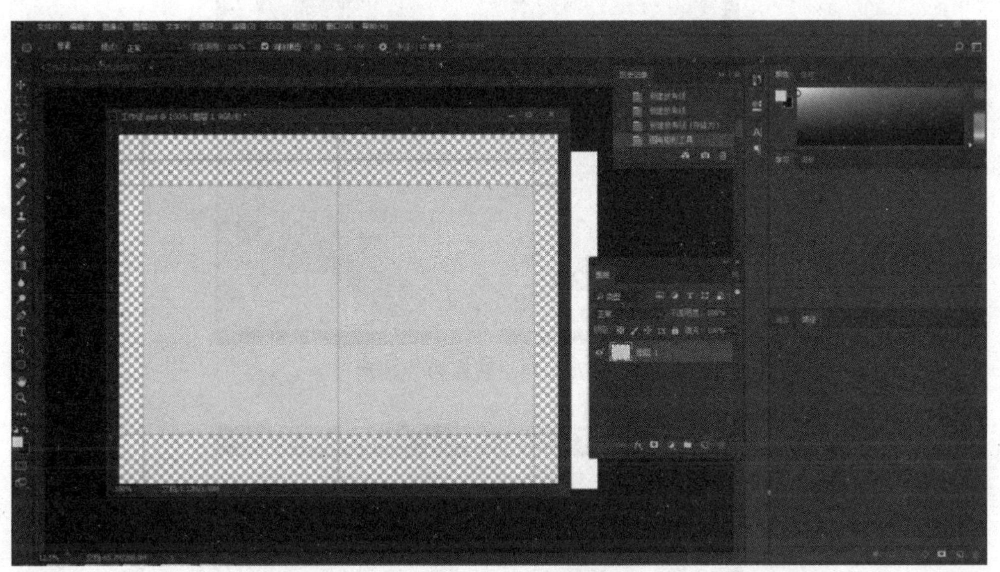

图 7.3.12 绘制圆角矩形

④新建“图层2”，单击“矩形工具”，用同样方法，沿上方参考线绘制一个矩形，效果如图 7.3.13 所示。

⑤选择“编辑”→“变换”→“扭曲”命令，转换为“梯形”，效果如图 7.3.14 所示。

⑥新建“图层3”，前景色设置为白色（RGB(255,255,255)），单击“矩形工具”，在梯形中间位置绘制一个矩形，效果如图 7.3.15 所示。

⑦新建“图层4”，将前景色同样设置为白色（RGB(255,255,255)），单击“圆角矩形工具”，在矩形中间位置绘制一个圆角矩形，效果如图 7.3.16 所示。

图 7. 3. 13　绘制矩形

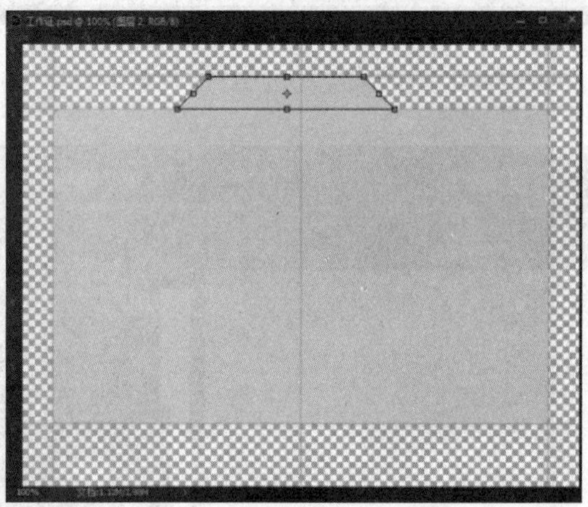

图 7. 3. 14　转换为“梯形”

图 7. 3. 15　绘制一个矩形

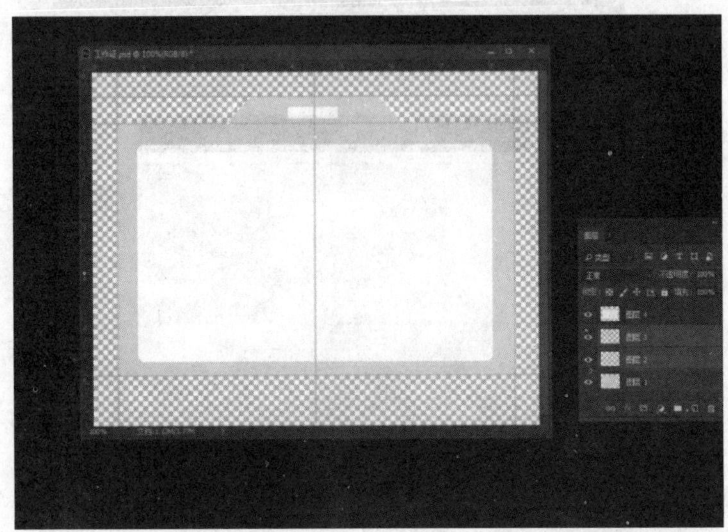

图 7. 3. 16 绘制圆角矩形

⑧方法同⑦，新建“图层 5”，将前景色同样设置为粉红色（RGB(216,33,123)），绘制一个圆角矩形，效果如图 7. 3. 17 所示。

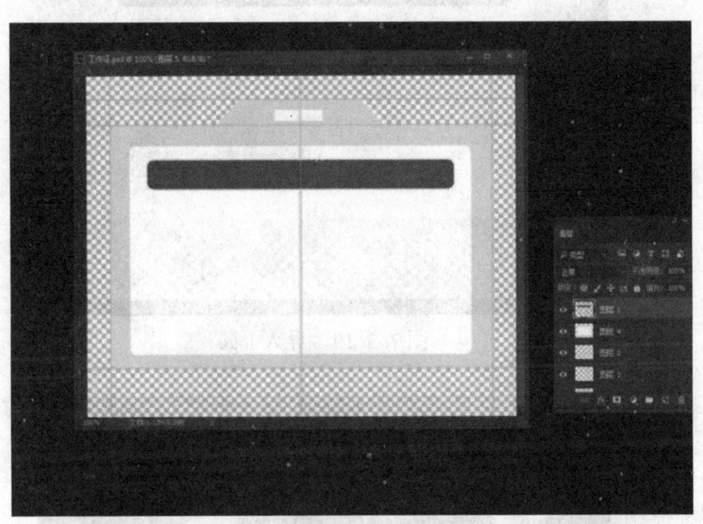

图 7. 3. 17 绘制粉红色圆角矩形

⑨方法同⑦，新建“图层 6”，将前景色设置为灰色（RGB(230,230,230)），在右侧绘制一个矩形，效果如图 7. 3. 18 所示。

⑩打开本书“素材”文件中的“李氏孕婴标准 logo”，并按快捷键 Ctrl + T，将其缩放并移动至如图 7. 3. 19 所示的位置。

⑪单击“横排文字工具” T，输入文字“姓名：李某某 部门：市场部 职务：经理”，效果如图 7. 3. 20 所示。

图 7. 3. 18　绘制一个矩形

图 7. 3. 19　导入 logo

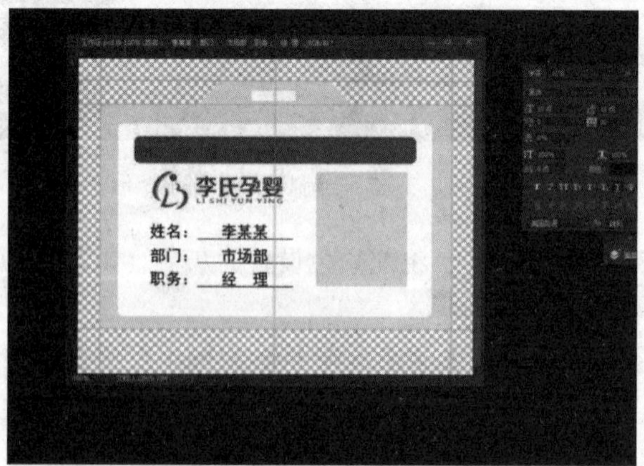

图 7. 3. 20　输入文字

⑫整体预览后，对不满意的地方进行适当调整，得到最终效果，如图 7.3.21 所示。

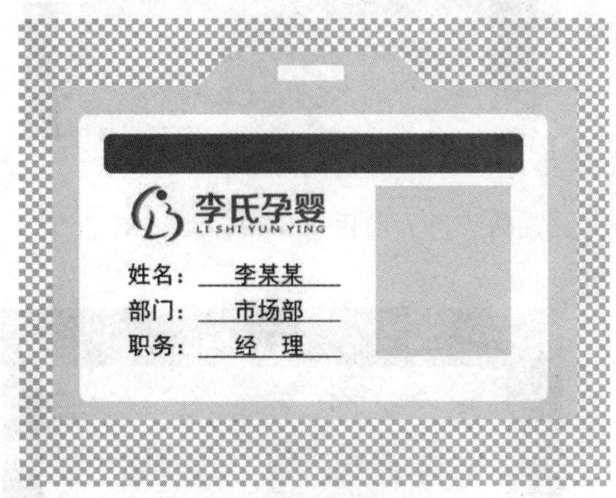

图 7.3.21 最终效果

7.3.3 场景三：纸杯设计

要求：应用圆角矩形工具、路径、选区填充、渐变工具等设计纸杯。

①建立一个尺寸为 7 cm × 8 cm，分辨率为 200 像素/英寸，背景色为透明色，名称为“纸杯设计”的新文档。

②按快捷键 Ctrl + R，显示出标尺并新建六条参考线，具体位置如图 7.3.22 所示。

图 7.3.22 新建参考线

③单击圆角矩形工具，模式选择“形状”，沿上方参考线绘制一个圆角矩形，路径形状如图 7.5.23 所示。

④单击“路径”面板下方的“将路径作为选区载入”按钮，将圆角矩形转换为选区。

图 7.3.23　绘制圆角矩形

⑤新建“图层 1”，设置前景色为白色（RGB(255,255,255)），按快捷键 Alt + Delete 填充，效果如图 7.3.24 所示。

图 7.3.24　填充

⑥删除“圆角矩形 1”图层，并按快捷键 Ctrl + D 取消选区。

⑦单击多边形套索工具，绘制多边形选区，效果如图 7.3.25 所示。

图 7.3.25　绘制多边形选区

⑧新建“图层2”，单击“渐变工具”，选择“线性渐变”样式，将“渐变编辑器”两端 3 个色标的 RGB 数值分别设置为（210，210，210），（245，245，245）和（255，255，255），中间色标的 RGB 数值为（245，245，245），参数如图 7.3.26 所示。

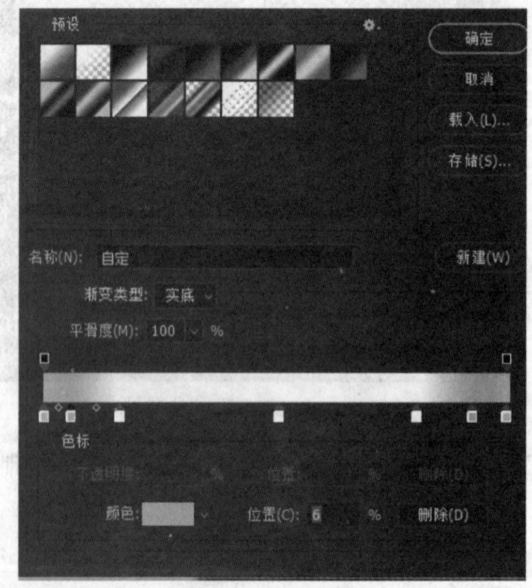

图 7.3.26　参数

⑨按 Shift 键的同时，拖动鼠标从左到右边填充渐变，效果如图 7.3.27 所示。

图 7.3.27 填充渐变

⑩按快捷键 Ctrl + D 取消选区。

⑪执行“图层”面板中的“新建图层”命令，新建“图层 3”。

⑫按住 Ctrl 键的同时，单击图层面板上的“图层 2”缩览图，创建图层 2 中对象的选区，同时选择“矩形选框工具”，选择“从选区减去”命令，创建多边形选区，效果如图 7.3.28 所示。

图 7.3.28 创建多边形选区

⑬新建“图层 3”，将前景色设置为黑色（RGB(0,0,0)），按快捷键 Alt + Delete 填充，效果如图 7.3.29 所示。

⑭方法同⑬，新建“图层 4”，创建多边形，并填充粉红色（RGB(216,33,123)），效果如图 7.3.30 所示。

图 7. 3. 29　填充黑色

图 7. 3. 30　填充粉红色

⑮按快捷键 Ctrl + D 取消选区。

⑯打开本书“素材”文件夹“李氏孕婴标准 logo”文件，拖拽至本图像窗口中，按快捷键 Ctrl + T，调整大小和位置，如图 7. 3. 31 所示。

⑰整体预览后，对不满意的地方进行适当调整，得到最终效果，如图 7. 3. 32 所示。

图 7. 3. 31　导入 logo

图 7. 3. 32　最终效果

7.4　工作实训营

7.4.1　训练实例

1. 训练内容

练习绘制图案字、彩边字、带刺字、洞眼字、球形字、火焰字等特效文字。

2. 训练要求

在7.3节实例基础上，更换文字内容，分别实现上述特效文字。

7.4.2　工作实践常见问题解析

【常见问题1】做特效文字的时候，做完后总是有白色的背景，如何去掉背景色，使得只能看到字，而看不到任何背景？

答：新建一个透明层，删除背景层，输入文字，并完成效果，输出为GIF格式的图片，就能实现背景透明的效果。

【常见问题2】在Photoshop中，怎么转文字图层为普通图层？

答：选中文字图层，选择菜单“图层”→“栅格化”→“文字”或者“文字”→“栅格化文字图层”，即可将文字图层转换为普通图层。

【常见问题3】在Photoshop中写入文字，怎样选取部分文字选区？

答：把文字图层转换成普通图层，按住Ctrl键，鼠标单击图层缩览，选中文字，然后按M键（转到矩形选框工具），再按住Alt键，就会出现±符号，然后选中不需要的文字选区，留下的就是需要的文字选区。

工作实训

1. 新建一个文件，黑色背景，使用“横排文字工具”T，输入“未来”，设置字体为华文新魏，字体大小为150点；利用图层样式，设计如习题图1所示的文字效果。

第7章习题图1　文字效果

2. 新建一个文件，白色背景，使用“横排文字工具”T，输入“多彩人生”，设置字体为华文新魏，字体大小为150点；利用文字选区，填充五彩渐变色；利用图层样式，制作如习题图2所示的文字效果。

第7章习题图2　文字效果

第 8 章

图像色调与色彩调整

本章要点

➢ 学会更改图像的色彩模式。
➢ 掌握色阶的使用方法。
➢ 掌握曲线的使用方法。
➢ 掌握色彩平衡的使用方法。
➢ 掌握亮度/对比度的使用方法。
➢ 掌握图像色彩的使用方法。
➢ 掌握色相/饱和度的使用方法。
➢ 掌握通道混合器的使用方法。
➢ 掌握渐变映射的使用方法。
➢ 学会灵活调整图像颜色的特殊方法。

技能目标

➢ 掌握用于调整图像的色彩模式、色阶、曲线、色彩平衡、色相/饱和度、渐变映射等图像色彩调整工具的使用。

➢ 掌握对图像进行去色、反向、色调均化等特殊的调整。

➢ 掌握有效地控制图像的色彩和色调的技巧。

引导问题

➢ 色彩模式有哪些？分别适用于什么场合？
➢ 如何通过色阶、曲线、色彩平衡、亮度/对比度来调整图像色调？
➢ 如何用特殊色彩和色调调整图像色彩？

【工作场景一】油画制作

用色阶、新建填充图层、历史记录艺术画笔工具、浮雕效果等知识制作油画。效果如图 8.0.1 所示。

【工作场景二】星星头像制作

用调整、选取高光、图层复制、剪贴蒙版、自由变换等命令制作星星头像。效果如图 8.0.2 所示。

图 8.0.1　油画效果

扫码查看
彩图效果

【工作场景三】皮肤调色

应用“色相/饱和度”和“亮度/对比度”调整图层，用快速选择工具、模糊工具对皮肤调色。效果如图 8.0.3 所示。

扫码查看
彩图效果

图 8.0.2　星星头像效果图

扫码查看
彩图效果

图 8.0.3　调色后的效果图

8.1　图像的颜色模式

8.1.1　常用的颜色模式

在 Photoshop 中，颜色模式用于决定显示和打印图像的颜色模型。Photoshop 默认的颜色模式是 RGB 模式，但用于彩色印刷的图像颜色模式却必须使用 CMYK 模式。其他颜色模式还包括位图、灰度、索引颜色、双色调、Lab 颜色和多通道等模式，在 1.2.3 节已经介绍了 RGB、CMYK、Lab 模式，下面介绍另外几种模式。

1. 灰度模式

灰度模式是通过黑白灰来表现图像的模式的，可以使用多达 256 级灰度来表现图像，使图像的过渡更平滑、细腻。其范围值为 0（黑）~255（白）。灰度值也可以用油墨的覆盖浓度来表示，0% 为白色，100% 为黑色。灰度模式的图像只有一个灰色通道。

2. 索引颜色模式

索引颜色模式的图像最多只能有 256 种颜色。当图像转换成索引模式时，系统会自动根据图像上的颜色归纳出能代表大多数 256 种颜色的颜色表，然后用这 256 种颜色来代替整个图像上所有的颜色信息。索引颜色模式在储存图像中的颜色的同时，为这些颜色建立颜色索引。

3. 双色调模式

双色调模式采用 2 ~ 4 种彩色油墨来创建图像颜色，有单色、双色、三色、四色之分。双色调只能在灰度模式下可用，故无论三色调还是四色调，其通道都只有一个灰度通道。四色调是用四种颜色表示一张图片，每种颜色的量可通过曲线调整。

4. 多通道模式

多通道模式没有固定的通道数，它可以由任何模式转换而来。多通道模式对有特殊打印要求的图像非常有用。例如，图像中只使用了一两种或两三种颜色时，使用多通道模式可以减少印刷成本，并保证图像颜色的正确输出。

小提示：

色彩模式除了确定图像中能显示的颜色数外，还影响图像的通道数和文件大小。因此，在制作图像时，应该使用合适的色彩模式，在对色彩表现影响不大的情况下，减小文件的大小。

Lab 颜色模式所包含的颜色范围最广，能够包含 RGB 颜色和 CMYK 颜色模式中的所有颜色。CMYK 颜色模式所包含的颜色最少，但是有些在屏幕上看到的颜色在印刷品上是实现不了的。

8.1.2 颜色模式间的相互转换

颜色模式是基于色彩模型的一种描述颜色的数值方法，选择一种颜色模式，就等于选用了某种特定的颜色模型。

打开一个文件以后，选择“图像”菜单，将光标移动到“模式”上面，在弹出的子菜单中选择一种颜色模式，如图 8.1.1 所示，即可将其转换为该模式。

虽然图像模式之间可以相互转换，但是需要注意的是，如果从色域空间较大的图像模式转换到色域空间较小的图像模式时，常常会有一些颜色丢失。

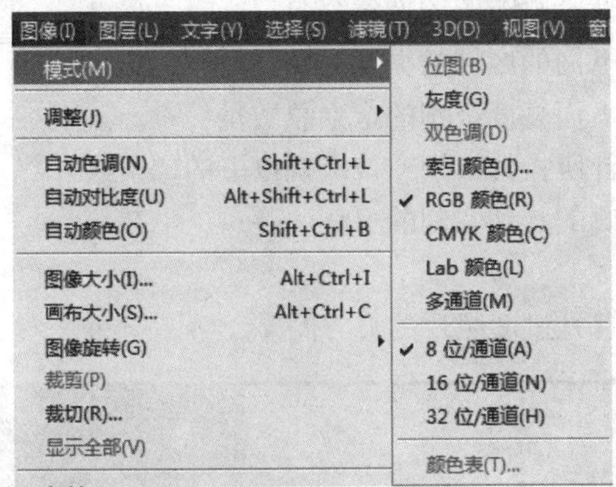

图 8.1.1　模式子菜单

8.2　直方图

灵活运用 Photoshop 的色彩调节功能，是学习图像编辑处理的关键一环。有效地对图像的色彩和色调进行控制，才能制作出高品质的图像作品。Photoshop 提供了十分完善和强大的色彩调节功能，这些功能能够帮助我们创造出绚丽多彩的图像世界！

直方图是用图形表示每个亮度级别的条形图，展示像素在图像中的分布情况。直方图可以帮助确定某个图像是否有足够的细节来进行良好的校正。直方图左边显示阴影中的细节，中部显示中间调，右侧显示高光部分。从 0 到 255，共 256 级，分布在最左端到最右端，0 为黑色，255 为白色。低色调图像的细节集中在阴影处，高色调图像的细节集中在高光处，而平均色调图像的细节集中在中间处。也就是说，左端的峰值多，说明图像偏暗；右端的峰值多，说明图像太亮；两端的峰值都多，说明图像的对比过于强烈。好的亮度图像是希望直方图逐渐细，然后逐渐消失。直方图如图 8.2.1 所示。

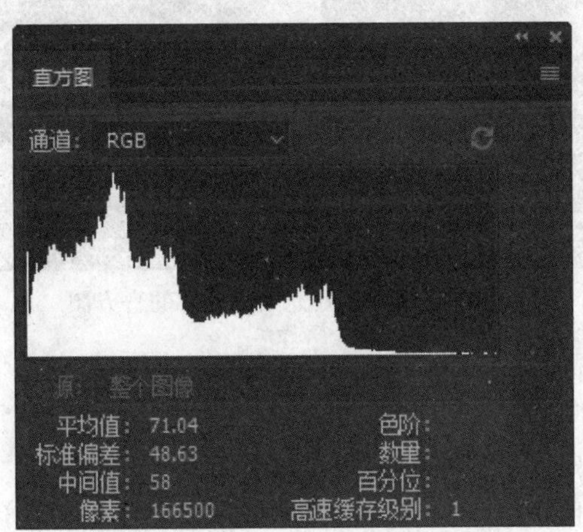

图 8.2.1　直方图

直方图各个参数：

①平均值：表示平均亮度值；

②像素：表示用于计算直方图的像素综合；

③色阶：显示指针下面的区域的亮度级别；

④数量：表示指针下面亮度级别的像素总数量；

⑤百分位：显示指针所指的级别或该级别以下的像素累计数。值以图像中所有像素的百分数形式来表示，从左侧的0到右侧的100。

【案例】

①图8.2.2所示为曝光过度照片的直方图。

扫码查看彩图效果

图8.2.2　曝光过度照片的直方图

分析：大部分像素都位于右侧，右侧发生溢出，高光部分的像素很多变成白色，高光区细节损失较大，图像太亮。

②图8.2.3所示为曝光不足照片的直方图。

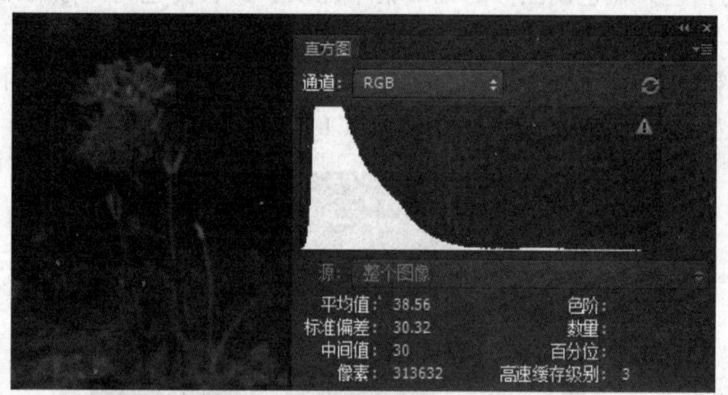

扫码查看彩图效果

图8.2.3　曝光不足照片的直方图

分析：大部分像素都位于左侧，左侧发生溢出，阴影部分的像素很多变成黑色，阴影区细节损失较大，图像偏暗。

③图8.2.4所示为亮度对比不强烈照片的直方图。

分析：两端像素数目很少，大部分都在中间区域，图像对比度不强烈。

图 8.2.4　亮度对比不强烈照片的直方图

扫码查看
彩图效果

综述：一个图片是否需要调整，得看具体的图像和需求。例如，如果一个人在雪天照相，那么右侧发生溢出，你不能说图像太亮了需要调整；直方图只作为一个参考，怎么调整由用户自己分析后确定。

8.3　色调的精确调整

在 Photoshop 中常用的色彩调节命令包括“色阶”“曲线”及“色相/饱和度”等。当要对图像的细节、局部进行精确的色彩和色调调整时，使用“色阶”“曲线”“色彩平衡”等命令来实现。

8.3.1　色阶

“色阶”用来调整图像的明暗（RGB 通道）。色阶要和直方图配合看才可以调整出一张好照片。具体的用法如下：打开一幅需要调整的图像文件，随后执行“图像”→“调整”→“色阶…”命令，或直接按快捷键 Ctrl + L，打开“色阶”对话框，如图 8.3.1 所示。

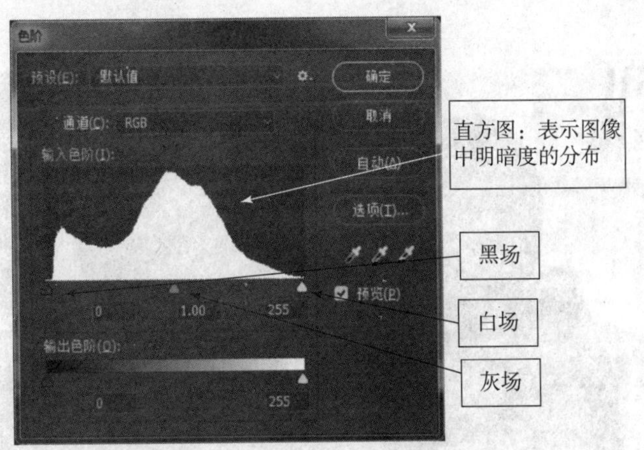

图 8.3.1　“色阶”对话框

黑场用于调整暗调，灰场用于调整灰调，白场用于调整高光。

①灰平衡：图像通过灰色滑块调整达到平衡。

②标准图像：有高光、中间调、暗调，并且平均分布。

③通道设置为单色调时，调节更细致。

④调整明暗图像：复合通道。

⑤调整偏色图像：单色通道。

在对话框中，可以通过调整“输入色阶”和“输出色阶”来控制图像的明暗对比。调整时，用鼠标拖拉对话框下方的三角形滑杆或者在参数栏中直接输入数值即可。

当图像偏暗或偏亮时，可以使用“色阶”命令来调整图像的明暗度。它可以使暗淡的照片变得鲜艳，使模糊的图像变得清晰。

此操作不仅可以对整个图像进行，也可以对图像的某一选取范围、某一图层图像，或某一个颜色通道进行。

【案例】

①按快捷键 Ctrl + O 打开一幅素材图像文件，如图 8. 3. 2 所示。

②按快捷键 Ctrl + J 复制“背景”图层，得到“图层 1”图层，如图 8. 3. 3 所示。

扫码查看
彩图效果

图 8. 3. 2　素材图像

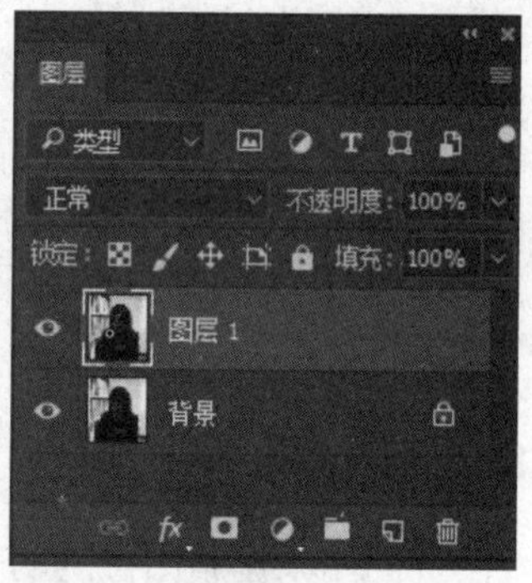

图 8. 3. 3　“图层”面板

③按快捷键 Ctrl + L 打开“色阶”对话框，并设置参数，单击“确定”按钮，得到如图 8. 3. 4 所示效果。

图 8. 3. 4　“色阶”对话框

扫码查看
彩图效果

④按快捷键 Ctrl + J 复制“图层 1”，得到“图层 1 幅本”图层。在菜单栏中选择“滤镜”→“锐化”→“USM 锐化”命令，打开“USM 锐化”对话框，设置参数，单击“确定”按钮，如图 8. 3. 5 所示。

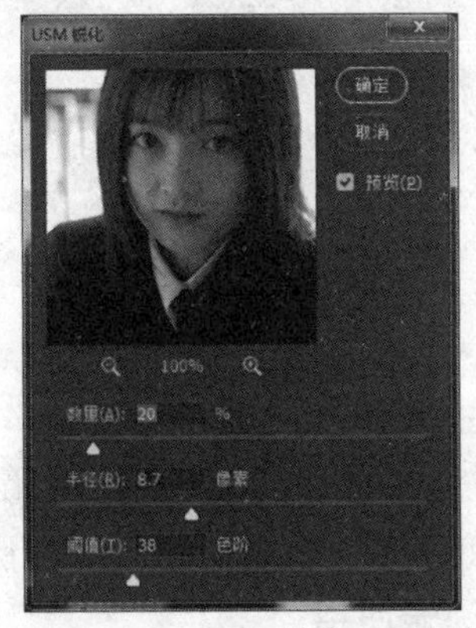

图 8.3.5　“USM 锐化”对话框

扫码查看
彩图效果

⑤按快捷键 Ctrl + J 复制图像，得到“图层 1 幅本 2”图层，按快捷键 Ctrl + L 打开“色阶”对话框，设置参数，如图 8.3.6 所示，单击“确定”按钮，得到图像的最终效果，如图 8.3.7 所示。

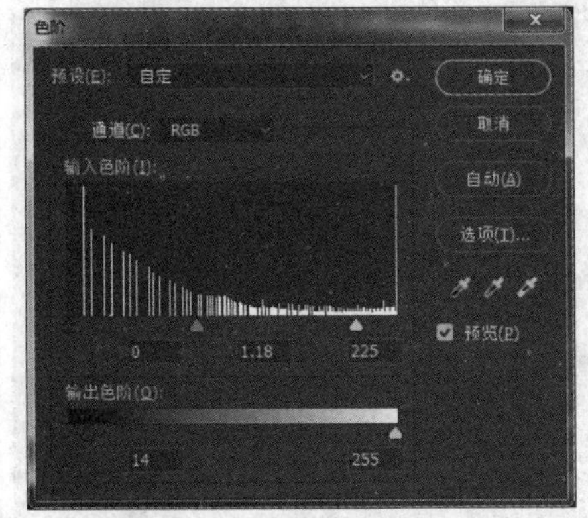

图 8.3.6　“色阶”对话框

图 8.3.7　效果图

扫码查看
彩图效果

⑥自动调整：Photoshop 提供了自动调整色调的功能，如图 8.3.8 所示。

⑦单击“色阶”对话框右侧的“选项”按钮，打开“自动颜色校正选项”对话框，更改对话框内的选项设置，可以设置自动校正颜色功能，如图 8.3.9 所示。

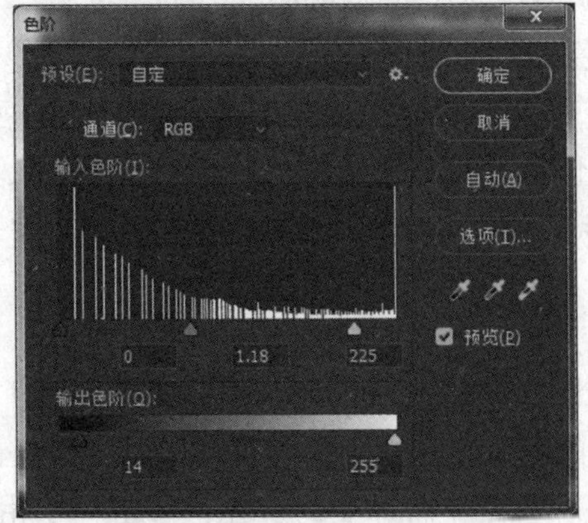

图 8.3.8　自动调整

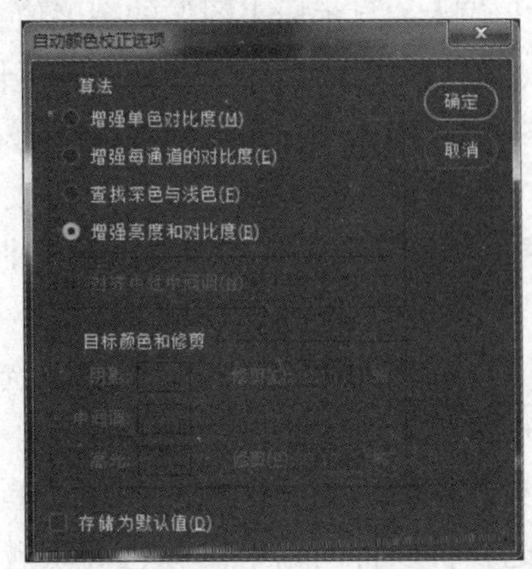

图 8.3.9　“自动颜色校正选项”对话框

> **小提示：**
>
> 色阶数值在取值范围内变化，数值越小，图像色彩变化越剧烈；反之，数值越大，色彩变化越轻微。

8.3.2　曲线

色彩对比度的调节除了“色阶”命令之外，“曲线”命令的应用也十分常见。其功能和“色阶”命令类似，最大的不同是，它可以做更多、更精细的设定。使用“曲线”命令可以综合调整图像的亮度、对比度和色彩，使画面色彩显得更为协调；因此，“曲线”命令实际是“色调”“亮度/对比度”的综合使用。

选择“图像”→“调整”→“曲线…”命令，或者按快捷键 Ctrl + M，打开“曲线”对话框，如图 8.3.10 所示。

扫码查看
彩图效果

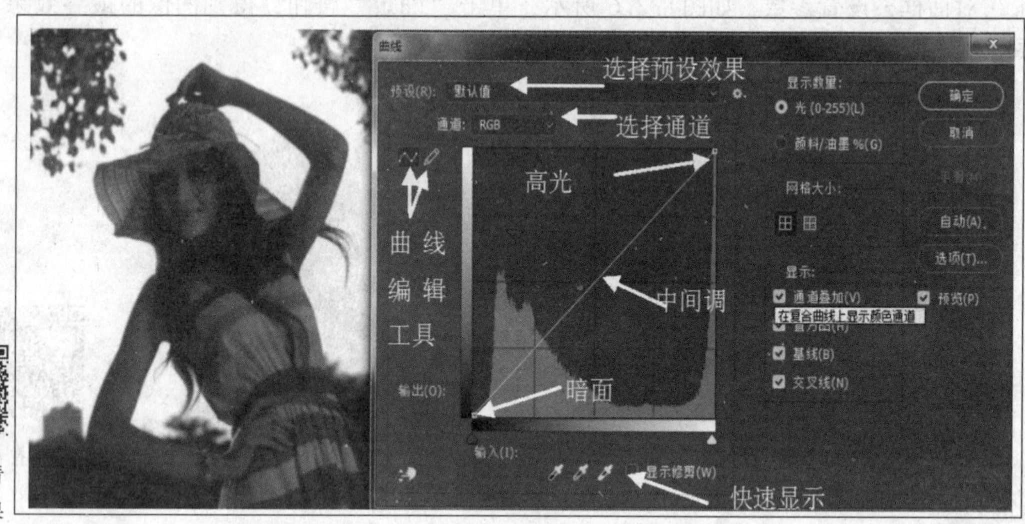

图 8.3.10　“曲线”对话框

①预设：在“预设”下拉列表中，可以选择 Photoshop 提供的一些设置好的曲线。

②输入：显示原来图像的亮度值，与色调曲线的水平轴相同。

③输出：显示图像处理后的亮度值，与色调曲线的垂直轴相同。

④“通过添加点来调整曲线”：此工具可在图表中各处添加节点而产生色调曲线；在节点上按住鼠标左键并拖动可以改变节点位置，向上拖动时色调变亮，向下拖动则变暗（如果需要继续添加控制点，只要在曲线上单击即可；如果需要删除控制点，只要拖动控制点到对话框外即可）。

⑤“使用铅笔绘制曲线”：选择该工具后，鼠标变成一个铅笔指针形状，可以在图标区中绘制所要的曲线。如果要将曲线绘制为一条线段，可以按住 Shift 键，在图表中单击来定义线段的端点。按住 Shift 键，单击图表的左上角和右下角，可以绘制一条反向的对角线，这样可以将图像中的颜色像素转换为互补色，使图像变为反色；单击“平滑”按钮，可以使曲线变得平滑。

⑥光谱条：拖动光谱条下方的滑块，可在黑色和白色之间切换。

注意：按住 Alt 键，界面右上方的“取消”按钮将转换为“复位”按钮，单击复位按钮，可将对话框恢复到曲线打开时的状态。

可以通过改变曲线的弯曲形状来调整图像的色彩效果。操作时，只需将鼠标移动到曲线上，然后按住左键并拖动即可改变曲线的形状，松开鼠标后，就可以得到一个曲线节点。再次执行上述操作，得到另外一个曲线的节点。将曲线调整到如图 8. 3. 11 所示的形状，这样可以使图像产生强烈的明暗对比，调整后的皮肤光泽效果很强。

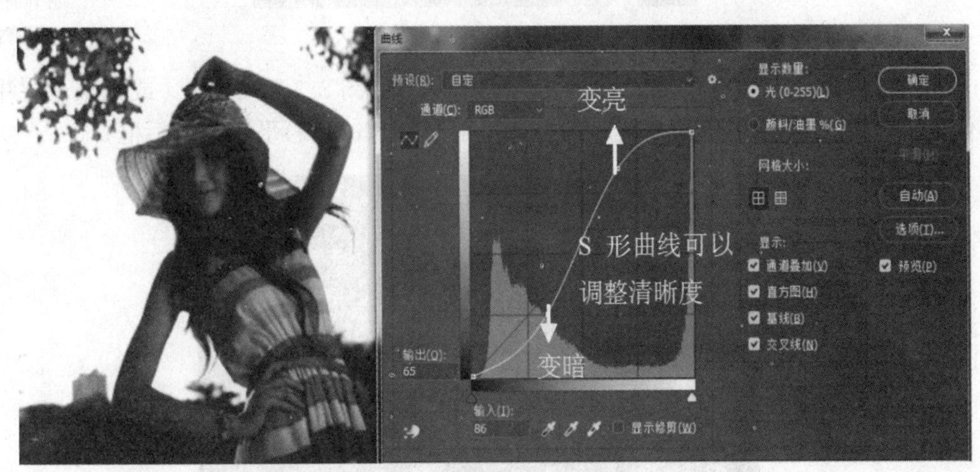

扫码查看彩图效果

图 8. 3. 11　曲线调整效果

调整曲线显示单位的方法：单击展示“曲线显示选项”，可以将曲线的“显示数量”在百分比和像素值之间转换，转换数值显示方式的同时，也会改变亮度的变化方向。在缺省状态下，色谱带表示的颜色是从黑到白，从左到右输入值逐渐增加，从下到上输出值逐渐增加。当切换为百分之百显示时，则黑、白互换位置，变化方向刚好与原来的相反。

小提示：

影楼摄影后期，设计人员为提高工作效率，在调色过程中经常会选择曲线代替一些工具来节省操作时间，效果很明显。特别是对同一类型照片，如果用曲线调色并将数值进行复制，更容易实现一定程度的批量调修。

8. 3. 3　色彩平衡

“色彩平衡”通过更改图像的颜色的补色（增加或减少相应的颜色）来校正图像色偏。

在使用“色彩平衡”命令前，要了解互补色的概念，这样可以更快地掌握“色彩平衡”命令的使用方法。所谓互补，就是图像中一种颜色成分的减少，必然导致它的互补色成分的增加，绝不可能出现一种颜色和它的互补色同时增加的情况；另外，每一种颜色可以由它的相邻颜色混合得到，例如，绿色的互补色洋红色是由绿色和红色重叠混合而成，红色的互补色青色是由蓝色和绿色重叠混合而成。

①按快捷键 Ctrl + O 打开一幅素材图像文件，如图 8. 3. 12 所示。

扫码查看
彩图效果

图 8. 3. 12　素材图像

②按快捷键 Ctrl + B 打开“色彩平衡”对话框，如图 8. 3. 13 所示（或在菜单栏中选择“图像”→“调整”→“色彩平衡”命令，也可以打开“色彩平衡”对话框）。

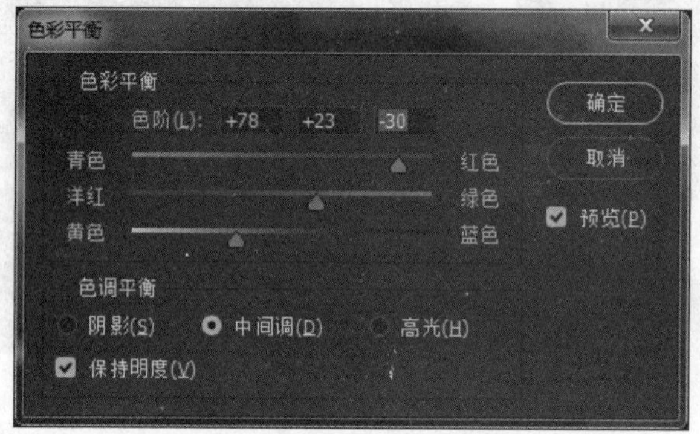

图 8. 3. 13　“色调平衡（中间调）”对话框

色阶：可将滑块拖向要增加的颜色，或将滑块拖离要在图像中减少的颜色。

色调平衡：通过选择阴影、中间调和高光，可以控制图像不同色调区域的颜色平衡。

保持明度：勾选此选项，可以防止图像的亮度值随着颜色的更改而改变。

如图 8. 3. 13 所示，拖动“青色/红色”色阶的滑块向“红色”移动，使图像增加红色，减少青色（也可以在“色阶”文本框中输入数值）；“色彩平衡（中间调）”对话框如图 8. 3. 13 所示。中间调调整效果如图 8. 4. 14 所示。

扫码查看
彩图效果

图 8. 3. 14　中间调调整效果

小提示：

通过色彩平衡工具可以方便、直观地更改和添补颜色，调节照片偏色问题。

8.3.4　色相/饱和度

“色相/饱和度”命令可以帮助我们分别对图像的色相、饱和度和明度参数进行精确的控制。执行“图像”→“调整”→“色相/饱和度”命令即可打开“色相/饱和度”对话框，如图8.3.15所示。

扫码查看彩图效果

图8.3.15　“色相/饱和度”对话框

①色彩三要素：色相、饱和度、明度。

色相：颜色的相貌（俗称“什么颜色”）。

饱和度：鲜艳程度。

明度：图像的亮度。

②局部留色（保留某部分的色调）：选中保留的部分→反选→调整饱和度。

③单色相图片：在“色相/饱和度”对话框中勾选“着色”，调节颜色，随后分别用鼠标拖拉对参数项下方的三角形滑杆或者在参数栏中直接输入数值即可。图8.3.16所示是将一幅原来黑白的照片改变为彩色效果。

④调节图片中某一部分的色相：单击“全图”下拉列表，选定某种颜色，进行部分调色，如图8.3.17所示。

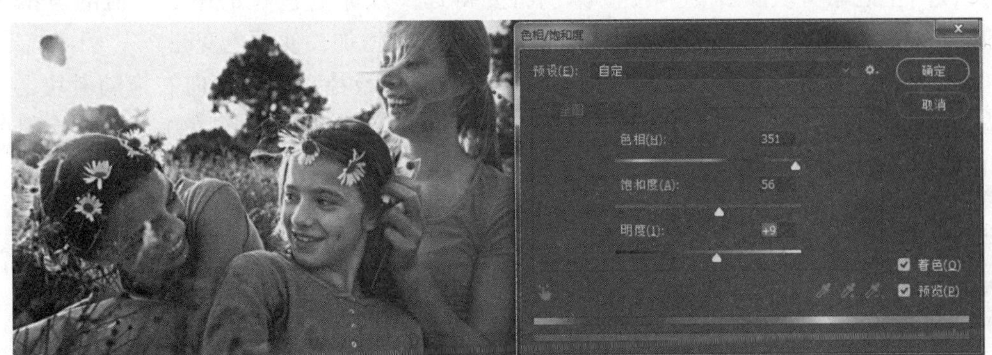

扫码查看彩图效果

图8.3.16　色相/饱和度调整效果

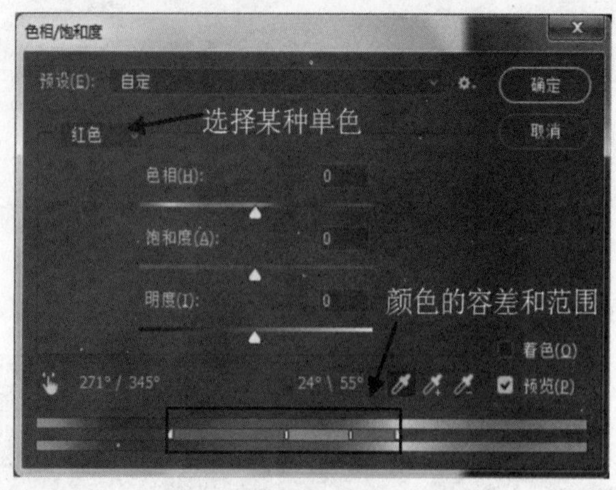

图 8.3.17　部分调色

色相是色彩的首要特征，是区别各种不同色彩的最准确的标准。事实上，任何黑、白、灰以外的颜色都有色相的属性，色相由原色、间色和复色构成。

拓展：从光学意义上讲，色相差别是由光波波长的长短产生的。即便是同一类颜色，也能分为多种色相，如黄色可以分为中黄、土黄、柠檬黄等，灰色则可以分为红灰、蓝灰、紫灰等。饱和度一般是指色彩的鲜艳程度，也称色彩的纯度。使用“色相/饱和度”命令可以纠正偏色，使照片的色彩更鲜艳。

“色相/饱和度”面板上的参数如下。

①选择要调整的颜色：选择“全图”选项，可以一次调整整个图像。下拉列表中也可以选择单个颜色。

②对于“色相”选项，在其数值框中输入一个值或拖动滑块，数值框中显示的值反映像素原来的颜色在色轮中旋转的度数。正数表示顺时针旋转，负数表示逆时针旋转。值的范围为 -180 ~ +180。

③对于“饱和度”选项，在其数值框中输入一个值或拖动滑块，向右拖动滑块增加饱和度，向左拖动滑块减少饱和度。颜色将变得远离或靠近色轮的中心。值的范围可以是 -100（饱和度减少，使颜色变暗） ~ +100（饱和度增加，使颜色变亮）。

④对于“明度”选项，在其数值框中输入一个值或拖动滑块，向右拖动滑块增加亮度（向颜色中增加白色），向左拖动滑块降低亮度（向颜色中增加黑色）。值的范围可以是 -100（黑色） ~ +100（白色）。

下面用“黑白照片变彩照”来说明上述知识点的应用。

在 Photoshop 中打开本章素材 9.3.18，如图 8.3.18 所示，按快捷键 Ctrl + J 复制背景图层为图层 1，图 8.3.19 是上色后的效果图。

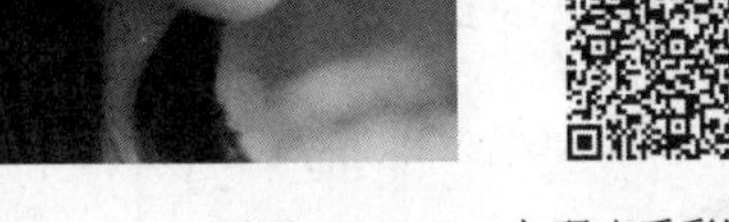

图 8.3.18　原图　　扫码查看彩图效果　　图 8.3.19　效果图　　扫码查看彩图效果

【步骤一】创建图层和蒙版

①在“图层”面板中，将“背景”图层拖放至图层面板下方的“创建新图层”按钮上，将复制的图层重命名为“基础蒙版”。

②单击“图层”面板下方的“添加图层蒙版”按钮，为“基础蒙版”的图层创建蒙版。前景色设为白色，背景色设为黑色，按快捷键 Ctrl + Delete 将蒙版填充为黑色。

【步骤二】为皮肤上色

①将名为“基础蒙版”的图层拖放到“创建新图层”按钮上，创建一个副本，并重命名为“皮肤”。确认前景色为白色，并选择“画笔工具”，在其工具属性栏中设置合适的画笔大小，然后在图片中女孩的皮肤上涂画，同时观察蒙版的变化，得到如图 8.3.20 所示的结果。

②在蒙版上画好人物皮肤后，单击图层，并按快捷键 Ctrl + U，打开“色相/饱和度”对话框，根据自己的需要来调节人物的肤色。

③调节完人物肤色后，会发现有很多部分不是很理想，下面做细节上的调整。使用“放大”工具，放大局部皮肤，查看皮肤与其他部分的衔接处。如果这里的皮肤没有着色，则使用“画笔工具”再涂一下；如果颜色超出了皮肤的范围，则需要将前景色设置为黑色后，再在这些地方涂画，直到满意为止，如图 8.3.21 所示。

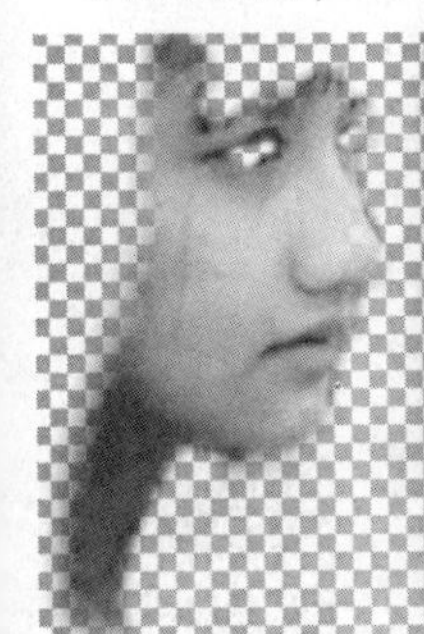

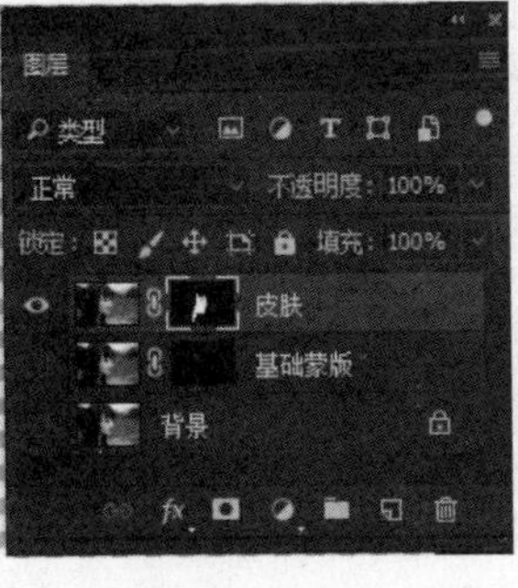

图 8.3.20　操作界面　　扫码查看彩图效果　　图 8.3.21　修饰图 1　　扫码查看彩图效果

【步骤三】为嘴唇上色

①将名为“基础蒙版”的图层拖放到“创建新图层”按钮上，创建一个副本，并重命名为“嘴唇”。

②用“钢笔工具”或“套索工具”把嘴唇轮廓勾画出来，用“油漆桶工具”在

选区中填充白色，按快捷键 Ctrl + U，打开“色相/饱和度”对话框来调节嘴唇的颜色。

【步骤四】为头发上色

如果想制作带颜色的头发，方法类同为嘴唇上色，细节部分利用蒙版特性来做修改。记住，适当地调节画笔的不透明度会使上色达到意想不到的效果。

【步骤五】修改眼睛的颜色

利用白色画笔在“皮肤”图层中将眼睛应该是白色的地方修改为白色，效果如图 8.3.22 所示。

图 8.3.22　彩照

扫码查看彩图效果

8.3.5　匹配颜色

“匹配颜色”命令可以将两个图像或图像中的两个图层的颜色和亮度相匹配，使其颜色色调和亮度协调一致。其中被调整修改的图像称为“目标图像”，而要采样的图像称为“源图像”。如果希望不同的照片中的颜色看上去一致，或者当一个图像中特定元素的颜色（如肤色）必须与另一个图像中某个元素的颜色相匹配时，该命令非常有用。

①按快捷键 Ctrl + O 分别打开两幅花的图像文件。

如图 8.3.23 和图 8.3.24 所示，将罂粟花（可生产鸦片的那种）图像中的颜色和亮度值应用到金莲花中，使两幅图片颜色色调和亮度一致。

图 8.3.23　素材花 1

扫码查看彩图效果

图 8.3.24　素材花 2

扫码查看彩图效果

②选择素材花 1 图像为当前图像窗口，在菜单栏选择“图像”→“调整”→“匹配颜色”命令，打开“匹配颜色”对话框。

③在“源”下拉列表中选择“素材花 2. jpg”文件（下边的“图层”选项的意思是，如果所选的“源”图像有多个图层，选择使用哪个图层的颜色和亮度值与“目标”图像匹

配)，并参照图 8.3.25 所示设置“图像选项”中的选项，对图像进行调整。勾选“中和”选项，移去图像上的色痕，使图像的颜色和亮度自然过渡。

④设置完成后，单击“确定”按钮，得到最终图像效果，如图 8.3.26 所示。

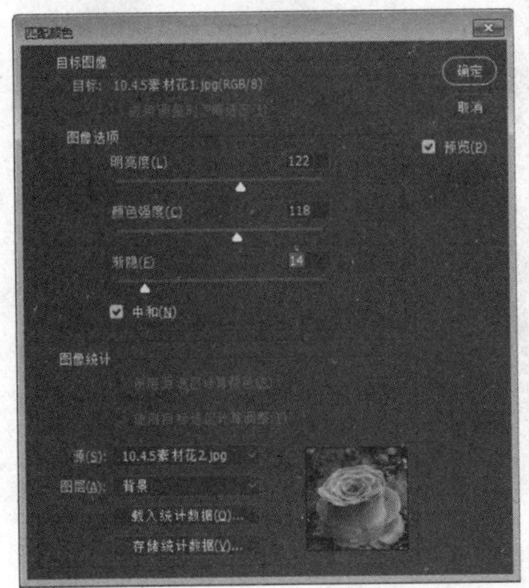

图 8.3.25　“匹配颜色”对话框

图 8.3.26　效果图

扫码查看
彩图效果

8.3.6　阴影/高光

“阴影/高光”命令适用于校正由强逆光而形成阴影的照片，或者校正由于太接近照相机闪光灯而有些发白的焦点。在用其他方式采光的图像中，这种调整也可用于使阴影区域变亮。“阴影/高光”命令不是简单地使图像变亮或变暗，它基于阴影或高光中的周围像素（局部相邻像素）增亮或变暗。正因为如此，暗调和高光都有各自的控制选项。默认值设置为修复具有逆光问题的图像。单击“显示更多选项”，将显示“颜色”“中间调”“修剪黑色”和“修剪白色”选项，用于调整图像的整体对比度。

案例：下面用“阴影/高光”命令做有通透感的照片。

①对原图（图 8.3.27）所在图层，按快捷键 Ctrl + J 复制一个图层。选择“图像”→“调整”→“阴影/高光”，打开“阴影/高光”参数设置面板，如图 8.3.28 所示。调整后，照片比原来的亮了一些，如图 8.3.29 所示。

图 8.3.27　原图

扫码查看
彩图效果

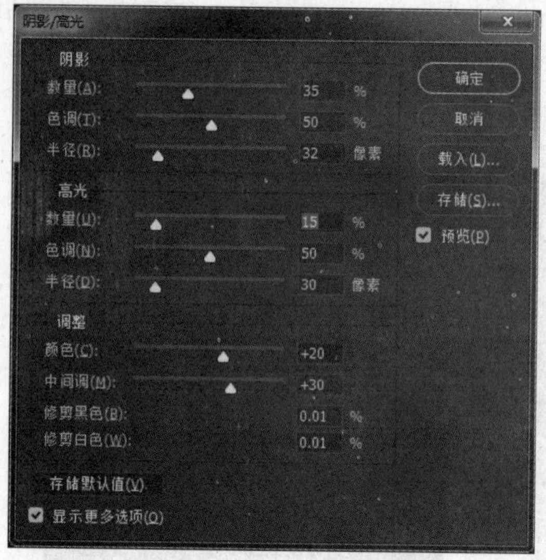

图 8. 3. 28 “阴影/高光”对话框

图 8. 3. 29 效果（1）

扫码查看
彩图效果

②用快捷键 Ctrl + M 打开曲线，使照片的高光和暗部反差更大一点。这样照片中的亮部会因为对比而显得更明亮。参数设置如图 8. 3. 30 所示。

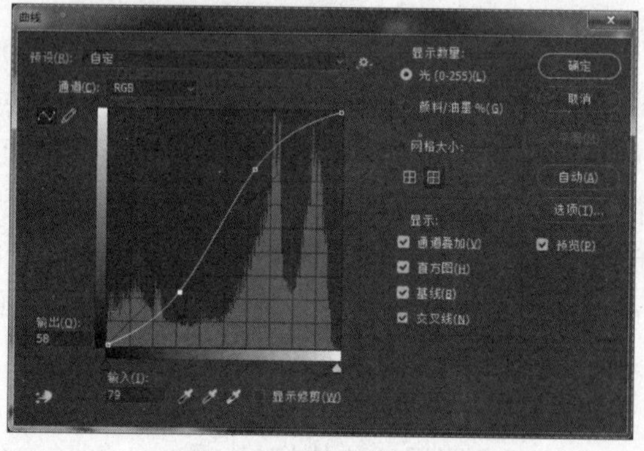

图 8. 3. 30 曲线面板

③分别设置曲线的通道选项，分别选择红色、绿色和蓝色，调整整体色调到满意为止，参数设置如图 8. 3. 31 ~ 图 8. 3. 33 所示。效果如图 8. 3. 34 所示。

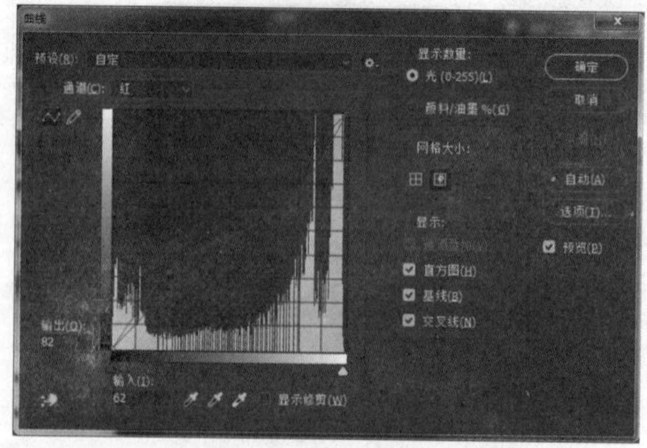

图 8. 3. 31 红色通道

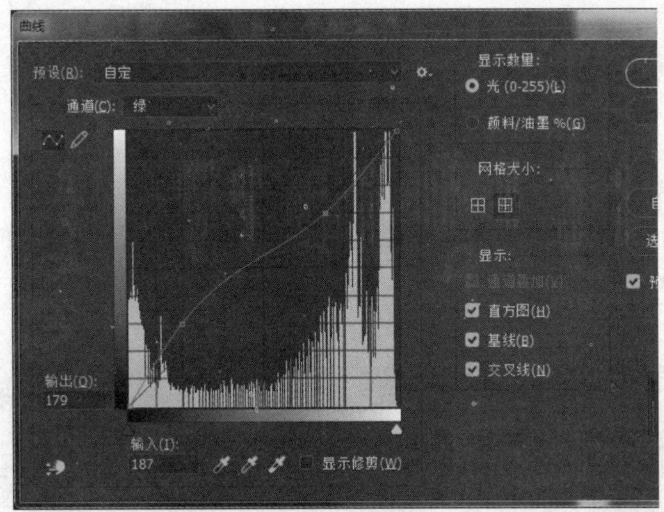

图 8. 3. 32　绿色通道

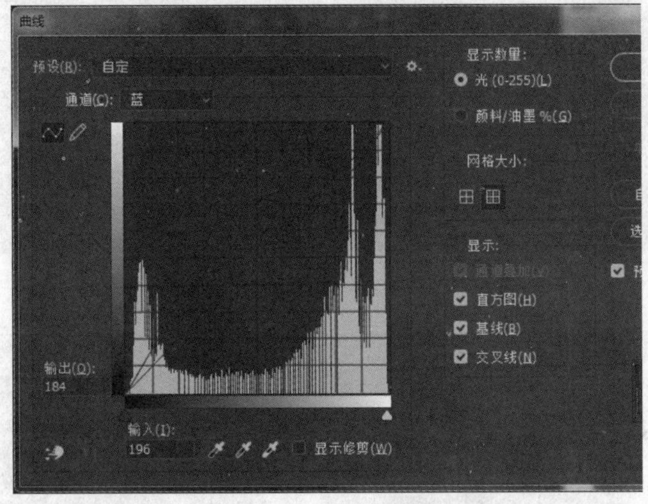

图 8. 3. 33　蓝色通道

④最后，选择“滤镜”→“锐化”→“锐化”，加强效果。最终效果如图 8. 3. 35 所示。

图 8. 3. 34　效果（2）

扫码查看彩图效果

图 8. 3. 35　最终效果图

扫码查看彩图效果

8.4 特殊效果的色调调整

8.4.1 黑白

利用“黑白”命令可将彩色图像转换为灰度图像，滑块调整灰色的比重并且可以调整R、G、B、C、M、Y 6种颜色对应的亮度。“黑白”对话框如图8.4.1所示。做如图8.4.2所示的调整。

图8.4.1 默认的“黑白”对话框

扫码查看
彩图效果

图8.4.2 原图像变成单色图像（色调目前调为红色）

扫码查看
彩图效果

8.4.2 渐变映射

“渐变映射”命令可以使用渐变颜色对图像进行叠加，从而改变图像色彩。将相等的图像灰度范围映射到指定的渐变填充色。如果指定双色渐变填充，图像中的阴影映射到渐变填充的一个端点颜色，高光映射到另一个端点颜色，而中间调映射到两个端点颜色之间的渐变色。

图8.4.3是“渐变映射”对话框，图8.4.5是对图8.4.4所示原图应用“渐变映射”后的效果。

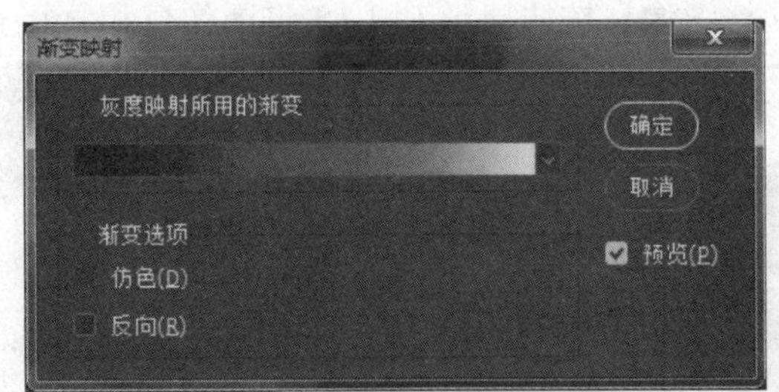

图 8.4.3 “渐变映射”对话框（选择蓝、红、黄渐变）

扫码查看彩图效果

图 8.4.4　原图

扫码查看彩图效果

图 8.4.5　应用“渐变映射”后的效果

8.4.3　去色

利用“去色”命令可以将彩色图像转换为灰度图像，但图像的颜色模式保持不变。例如，利用“去色”命令为 RGB 颜色模式的图像中的每个像素指定相等的红色、绿色和蓝色值，每个像素的明度值不改变。此命令与在“色相/饱和度”对话框中将饱和度设置为 -100的效果相同。

如果正在处理多层图像，则利用“去色”命令仅转换所选图层。图 8.4.7 是对图 8.4.6 去色后的效果。

图 8.4.6　原图

扫码查看彩图效果

图 8.4.7　去色效果

扫码查看彩图效果

8.4.4　反相

使用“反相”命令可以将图像中的颜色和亮度全部翻转，转换为 256 级中相反的值；常用来制作一些反转效果的图像。“反相”命令的最大特点就是将所有颜色都以其相反的颜色显示，如将黄色转变为蓝色、红色变为青色。

图 8.4.8 所示为素材图像，按快捷键 Ctrl + I 将图像反相，得到如图 8.4.9 所示效果。

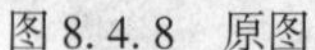

图 8.4.8　原图　　扫码查看彩图效果

图 8.4.9　反相后的效果　　扫码查看彩图效果

8.4.5　阈值

"阈值" 命令可将彩色或灰阶的图像变成高对比度的黑白图；能生成真正的黑白图片，只有黑和白，没有灰色。当指定某个色阶作为阈值时，所有比阈值暗的像素都转换为黑色，而所有比阈值亮的像素都转换为白色。

①按快捷键 Ctrl + O 打开一幅素材图像文件，如图 8.4.10 所示。

②在菜单栏中选择 "图像" → "调整" → "阈值" 命令，打开 "阈值" 设置对话框，设置阈值色阶参数值，单击 "确定" 按钮，如图 8.4.11 所示。

图 8.4.10　原图　　扫码查看彩图效果

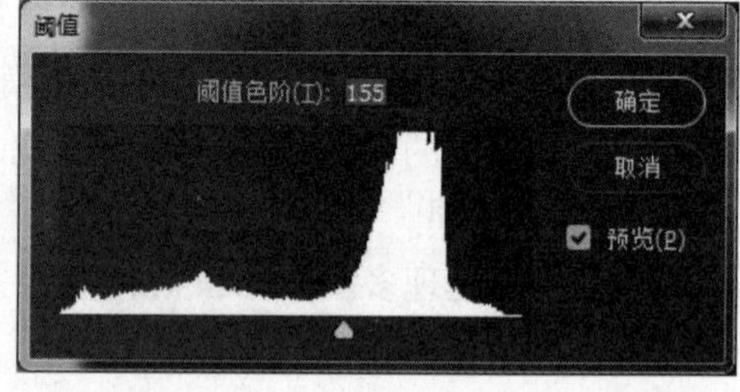

图 8.4.11　"阈值" 命令

③调整阈值后的效果如图 8.4.12 所示。

扫码查看彩图效果

图 8.4.12　"阈值" 设置后的效果

9.4.6　色调分离

“色调分离”，简单地说，就是减少颜色的过渡色。例如，在 RGB 颜色模式的图像中选择两个色调色阶，将产生 6 种颜色：两种代表红色，两种代表绿色，另外两种代表蓝色。

在照片中创建特殊效果，如创建大的单调区域时，此命令非常有用。当减少灰色图像中的灰阶数量时，其效果最为明显，但它也会在彩色图像中产生有趣的效果。如果想在图像中使用特定数量的颜色，则将图像转换为灰度并指定需要的色阶数。然后将图像转换回以前的颜色模式，并使用想要的颜色替换不同的灰色调。

①按快捷键 Ctrl + O 打开一幅素材图像文件，如图 8.4.13 所示。

图 8.4.13　原图

扫码查看
彩图效果

②选择 Photoshop 菜单栏中的“图像”→“调整”→“色调分离”命令，打开“色调分离”对话框，设置每个通道的色调数量为“4”，表示 RGB 通道中“红、绿、蓝”通道每个通道有 4 种颜色，3 个通道一共有 12 种颜色，如图 8.4.14 所示。

图 8.4.14　“色调分离”设置对话框

打造出油画效果，如图 8.4.15 所示。

图 8.4.15　应用“色调分离”后的效果

扫码查看
彩图效果

8.5 工作场景实施

8.5.1 场景一：油画制作

要求：用色阶、新建填充图层、历史记录艺术画笔工具、浮雕效果等知识制作油画。

①打开 Photoshop 软件，单击“文件”→“打开”命令，打开本书素材，如图 8.5.1 所示。

图 8.5.1 导入素材

扫码查看
彩图效果

②按快捷键 Ctrl + J，复制图层。

③按快捷键 Ctrl + L，打开“色阶”面板，单击“自动”按钮，调整自动色阶，效果如图 8.5.2 所示。

图 8.5.2 执行自动色阶

扫码查看
彩图效果

④执行菜单栏命令“图像”→“新建填充图层”→“图案”，在弹出的“新建”对话框中设置混合模式为“正片叠底”，填充图案选择“编织”，效果如图 8.5.3 和图 8.5.4 所示。

图 8.5.3　新建填充图层

扫码查看
彩图效果

⑤选中背景图层，按快捷键 Ctrl + J，复制背景图层，并移动至所有图层之上，如图 8.5.5 所示。

扫码查看
彩图效果

图 8.5.4　填充“编织”图案

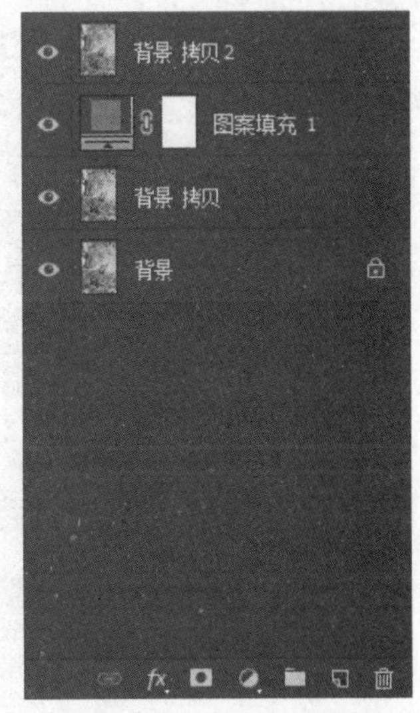

图 8.5.5　复制背景图层

⑥单击工具箱中的“历史记录艺术画笔工具”（图 8.5.6），在属性栏设置画笔大小为 5 像素，涂抹画面，如图 8.5.7 所示。

图 8.5.6　“历史记录艺术画笔工具”属性栏

⑦新建空白图层，隐藏图案图层和背景图层，按快捷键 Shift + Ctrl + E，合并可见图层，如图 8.5.8 所示。

图 8.5.7　涂抹画面

扫码查看彩图效果

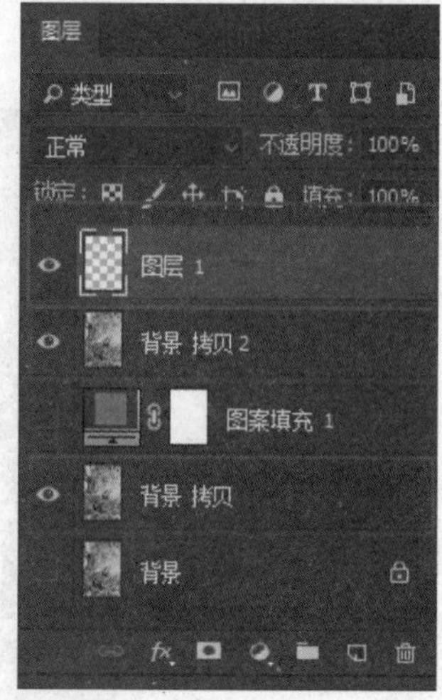

图 8.5.8　合并可见图层

⑧执行菜单栏命令“滤镜”→“风格化”→“浮雕效果”，在弹出的对话框中设置角度 135，高度 4，数量 120，混合模式为“叠加”，如图 8.5.9 所示。

扫码查看彩图效果

图 8.5.9　浮雕效果

⑨执行菜单栏命令“图像”→“新建填充图层”→“图案”，在弹出的“新建”对话框中设置混合模式为“叠加”，填充图案选择“云彩”，设置缩放为 800，不透明度为 50，效果如图 8.5.10 所示。

⑩按快捷键 Ctrl + S 保存文件并导出图片，如图 8.5.11 所示。

扫码查看
彩图效果

图 8.5.10　填充“云彩”图案

扫码查看
彩图效果

图 8.5.11　效果图

8.5.2　场景二：星星头像制作

要求：用调整、选取高光、图层复制、剪贴蒙版、自由变换等命令制作星星头像。

①打开 Photoshop 软件，单击“文件”→“打开”命令，打开本书素材，如图 8.5.12 所示。

扫码查看
彩图效果

图 8.5.12　素材

②执行菜单栏命令“图像”→“调整”→“阈值”，在弹出的“阈值”对话框中设置颜色色阶的数值为 165，如图 8.5.13 所示。设置完成后，单击“确定”按钮。

③按快捷键 Ctrl + Alt + 2，选择高光区域，接着快捷键 Ctrl + Shift + I 反选，选中画面黑色区域，效果如图 8.5.14 所示。

④分别按快捷键 Ctrl + C 和快捷键 Ctrl + V，将画面黑色选区部分复制一层，效果如图 8.5.15 所示。

图 8.5.13　设置参数

扫码查看
彩图效果

图 8.5.14　效果

扫码查看
彩图效果

图 8.5.15　复制黑色区域

扫码查看
彩图效果

⑤置入本书素材“星空图像.JPEG”图片，置入完成后，按快捷键 Ctrl + Alt + G 创建剪贴蒙版，效果如图 8.5.16 所示。

扫码查看
彩图效果

图 8.5.16　创建剪贴蒙版

⑥按快捷键 Ctrl + T，调整该图层的大小和位置，效果如图 8.5.17 所示，按 Enter 键确定。

扫码查看
彩图效果

图 8.5.17　调整图层

⑦按快捷键 Ctrl + S 保存文件并导出图片，如图 8.5.18 所示。

扫码查看
彩图效果

图 8.5.18　效果图

8.5.3 场景三：皮肤调色

要求：应用“色相/饱和度”和“亮度/对比度”调整图层，快速选择工具、模糊工具对皮肤调色。

①打开 Photoshop 软件，单击“文件”→“打开”命令，打开本书素材图片“偏黄图像”，如图 8.5.19 所示。

图 8.5.19　素材

扫码查看
彩图效果

②单击“窗口”→“调整”命令，显示出“调整”面板，如图 8.5.20 所示。

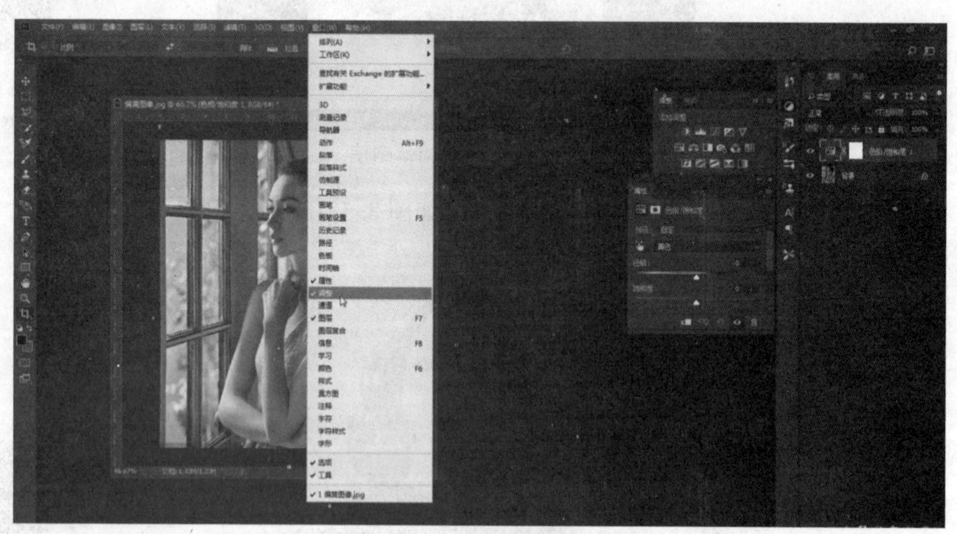

图 8.5.20　“调整”面板

③单击“创建新的色相/饱和度调整图层”按钮，在“色相/饱和度”属性面板中分别选择“黄色”和“红色”，降低图像中黄色和红色的饱和度，数值设置如图 8.5.21 ~ 图 8.5.23 所示。

图 8.5.21　色相/饱和度“调整”面板

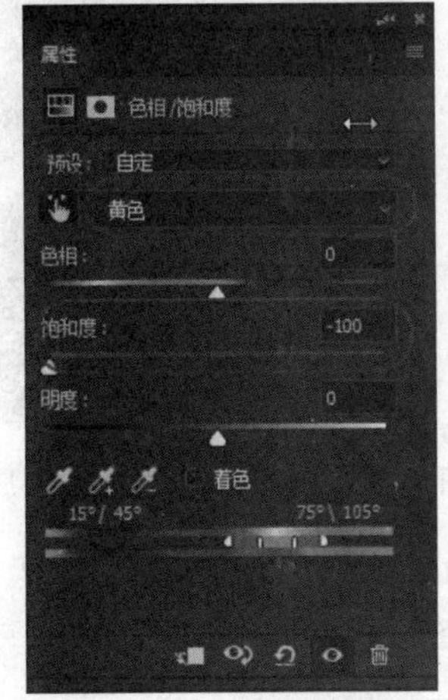

图 8.5.22　“黄色”属性设置

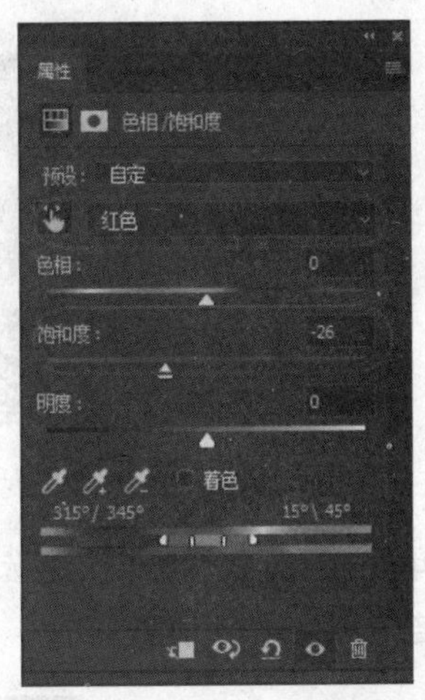

图 8.5.23　“红色”属性设置

④在“调整”面板中，单击“创建新的可选颜色调整图层”按钮，在其下拉列表中选择“可选颜色”命令，在弹出的可选颜色属性框中选择“黄色”，数值设置如图 8.5.24 和图 8.5.25 所示。

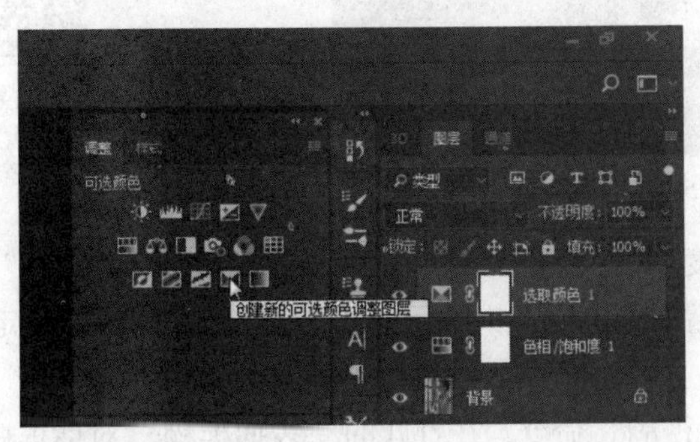

图 8.5.24　选择“可选颜色”

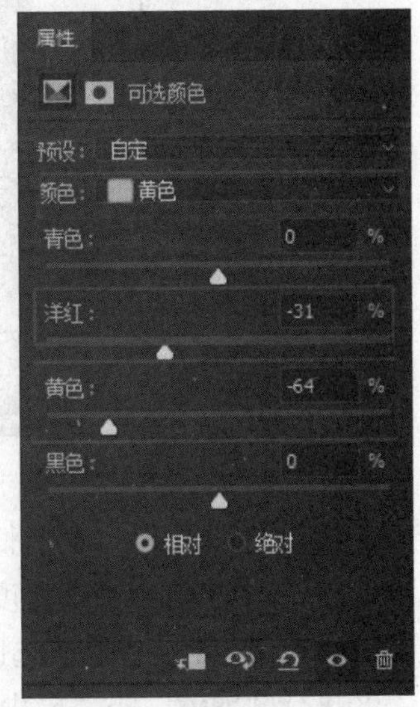

图 8.5.25　“可选颜色”属性设置

⑤在“调整”面板中，单击“创建新的亮度/对比度调整图层”按钮，如图 8.5.26 所示。调整“亮度/对比度”属性框中的亮度和对比度，数值设置如图 8.5.27 所示。

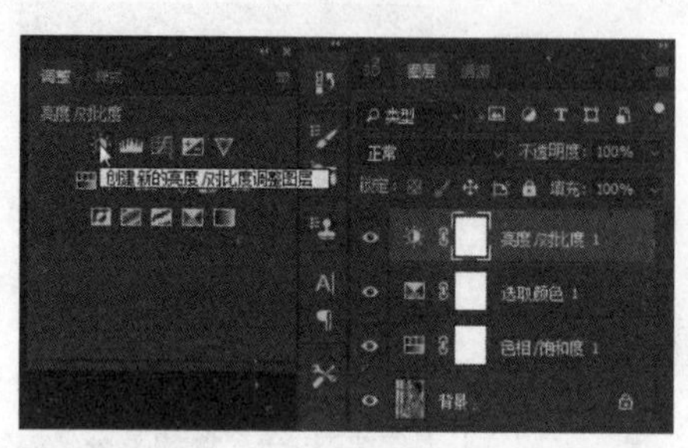

图 8.5.26　选择“亮度/对比度”

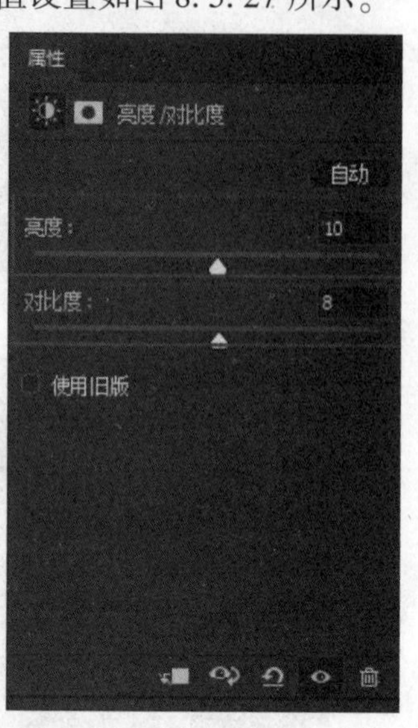

图 8.5.27　“亮度/对比度”属性设置

⑥单击工具箱中的“快速选择工具”，属性栏选择“加选”，依次单击选取人物的脸部、肩部和手臂等部位，建立闭合选区，如图 8.5.28 所示。

图 8.5.28　建立选区

扫码查看
彩图效果

⑦执行“图像”→“调整”→“亮度/对比度”命令，在弹出的“亮度/对比度”对话框中调整选区的亮度和对比度，数值设置如图 8.5.29 所示。设置完成后单击“确定”按钮，按快捷键 Ctrl + D 取消选区。

⑧执行“滤镜”→“模糊”→“表面模糊”命令，在打开的“表面模糊”对话框中设置数值，如图 8.5.30 所示，设置完成后单击“确定”按钮，完成的最终效果如图 8.5.31 所示。

扫码查看
彩图效果

图 8.5.29　调整“亮度/对比度”

扫码查看
彩图效果

图 8.5.30　设置“表面模糊”参数

扫码查看
彩图效果

图 8.5.31　效果图

8.6　工作实训营

8.6.1　训练实例

1. 训练内容

对照片进行系列处理：

1）使黯淡肤色亮起来，给发黑的脸美白，方法如下。

①打开图片，创建一个空白图层。

②进入通道，按住 Ctrl 键，单击 RGB 通道，出现高光选区。

③返回空白图层，为选区填充白色。

④添加蒙版，设置前景色为黑色，用画笔涂掉不需增白的部分。

⑤如果嫌脸肤色太白了，可适当降低透明度。

2）去除面部油光。

用“修复画笔工具”，按 Alt 键在高光区单击，然后开始在高光区涂抹。

3）粗糙肌肤嫩起来。

照片中的皮肤看起来非常粗糙，没有光泽怎么办？方法如下。

①打开图片，按快捷键 Ctrl + J 复制一层。

②选择“滤镜”→“杂色”→“减少杂色”命令，打开“减少杂色”对话框，单击“高级”单选按钮，选择“每通道”选项卡，对红、绿、蓝 3 个通道的参数设置如下。

红：强度 10，保留细节为 100%。

绿：强度 10，保留细节为 6%。

蓝：强度 10，保留细节为 6%。

③选择“滤镜”→“锐化”→“USM 锐化”命令，在“USM 锐化”对话框中设置数量为 80，半径为 1.5，阈值为 4。

2. 训练要求

要基于原照片进行修复，力求自然，色彩的搭配要协调。

8.6.2 工作实践常见问题解析

【常见问题 1】 用铅笔在纸上画的漫画，用数码照相机拍下放到计算机里，现在想为人物上色，具体做法是什么？怎样才能让颜色过渡自然？

答：上色的时候新建一个图层，然后把新建图层的混合模式设置为“正片叠底”，这样涂上去的颜色就不会把线稿覆盖住。“正片叠底”模式是很常用的，用“加深工具”或“减淡工具”修饰也可以。

【常见问题 2】 什么是后期合成？

答：后期合成一般指将录制或渲染完成的影片进行再处理加工，使其达到需要的效果。合成的类型包括静态合成、三维动态特效合成、音效合成、虚拟和现实的合成等。衍生职业：后期合成师、特效合成师。

【常见问题 3】 照片破损后，有什么简单方法可以进行修复？

答：“仿制图章工具”修复：在照片破损不是很严重时，在单张旧照片上使用“仿制图章工具”修复。有大面积相同花纹，以及眼、鼻、嘴等重要部分破损时，可以从别的图片上剪贴完整的眼、鼻、嘴进行修复。

工作实训

1. 打开如习题图 1 所示的素材，将原图曝光过度的效果调整为正常（通过“曲线”“色阶”和“曝光度”等调整图层实现），如习题图 2 所示。

第 8 章习题图 1　原图

扫码查看彩图效果

第 8 章习题图 2　效果图

扫码查看彩图效果

2. 习题图 3 所示的图像的整体色调偏淡，用色相/饱和度加深图像的色调，效果如习题图 4 所示。

第 8 章习题图 3　素材

扫码查看彩图效果

第 8 章习题图 4　效果图

扫码查看彩图效果

第 9 章 通道与蒙版的应用

本章要点

- 了解通道的概念。
- 掌握创建通道的方法。
- 熟练掌握通道的应用。
- 掌握蒙版概念。
- 熟练掌握蒙版应用。

技能目标

- 掌握利用通道处理图片的方法和技巧。
- 掌握蒙版的使用方法和技巧。

引导问题

- 什么是通道?
- 通道的分类有哪些?
- 通道有哪些应用?
- 什么是蒙版?
- 如何利用蒙版进行图片合成?

【工作场景一】通道抠图

应用抠图、色阶、反相、减淡、加深等工具对带毛发的对象的毛发部分进行强化，使得毛发抠取得细腻。效果如图 9.0.1 所示。

【工作场景二】黑白照片上色

应用图层混合模式、选择工具、模糊等工具实现黑白照片变颜色。效果如图 9.0.2 所示。

【工作场景三】皮肤美白去斑

利用曲线、通道等工具对人物进行去斑处理。效果如图 9.0.3 所示。

图 9.0.1　抠图效果　扫码查看彩图效果

图 9.0.2　上色效果图　扫码查看彩图效果

扫码查看
彩图效果

图 9.0.3　美白去斑效果图

9.1　通道概述

9.1.1　通道概念

在 Photoshop 中，通道是图像文件的一种颜色数据信息储存形式，它与 Photoshop 图像文件的颜色模式密切关联，多个分色通道叠加在一起可以组成一幅具有颜色层次的图像。

从某种意义上来说，通道就是选区，也可以说通道就是存储不同类型信息的灰度图像。一个通道层同一个图像层之间最根本的区别在于：Photoshop 图像的各个像素点的属性是以红、绿、蓝三原色的数值来表示的，而通道层中的像素颜色是由一组原色的亮度值组成的。通俗地说，通道是一种颜色的不同亮度，是一种灰度图像。

利用通道可以将勾画的不规则选区存储起来，将选区存储为一个独立的通道层，需要选区时，就可以方便地从通道中将其调出。

9.1.2 通道面板

“通道”面板可用于创建和管理通道。该面板列出图像中的所有通道，包括颜色通道、Alpha 通道和专色通道。通道内容的缩览图显示在通道名称的左侧，在编辑通道时，会自动更新缩略图。

在 Photoshop 菜单栏中单击“窗口”→“通道”命令，即可打开“通道”面板。在面板中将根据图像文件的颜色模式显示通道数量。

图 9.1.1、图 9.1.2 所示分别为 RGB 颜色模式通道和 CMYK 颜色模式通道。

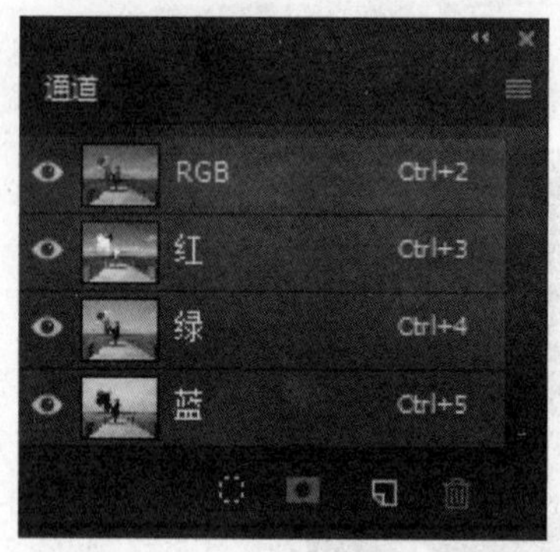

图 9.1.1 RGB 颜色模式通道

图 9.1.2 CMYK 颜色模式通道

“通道”面板如图 9.1.3 所示。

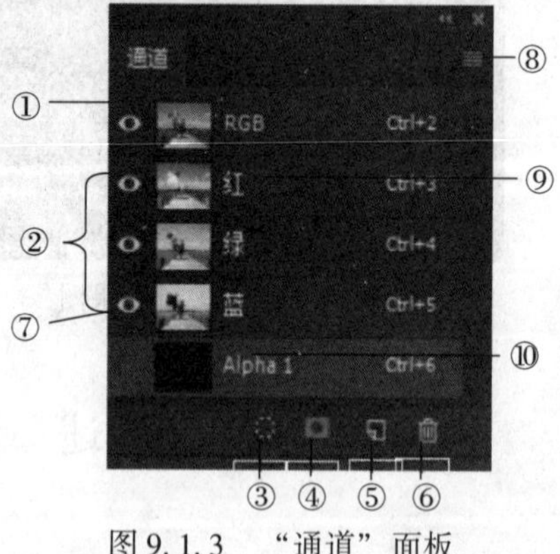

图 9.1.3 “通道”面板

①复合通道。RGB 颜色通道为复合通道，用于显示各种通道颜色叠加后的整体画面效果。

②原色通道。“红”“绿”“蓝”通道为原色通道。原色通道表示各色系在图像中的分布及浓度的大小。分别单击“红”“绿”“蓝”通道，对这些通道进行观察。在 RGB 模式下，暗色区域表示该颜色缺失，亮色区域表示该色存在。

③“将通道作为选区载入”▓：单击该按钮，可以将通道中的图像内容转换为选区；按住 Ctrl 键单击通道缩览图，也可将通道作为选区载入。

④“将选区存储为通道” ：单击该按钮，可以将当前图像中的选区以图像方式存储在自动创建的 Alpha 通道中。在按下 Alt 键的同时单击此按钮，会出现新建通道的对话框。

⑤“创建新通道” ：单击该按钮，即可在“通道”面板中创建一个新通道。

⑥“删除当前通道” ：单击该按钮，可以删除当前用户所选择的通道，但不能删除图像的原色通道。

⑦“指示通道可见性”图标 ：单击此图标，使通道不显示，可以关闭这一通道在图像中的对应图像，再次单击使其显示。当要显示或隐藏多个通道时，可在“通道”面板的“指示通道可见性”图标列中按住鼠标左键不放并且上下拖动即可。

⑧单击“通道”面板右上角的 按钮，可打开“通道”面板菜单，选择相应的命令对通道进行操作，如图 9.1.4 所示。

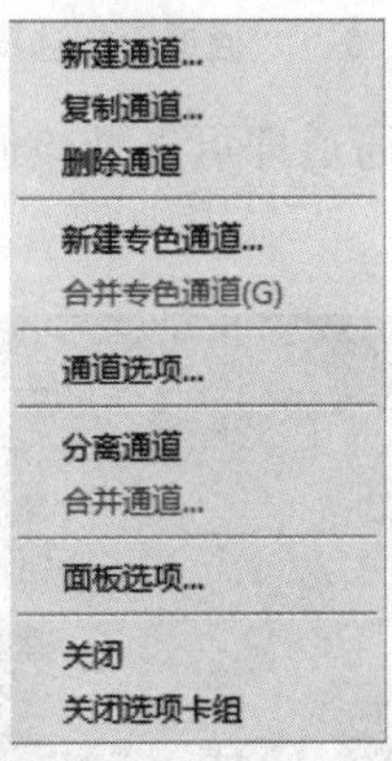

图 9.1.4　“通道”面板菜单

小提示：

只要以支持图像颜色模式的格式存储文件，就会保留颜色通道。只有当以 Photoshop、PDF、PICT、Pixar、TIFF 或 Raw 格式存储文件时，才会保留 Alpha 通道。

当要显示或隐藏多个通道时，可在“通道”面板的“指示通道可见性”图标 列中按住鼠标左键不放并且上下拖动即可。

通道菜单几乎包含了所有通道操作的命令。

指示通道可见性：单击该区域，可以显示或隐藏当前通道。当眼睛图标 显示时，表示显示当前通道；当眼睛图标消失时，表示隐藏当前通道。

通道缩览图：显示当前通道的内容，可以通过缩览图查看每一个通道的内容。

在“通道”面板菜单中单击“面板选项”命令，可以打开“通道面板选项”对话框，如图 9.1.5 所示。

在对话框中可以修改缩览图的大小。

⑨通道名称：显示通道的名称。

⑩在新建 Alpha 通道时，如果不为新通道命名，系统将会自动给它命名为 Alpha1，Alpha2，…。

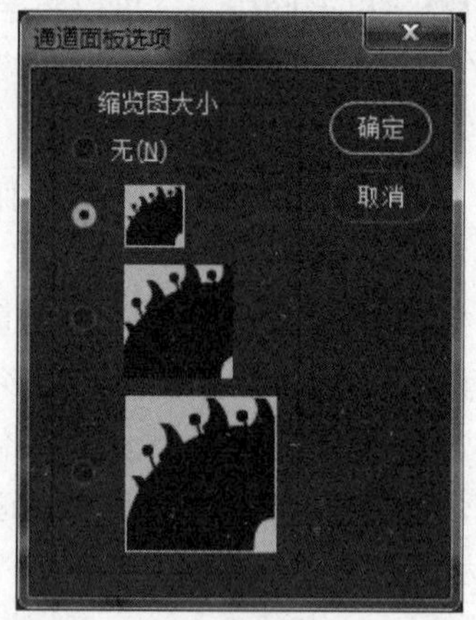

图 9.1.5 “通道面板选项”对话框

在“通道”面板中，单击一个通道即可选择该通道，文档窗口中也会显示所选通道的灰度图像，如图 9.1.6 所示。

扫码查看
彩图效果

图 9.1.6 选择单通道及灰度图像

按住 Shift 或 Ctrl 键并单击其他通道，可以选择多个通道，此时窗口中会显示所选颜色通道的复合信息，如图 9.1.7 所示。

扫码查看
彩图效果

图 9.1.7 选择多个通道及复合信息

通道名称的左侧显示了通道内容的缩览图，在编辑通道时，缩览图会自动更新。单击 RGB 复合通道，可以重新显示其他颜色通道，如图 9.1.8 所示。

扫码查看
彩图效果

图 9.1.8　选择 RGB 复合通道及重新显示颜色

此时可以同时预览和编辑所有颜色通道。

9.1.3　通道分类

在 Photoshop 中通道一般分为 4 种类型，分别是颜色通道、复合通道、Alpha 通道、专色通道。

9.2　通道的基本操作

9.2.1　创建 Alpha 通道

Alpha 通道用于将选区存储为灰度图像。可以添加 Alpha 通道来创建和存储蒙版，这些蒙版用于处理或保护图像的某些部分。

①打开一个图像文件，如图 9.2.1 所示。

图 9.2.1　RGB 颜色通道

②在“通道”面板菜单中单击“新建通道”命令，打开“新建通道”对话框，如图 9.2.2 所示。

如果单击“通道”面板底部的“创建新通道”按钮，则会直接创建 Alpha 通道。

名称：在右侧的文本框中输入通道的名称。如果不输入，Photoshop 会自动按顺序命名为 Alpha1，Alpha2，…。

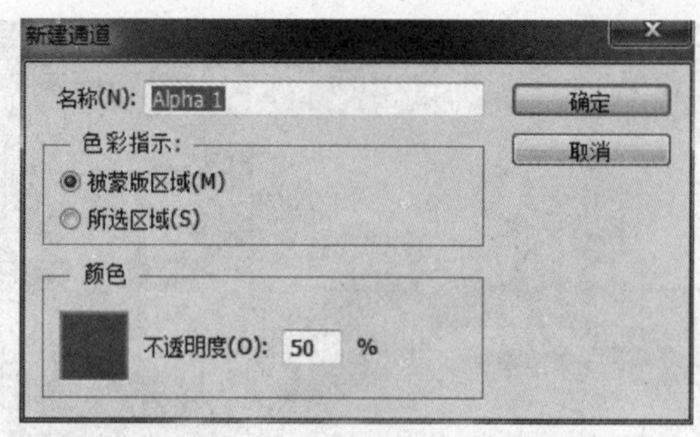

图 9.2.2 “新建通道”对话框

被蒙版区域：选择该单选按钮，可以使新建的通道中，被蒙版区域显示为黑色，选择区域显示为白色。

所选区域：选择该单选按钮，可以使新建的通道中，被蒙版区域显示为白色，选择区域显示为黑色。

颜色：单击下方的颜色块，可以打开“拾色器（通道颜色）”对话框，在该对话框中可以选择通道要显示的颜色；也可以单击右侧的“颜色库”按钮，在“颜色库”对话框中设置通道要显示的颜色。

不透明度：在该文本框输入一个数值，通过它可以设置蒙版颜色的不透明度。

③在对话框中设置好选项以后，单击“确定”按钮，即可创建一个 Alpha 通道，如图 9.2.3 所示。

扫码查看彩图效果

图 9.2.3 创建 Alpha 通道

如图 9.2.3 所示，将 RGB 通道设置为显示，可以显示全部图像内容，而将新建的 Alpha1 通道隐藏起来，则可以显示原始图像的效果。

④将 Alpha1 通道设置为显示，将颜色设置为红色，将不透明度的值设置为 50%。效果如图 9.2.4 所示。

双击 Alpha1 通道的缩览图，可以打开“通道选项”对话框，可以修改通道的各个选项。

小提示：

Alpha 通道与图层看起来相似，但区别却非常大。Alpha 通道可以随意增减，这一点类似图层功能，但 Alpha 通道不是用来储存图像，而是用来保存选区的。

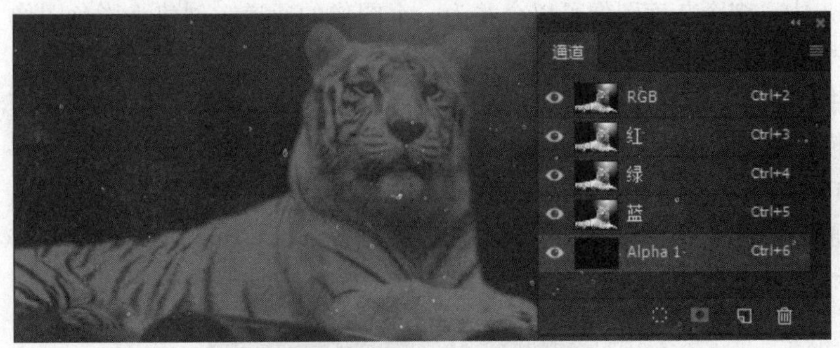

扫码查看
彩图效果

图 9.2.4　Alpha1 通道设置

9.2.2　创建专色通道

专色通道用于存储印刷用的专色。

通常情况下，专色通道都是以专色的名称来命名的。

创建专色通道的方法有两种：一种是创建新的专色通道，一种是将现有的 Alpha 通道转化为专色通道。

通道的重命名、复制和删除同图层操作。

9.2.3　通道的分离与合并

在“通道”面板的菜单选项中有“分离通道”“合并通道”两个命令。

①分离通道创建灰度图像。

分离通道是指将图像的通道分离出来，得到多个单独的灰度图像。

“分离通道”命令的使用有两大限制：文件必须只有一个图层；只有在 RGB 颜色、CMYK 颜色、Lab 颜色和多通道模式下可以使用。单击通道右面的下拉菜单按钮，打开“通道”面板菜单，选择“分离通道”选项，如图 9.2.5 所示，可以将图像中的各个通道分离出来，使其各自作为一个单独的文件存在。

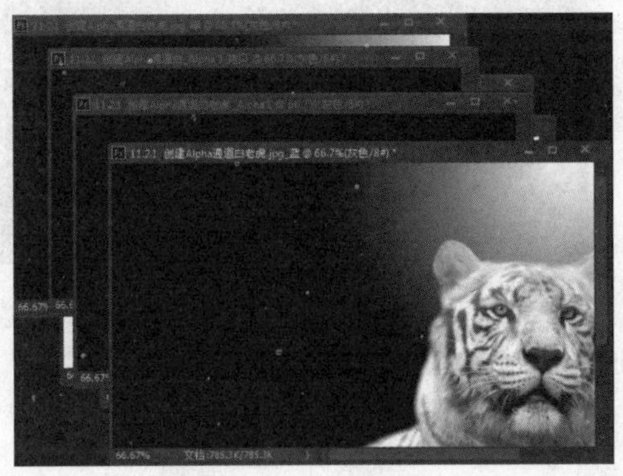

扫码查看
彩图效果

图 9.2.5　通道分离

②合并通道创建彩色图像。

在实际的图像编辑中，有时为了制作出特殊的图像效果，需要将不同的通道合并起来。

在 Photoshop 中，多个灰度图像可以合并为一个图像的通道，创建为彩色图像。但图像必须是灰度模式，具有相同的像素尺寸并且处于打开的状态。

在合并通道时，还要注意通道的模式，不同模式分离出来的通道是不能合并的。比如，从 CMYK 模式中分离出来的图像不能合并到 RGB 模式的图像中。

打开 10. 2. 3 节分离的 3 个灰度文件。

在“通道”面板菜单中单击“合并通道”命令，打开“合并通道”对话框，如图 9. 2. 6 所示。

图 9. 2. 6　“合并通道”对话框

模式：从右侧的下拉列表中可以选择合并的通道模式。包括 RGB 颜色、CMYK 颜色、Lab 颜色和多通道 4 种颜色模式。

通道：用于指定合并的通道数。该项只在多通道时使用，如果要合并的图像中带有 Alpha通道或专色通道，可以使用“多通道”模式来指定多个通道。

③在“模式”下拉列表中选择“RGB 颜色”，如图 9. 2. 7 所示。

图 9. 2. 7　“模式”选择

④单击“确定”按钮，弹出“合并 RGB 通道”对话框，如图 9. 2. 8 所示。

图 9. 2. 8　“合并 RGB 通道”对话框

⑤设置好各个颜色通道对应的图像文件以后，单击“确定”按钮，即可将它们合并为一个彩色的 RGB 图像，如图 9. 2. 9 所示。

扫码查看
彩图效果

图 9.2.9　合并后的 RGB 图像

⑥如果在“合并 RGB 通道”对话框中改变通道所对应的图像，如图 9.2.10 所示，则合成后图像的颜色也不相同，如图 9.2.11 所示。

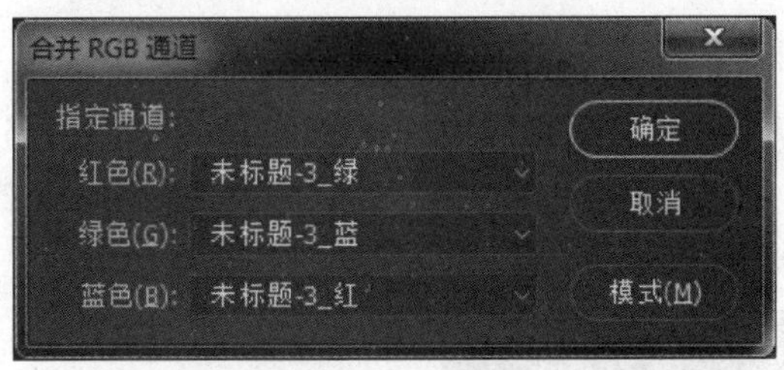

图 9.2.10　改变通道

扫码查看
彩图效果

图 9.2.11　改变通道后的 RGB 图像

9.3　通道与选区的互相转换

1. 选区转换为通道

在文档中创建选区，如图 9.3.1 所示。

在“通道”面板的底部单击“将选区存储为通道”按钮，即可将选区保存到 Alpha 通道中，如图 9.3.2 所示。

图 9.3.1　创建选区

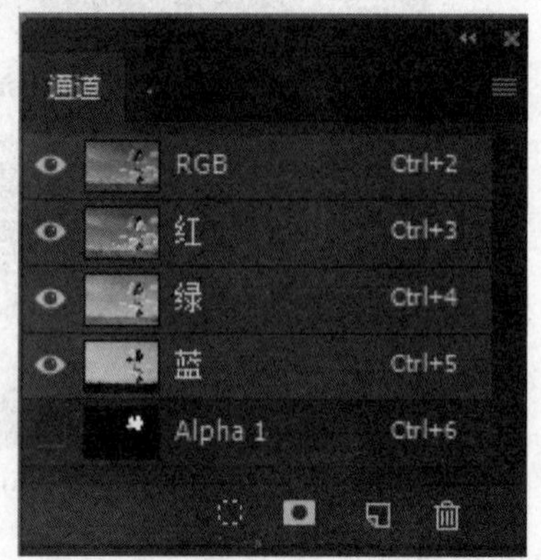

图 9.3.2　选区保存到 Alpha 通道中

2. 载入 Alpha 通道中的选区

在"通道"面板中选择要载入选区的 Alpha 通道，如图 9.3.3 所示。

在面板底部单击"将通道作为选区载入"按钮 ，即可载入通道中的选区，如图 9.3.4 所示。

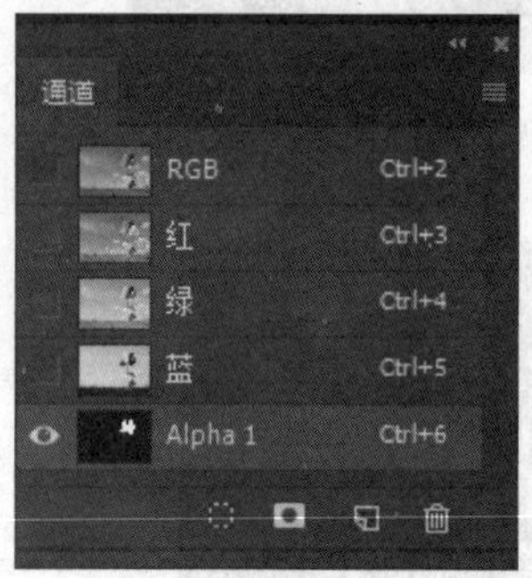

图 9.3.3　选择 Alpha 通道

图 9.3.4　载入选区

按住 Ctrl 键单击 Alpha 通道也可以载入选区，这样操作的好处是不必来回切换。

如果当前图像中包含选区，按住 Ctrl 键单击"通道""路径""图层"面板中的缩览图时，可以通过按下以下键进行选区运算。

①按住 Ctrl 键，光标会变成 形状，此时单击鼠标左键，可以将它作为一个新选区载入。

②按住快捷键 Ctrl + Shift，光标会变成 形状，此时单击鼠标左键，可以将它添加到现有选区中。

③按住快捷键 Ctrl + Alt，光标会变成 形状，此时单击鼠标左键，可以从当前的选区中减去载入的选区。

④按住快捷键 Ctrl + Shift + Alt，光标会变成 形状，此时单击鼠标左键，可进行与当前选区相交的操作。

9.4 蒙版

Photoshop 中的蒙版是用于控制用户需要显示或者需要影响的图像区域，也可以说是用于控制需要隐藏或不受影响的图像区域。蒙版是进行图像合成的重要手段，也是 Photoshop 中极富魅力的功能之一，通过蒙版可以非破坏性地合成图像。

蒙版分为图层蒙版、矢量蒙版、剪切蒙版、快速蒙版。

9.4.1 图层蒙版

图层蒙版可以理解为在当前图层上覆盖一层玻璃片，这种玻璃片分为白色透明的、黑色不透明的、灰色半透明的三种，前者显示全部，后者隐藏部分。然后用各种绘图工具在蒙版上（即玻璃片上）涂色（只能涂黑、白、灰色），蒙版中涂黑色的地方与图层对应位置的像素变为透明；涂白色的地方，则与图层对应位置的像素不透明度为 100%；如选择颜色面板右上方的 ▤ 下拉菜单，选择“灰度滑块”，分别调整灰度值为 0%、30%、70%、100%，在图层蒙版上分别用矩形选框工具绘制矩形，填上不同的灰度颜色，则与图层对应位置的像素呈现不同程度的透明。透明的程度由涂色的灰度深浅决定，如图 9.4.1 所示。

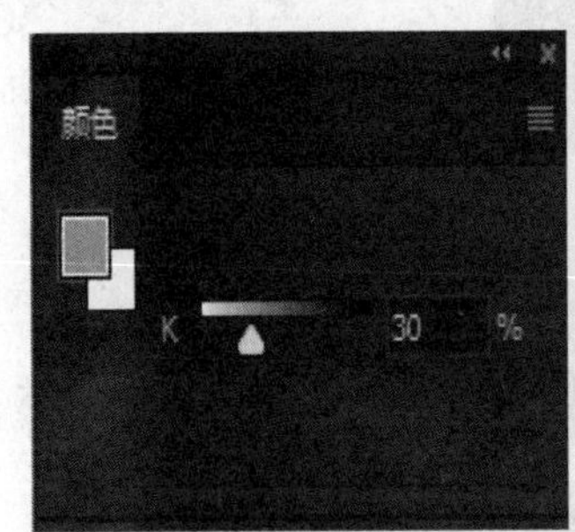

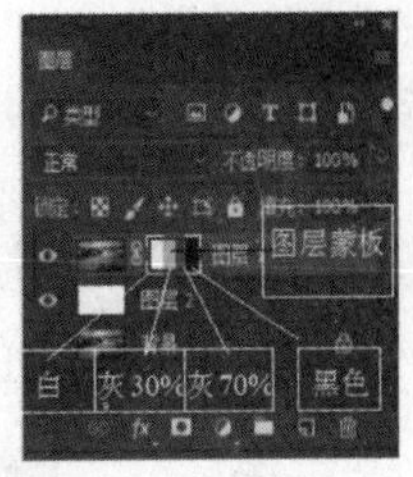

图 9.4.1 图层蒙版

1. 创建图层蒙版

创建 Photoshop 图层蒙版有多种方法，常用的两种方法为：给图层添加蒙版和给某个选区添加蒙版。

（1）直接创建图层蒙版

这是使用最频繁的方法。单击“图层面板”中的“添加图层蒙版”按钮，即可创建图层蒙版。

①按快捷键 Ctrl + O 打开两幅素材图像文件，如图 9.4.2 所示。

②在“图层面板”中选择要添加图层蒙版的图层，单击“添加图层蒙版”按钮 ◘，可以为所选图层创建图层蒙版（白色显示底层图像，黑色隐藏底层图像），如果按住 Alt 键的同时单击“添加图层蒙版”按钮 ◘，则创建后的图层蒙版中填充色为黑色，如图 9.4.3 所示。

图 9.4.2　两幅素材图像

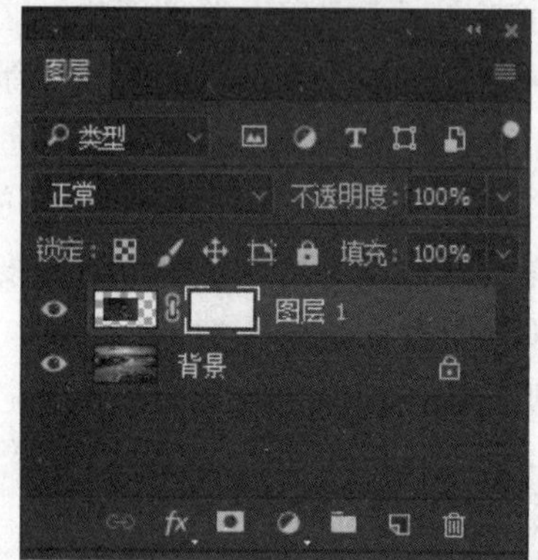

图 9.4.3　创建图层蒙版

(2) 利用选区创建图层蒙版

①利用工具箱中的“套索工具”在当前蝴蝶图层创建选区，如图 9.4.4 所示。

图 9.4.4　创建选区

②在菜单栏中选择“图层”→“图层蒙版”命令，在弹出的子菜单中选择相应的命令，包括显示全部、隐藏全部、显示选区、隐藏选区和从透明区域命令。选择“显示选区”命令，创建的图层蒙版如图 9.4.5 所示。得到的图像效果如图 9.4.6 所示。

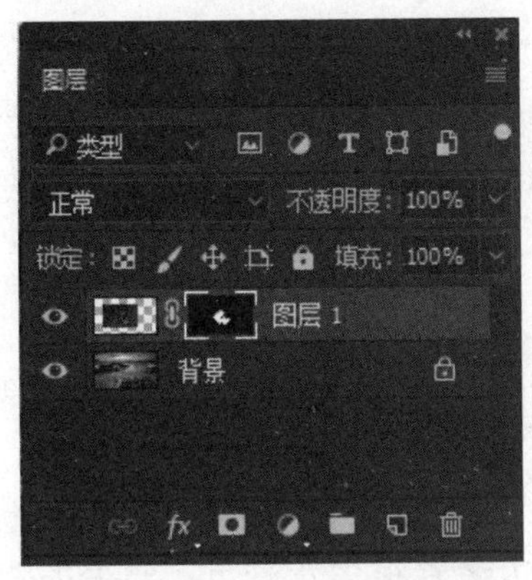

图 9.4.5　图层蒙版

图 9.4.6　显示选区图像

2. 图层蒙版操作

Photoshop 图层蒙版被创建后，用户还可以根据系统提供的不同方式管理图层蒙版。常用的方法有查看、停用/启用、应用、删除、链接和编辑。

(1) 查看图层蒙版

按住 Alt 键的同时，在“图层面板”中单击图层蒙版缩览图即可进入图层蒙版的编辑状态；再次按住 Alt 键，单击图层蒙版缩览图即可回到图像编辑状态。

(2) 停用/启用图层蒙版

如果要查看添加了图层蒙版的图像原始效果，可暂时停用图层蒙版的屏蔽功能，按住 Shift 键的同时，在图层蒙版上单击即可，或者在“图层面板”中单击鼠标右键，选择“停用图层蒙版”选项，图层蒙版状态如图 9.4.7 所示，为停用状态。再次按住 Shift 键单击，或在“图层面板”上单击“启用图层蒙版”选项，可恢复图层蒙版。

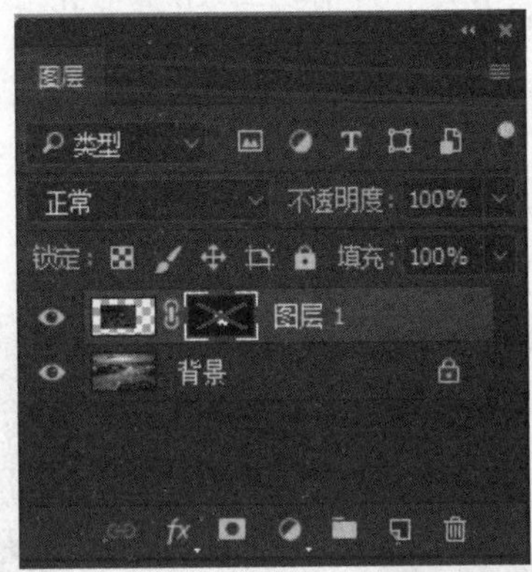

图 9.4.7　“停用图层蒙版”选项

(3) 删除图层蒙版

如果不需要图层蒙版，可直接将其拖至“图层面板”上的“删除图层”按钮 上，在弹出的对话框中单击“删除”即可，或者在图层蒙版上单击鼠标右键，选择“删除蒙版”选项。

（4）链接图层蒙版

默认情况下，图层与图层蒙版是链接状态，如果需要取消链接，单击图层和蒙版缩览图中间的链接按钮即可。当图层与图层蒙版处于链接状态时，移动图层时，图层蒙版也随着移动；当取消链接时，图层蒙版不随着图层的移动而移动。

（5）编辑图层蒙版

编辑图层蒙版就是依据需要显示及隐藏的图像，使用适当的工具来决定蒙版中哪一部分为白色，哪一部分为黑色。

选择工具箱中的“画笔工具”，设置好笔刷大小；设置前景色为“黑色”，在上述图像窗口中的蝴蝶图像边缘进行涂抹（放大图像，发现边缘有很多背景色，要去掉背景色），得到如图 9.4.8 所示效果。

扫码查看
彩图效果

图 9.4.8　效果图

3. 更改图层蒙版的浓度

蒙版边缘生硬，Photoshop CS4 以上版本有边缘羽化和浓度的调整命令，可以让边缘比较柔和。

①在 Photoshop 中，新建 18 cm×27 cm、72 dpi 文件，选择渐变工具，调整渐变颜色左端 RGB 为#506448，右端 RGB 为#2b2e35，如图 9.4.9 所示。线性渐变填充背景色，如图 9.4.10 所示。

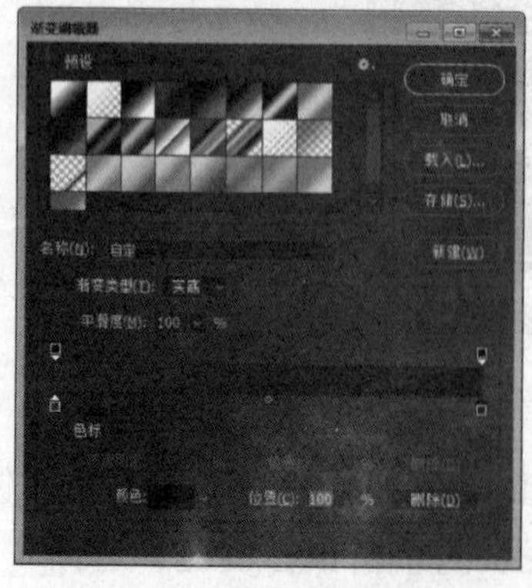

图 9.4.9　渐变编辑器

图 9.4.10　线性渐变填充

②执行快捷键 Ctrl + O 打开素材文件，执行快捷键 Ctrl + T 调整其位置和大小，如图 9. 4. 11 所示。

图 9. 4. 11　素材图像

③选择图层 0，选择椭圆选框工具，在猴子头部绘制选区，如图 9. 4. 12 所示。单击图层面板下方的添加矢量蒙版按钮，给图层 0 添加蒙版，如图 9. 4. 13 所示。

图 9. 4. 12　绘制选区

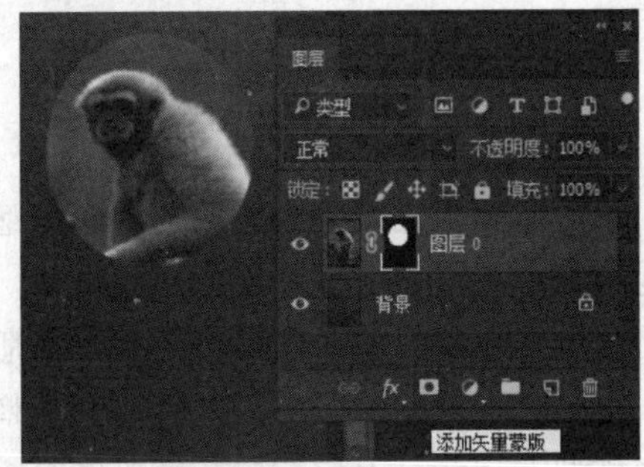

图 9. 4. 13　添加矢量蒙版

④打开图层蒙版属性面板，如图 9. 4. 14 所示（如果没有显示，打开“窗口”→“属性”），调整其浓度和羽化值，浓度越高，被蒙版盖住的部分越不清晰，羽化越高，椭圆选区边缘越柔和。羽化越高，边上越柔和。效果如图 9. 4. 15 所示。

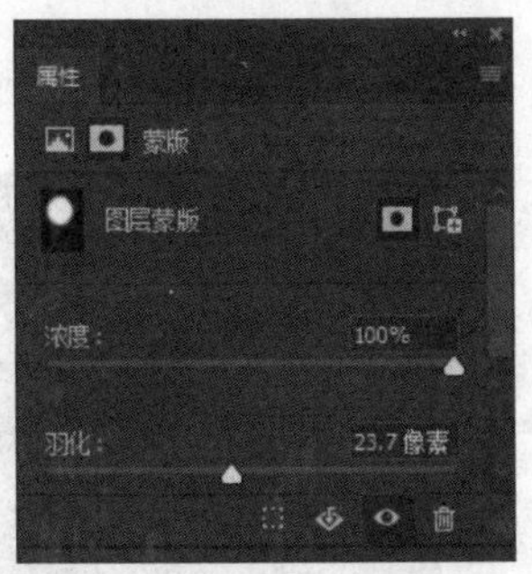

图 9. 4. 14　图层蒙版缩览属性面板

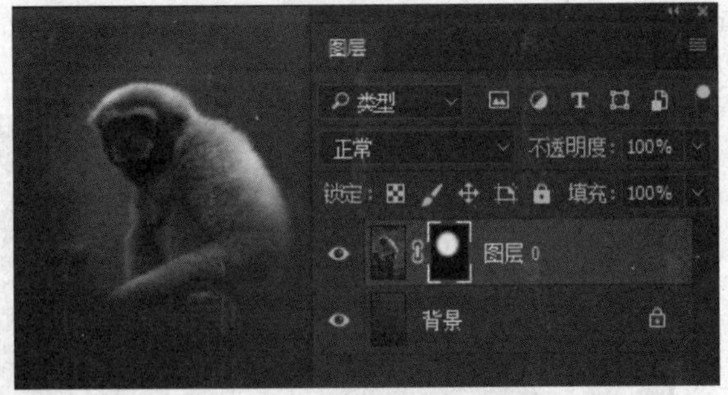

图 9. 4. 15　边缘羽化效果

4. 载入图层蒙版中的选区

1）选择未被蒙版遮盖的图层上的非透明区域，按住 Ctrl 键，并单击“图层”面板中的图层蒙版缩览图，如图 9. 4. 16 所示。

2）如果图层中已存在一个选区，则可以执行下列操作。

①要向现有选区添加像素，按住快捷键 Ctrl + Shift，并单击“图层”面板中的图层蒙版缩览图。

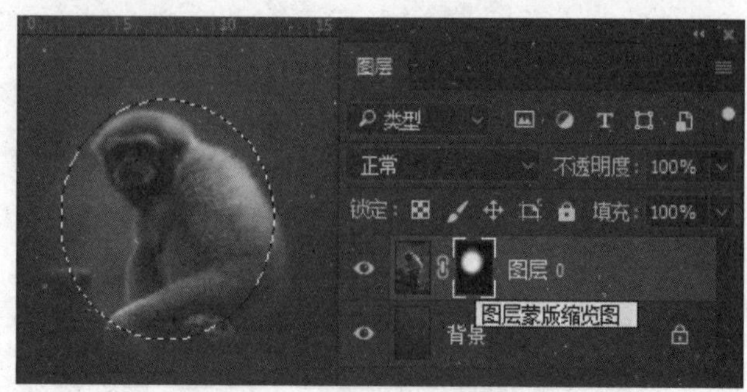

图 9.4.16　蒙版选区

②要从现有选区中减去像素，按住快捷键 Ctrl + Alt，并单击图层蒙版缩览图。

③要载入像素和现有选区的交集，按住快捷键 Ctrl + Alt + Shift，并单击图层蒙版缩览图。

9.4.2　剪贴蒙版

剪贴蒙版是用一个图层的内容来遮盖其上方图层的内容，原理是利用此图的像素内容作为蒙版，决定其上方图层的显示形状。要创建剪贴蒙版，必须要有两个以上图层。以两个图层为例：相邻的两个图层创建剪贴蒙版后，上面图层所显示的内容受下面图层形状的控制。

注意，剪贴蒙版中只能针对连续图层。蒙版中的基底图层名称带下划线，上层图层的缩览图是缩进的。

1）新建一个空白文档，使用“横排文字工具”在图像窗口中输入文字，并设置格式，如图 9.4.17 所示。

2）按快捷键 Ctrl + O 打开一幅具有科技图像的素材文件。使用“移动工具”将科技图像拖入文字图像窗口，并调整到合适的位置，如图 9.4.18 所示。图层的位置如图 9.4.19 所示。

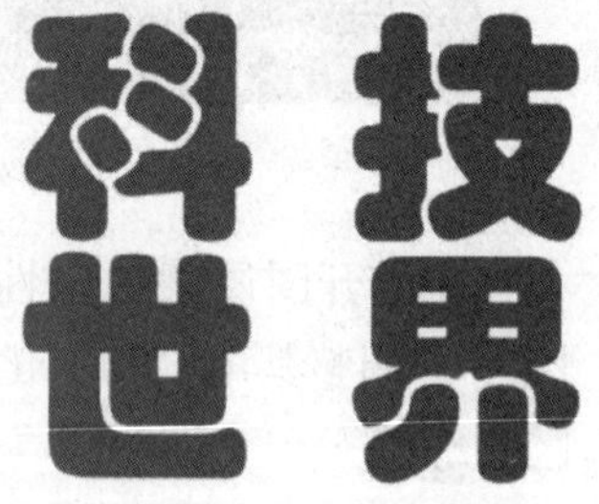

图 9.4.17　输入文字

图 9.4.18　素材图像

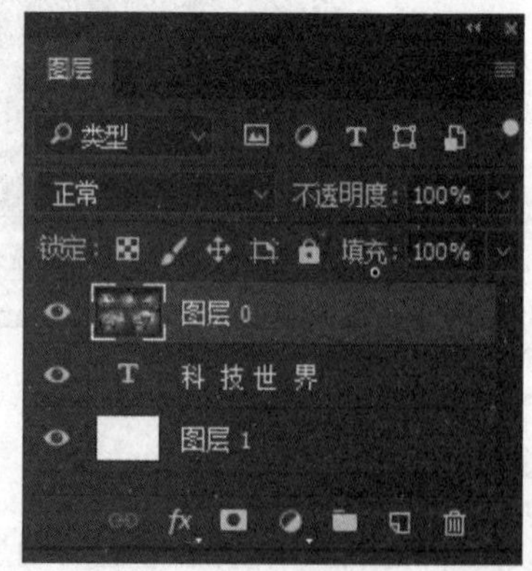

图 9.4.19　“图层”面板

3）在“图层”面板中选择图层 0，按住 Alt 键，将鼠标指针放在分隔“图层 0”和“科技世界”文字图层这两个图层之间的线上，当指针变成“”图标时，单击鼠标，即可创建剪贴蒙版，如图 9. 4. 20 所示。

创建剪贴蒙版方法还有：

①选择菜单栏“图层”→“创建剪贴蒙版”命令。

②使用快捷键 Alt + Ctrl + G。

创建剪贴蒙版后的图像效果如图 9. 4. 21 所示。

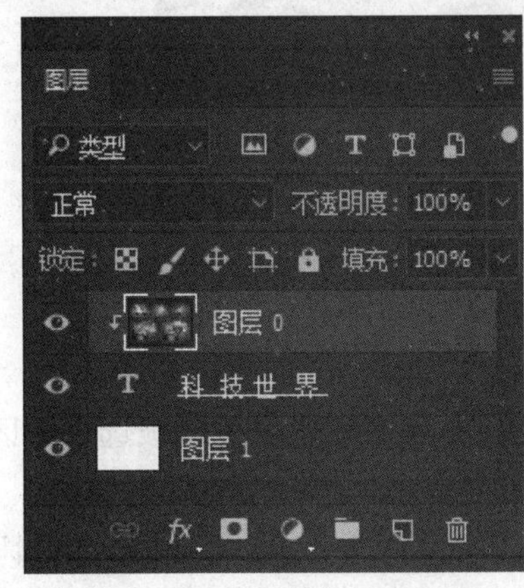

图 9. 4. 20　“图层”面板

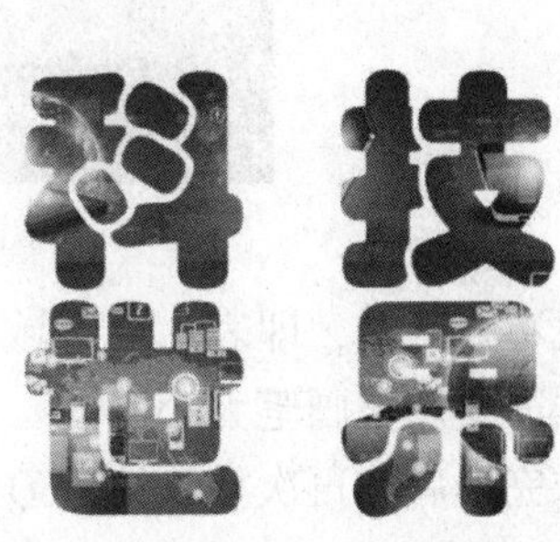

图 9. 4. 21　效果图

4）取消剪贴蒙版的方法。

①在 Photoshop“图层面板”中选择“图层 1”，再按住 Alt 键，将鼠标指针放在分隔“图层 0”和“科技世界”文字图层这两个图层之间的线上，当指针变成图标时，单击鼠标，即可取消剪贴蒙版。

②选择菜单栏“图层”→“释放剪贴蒙版”命令。

③再次使用快捷键 Alt + Ctrl + G。

9. 4. 3　快速蒙版

“快速蒙版”是一个编辑选区的临时环境，可以辅助用户创建选区。

①使用快速蒙版工具对 Photoshop 图像中的部分内容进行选取。打开两幅图像素材，放在一个文件中，如图 9. 4. 22 所示。

图 9. 4. 22　素材图像

②选择孩子所在图层，单击工具箱中的“以快速蒙版模式编辑”或按快捷键Q，进入快速蒙版。选择工具箱中的“画笔工具”设置合适画笔大小，在孩子及小飞机部位涂抹，注意要涂满，否则有的区域会选不全，如图9.4.23所示。

图9.4.23　进入快速蒙版

③红色覆盖区域，即表示该区域图像为受保护状态，也就是没被选中的区域。在涂抹过程中，根据需要调整画笔大小。

④涂抹完毕后，再次按快捷键Q，或单击工具箱中的“以标准模式编辑”按钮，进入“标准编辑”模式。可以看到图像中产生了选区，涂抹区域为没被选中的区域。如图9.4.24所示。

图9.4.24　涂抹得到的选区

小技巧：

可反复按快捷键Q，切换“以快速蒙版模式编辑”与“以标准模式编辑”状态。当前景色设置为黑色，在图像中涂抹，可增加蒙版选区；当前景色设置为白色，在图像中涂抹，可减少蒙版选区。如此反复对快速蒙版选区进行调整，直到使用快速蒙版工具创建出合适选区。

⑤按快捷键Ctrl+Shift+I反选，得到孩子选区，如图9.4.25所示。

⑥这时可以对选区进行编辑等操作。按快捷键Ctrl+J复制选区内容，如图9.4.26所示；隐藏图层1，选择图层2，按快捷键Ctrl+T适当缩小孩子图像。最后效果如图9.4.27所示。

图 9.4.25　孩子选区

图 9.4.26　复制选区

扫码查看
彩图效果

图 9.4.27　效果图

9.5　工作场景实施

9.5.1　场景一：通道抠图

要求：应用抠图、色阶、反相、减淡、加深等工具对带毛发的对象的毛发部分进行强化，使得毛发抠取得细腻。

①打开 Photoshop 软件，打开本案例的素材，按快捷键 Ctrl + J 复制背景图层，如图 9.5.1 所示。

图 9.5.1　复制图层

②单击通道面板，选择通道中对比度最明显的绿通道，拖动“绿通道缩览图”到绿通道面板下方的“创建新通道”按钮上，复制绿色通道，如图 9.5.2 所示。

③选择钢笔工具，对人物的身体进行抠取，要在整个身体的路径中去除人物胳膊与身体之间镂空部位，通过设置钢笔属性栏，单击“路径操作”按钮，选择“排除重叠形状”，再用钢笔选取镂空部位实现去除，如图 9.5.3 所示。这样可以得到身体的选区，如图 9.5.4 所示。

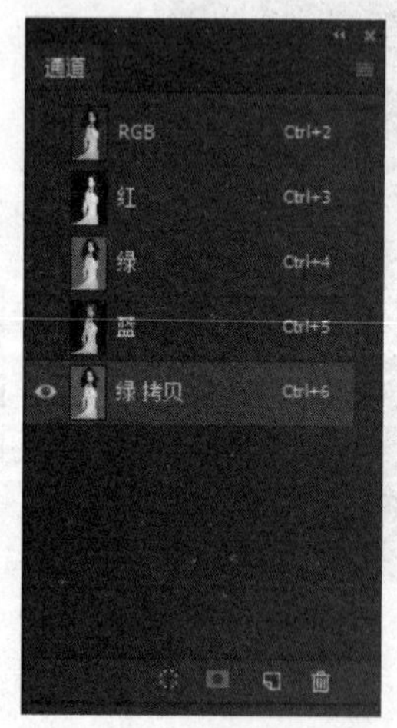

图 9.5.2　复制通道

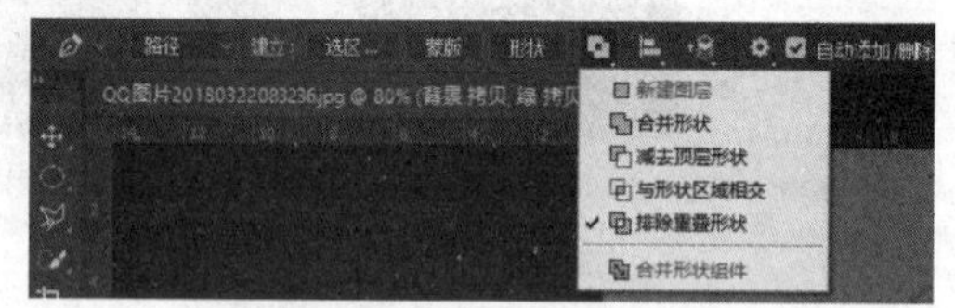

图 9.5.3　选择路径操作方式

④单击路径面板上“将路径作为选区载入”按钮，得到人物身体的选区。

⑤执行“图层”→“调整”→“色阶”命令，主要目的是将背景变成白色，如图 9.5.5 所示。

⑥用画笔工具将背景不白的地方涂成白色。执行“图像”→“调整”→“反相”命令，人物所在位置变成了白色，就是我们要得到的选区。用减淡工具在发丝部分加强，范围是高光，注意降低曝光度，最终得到如图 9.5.6 所示选区。

图 9.5.4　利用钢笔工具选择身体部分

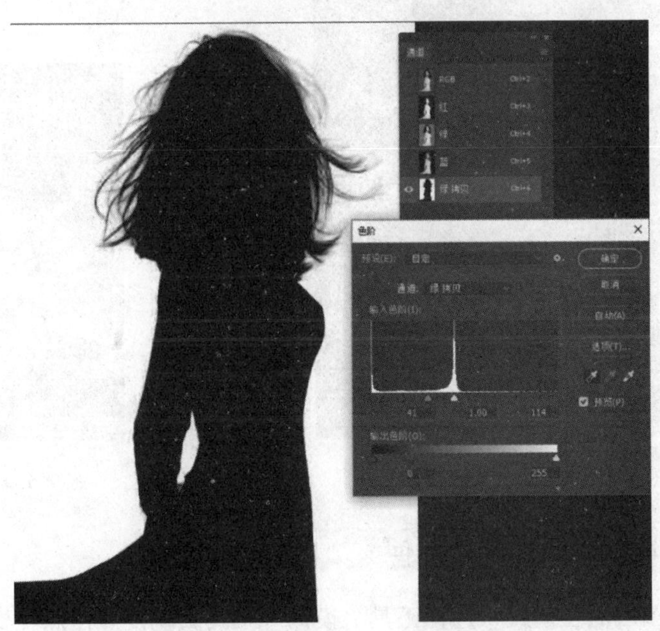

图 9.5.5　调整色阶

⑦单击通道面板下方的“将通道作为选区载入”按钮▩，得到人物选区。回到图层面板，按快捷键 Ctrl + J 将背景上选区内容进行拷贝，复制出一个新的图层。用加深工具▩在发丝部分进行涂抹，范围是阴影，注意降低曝光度。最终得到如图 9.5.7 所示人物抠图效果。

⑧将风景照片拖放到图层 1 后面，如图 9.5.8 所示，效果如图 9.5.9 所示。

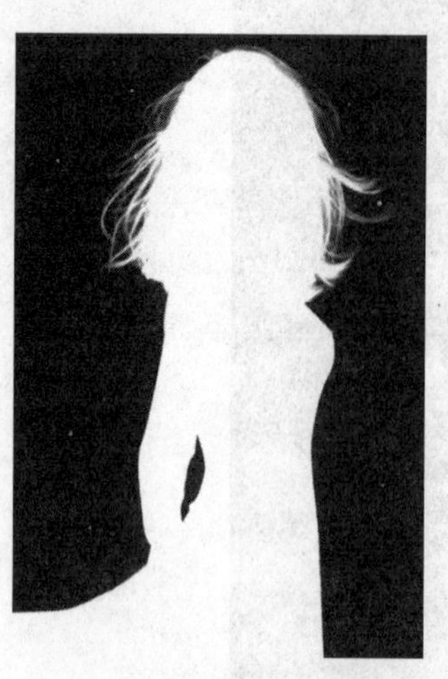

图9.5.6 得到人物选区

图9.5.7 抠取人物效果图

图9.5.8 更换背景效果图

图9.5.9 效果图

9.5.2 场景二：黑白照片上色

要求：应用图层混合模式、选择工具、模糊等工具实现使黑白照片变颜色。

①打开 Photoshop 软件，单击“文件”→“打开”命令，打开本书素材图片，如图9.5.10所示。

②执行图层面板“创建新图层”命令，新建图层，图层混合模式为“颜色”，如图9.5.11所示。

③单击工具箱中的“快速选择工具”，属性栏选择“加选”，依次单击选取人物的脸部、背部等部位，建立选区，如图9.5.12所示。

扫码查看彩图效果

图 9.5.10 素材

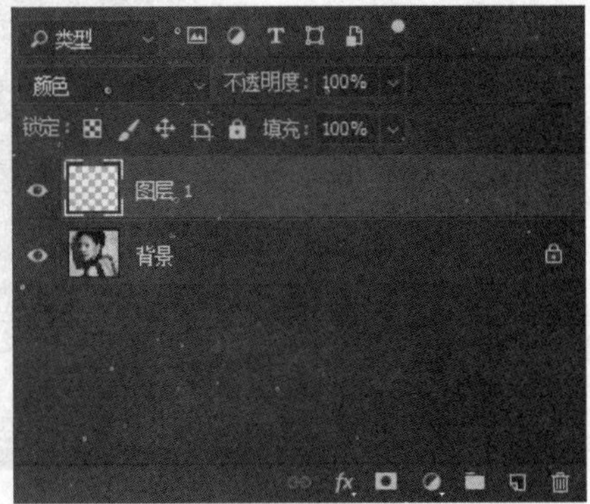

图 9.5.11 新建图层

图 9.5.12 建立选区

④选中图层1，将前景色设置为 RGB（168，129，112），按快捷键 Alt + Delete，用前景色填充，给选区上色，如图 9.5.13 所示。

⑤执行“图像”→“调整”→“色相/饱和度”命令，在弹出的“色相/饱和度”对话框中设置色相为 -5，明度为1，如图 9.5.14 所示。

⑥按快捷键 Ctrl + Alt + Shift + E 盖印图层，再执行“滤镜”→“模糊”→“高斯模糊”，数值为1，确定后把图层混合模式改为“柔光”，如图 9.5.15 所示。

扫码查看
彩图效果

图 9.5.13　上色

扫码查看
彩图效果

图 9.5.14　调整“亮度/对比度”

扫码查看
彩图效果

图 9.5.15　盖印图层

⑦方法同上，新建图层，模式为“颜色”，设置前景色为 RGB（223，32，230），选中服饰部分，按快捷键 Alt + Delete，用前景色填充，给选区上色，如图 9.5.16 所示。按快捷键 Ctrl + D 取消选区。

扫码查看
彩图效果

图 9.5.16　服饰上色

⑧方法同上，新建图层，模式为“颜色”，设置前景色为 RGB（246，20，52），选中嘴唇部分，用画笔工具进行上色，如图 9.5.17 所示。按快捷键 Ctrl + D 取消选区。

扫码查看
彩图效果

图 9.5.17　嘴唇上色

⑨最后再修饰一下细节，完成最终效果，如图 9.5.18 所示。按快捷键 Ctrl + S 保存并导出图片。

扫码查看
彩图效果

图 9.5.18　效果图

9.5.3　场景三：皮肤美白去斑

要求：利用曲线、通道等工具对人物进行去斑处理。

①打开本书素材，如图 9.5.19 所示。按快捷键 Ctrl + M，调出“曲线”面板，通过调整曲线来调高图片的高度，如图 9.5.20 所示。

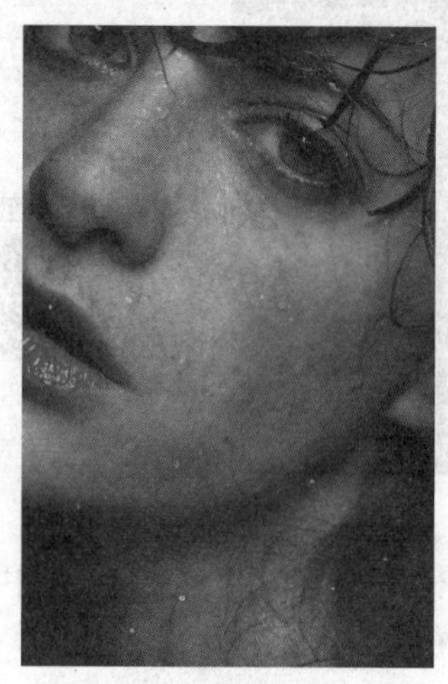

图 9.5.19　素材

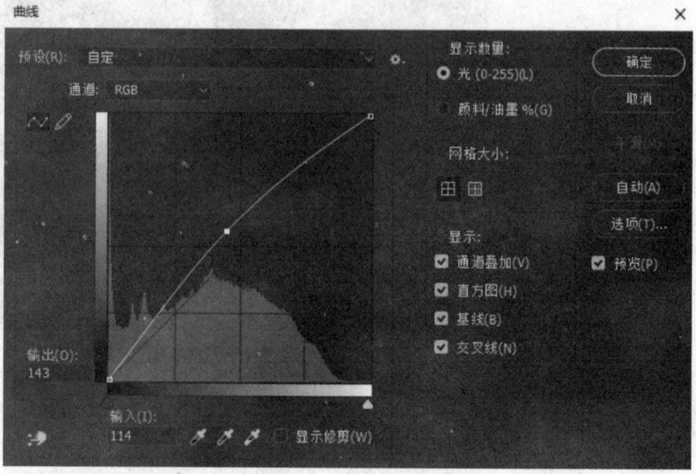

图 9.5.20　调整曲线

②在“曲线”面板中，选择蓝色通道，调高曲线，使模特的肤色变白，如图 9.5.21 所示。

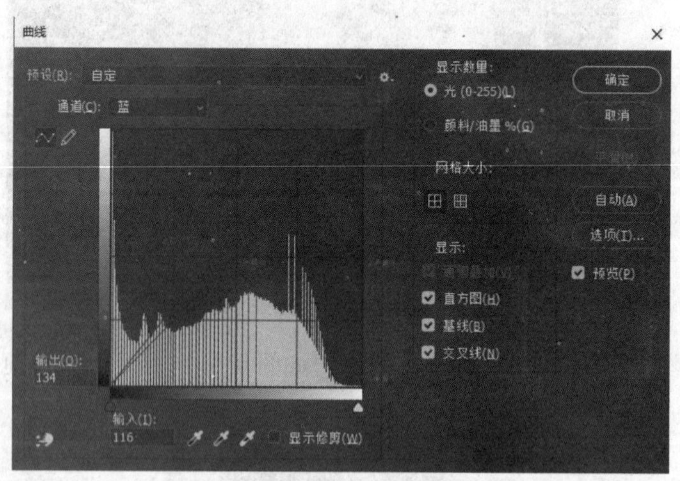

图 9.5.21　提高蓝色通道亮度

③执行“图像”→“调整”→“可选颜色”命令，选择颜色为黄色，将黄色值降到最低，如图 9.5.22 所示。

④切换到通道面板，依次查看黑白对比最明显的通道。本图中蓝色通道对比最明显，选择蓝色通道，复制为“蓝副本”，并对此通道执行“滤镜”→“其他”→“高反差保留”命令，将半径值设为 10，如图 9.5.23 所示。

图 9.5.22　设置“可选颜色”

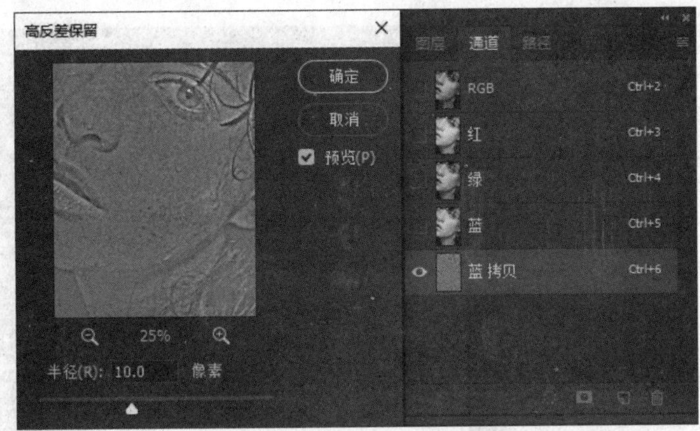

图 9.5.23　设置“高反差保留”

⑤执行“图像”→“应用图像”命令，在打开的对话框中，将图层混合模式改为“颜色减淡”，如图 9.5.24 所示。

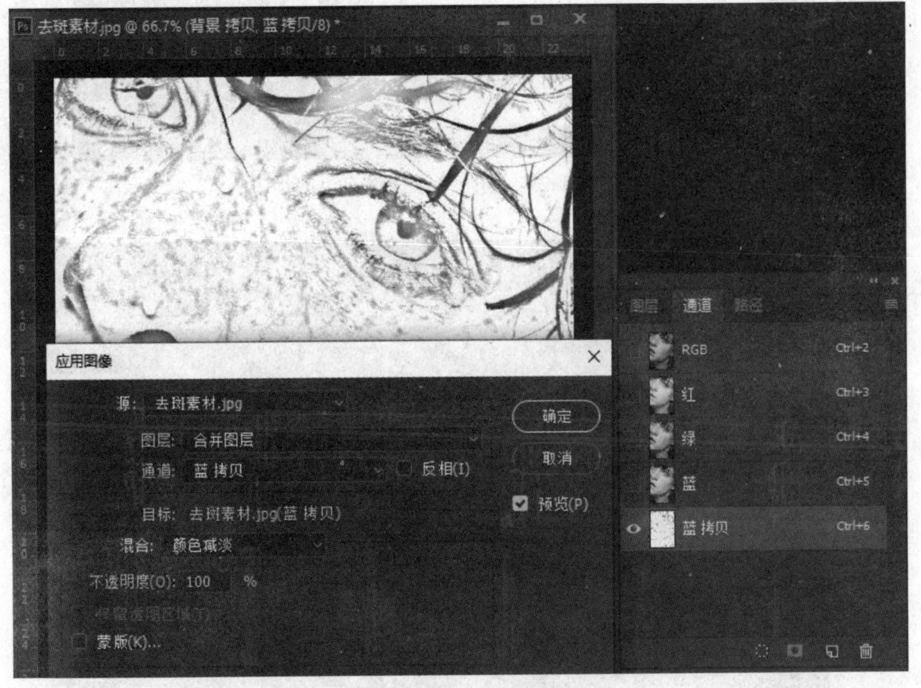

图 9.5.24　应用图像

⑥将画笔颜色设为白色，用画笔工具把人物的五官、头发等没有斑痕的地方仔细涂成白色。这会影响以后的选区，白色为非选区，黑色为选区。可以用加深工具在斑点处涂抹，如图 9.5.25 所示。

⑦按住 Ctrl 键，单击“蓝拷贝”通道缩览图。载入刚才绘制的选区，按快捷键 Shift + Ctrl + I 对选区进行反选操作，回到图像图层，蚂蚁线选区就是该图像斑点所在位置。按快捷键 Ctrl + M 调出曲线面板，在 RGB 模式下对选区进行提亮，提亮程度可同步观察图像，把斑点的亮度调整到和周围的肤色相近即可。效果如图 9.5.26 所示。

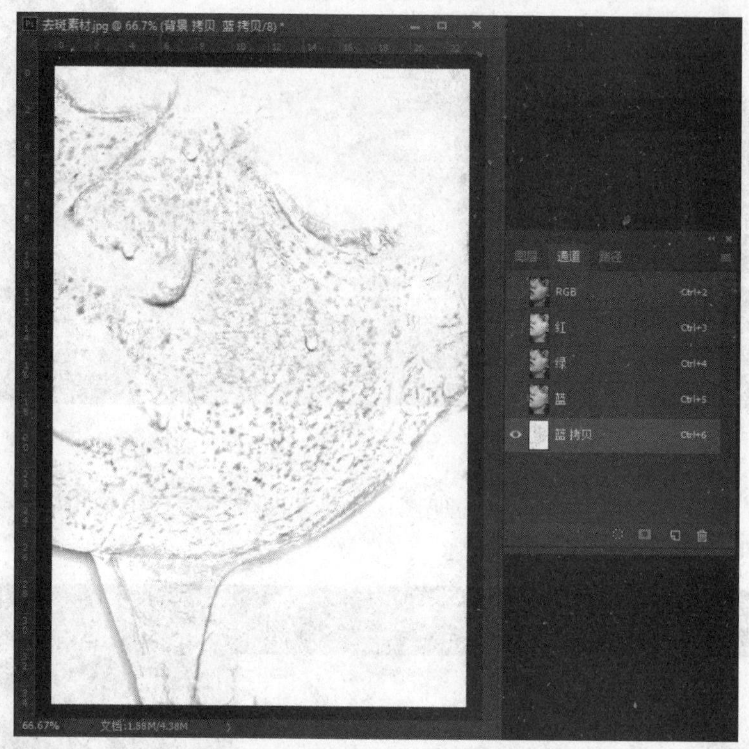

图 9. 5. 25　用画笔涂抹没有斑的地方

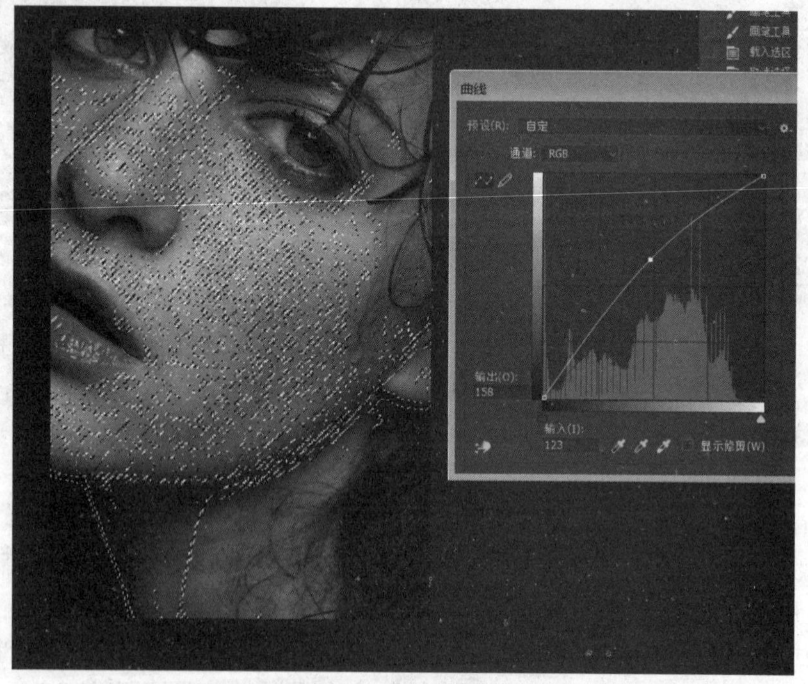

图 9. 5. 26　调亮选区

⑧操作到这里，颜色深的斑点处理好了。可以看到人物脸上有白色斑痕，这是因为灰色部分衔接不自然。执行“图像”→“计算”命令，把源 1、源 2 的通道都改为灰色，并把源

2 勾选为“反相”，如图 9. 5. 27 所示。

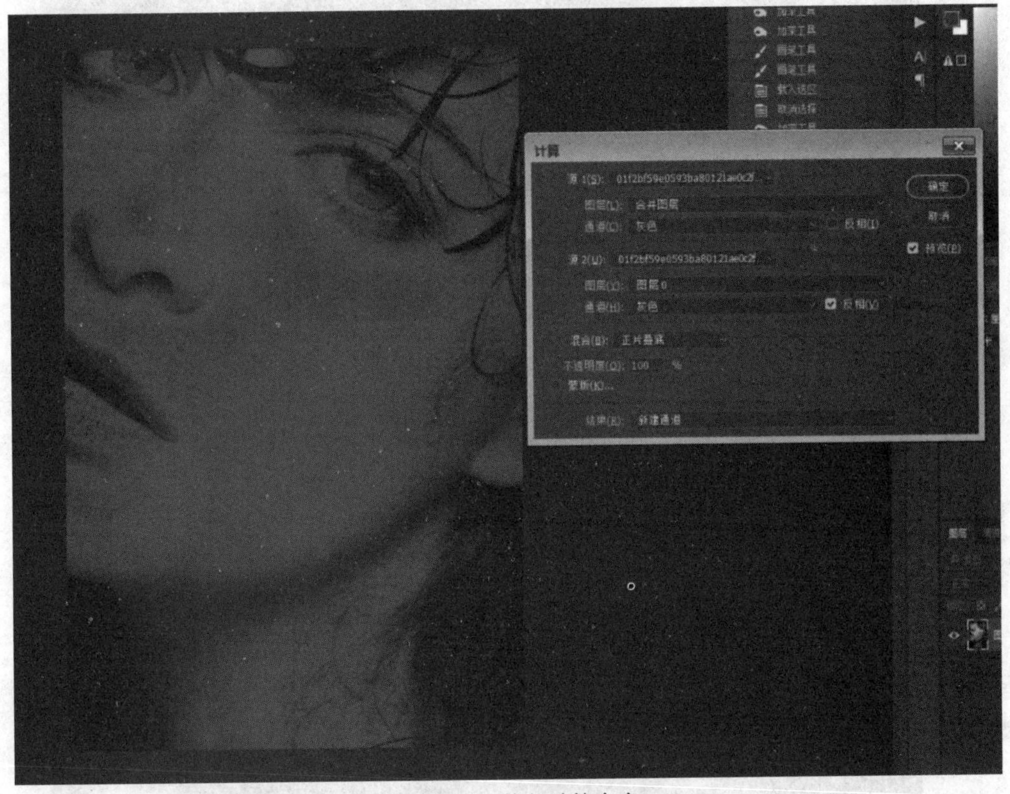

图 9. 5. 27　执行计算命令

⑨切换到通道面板，按 Ctrl 键单击 Alpha 1 的缩览图，会出现一个警告的提示，单击确定“按钮”即可。回到图像图层，按快捷键 Ctrl + M，调出“曲线”面板，在 RGB 模式下提亮选区，如图 9. 5. 28 所示。

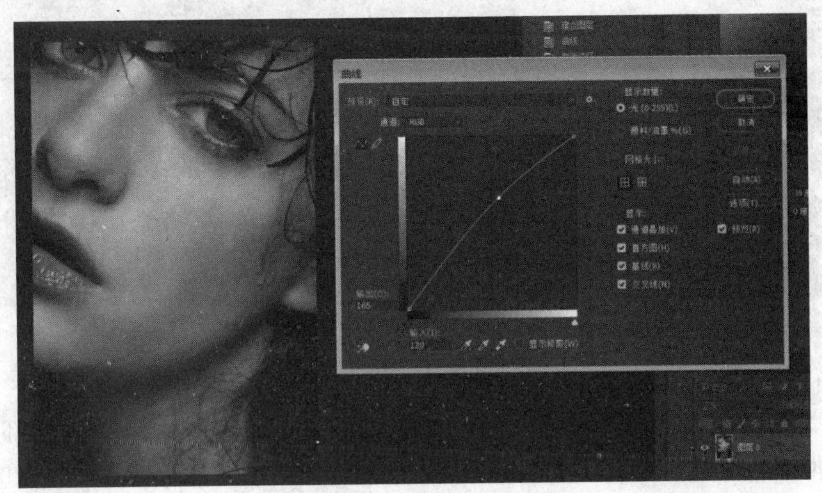

图 9. 5. 28　提亮选区操作 1

⑩再次执行“图像”→“计算”命令，并把源 1 的“反相”也勾选，如图 9. 5. 29 所示。

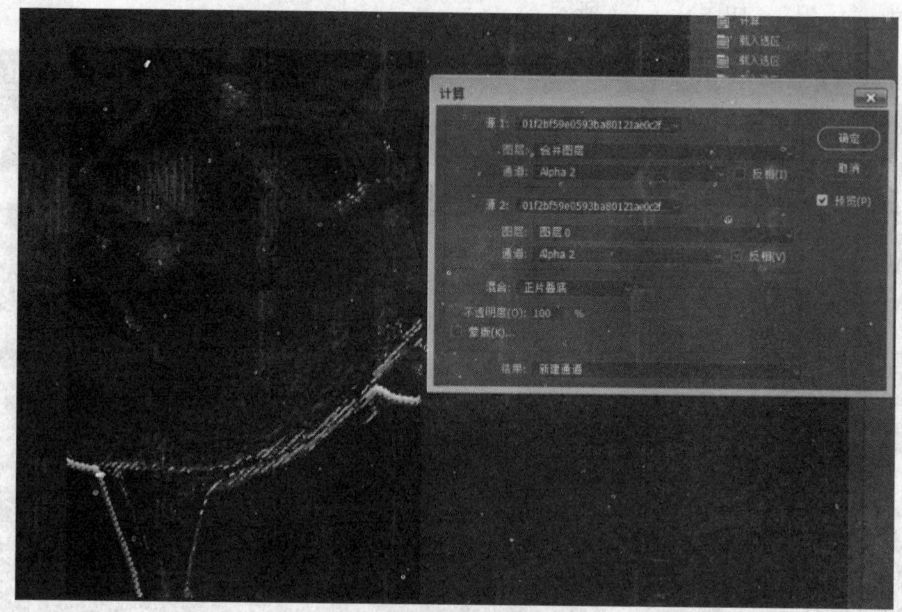

图 9. 5. 29 对图像进行计算

⑪复制背景图层为“图层 1”，切换到通道面板，按 Ctrl 键单击 Alpha 2 的缩览图，载入选区，回到“图层 1”。按快捷键 Ctrl + M 调出曲线面板，在 RGB 模式下将选区提亮一些，如图 9. 5. 30 所示。

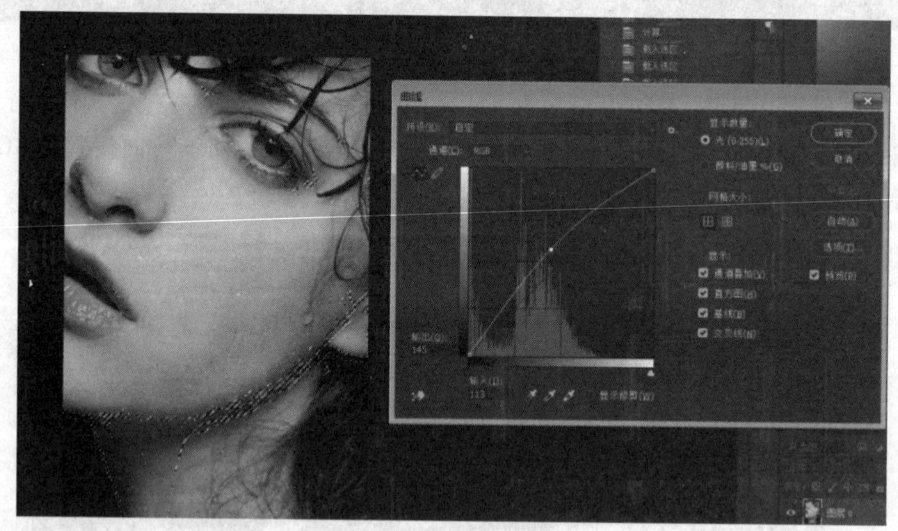

图 9. 5. 30 提亮选区操作 2

⑫执行“滤镜”→“模糊”→“表面模糊”命令，参数设置如图 9. 5. 31 所示。为“图层 1”添加矢量蒙版，用黑色画笔在蒙版上涂抹人物的五官、头发、颈部、脸颊边缘，去除这些地方的模糊效果。同时，用透明度为 35% 的画笔涂抹一些过度模糊的地方，如上额、头发、眼角，嘴角等位置，目的是尽可能保留原图像细节。最终效果如图 9. 5. 32 所示。

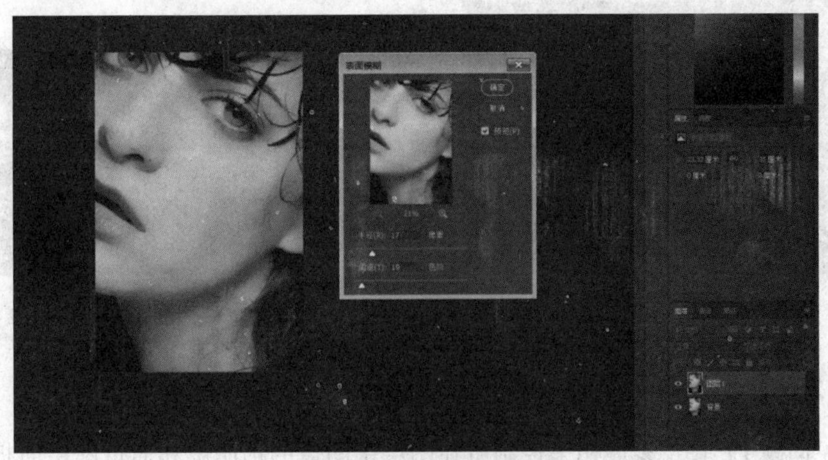

图 9.5.31　表面模糊

图 9.5.32　最终效果图

9.6　工作实训营

9.6.1　训练实例

1. 训练内容

利用蒙版进行图片合成，让老虎奔跑在花丛中，素材如图 9.6.1 和图 9.6.2 所示。

2. 训练要求

利用蒙版进行图片合成时，注意图片色调的和谐。

图9.6.1　素材（1）

图9.6.2　素材（2）

9.6.2　工作实践常见问题解析

【常见问题1】 图层蒙版用来控制所在图层中图像的透明度和通过图层面板右上角的透明度调节可以控制图层的透明度有什么区别？

答：图层蒙版是覆盖在图层上面的灰度信息，用来控制所在图层中图像的透明度，使图层不同部位透明度产生相应的变化。图层面板右上角的透明度控制的是整个图层的透明度，如果需要控制图层某个部分（比如，把图层左边或者上边变透明）的透明度，它就做不到，但图层蒙版却能做到。

【常见问题2】 图层蒙版的颜色代表什么？

答：图层蒙版中黑色代表不要的部分，白色代表需要的部分，不同程度的灰色代表不同的透明度，这和Alpha通道的原理相同。

【常见问题3】 通道除了可以用来抠图，还可以做什么？

答：可以调整图像原色通道的灰度值，还可以对一个或多个通道应用特殊效果，从而改变颜色显示面貌。

【常见问题4】 看“红”通道时，如何看出哪儿有红色，哪儿红色多些？

答：在颜色通道中，通道是以黑白方式显示的。白色的地方表示有相应的颜色，黑色的地方表示没有该颜色，灰色表示有部分该颜色。选择“红”通道，“红”通道像一张黑白照片，有的地方白，有的地方黑，地方越白，表示红色的量越多，地方越黑，表示红色的量越少。

【常见问题5】 灰色在通道中扮演什么样的角色？

答：灰色表示透明。不同的灰色代表不同程度的透明度。

工作实训

1. 对习题图1所示的素材利用通道进行抠图，并变换背景。
2. 用蒙版将习题图2和习题图3进行合成，效果如习题图4所示。
3. 利用蒙版创建图案文字，如习题图5和习题图6所示。

第 9 章习题图 1　素材

第 9 章习题图 2　素材 1

第 9 章习题图 3　素材 2

第 9 章习题图 4　效果

第 9 章习题图 5　素材

第 9 章习题图 6　效果图

第 10 章

应用滤镜

本 章 要 点

- 了解滤镜的概念及分类。
- 掌握智能滤镜的应用。
- 常用滤镜库中滤镜的用途与使用方法。
- 掌握特殊滤镜的应用。
- 掌握常用滤镜的用途与使用方法。
- 了解外挂滤镜的安装与使用。

技 能 目 标

- 掌握滤镜库滤镜的使用方法。
- 掌握常用滤镜的应用技巧。

引 导 问 题

- 什么是滤镜?
- 常用滤镜有哪些?
- 如何利用消失点滤镜去除画面杂物? 如何用液化滤镜实现照片减肥?
- 如何加载外挂滤镜?

【工作场景一】照片美化

用滤镜、修补、调整图层等工具对照片进行美化。效果如图 10. 0. 1 所示。

扫码查看
动画效果

图 10. 0. 1　照片美化效果图

【工作场景二】婚纱照片后期处理

对拍摄的婚纱照片用液化滤镜进行局部瘦身并调色，用图层混合模式合成背景图，美化婚纱照片。效果如图 10. 0. 2 所示。

扫码查看
动画效果

图 10. 0. 2　处理的婚纱照片

【工作场景三】制作彩虹糖

应用选区、图层混合模式、渐变工具、旋转扭曲滤镜等知识制作彩虹糖。效果如图 10. 0. 3 所示。

扫码查看
动画效果

图 10. 0. 3　彩虹糖

10. 1　滤镜的相关知识

为了丰富照片的图像效果，摄影师们在照相机的镜头前加上各种特殊镜片，这样拍摄得到的照片就包含了所加镜片的特殊效果，这种镜片即称为“滤色镜”。

特殊镜片的思想延伸到计算机图像处理技术中，便产生了“滤镜”（Filer），它是一种特殊图像效果处理技术。一般情况下，滤镜都遵循一定的程序算法，对图像中像素的颜色、亮度、饱和度、对比度、色调、分布、排列等属性进行计算和变换处理，其结果便是使图像产生特殊效果。

Photoshop 的滤镜有内置滤镜（安装 Photoshop 时自带的）和外挂滤镜（安装相关的滤镜文件后才能使用）之分。

1. 滤镜的使用

滤镜可以作用于图层、图层的某一选区、某通道。应用滤镜前，先选定图层、图层的某一选区、某单通道，再选择“滤镜”菜单下的相应滤镜。滤镜的操作是非常简单的，但是真正用起来却很难恰到好处。如果想在最适当的时候应用滤镜到最适当的位置，除了平常的美术功底之外，还需要用户对滤镜的熟悉和操控能力，甚至需要具有很丰富的想象力才能有的放矢地应用滤镜。

上次使用的滤镜将默认显示在“滤镜”菜单顶部，按快捷键 Alt + Ctrl + F 可以再次应用上次应用过的滤镜。

2. 混合滤镜效果

执行“编辑”→“渐隐”命令（做了某种滤镜效果，“渐隐”后边显示的就是其对应的名称），可将应用滤镜后的图像和原图像进行混合，调整已经拥有滤镜效果的图层的不透明度，在效果图与原图之间有一个不透明度的改变，得到特殊效果。

滤镜菜单由四部分组成，如图 10. 1. 1 所示。

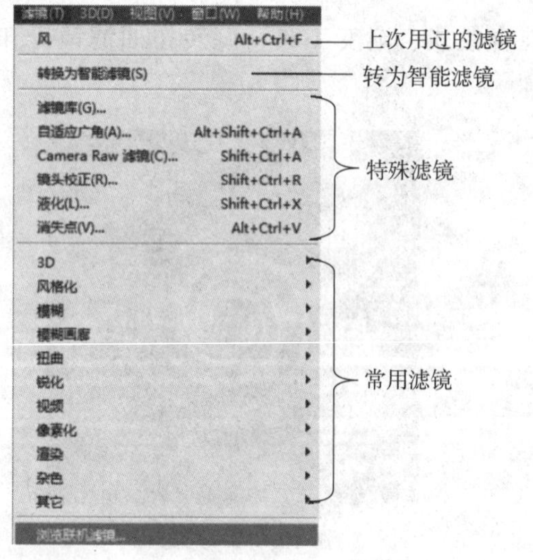

图 10. 1. 1　滤镜菜单

10. 2　智能滤镜

在使用 Photoshop 处理图片，如果需要进行锐化、模糊等操作，但是又不想破坏图层时，就需要使用智能滤镜功能。智能滤镜只应用于智能对象。智能滤镜，就像给图层添加样式一样，在“图层”面板中，用户可以把滤镜删除，或者重新修改滤镜参数。智能滤镜对图层中的图像是非破坏性的，而普通滤镜的功能一旦执行，原图层就应用滤镜效果了，如果效果不满意想恢复，只能还原或从“历史记录”面板里退回到执行滤镜操作前的状态恢复。

小提示：

普通图像要转为智能对象，选择“图层”→“智能对象”→“转换为智能对象”即可。

10.2.1　创建智能滤镜

只有把所选择的图层转为智能对象，才能应用智能滤镜。

①在 Photoshop 中打开素材 10.2.1，按快捷键 Ctrl + J 复制一层，如图 10.2.1 所示。选择“滤镜”→“转换为智能滤镜”命令，将图层转换为智能对象。

扫码查看
彩图效果

图 10.2.1　原图

②选择“滤镜”→“渲染”→“镜头光晕”命令，设置亮度 160%，镜头类型“50 ~ 300 毫米变焦”，单击“确定”按钮，创建智能滤镜。滤镜效果以图层后接的层形式存在，如果不满意，直接删除效果层即可，如图 10.2.2 所示。

扫码查看
彩图效果

图 10.2.2　应用智能滤镜

再对背景图层复制一层，改名为“图层 1”，在图层不转为智能对象的情况下，对图层 1 直接应用“滤镜”→“渲染”→“镜头光晕”命令，滤镜效果直接作用在原图上，如图 10.2.3 所示。

扫码查看
彩图效果

图 10.2.3　直接应用的滤镜

10.2.2 编辑智能滤镜

在“图层”面板中双击相应的智能滤镜名称，可以重新打开该滤镜的设置对话框，修改滤镜的选项，然后单击“确定”按钮。图 10.2.4 所示的是把“镜头光晕”命令中的镜头类型改为“35 毫米”聚焦的效果。

扫码查看
彩图效果

图 10.2.4 编辑智能滤镜

将智能滤镜应用于智能对象时，Photoshop 会在“图层”面板中该智能对象下方显示一个空白的蒙版缩览图，可以用画笔在蒙版上操作。单击智能滤镜前的按钮 ，分别显示或隐藏它们，也可通过选择“图层”→“智能滤镜”→“停用/启用智能滤镜”/“添加滤镜蒙版”/“停用滤镜蒙版”实现，拖动智能滤镜蒙版和具体的智能滤镜到面板上的 中，则可删除它们，也可选择“图层”→“智能滤镜”→“清除智能滤镜”命令实现。

10.3 滤镜库

滤镜库将 Photoshop 中提供的部分滤镜集中在一个易于使用的对话框中。在处理图像时，用户可以一次访问、控制和应用多个滤镜。下面用案例说明滤镜库中滤镜的使用。

【案例 1】

①在 Photoshop 中打开素材文件，如图 10.3.1 所示。

扫码查看
彩图效果

图 10.3.1 素材选区

②选择“滤镜”→“滤镜库”命令，打开“滤镜库”对话框，对话框的左侧为预览窗口，中间为滤镜类别，右侧为被选择滤镜的选项参数和应用滤镜效果列表，如图 10.3.2 所示。单击并展开“画笔描边”滤镜，接着单击“墨水轮廓”滤镜缩览图，对话框右侧出现

该滤镜的参数设置选项。设置描边长度为 20，深色程度为 37，光照程度为 10，单击“确定”按钮后，应用该滤镜后的花变成了水墨画效果，如图 10. 3. 3 所示。

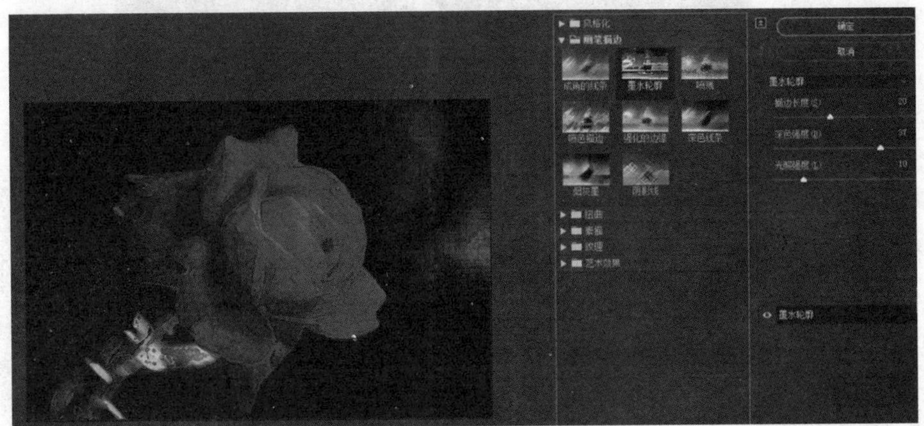

图 10. 3. 2 “滤镜库”对话框

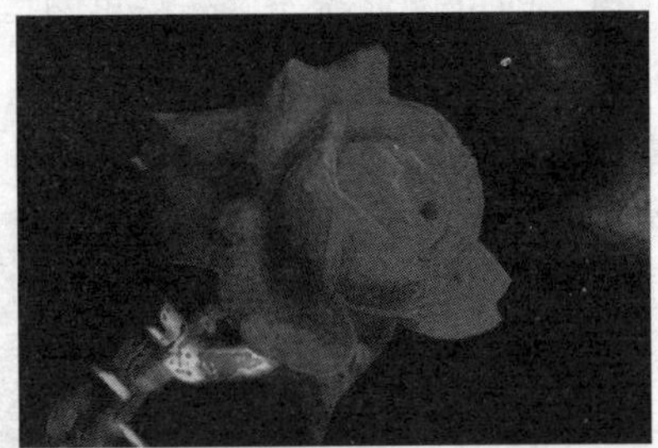

图 10. 3. 3 “成角的线条”滤镜效果

扫码查看
彩图效果

③单击“纹理”滤镜，单击“深色玻璃”滤镜缩览图，设置对话框参数，如图 10. 3. 4 所示。单击“滤镜库”对话框右下方“新建效果图层”按钮，创建同名的效果图层。新建效果图层后，滤镜效果将累积应用。单击“确定”按钮，累积应用滤镜的效果是一块化玻璃，如图 10. 3. 5 所示。

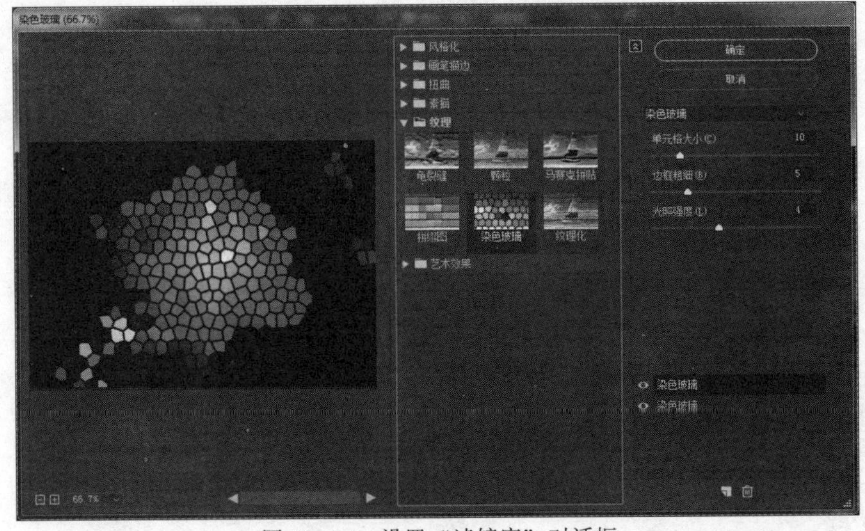

图 10. 3. 4 设置“滤镜库”对话框

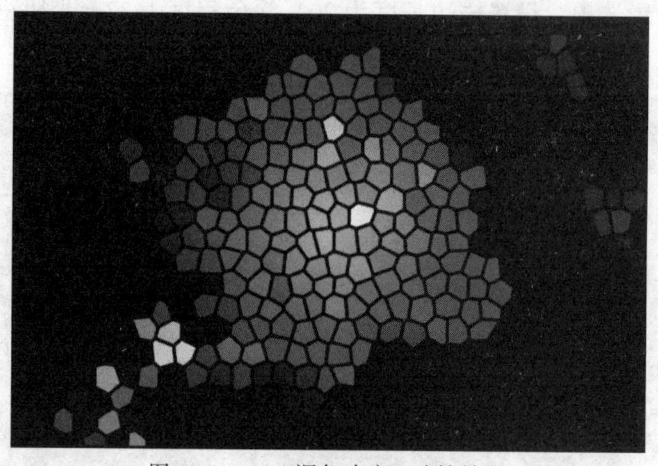

扫码查看
彩图效果

图 10.3.5 “深色玻璃”滤镜效果

④单击效果图层前的“眼睛”图标，可以将效果图层隐藏/显示。选择效果图层，单击“删除效果图层”按钮，即可将当前选择的效果图层删除。

【案例 2】

①在 Photoshop 中打开素材文件，如图 10.3.6 所示。

②选择魔棒工具，设置“容差”为 120，去掉“连续”前面的钩，选取树叶，按快捷键Ctrl + Shift + I 反选，用矩形选框工具减选地面以上部分，只留下水泵面选区。选择“滤镜”→“滤镜库”命令，打开“滤镜库”对话框，在中间滤镜类别处单击并展开“艺术效果”滤镜，接着单击“塑料包装”滤镜缩览图，对话框右侧出现该滤镜的参数设置选项。参数设置如图 10.3.7 所示。效果如图 10.3.8 所示。

图 10.3.6 素材选区

扫码查看
彩图效果

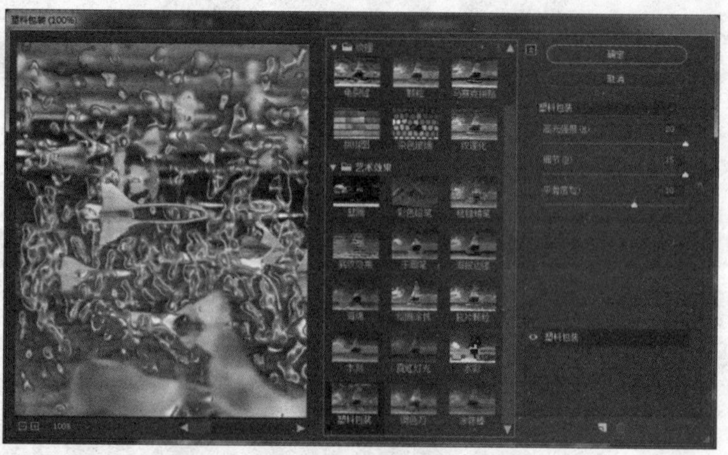

图 10.3.7 “塑料包装”滤镜参数设置

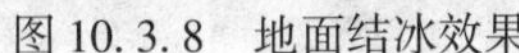

图 10.3.8　地面结冰效果

扫码查看
彩图效果

10.4　特殊滤镜

10.4.1　液化滤镜

液化滤镜可以对图像进行推、拉、旋转、反射、折叠和膨胀等操作，使图像画面产生特殊的艺术效果。

下面通过绘制人物漫画来说明液化滤镜的使用。

漫画是一种有趣的、替代传统的肖像画。我们的想法是进行滑稽夸大特定特征来展现个人的幽默。Photoshop 中的扭曲变形和液化功能是很好的，可以将一个摄影肖像改造成漫画，原图如图 10.4.1 所示。

①将人物抠取出来，用快速选择工具选择人物。然后按快捷键 Ctrl + J 创建人物的图层，如图 10.4.2 所示。

图 10.4.1　素材

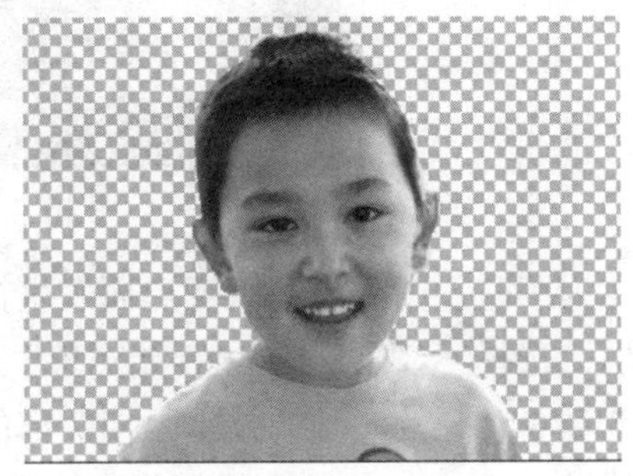

图 10.4.2　抠图

②用快速选择工具选择人物的头部，按快捷键 Ctrl + X，快捷键 Ctrl + V，将头部和衣服部分进行分离，切出人物特征的各个元素，如图 10.4.3 所示。

③下面用同样的方法将眼、耳、鼻、下巴分别抠取出来，如图 10.4.4 所示。

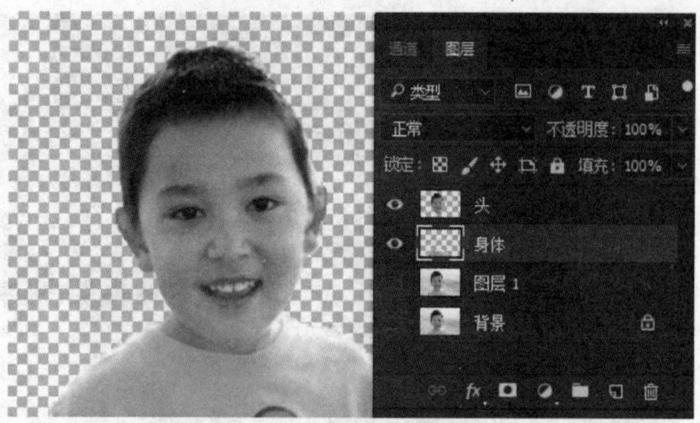

图 10. 4. 3　头和身体分图层存放

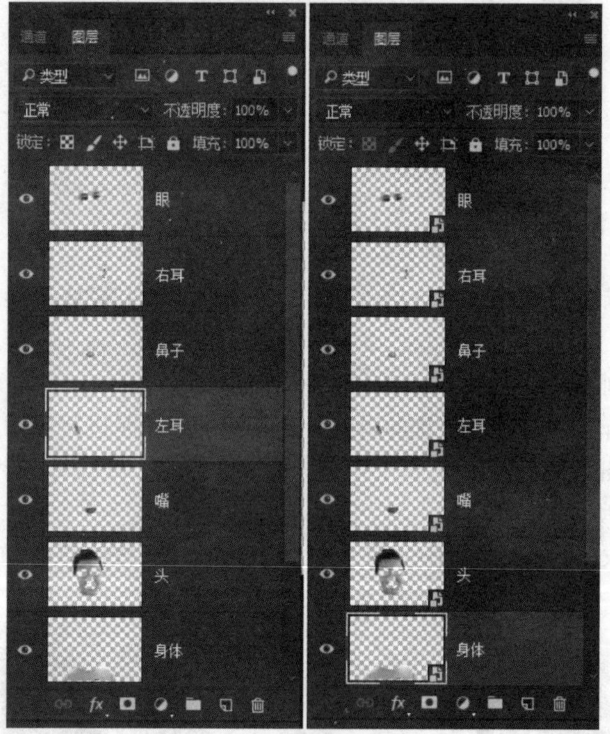

图 10. 4. 4　各部位分图层存放

④为了防止图片质量因变形而发生损失，将每个图层都转换为智能对象。分别选择每一个图层，选择“图层”→“智能对象”→“转换为智能对象”。

⑤一个常见的漫画的技术是使头部的比例非常大。要做到这一点，选择“身体”图层，按快捷键 Ctrl + T，拖拉变换框将身体变小，如图 10. 4. 5 所示。

⑥使用“编辑”→“变换”→“变形”，开始塑造头层。将颈部适配到 T 袖的领口并且膨胀头部，如图 10. 4. 6 所示。

⑦同理，将之前切好的其他部分进行同样的处理，注意将它们连成一个连贯的整体，不要留有空隙，如图 10. 4. 7 ~ 图 10. 4. 12 所示。

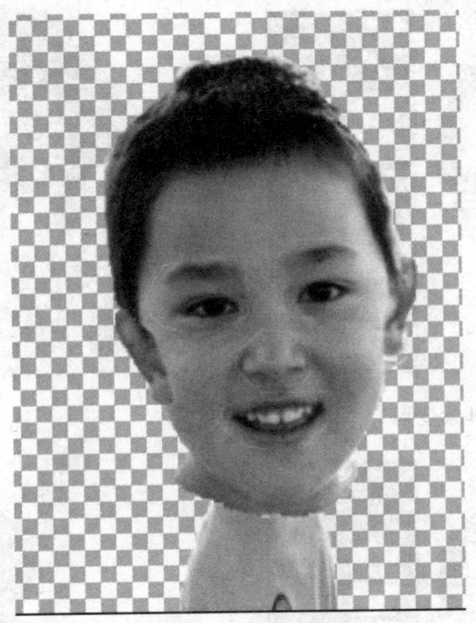

图 10.4.5　身体变形

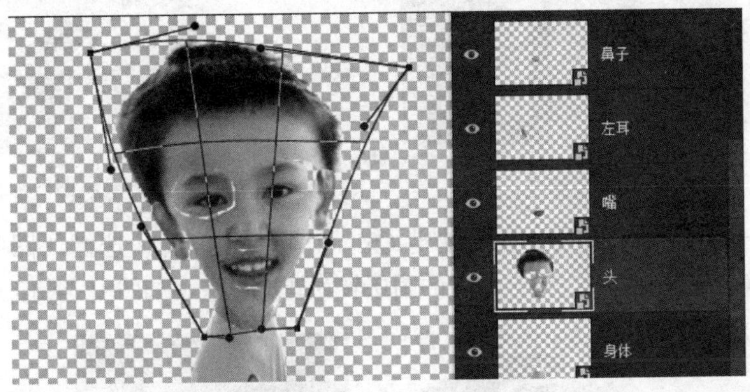

图 10.4.6　头部变形

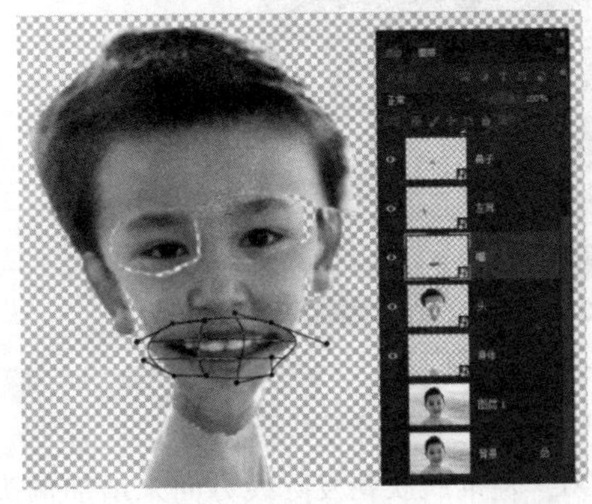

图 10.4.7　嘴巴变形

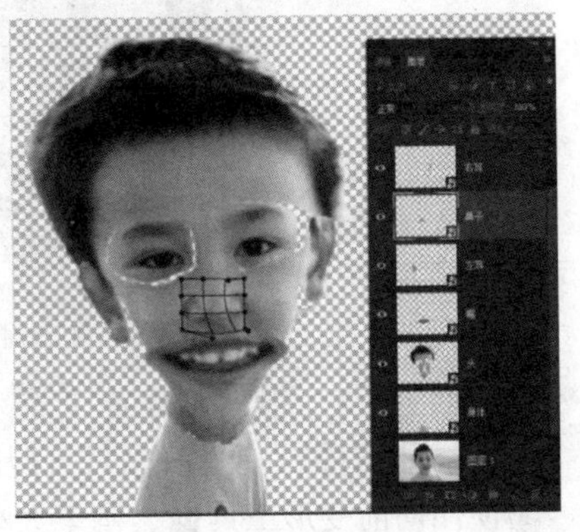

图 10.4.8　鼻子变形

⑧接下来是变成漫画的重要过程——使用液化功能，使其变得搞笑、夸张。液化工具是强大的，是支持智能对象的。

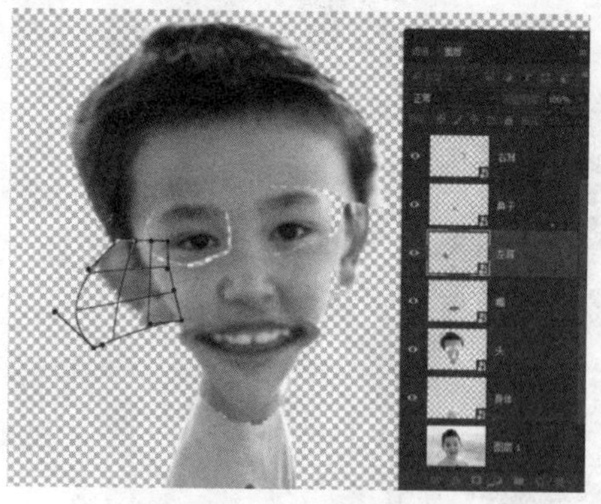

图 10.4.9　耳朵变形

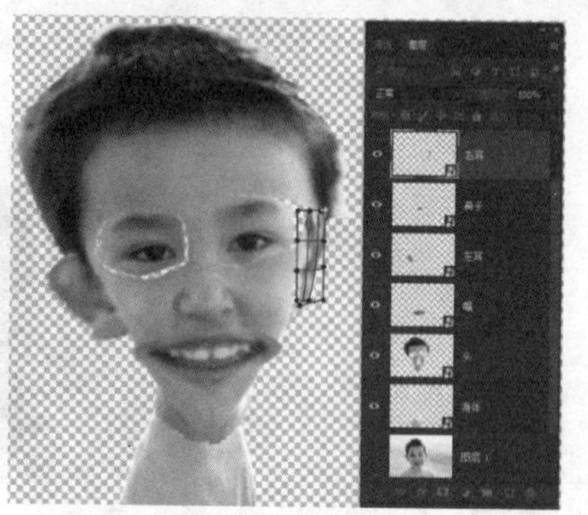

图 10.4.10　耳朵变形

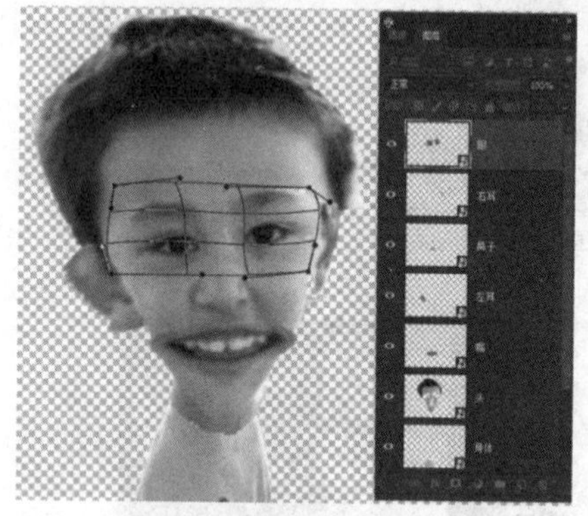

图 10.4.11　眼睛变形

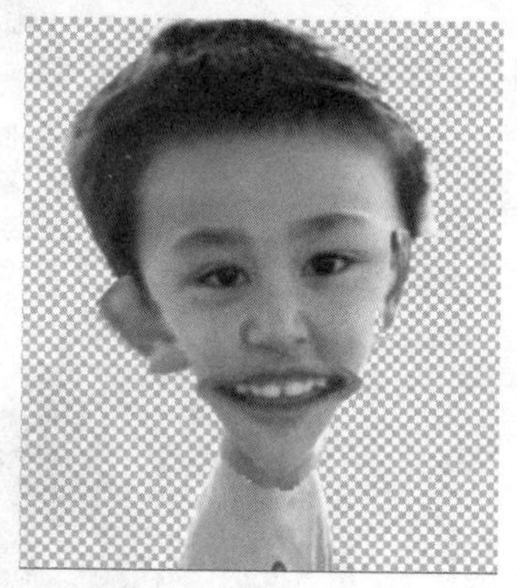

图 10.4.12　处理缝隙

选择后分离出来的所有层，按快捷键 Ctrl + E 将它们合并，选择“图层”→“智能对象”→“转换为智能对象”，将合并后的图层转为智能对象，如图 10.4.13 所示。

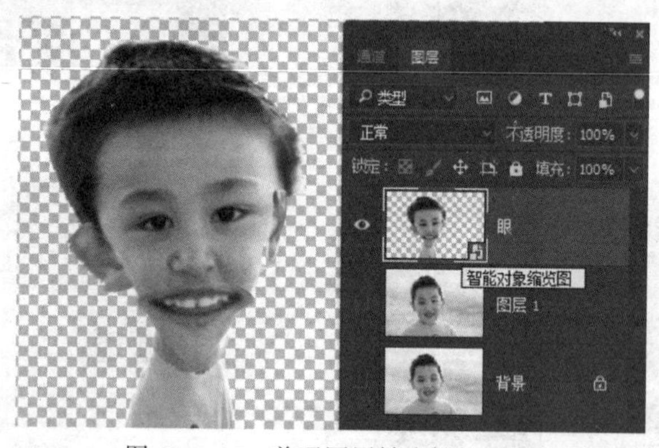

图 10.4.13　普通图层转为智能对象

⑨选择“滤镜”→“液化”，打开“液化”对话框，如图 10.4.14 所示。

⑩使用向前变形工具，画笔大小设置为 100，轻推肌肤朝发际线方向来增加额头的大小，如图 10.4.15 所示。

⑪选择膨胀工具，设置笔头大小为 70，在鼻尖处单击几次，使其看起来更可爱，如图 10.4.16 所示。

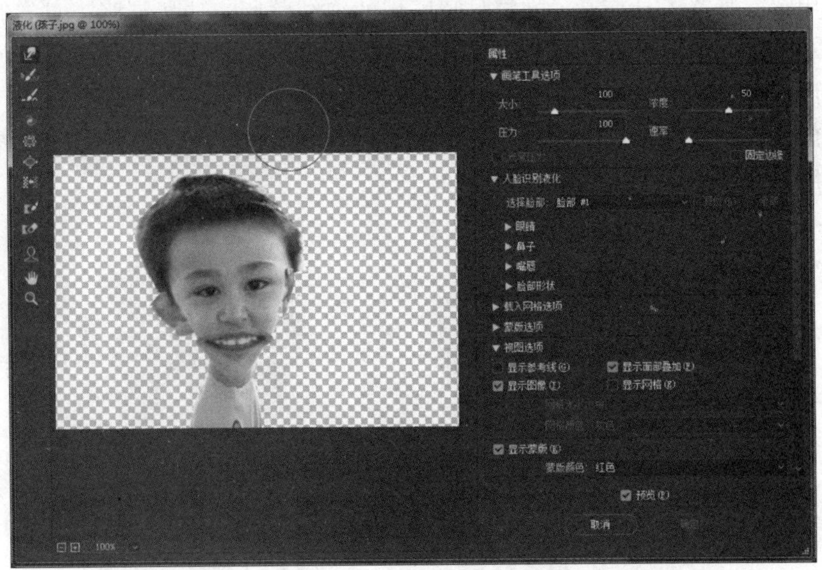

图 10.4.14　“液化”对话框

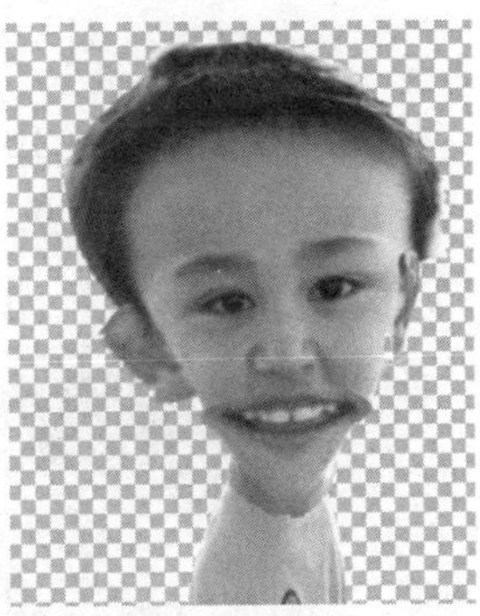

图 10.4.15　变大额头效果

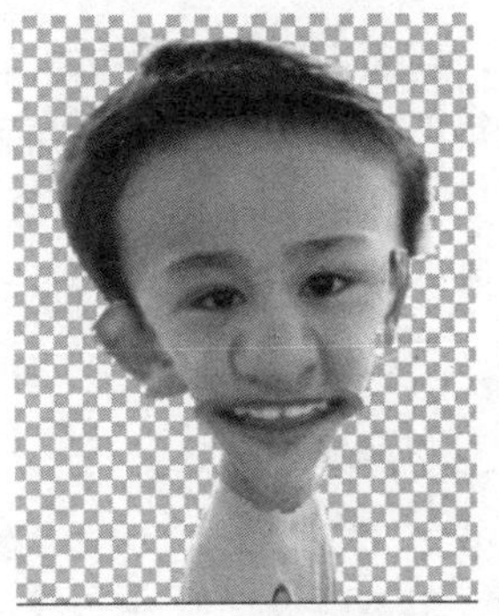

图 10.4.16　鼻尖膨胀效果

⑫使用冻结蒙版工具，绘制眼睛区域。主要是用来防止眼睛扭曲，方便对眼部的其他部位进行处理，如图 10.4.17 所示。

⑬使用向前变形工具，夸大眼睛周边脸颊，让其变得丰满，如图 10.4.18 所示。

图 10.4.17　冻结眼睛区域

图 10.4.18　夸大眼睛周边脸颊

⑭使用解冻遮罩工具，单击眼睛区域的冻结蒙版。选择膨胀工具，调整画笔的大小，使其和眼球大小相似。单击眼睛，创建一个稍大形状的眼睛，如图 10. 4. 19 所示。

⑮再用膨胀工具单击下巴，使下巴更加圆润。

⑯最后使用向前变形工具把嘴角向上推，注意不要改变牙齿的形状，让笑容更大。

⑰应用液化效果后，效果如图 10. 4. 20 所示。

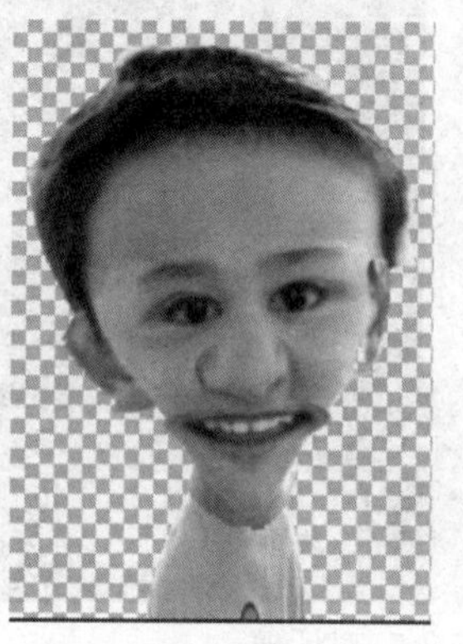

图 10. 4. 19　变大眼睛

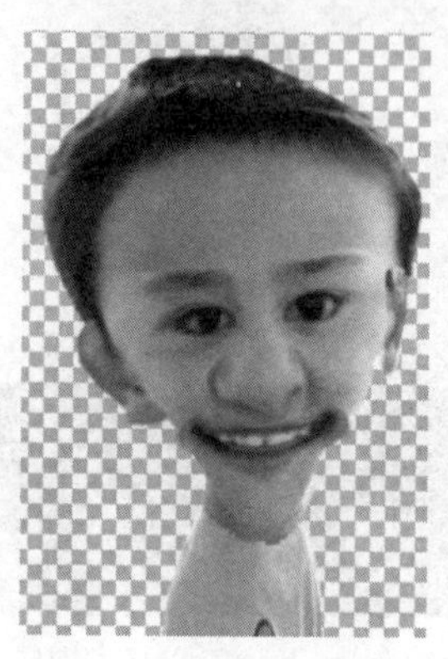

图 10. 4. 20　上翘嘴角

⑱添加背景，如图 10. 4. 21 所示。

⑲选择“滤镜”→“模糊”→“特殊模糊”，使用半径 2，阈值 10，质量设置为高。

⑳用涂抹工具，画笔大小设置在 13 个像素左右，设置强度为 50%，然后开始沿着皮肤的纹理描绘，保持外观的流畅。最后调整一下颜色，完成最终效果，如图 10. 4. 22 所示。

图 10. 4. 21　添加背景

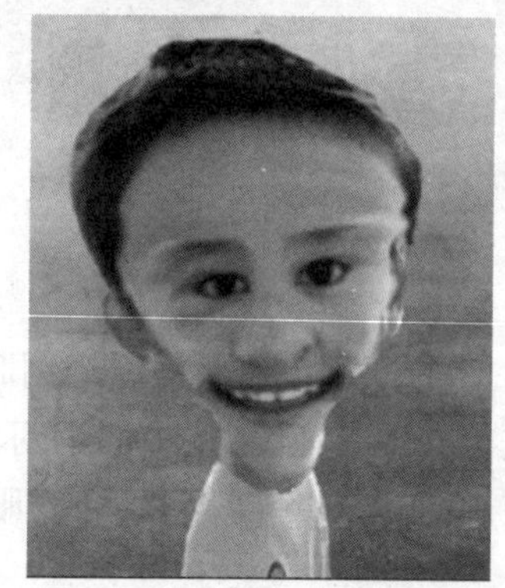

图 10. 4. 22　最终效果

拓展：“液化”滤镜的工具功能如下。

①“向前变形工具”。单击该选项按钮，像素随鼠标拖动的方向变形。

②“重建工具”。单击该选项按钮，用鼠标反方向拖动上一步中使用向前变形工具产生变形的部分，可使之恢复到原来的状态。

③“褶皱工具”。单击该选项按钮，在需要变形时长按鼠标左键，画笔区域内的图像向内侧缩小变形。

④“膨胀工具”。单击该选项按钮，在需要变形时长按鼠标左键，画笔区域内的图像向外侧扩大变形。

⑤“左推工具”。单击该选项按钮，垂直向上拖移鼠标时，画笔区域内的图像向左移动（如果向下拖动，则图像向右移动）。围绕对象顺时针拖动鼠标以增加幅度，或逆时针拖动鼠标以减小幅度。

10.4.2 消失点滤镜

“消失点”滤镜允许用户在包含透视平面（如建筑物侧面或任何矩形对象）的图像中进行透视校正编辑，也可以在图像中指定平面，对其进行绘画、仿制、复制或粘贴等编辑操作。使用“消失点”滤镜来修饰、添加或移去图像中的某对象时，结果将更加逼真。

下面做一个户外广告说明消失点滤镜的使用。

①打开带有透视的图片，如高楼大厦、户外广告牌等，如图 10.4.23 所示。

②打开“滤镜”→“消失点”，在弹出的消失点面板中选择“创建平面工具”，沿着户外广告牌的四个顶点单击，绘制出一个透视框，如图 10.4.24 所示。如要删除当前绘制的线，按 Backspace 键。单击“编辑平面工具”，移动光标到要调整的角点上，单击并向所需方向拖移，调整透视框的形状。（当透视平面线条为蓝色时，说明正确；当透视平面线条呈黄色时，说明角节点（即平面四角上的白色节点）的位置有问题；当透视平面线条呈红色时，说明透视角度错误。）

图 10.4.23 素材

图 10.4.24 绘制透视框

③打开一张素材图片，在素材图片所在图层上按快捷键 Ctrl + A 全选，按快捷键 Ctrl + C 复制。单击“滤镜”→“消失点”，按快捷键 Ctrl + V 粘贴图片。用鼠标把粘贴的图片向透视框内拖拉，图片会自动按透视显示。单击“确定”按钮，效果如图 10.4.25 所示。

图 10. 4. 25　显示图片

④用文字工具输入文字“欢迎您回家”。设置文字颜色、字体、字号，用③中的方法复制、粘贴，并移动到透视框内，如图 10. 4. 26 所示，隐藏文字图层。

图 10. 4. 26　显示文字

⑤最终效果如图 10. 4. 27 所示。

扫码查看
彩图效果

图 10. 4. 27　最终效果图

10.5 常用滤镜组

1. "风格化" 滤镜组

滤镜组的滤镜通过置换像素或通过查找并增加图像的对比度，使图像生成绘画或印象派的效果。

2. "模糊" 滤镜组

"模糊" 滤镜组可以将图像边缘过于清晰或对比度过于强烈的区域进行模糊，产生各种不同的模糊效果，起到柔化图像的作用。

下面用 Photoshop 制作逼真的下雪效果来说明模糊滤镜组的使用。

①在 Photoshop 中打开本章素材图像，如图 10.5.1 所示。

②单击图层面板下方的"创建新图层"按钮来创建图层 1。按 D 键，恢复系统默认的前景/背景色（黑/白），按快捷键 Alt + Delete 填充黑色。选择"滤镜"→"杂色"→"添加杂色"命令，设置"添加杂色"的数量为 150，选择"高斯分布"→"单色"选项，图层 1 的效果如图 10.5.2 所示。

图 10.5.1 原图

扫码查看彩图效果

图 10.5.2 效果（1）

扫码查看彩图效果

③选择"滤镜"→"模糊"命令，再选择"滤镜"→"模糊"→"进一步模糊"命令，然后选择"图像"→"调整"→"色阶"命令，三个色阶属性值都设为（162，1，204），效果如图 10.5.3 所示。

④将图层 1 的混合模式设为"滤色"，效果如图 10.5.4 所示。

⑤选择"滤镜"→"模糊"→"动感模糊"命令，设置"动感模糊"的"角度"为 -65，"距离"为 3，效果如图 10.5.5 所示。

⑥拖动"图层 1"到图层面板下方的"创建新图层"按钮上，复制图层得到"图层 1 拷贝"，选择"编辑"→"变换"→"旋转 180 度"命令，再选择"滤镜"→"像素化"→"晶格化"命令，设置"单元格大小"为 4，效果如图 10.5.6 所示。

⑦选择"滤镜"→"模糊"→"动感模糊"命令，设置"动感模糊"的"角度"为 -65，"距离"为 6，效果如图 10.5.7 所示。

⑧按快捷键 Ctrl + E 合并"图层 1"和"图层 1 拷贝"，再按快捷键 Ctrl + J 将合并的图层复制一层，将复制的图层不透明度设为 40%，如图 10.5.8 所示，浪漫的下雪氛围就营造成功了。

图 10.5.3　效果（2）

扫码查看彩图效果

图 10.5.4　效果（3）

扫码查看彩图效果

图 10.5.5　效果（4）

扫码查看彩图效果

图 10.5.6　效果（5）

扫码查看彩图效果

图 10.5.7　效果（6）

扫码查看彩图效果

图 10.5.8　效果（7）

扫码查看彩图效

小提示：

可以将滤镜应用于单个图层或多个连续图层以加强效果。要使滤镜影响图层，图层必须是可见的，并且必须包含像素。

3. “扭曲”滤镜组

“扭曲”滤镜组中的滤镜是通过移动、扩展或缩小构成图像的像素，从而创建3D效果或各种各样的扭曲变形效果。

4. “锐化”滤镜组

锐化滤镜组中的滤镜，通过增加相邻像素的对比度将图像画面调整清晰、鲜明。

5. “像素化”滤镜组

“像素化”滤镜组中的滤镜通过使单元格中颜色值相近的像素结成块来清晰地定义一个选区。一般在表现图像网点或者铜版画效果时使用。

6. “渲染”滤镜组

“渲染”滤镜组中的滤镜能够在图像中创建云彩图案、折射图案和模拟的光反射效果。

> **拓展**：滤镜是一个很庞大的工具，Photoshop 软件中自带的滤镜很少，网上有很多特效滤镜提供给用户下载。一般的滤镜以 .8bf 为扩展名，只要把滤镜文件复制到 Photoshop 的 Plug – Ins 目录下即可。

10.6 工作场景实施

10.6.1 场景一：照片美化

要求：用滤镜、修补、调整图层等工具对照片进行美化。

①打开 Photoshop 软件，打开本案例的素材照片，如图 10.6.1 所示。

②打开“图层”面板，在面板中选择背景图层，将该图层拖拽到“创建新图层” 上，复制图层。

③将复制后的图层命名为“表面模糊”，在菜单栏中执行“滤镜”→“模糊”→“表面模糊”命令，如图 10.6.2 所示。

图 10.6.1 原图

扫码查看彩图效果

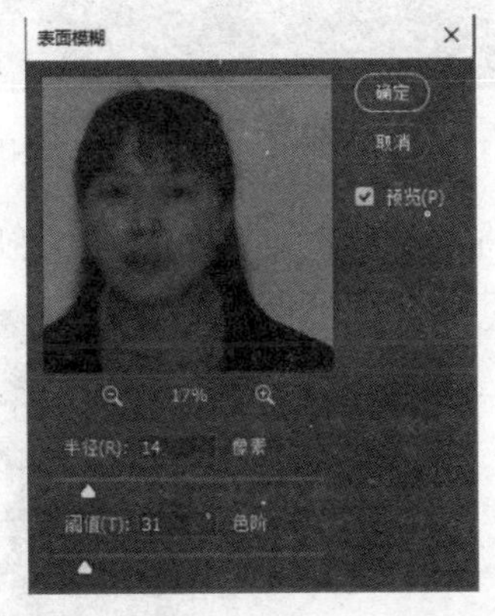

图 10.6.2 “表面模糊”对话框

④选择该图层，按住 Alt 键单击“图层”面板底部的“添加图层蒙版”按钮 。

⑤单击“画笔工具” ，将前景色设置为白色，对人物的皮肤进行涂抹，效果如图 10.6.3 所示。按快捷键 Ctrl + Alt + E 对图层进行盖印操作，如图 10.6.4 所示。

⑥因为对皮肤进行表面模糊，皮肤看不到毛孔，很不自然。按住 Alt 键并单击“创建新图层”按钮，在弹出的对话框中将“名称”设置为“灰色叠加”，勾选“填充叠加中性色(50% 灰)”按钮，如图 10.6.5 所示。

⑦执行菜单命令“滤镜”→“杂色”→“添加杂色”，在弹出的对话框中，将“数量”设置为 10，选中“平均分布”按钮，勾选“单色”按钮，单击“确定”按钮，如图 10.6.6 所示。

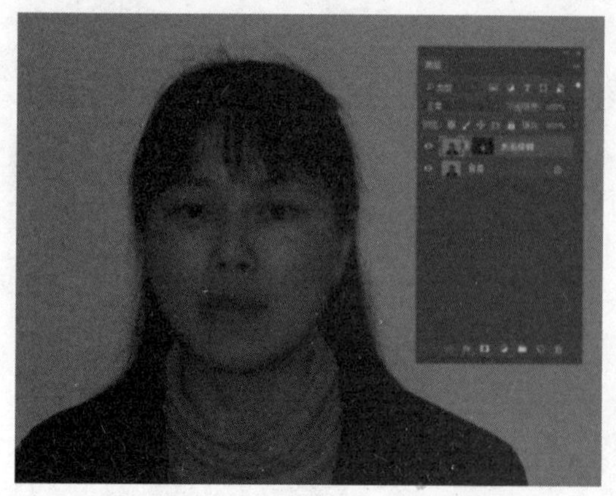

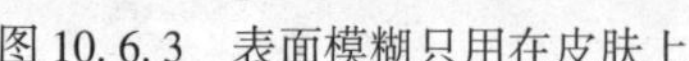

图 10.6.3　表面模糊只用在皮肤上

扫码查看彩图效果

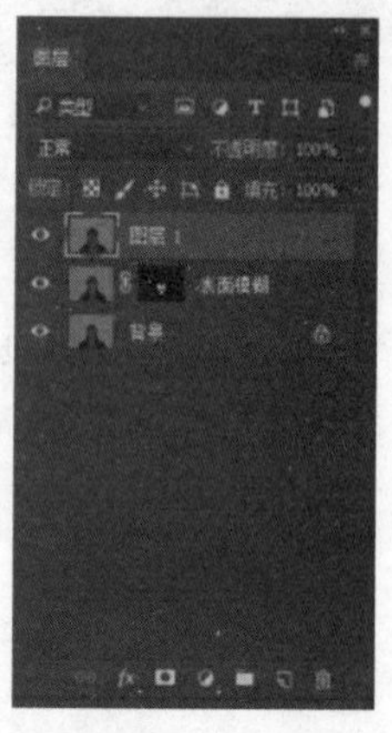

图 10.6.4　盖印图层

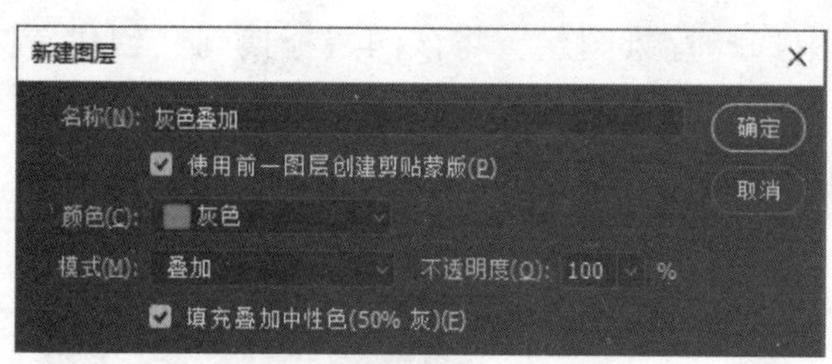

图 10.6.5　“新建图层”对话框

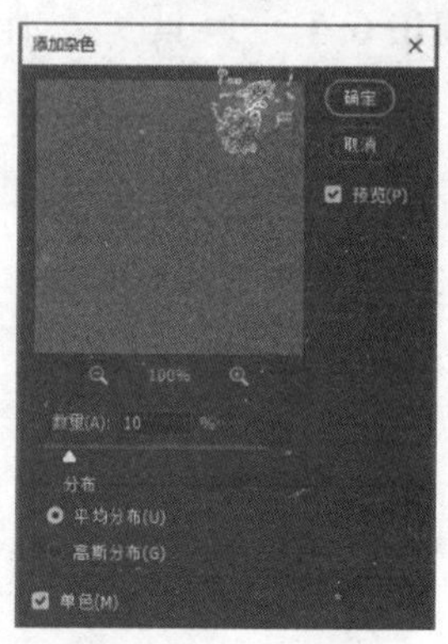

图 10.6.6　添加杂色

⑧将“灰色叠加”图层的不透明度改为 80%，效果如图 10.6.7 所示。

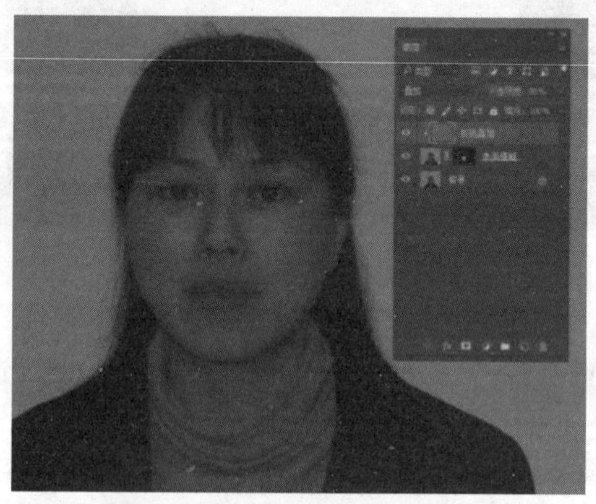

扫码查看
彩图效果

图 10.6.7　设置图层不透明度

⑨执行菜单命令“滤镜”→“模糊”→“高斯模糊”，在弹出的对话框中将半径设置为 1.5，如图 10.6.8 所示。

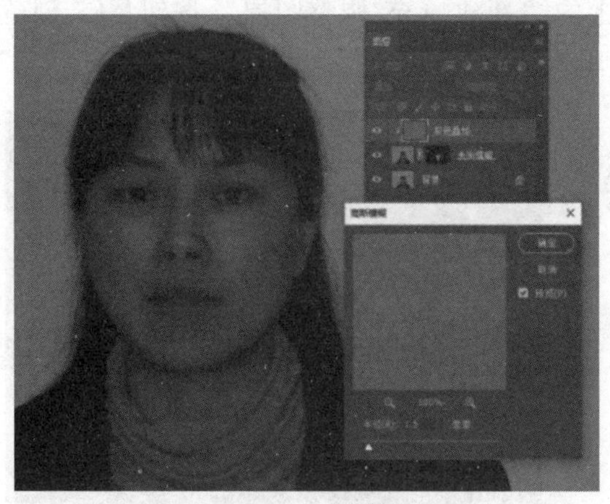

图 10.6.8 高斯模糊

扫码查看
彩图效果

⑩选择背景图层与表面模糊图层，同时按下快捷键 Ctrl + Alt + Shift + E，盖印图层，如图 10.6.9 所示。

⑪利用“修补工具” ，对嘴唇左边的红色疤痕进行修补，如图 10.6.10 所示。

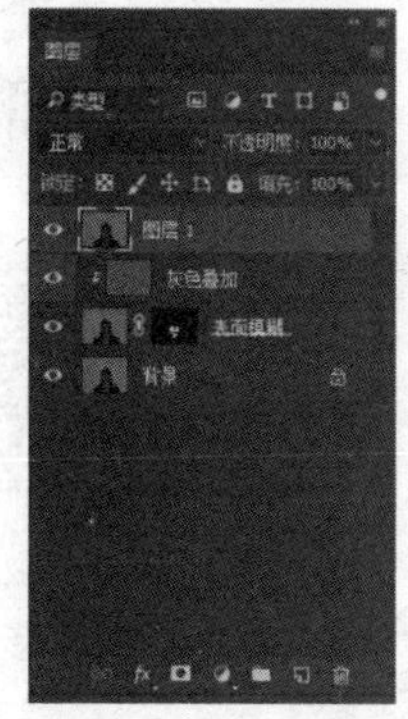

图 10.6.9 盖印图层

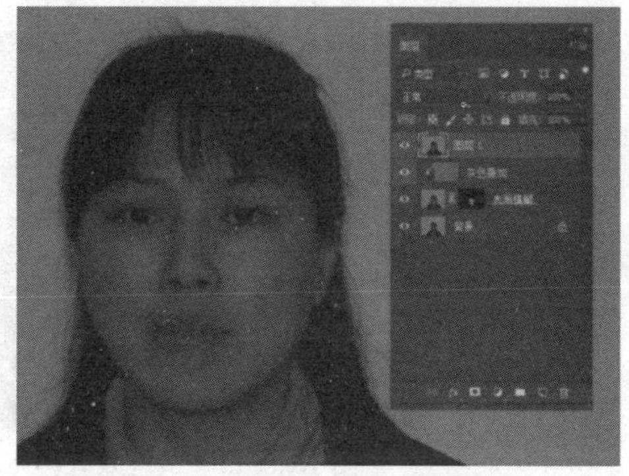

图 10.6.10 修补疤痕

扫码查看
彩图效果

⑫选择画笔工具，画笔颜色选择背景色，将碎头发抹去。

⑬选择“多边形套索”工具，选择人物嘴唇，执行“选择”→“修改”→“羽化”菜单命令，将羽化半径设置为 2，得到选区，如图 10.6.11 所示。

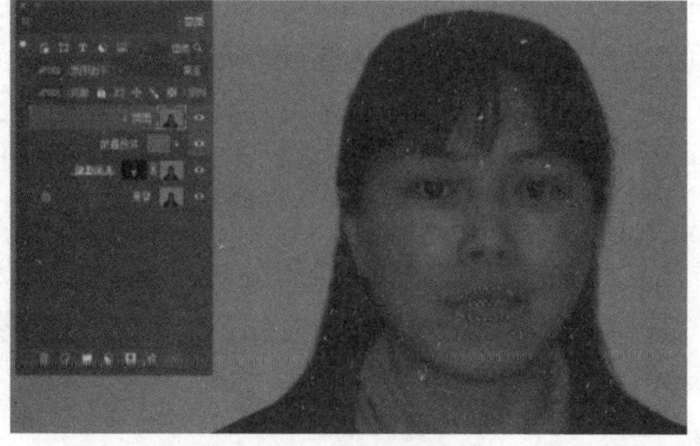

图 10.6.11 得到嘴唇选区

扫码查看
彩图效果

⑭单击图层面板上的“新建填充/调整图层”按钮，创建“色相/饱和度”调整图层，调整的参数如图 10. 6. 12 所示。

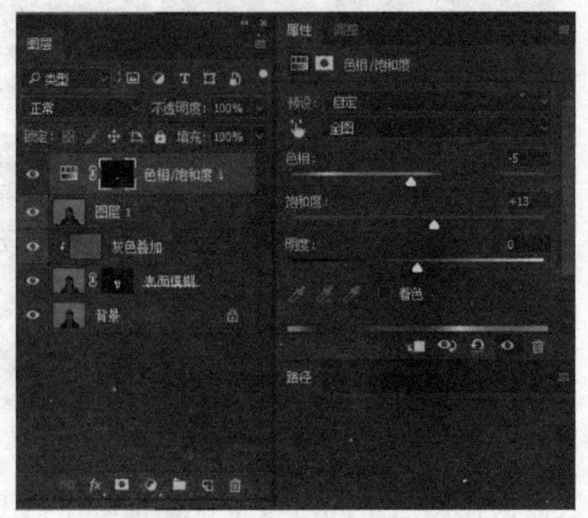

图 10. 6. 12　调整嘴唇颜色

⑮最终图片美化效果如图 10. 6. 13 所示。

图 10. 6. 13　最终效果图

扫码查看
彩图效果

10. 6. 2　场景二：婚纱照片后期处理

要求：对拍摄的婚纱照片用液化滤镜进行局部瘦身并调色，用图层混合模式合成背景图，美化婚纱照片。

①打开 Photoshop 软件，打开要处理的婚纱照片，对背景图层进行复制操作。在图片中可以看到女孩脸的颌骨处及腰部，需要对其进行修饰，如图 10. 6. 14 所示。

②选择“滤镜”→“液化”菜单命令，打开“液化”对话框，单击“向前变形工具”，在左边的背部与腰部按住鼠标从右向左轻轻拖动，收缩背部与腰部，不断调整笔头的大小和位置，如图 10. 6. 15 所示。

③使用同样的方法，对女孩的颌骨处和胳膊处进行瘦身。对女孩的颌骨处进行“向前变形”，配合使用“冻结蒙版”工具对脖子进行涂抹，防止脖子被拖动变形，如图 10. 6. 16 所示。

图 10.6.14　素材图片

图 10.6.15　收缩腰部及背部

④对男孩的脸颊处进行同样处理。最终对人物进行瘦身后的效果如图 10.6.17 所示。

图 10.6.16　修饰脸颊

图 10.6.17　瘦身完成效果

⑤人物的肤色太红，执行“图像”→“调整”→“可选颜色”，在打开的对话框中进行设置，如图 10.6.18 所示。

图 10.6.18　修饰皮肤

⑥对图片整体提亮，执行“图像”→“调整”→“可选颜色”，在打开的对话框中对白色进行设置，如图 10.6.19 所示。

⑦执行“图像”→“调整”→“色彩平衡”对图片整体色调进行调整，如图 10.6.20 所示。

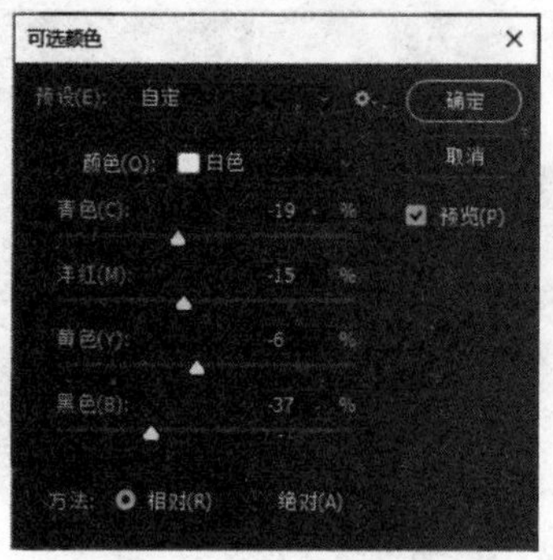

图 10. 6. 19　提亮图片

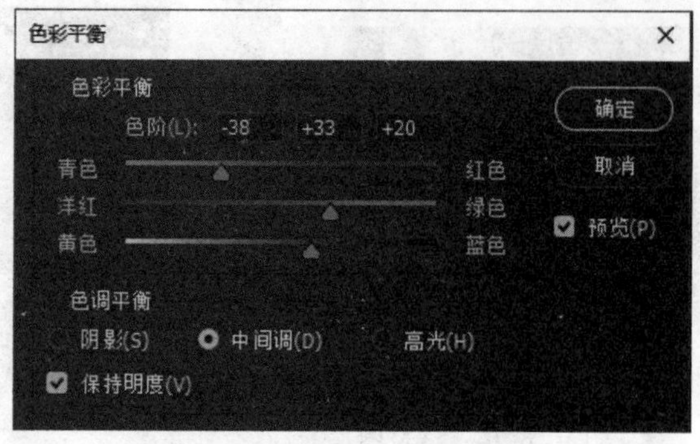

图 10. 6. 20　调整图片整体色调

⑧对图片 1 进行复制，选择图层混合模式为“柔光”。效果如图 10. 6. 21 所示。

图 10. 6. 21　设置图层混合模式

⑨打开“镜头光晕”素材，拖放到图层处。由于镜头光晕素材的背景色为黑色，所以设置图层的混合模式为“滤色”。为该图层建立蒙版，用颜色为黑色的画笔在蒙版上涂抹不需要显示的内容，如图 10. 6. 22 所示。

图 10. 6. 22　添加光晕效果

⑩单击“横排文字工具” T，输入文字，最终效果如图 10. 6. 23 所示。

图 10.6.23　最终效果

10.6.3　场景三：制作彩虹糖

要求：应用选区、图层混合模式、渐变工具、旋转扭曲滤镜等制作彩虹糖。

①打开 Photoshop 软件，建立一个尺寸为 800 × 800 像素，分辨率为 100 像素/英寸，背景色为黑色，名称为“彩虹糖”的新文档，如图 10.6.24 所示。

②单击“图层”面板“创建新图层”按钮，新建图层 1，修改该图层的“混合模式”为“滤色”，如图 10.6.25 所示。

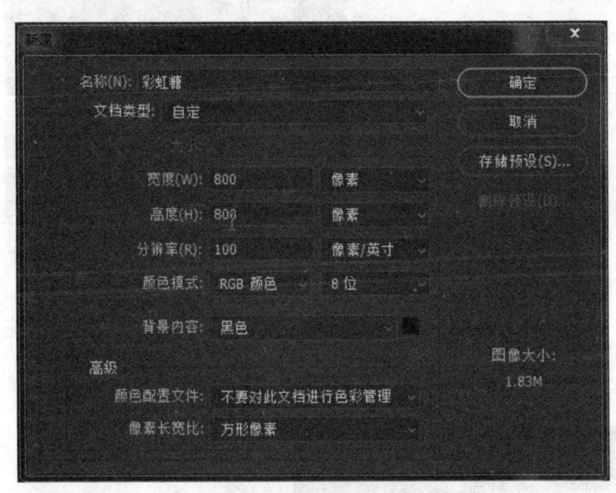

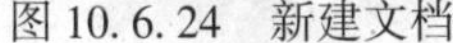

图 10.6.24　新建文档

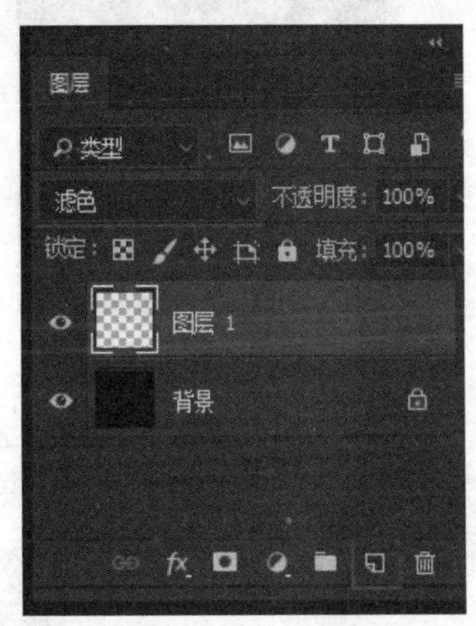

图 10.6.25　新建图层 1

③单击工具箱中的“椭圆选框工具”，按住 Shift 键的同时，在画布中间绘制一个正圆，效果如图 10.6.26 所示。

④执行菜单栏“选择”→“修改”→“羽化”命令，在弹出的对话框中修改“羽化半径”为 20，然后单击“确定”按钮，如图 10.6.27 所示。

⑤单击工具箱中的“渐变工具”，然后选择径向渐变，打开渐变编辑器，在“预设”中选择“色谱”渐变，从圆的中心向外拖动绘制渐变效果，如图 10.6.28 所示。

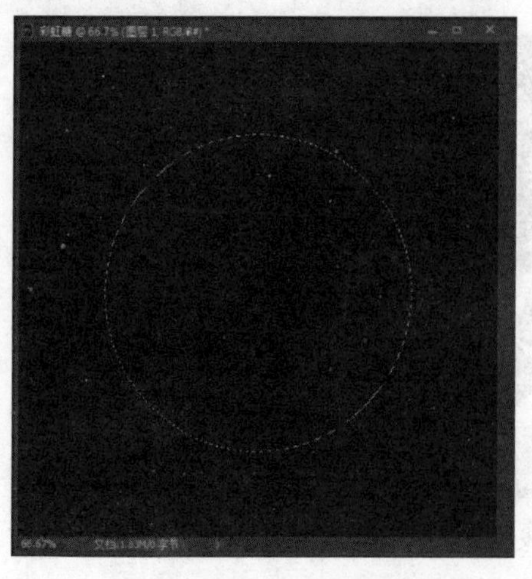

图 10.6.26　绘制正圆

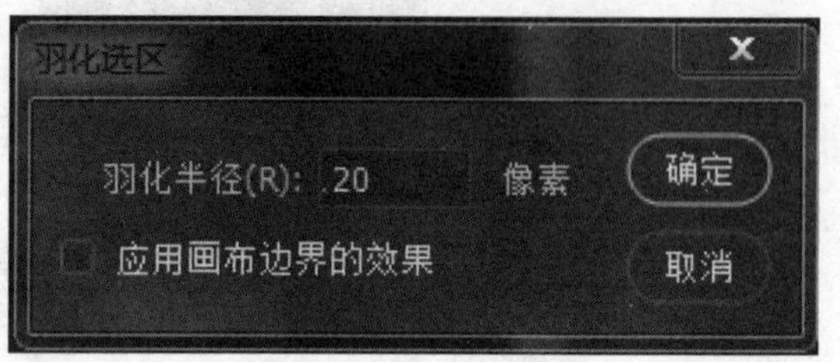

图 10.6.27　修改参数

⑥按快捷键 Ctrl + J 复制得到图层 2，把图层 1 隐藏，如图 10.6.29 所示。

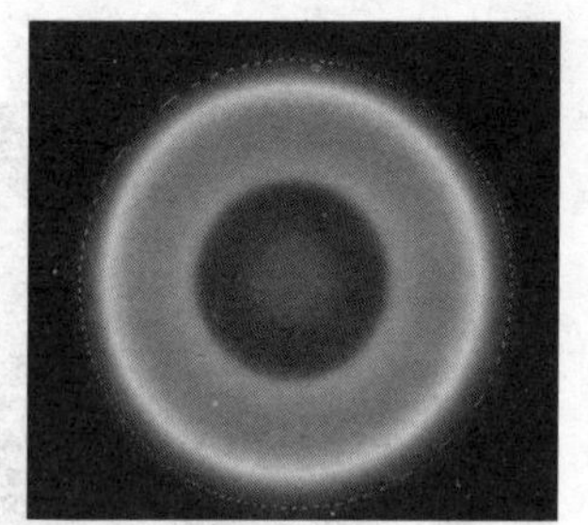

图 10.6.28　绘制渐变效果

扫码查看彩图效果

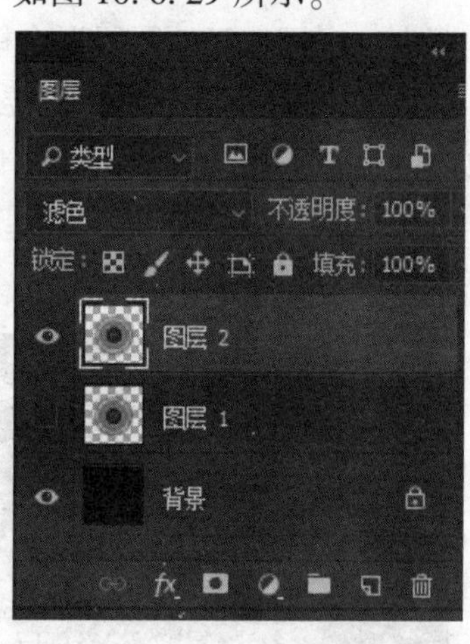

图 10.6.29　隐藏图层 1

⑦选择图层面板中的“图层 2”，按快捷键 Ctrl + T，单击右键，从下拉菜单中选择“缩放”选项，把正圆缩放成椭圆，单击“确定”按钮，如图 10.6.30 所示。

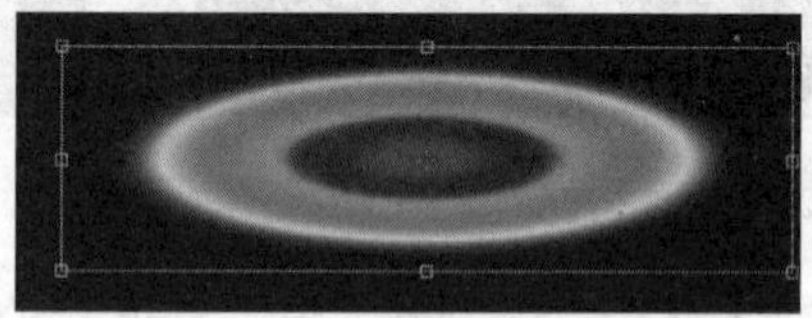

图 10.6.30　缩放成椭圆

⑧执行“滤镜”→“扭曲”→“旋转扭曲”命令，在弹出的对话框中设置角度为 999 度，然后单击“确定”按钮，如图 10.6.31 所示。

⑨取消“图层 1”的隐藏，选择工具箱里“移动工具” 对图形进行移动，调整其中心位置，直至合适为止。按快捷键 Ctrl + T 将其等比例放大，效果如图 10.6.32 所示。

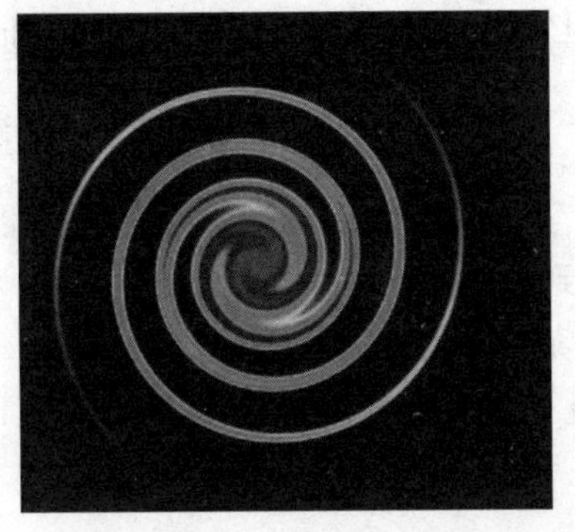

图 10.6.31 旋转扭曲

图 10.6.32 调整大小

⑩按快捷键 Ctrl + S，保存并导出图片，如图 10.6.33 所示。

图 10.6.33 效果图

扫码查看
彩图效果

10.7 工作实训营

10.7.1 训练实例

1. 训练内容

①利用滤镜制作下雪效果。
②利用滤镜将图片处理成素描效果。
③利用滤镜为图片添加边框效果。
素材自己从网上下载。

2. 训练要求

根据所学内容，充分利用滤镜，实现所要效果。

10.7.2 工作实践常见问题解析

【常见问题】 从网上下载的滤镜，解压后怎么安装？

答：安装滤镜有两种方法。

①运行插件直接安装，安装目录是：Files\Adobe\Adobe Photoshop CC 2018\Plug – Ins。其中，“Plug – Ins” 是 Photoshop 默认的滤镜文件夹。

这是 Photoshop 软件插件的默认安装方法，但效果不是很好，如果对插件有把握，则没有问题。

②在“Plug - Ins”文件夹下新建一个文件夹，把想要安装的文件复制到这个文件夹里，运行 Photoshop 软件，选择“编辑”→“首选项”→“增效工具”命令，选择“显示滤镜库的所有级和名称”。再打开 Photoshop 就可以看到对应的滤镜插件了。

安装之后重新启动 Photoshop，就可以在滤镜菜单下发现所安装的滤镜了。

注：和 Photoshop 自带的滤镜一样，有的滤镜是不支持 CMYK 模式的，对于 RGB 模式，大多的滤镜都是支持的。

工作实训

1. 把习题图 1 所示的素材利用滤镜库实现如习题图 2 所示的冰瀑效果（艺术效果→塑料包装）。

第 10 章习题图 1　素材

第 10 章习题图 2　冰瀑效果

2. 给习题图 3 的头加马赛克，效果如习题图 4 所示。

第 10 章习题图 3　素材

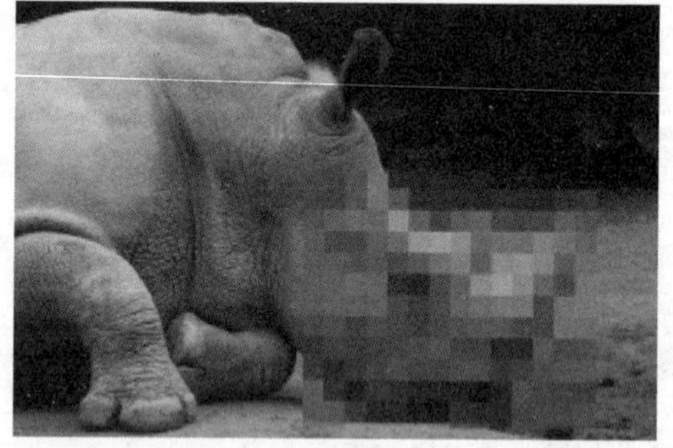

第 10 章习题图 4　马赛克效果

第 11 章

动画、动作及图像的打印

本章要点

- 掌握动画的运用。
- 掌握动作的基本操作。
- 掌握批处理的运用。
- 掌握图像的打印和输出方法。

技能目标

- 掌握动作的基本用法，以及批处理图片的基本操作。
- 掌握动作的操作方法和技巧。
- 掌握动画的设计与应用。
- 学会如何运用打印机打印出满意的图像效果。

引导问题

- 什么是动作？
- 如何创建和使用动作？
- 如何使用批处理命令处理图片？
- 如何进行打印设置？

【工作场景一】美丽的星球

用滤镜、图层模式、图层蒙版、动画等知识设计星球动画。效果如图 11.0.1 所示。

图 11.0.1　美丽的星球动画

扫码查看
动画效果

【工作场景二】水珠融合

应用渐变填充、形状工具、蒙版、调整图层、图层样式、智能对象、动画等知识设计与实现水珠由分离到融合的动画。效果如图 11.0.2 所示。

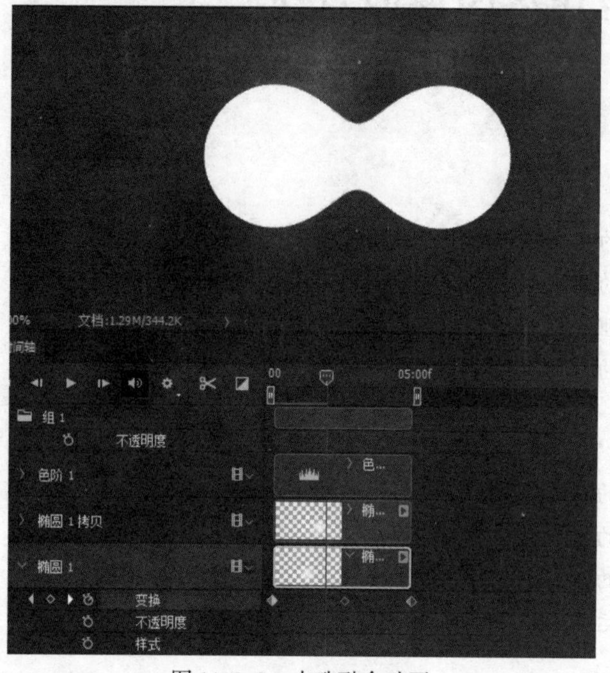

图 11.0.2　水珠融合动画

扫码查看
动画效果

【工作场景三】视频处理

用 Photoshop 实现对视频文件的剪辑和处理，生成视频动画。效果如图 11.0.3 所示。

图 11.0.3　快乐校园视频

扫码查看
动画效果

11.1　动画概述

GIF 动画是较为常见的网页或贴图动画，画面活泼生动，引人注目。GIF 图片的动画原理是，在特定的时间内显示特定画面内容，不同画面连续交替显示，产生了动态画面效果。这种动画的特点是：它是以一组图片的连续播放来产生动态效果，这种动画是没有声音的。

随着 Photoshop 版本的不断升级，其功能不断优化和增加，发展到 CS6 版本，时间轴已可以对视频简易剪辑。时间轴是 Photoshop CS6 以上版本的称呼，以下版本叫动画。

帧动画相对来说直观很多，在“时间轴”面板上有每一帧的缩略图。制作之前需要先设定好动画的展示方式，然后用 Photoshop 做出分层图。在动画面板新建帧，把展示的动画分帧设置好，再设定好时间和过渡等即可播放预览。

时间轴动画相对来说要专业很多，有点儿类似于 Flash 及一些专业影视制作软件。同样，制作之前，需要设定好动画的展示方式，再做出分层图。在时间轴上设置各层的展示位置及动画时间等。

动画设定好后，导出动画。①导出 gif 格式动画，直接按快捷键 Alt + Ctrl + Shift + S 导出；②导出视频，通过“文件”→“导出”→“渲染视频”，调出面板进行渲染输出。

11.2　时间轴面板

选择“窗口”→“时间轴”命令，打开“时间轴”面板后，选择“创建视频时间轴”，如图 11.2.1 所示。

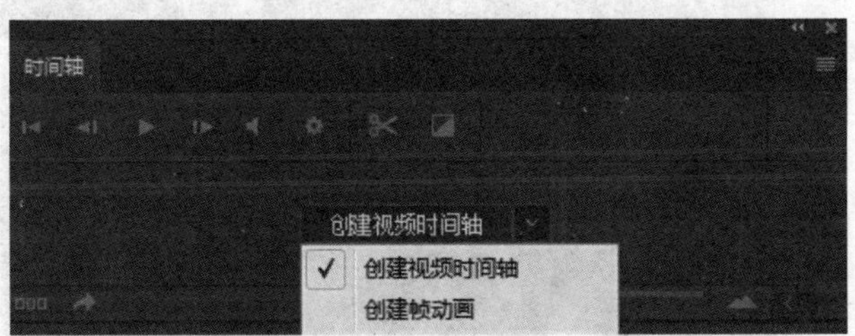

图 11.2.1　“时间轴”面板

选择了视频时间轴面板后，如图 11.2.2 所示，若想切换到帧动画面板，单击面板左下方的“转换为帧动画”按钮 进行切换。如果在帧动画面板下，如图 11.2.3 所示，按“转换为视频时间轴”按钮 则切换到视频时间轴面板。

下面介绍视频时间轴图层的基本参数，如图 11.2.4 所示。

位置：控制图层对象在画布的移动。(该参数动画对位图图层有效，矢量图层则需要启动矢量蒙版位置才会产生移动动画效果)

不透明度：控制图层对象的整体透明度。

样式：控制图层对象样式效果。图层样式可以产生很丰富的动画效果，除了简单的外发光、内发光、投影等基本动画效果，里面的图案样式更可以应付重复的背景场景，如飘雪、流星等效果。

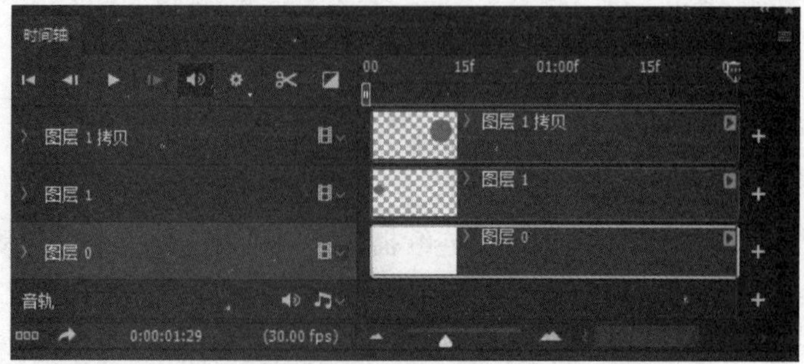

图 11. 2. 2　视频时间轴面板

图 11. 2. 3　帧动画面板

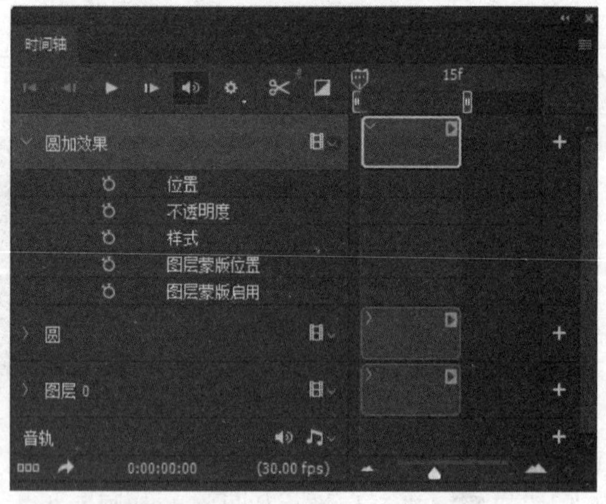

图 11. 2. 4　视频时间轴图层

蒙版：使用蒙版的时候，蒙版位置与蒙版启用一起使用。图层蒙版位置具有控制动画效果范围的作用。矢量蒙版位置则控制矢量图层对象的移动。

11. 3　制作基于视频的动画

①准备好要导入的视频文件，打开 Photoshop 软件，选择“文件”→“打开”，文件类型选择“视频”，然后选择视频文件。

②目前这个视频文件是手机拍摄的，导入后发现图像倒了，按快捷键 Ctrl + T 后，按鼠标右键，在出现的快捷菜单中选择“垂直翻转”，转正图像（如果图像原来就是正的，不需要做此步骤），如图 11. 3. 1 所示。

图 11. 3. 1　导入的视频文件

③对视频进行简单的编辑。如图 11. 3. 2 所示。

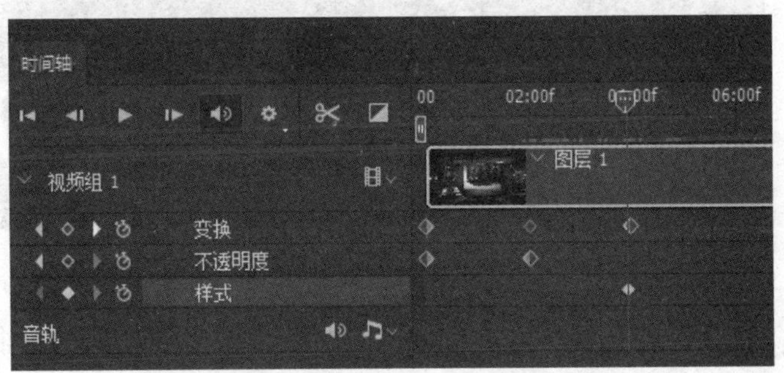

图 11. 3. 2　“时间轴”面板

在第一帧，单击变换和不透明度前面的“在播放头处添加或移动关键帧”按键，按快捷键 Ctrl + T，调整画面大小，并降低图层不透明度为 50，在 2 秒和 4 秒位置再继续调整。多余的视频用“在播放头处拆分”进行拆分。选择多余视频，按 Delete 键删除。

④选择“文件”→“导出”→“渲染视频”，弹出如图 11. 3. 3 所示的渲染视频界面。输入视频文件名，其他参数可以不用改，“预设”里有很多选项可以选。单击“渲染”，会显示进度条，等一会视频就渲染好了。

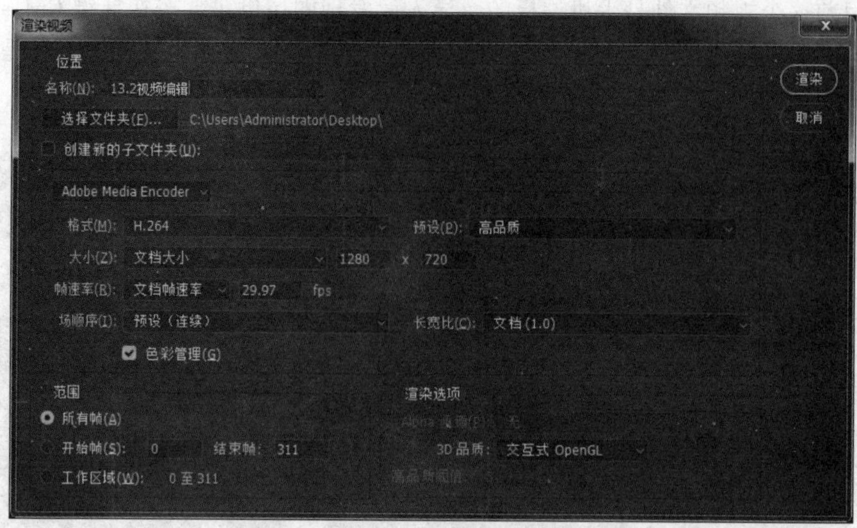

图 11.3.3　视频编辑面板

11.4　基于关键帧的文字动画

①打开 Photoshop 软件，新建文件，大小 800×400 像素，分辨率 72 dpi，RGB 模式，黑色背景，单击“创建”按钮新建文件。

②选择工具面板上的文字工具，输入“流光飞扬”，设置字号 100 点，华文行楷，白色，如图 11.4.1 所示。

图 11.4.1　文字效果

③指向文字图层缩览图，鼠标右击，选择“混合选项”，打开图层样式，设置“斜面和浮雕”效果，如图 11.4.2 所示。

④按快捷键 Ctrl + J 复制 4 个一样的文字图层，并将每个图层的文字改成不同的颜色，如图 11.4.3 所示。

⑤打开“窗口”→“时间轴”，显示“时间轴”面板，选择“时间轴”面板上的“创建帧动画”，如图 11.4.4 所示。

⑥第一帧，单击“图层”面板上的除背景层和最下面的文字图层外的其他 4 个文字图层前的“指示图层所见性按钮”，隐藏上面的 4 个文字图层，如图 11.4.5（a）所示。单击每个关键帧下面的“选择帧延迟时间”按钮，设置关键帧延迟时间为 0.2 秒，如图 11.4.5（b）所示。单击“复制所选帧”按钮，复制 4 个关键帧。

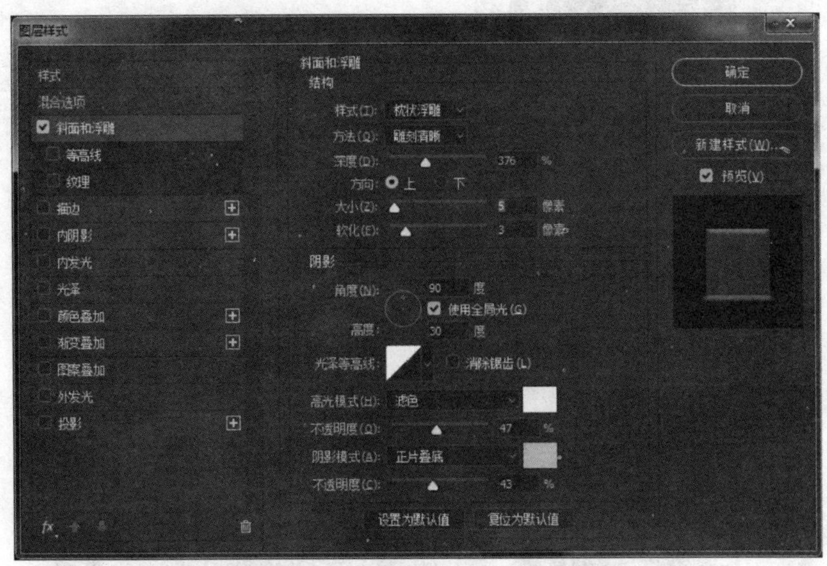

图 11.4.2　“斜面和浮雕”参数设置

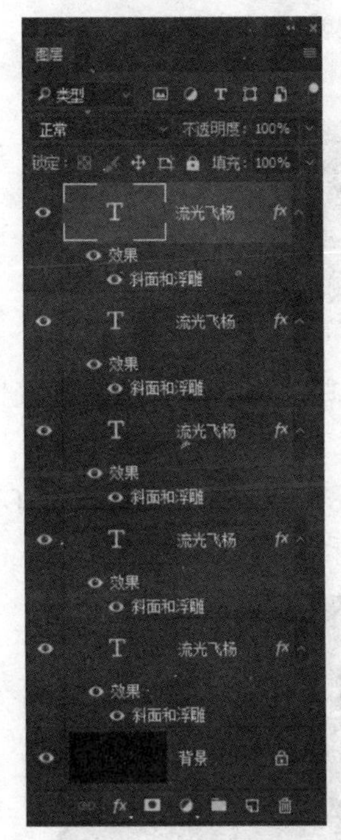

图 11.4.3　“图层”面板

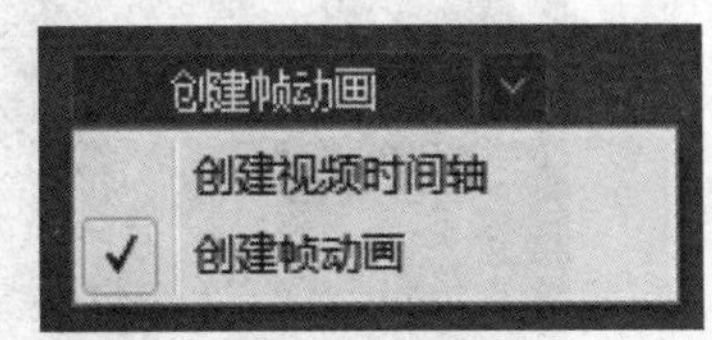

图 11.4.4　选择“创建帧动画”

由于图层是叠加的效果，将第一关键帧最低下一个文字图层设置可见，第二关键帧最低下两个文字图层设置可见，第三关键帧最低下 3 个文字图层设置可见，第四关键帧最低下 4 个文字图层设置可见（当然还有简单的方法），默认情况下动画只播放一次，一般情况下 GIF 动画可以多次播放。单击第一帧下方的“选择循环选项”按钮，在弹出的菜单中选择“永远”，实现不停播放的效果，如图 11.4.6 所示。

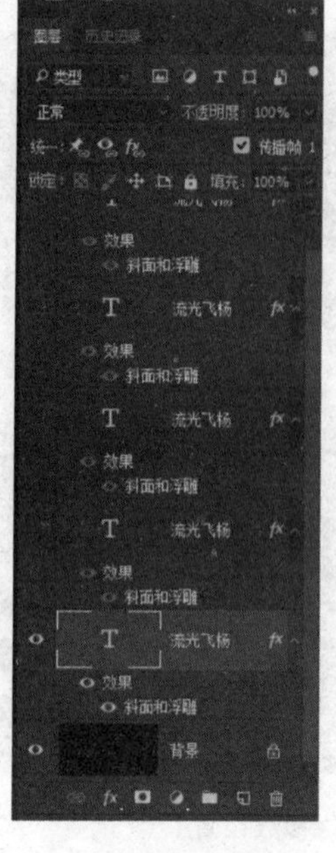

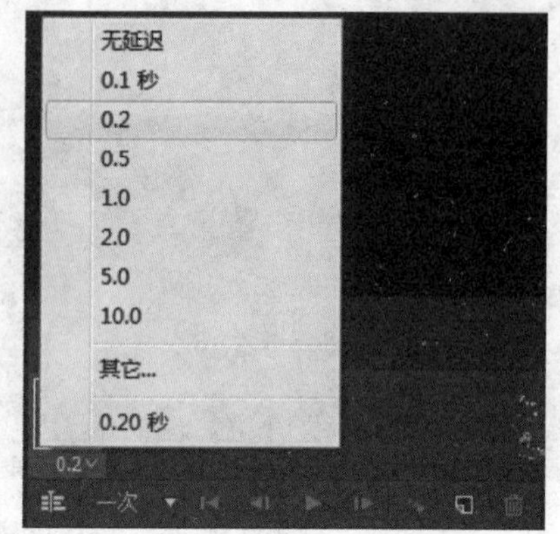

（a）　　　　　　　　　　　　（b）

图 11.4.5　隐藏图层并设置关键帧延迟时间

（a）"图层"面板；（b）设置关键帧延迟时间

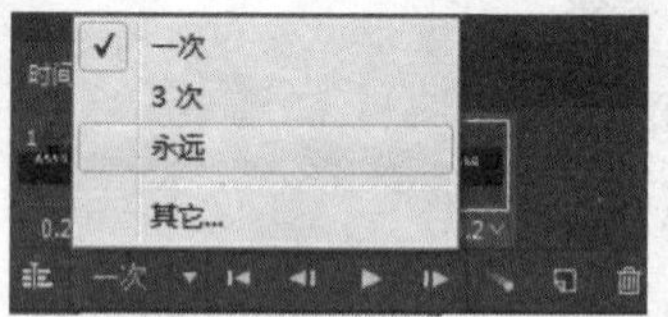

图 11.4.6　播放次数设置

⑦单击"播放"按钮，测试一下效果。如果不满意，单击"停止动画"按钮，再次调整每帧动画内容。

⑧单击"文件"→"导出"→"导出为"，在面板右上方的格式中选择 GIF，单击下面的"全部导出"，实现 GIF 动画的导出，如图 11.4.7 所示。

图 11.4.7　导出动画

11.5　添加音频

继续给12.4节文字动画添加背景音乐。

①在Photoshop中打开12.4节中的文字动画源文件。在“时间轴”面板上，单击面板左下方的“转换为视频时间轴”按钮，帧动画面板如图11.5.1所示。转为视频动画面板，如图11.5.2所示。单击“向轨道添加音频”按钮，打开一个音频文件。

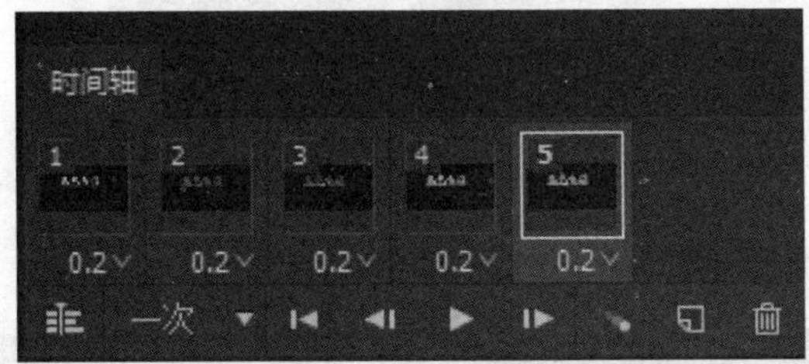

图11.5.1　帧动画面板

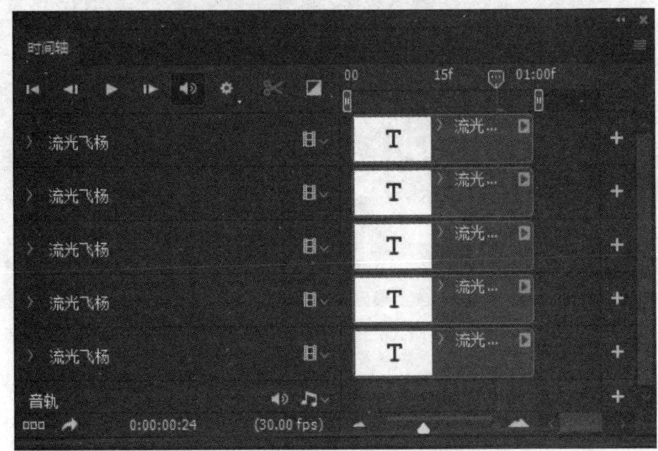

图11.5.2　视频动画面板

②鼠标指针指向文字轨道的右边缘，拖长文字轨道到02:00f，如图11.5.3所示。

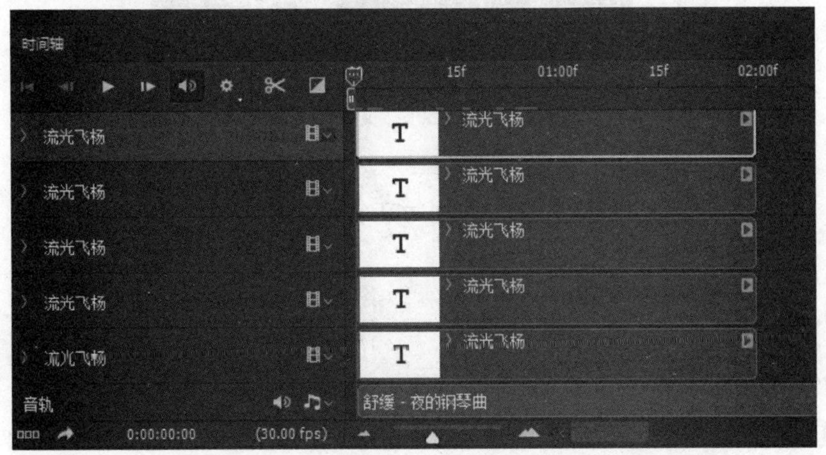

图11.5.3　拖长文字轨道到02:00f

③拖动不同的文字图层到不同的位置，如图 11.5.4 所示。选择音轨，在最后一个文字的结尾处，单击“在播放头处拆分”按钮，拆分音频文件，选择后面一段音频文件，按 Delete 键删除。单击音频剪辑后面的小箭头，打开“音频”面板，设置淡入 2 秒，淡出 3 秒，如图 11.5.5 所示。如果想把音频静音，单击音轨后面的“音轨静音或取消静音”按钮，或在“音频”面板中选择“静音”。

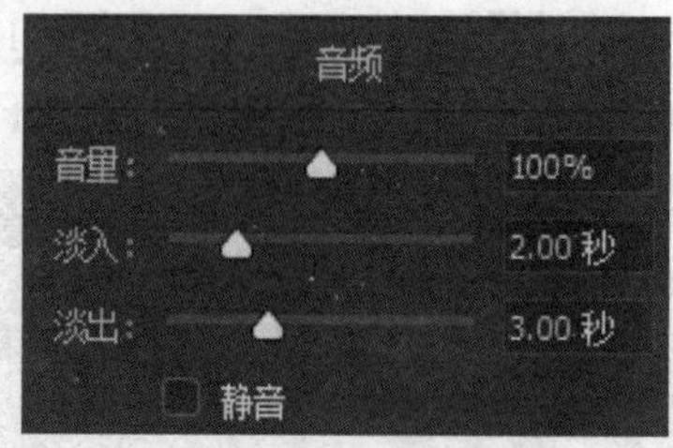

图 11.5.4　“音频”面板

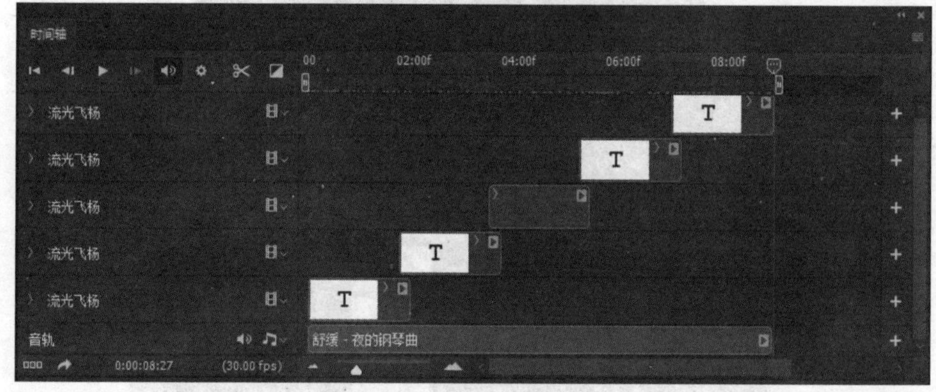

图 11.5.5　“时间轴”面板

④执行“文件”→“导出”→“渲染视频”，设置导出视频的名字和位置，单击“渲染”完成导出。最终效果如图 11.5.6 所示。

图 11.5.6　文字效果

11.6　自动化与脚本

11.6.1　动作

1. 动作的使用

“动作”（Action）是 Photoshop 中非常重要的一项功能，它可以详细记录处理图像的全过程，并且可以在其他的图像中使用，这对于需要重复进行的操作非常实用，并且功能

强大。

选择“窗口”→“动作”命令（快捷键 Alt + F9）打开“动作”面板，如图 11.6.1 所示。在 Photoshop 中默认安装的是“默认动作”序列，包含很多动作。单击每个动作前的三角形按钮，列出每个动作的所有命令，动作的实现由这些命令完成；面板下方的动作按钮有“停止播放/记录”、“开始记录”、“播放选定的动作”、“创建新组”、“创建新动作”、“删除”等。单击命令前的三角形按钮，弹出该命令的所有参数。

下面通过案例介绍动作的“创建”→“使用”→“载入”→“批处理”等知识。

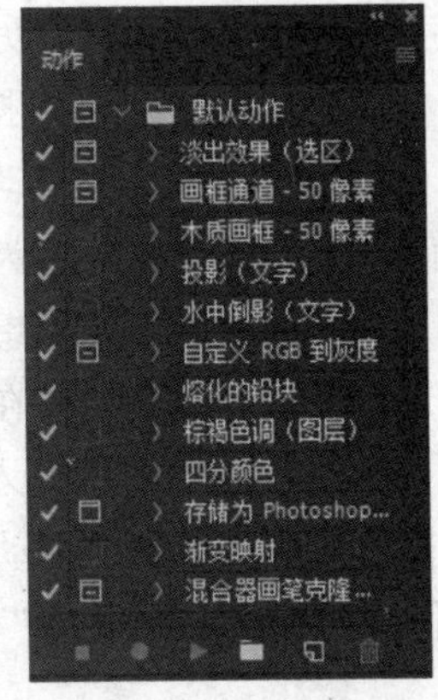

图 11.6.1　“动作”面板

2. 动作的创建及使用

“动作”面板中除了 Photoshop 自带的默认动作外，用户可以自己录制新动作。以处理照片曝光过度为例介绍动作的录制过程，具体步骤如下。

①打开要处理的照片。在 Photoshop 中打开素材照片，这张照片是手机拍的风景照，如图 11.6.2 所示。

②创建新组。从“动作”面板选项菜单中选择“新建组”或单击面板上的“创建新组”按钮，打开“新建组”对话框，输入组名称为“照片处理”。

③创建新动作。从“动作”面板选项菜单中选择“新建动作”或单击面板上的“创建新动作”按钮，打开“新建动作”对话框，输入动作的名称为“调色加裁剪”，选择动作所在的组名“照片处理”，设置动作的功能键，这样可按快捷功能键直接执行该动作，最后可以设置颜色，如图 11.6.3 所示。单击“记录”按钮，退出对话框。默认情况下，已进入录制状态。

图 11.6.2　素材照片

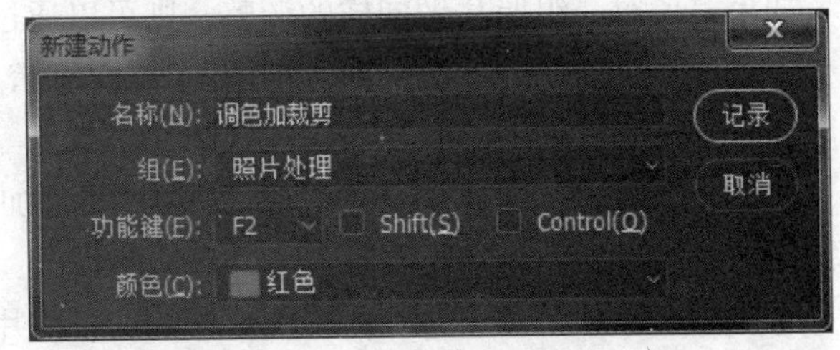

图 11.6.3　“新建动作”对话框

④自动色调。选择“自动色调”调整照片的色阶（快捷键 Shift + Ctrl + L）。

⑤调整曲线。选择“曲线”工具（快捷键 Ctrl + M）调整照片亮度。

⑥选择“图像”→“调整”→“自然饱和度”调整自然饱和度，选择“自然饱和度”调整照片饱和度。

⑦选择裁剪工具裁掉右上角的边角。

⑧停止记录。效果调好后，单击“停止播放/记录”按钮，处理的动作已录制成功，如图 11.6.4 所示。

⑨播放动作。打开另外要处理的图片，选择动作面板下方的“调色加裁剪”动作，单击“播放选定的动作”按钮▶即可。这样照片很快就自动处理完成了。

⑩存储动作。单击动作面板右上角小三角形☰，打开快捷菜单，选择“存储动作”即可保存新建的动作，名为“照片处理.atn”，如图11.6.5所示。

⑪载入动作。如果想在别的计算机上应用保存的动作，则需要复制动作文件“照片处理.atn”到本机上，并在Photoshop中单击动作面板右上角小三角形☰，打开快捷菜单，选择“载入动作”即可载入复制的动作。

⑫删除动作。单击动作面板右上角小三角形☰，打开快捷菜单，选择“删除”或拖动动作到面板上的“删除”按钮上即可。

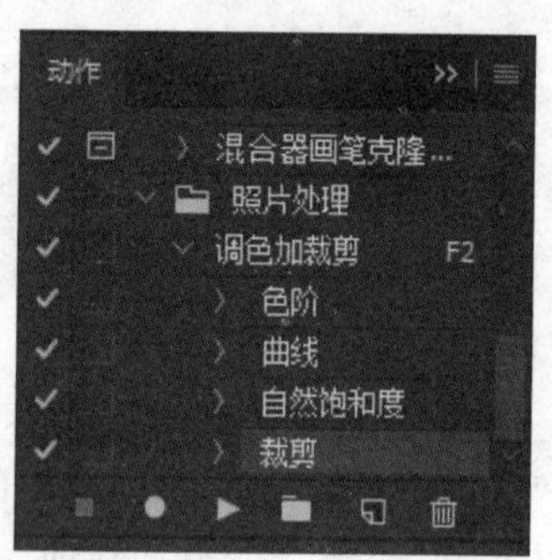

图11.6.4 录制的动作

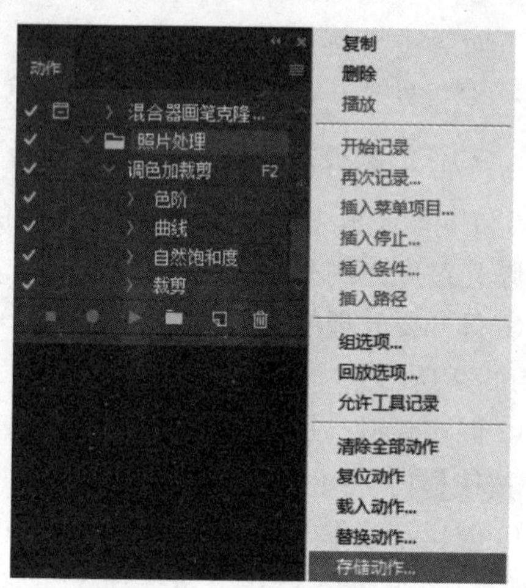

图11.6.5 “存储动作”菜单

11.6.2 批处理

如果需要对一组照片做同样的调整，则可以通过批处理来完成。

①新建一个动作，方法同上，如图11.6.6所示。

②打开需要批处理的图片中的一张图片。

③打开图片后，选择11.6.1节所做的“调色加裁剪”动作，单击“播放选定的动作”按钮▶，播放动作。

④保存文件。保存文件后，关闭打开的这张图片。

⑤一个从打开到关闭的过程完成后，单击“停止播放/记录”按钮。录制的动作如图11.6.7所示。

⑥选择“文件”→“自动”→“批处理”命令，打开“批处理”对话框，具体参数设置如图11.6.8所示。

⑦在“源”下拉列表中选择“文件夹”(指需要处理的照片所在的文件夹)。

⑧单击“选择”按钮，在打开的对话框中选择待处理的图片所在的文件夹，并单击“确定”按钮。单击选中“包含所有子文件夹”(指不显示文件打开对话框)和“禁止颜色配置文件警告”(指不显示颜色配置文件设置警告)这两个复选框。

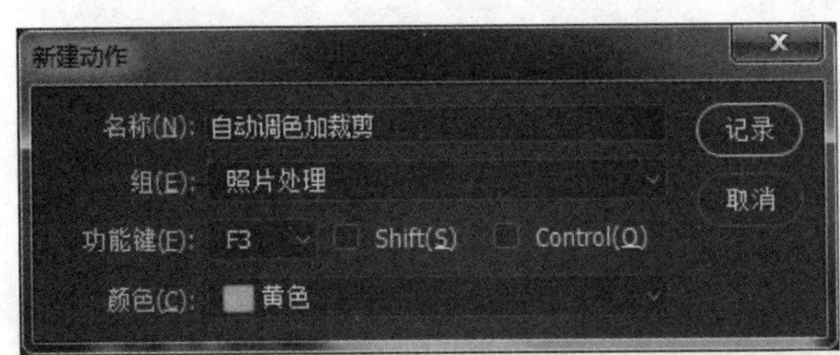

图 11. 6. 6　“新建动作”对话框

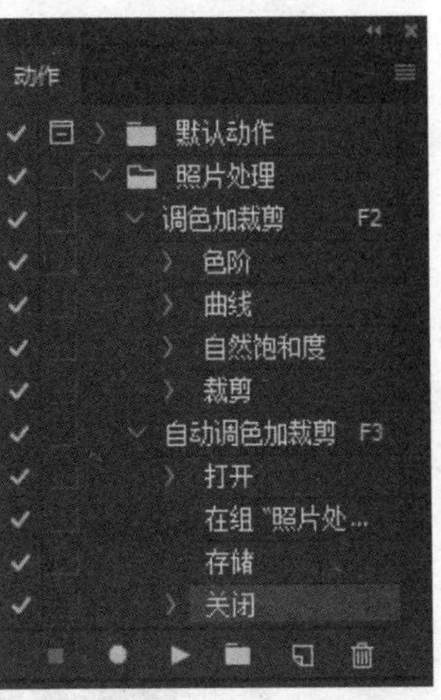

图 11. 6. 7　录制的动作

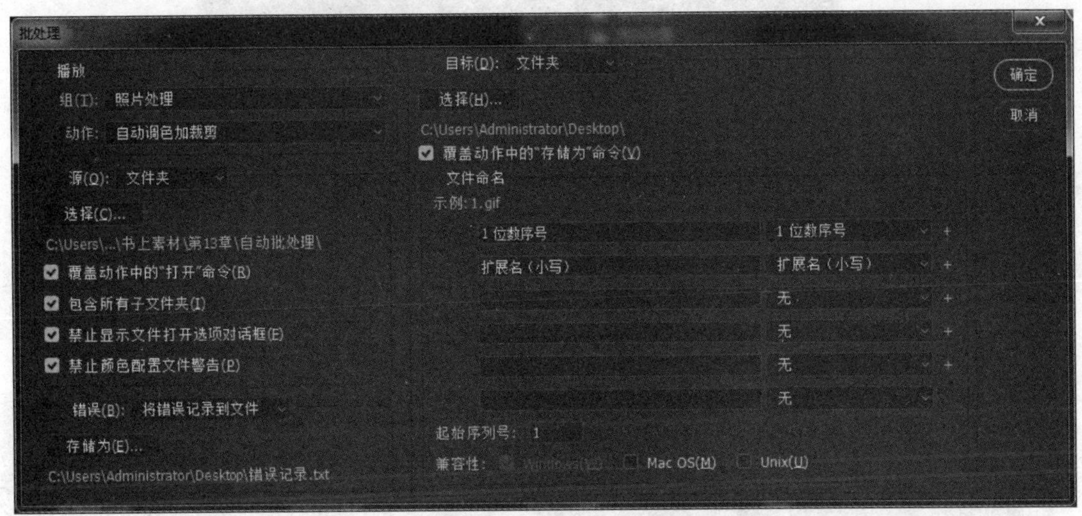

图 11. 6. 8　“批处理”对话框

⑨在“目标”下拉列表中选择“文件夹”选项，单击“选择”按钮，在打开的对话框中选择准备放置处理好的图片的文件夹，单击“确定”按钮。

⑩在“文件命名”选项组的第二个文本框的下拉列表中选择“1 位数序号”选项，第二个文本框默认“扩展名（小写）”。

⑪在“错误”下拉列表中选择“将错误记录到文件”选项，单击“存储为”按钮，在打开的对话框中选择一个文件夹。若批处理中途出现问题，计算机会记录错误的细节，并以记事本形式存储于选好的文件夹中。

设置完成后，单击“确定”按钮，Photoshop 会自动打开指定文件夹中的图像进行处理，执行完动作中指定操作，直到所有图片处理结束，几十张图片按照同一个处理过程，十多分钟就可以处理完成。

11.6.3 合成全景照片

①在 Photoshop 中单击“文件”→“脚本”→“将文件载入堆栈”命令。

②在“载入图层”对话框中，单击“浏览”按钮，找到并打开要载入堆栈的照片。

③在“载入图层”对话框中，勾选“尝试自动对齐源图像”，单击“确定”按钮，如图 11.6.9 所示。

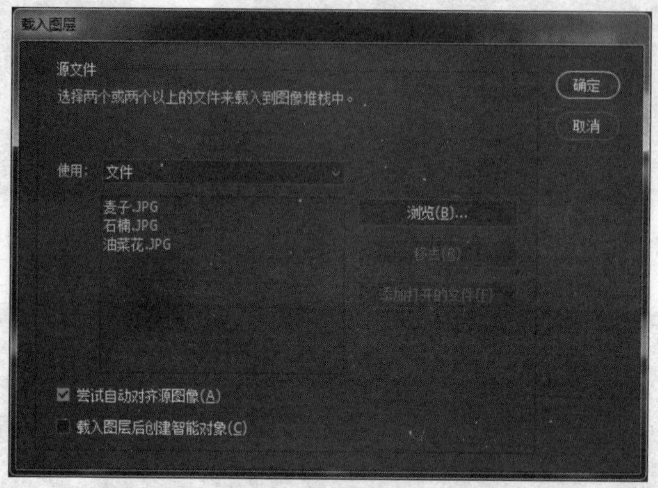

图 11.6.9 “载入图层”对话框

④打开菜单“图像”→“画布大小”，调整宽度为 150 cm，调整图片左右排列，在“图层”面板上，按 Shift 键，单击第一个图层和最后一个图层，选中所有图层，如图 11.6.10 所示。

图 11.6.10 “图层”面板

⑤选择“编辑”→“自动混合图层”功能，打开如图 11.6.11 所示的“自动混合图层”面板。

⑥选择混合方法为全景图，勾选“无缝色调和颜色”及“内容识别填充透明区域”，然后单击“确定”按钮，出现“基于内容混合所有图层”的进度条，自动对每一个图层进行蒙版处理，并盖印生成一个图像，效果如图 11.6.12 所示。（这个案例选取的三幅图为不同

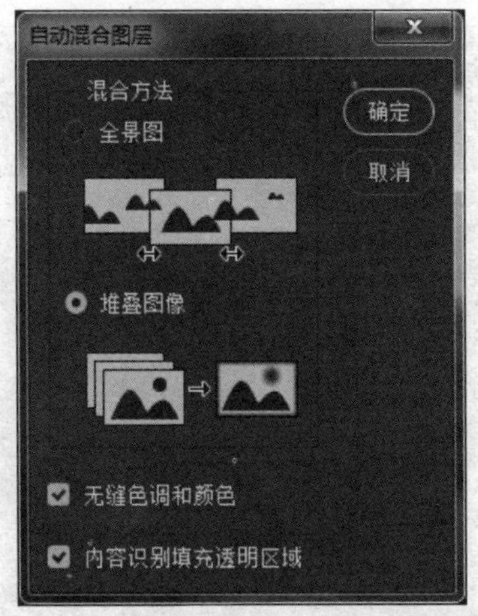

图11.6.11　“自动混合图层”面板

的场景，通常合成全景图时选取的图片来自一个景点的不同方位，这样合成的图会更好看！）

扫码查看彩图效果

图 11.6.12　最终效果

11.6.4　图像处理器

大家在外出游玩的时候，会拍下大量的图片作为纪念，经常需要把照片调整为相同大小的模式，一张一张修改很麻烦，用 Photoshop CC 2018 中的“图像处理器”功能可以批处理图片的大小。

①打开 Photoshop 软件，选择“文件”→“脚本”→“图像处理器”，弹出对话框，设置参数。

②在“图像处理器”设置对话框中，首先单击“选择文件夹”，然后选择需要处理的图片所在的文件夹，单击“确定”按钮，如图 11.6.13 所示。

③在“图像处理器”设置对话框中，保持默认的“在相同位置存储”，文件类型选择“调整大小以适合”，为（600，350）。单击“运行”按钮，系统将对文件夹中的所有图片打开并调整为指定的（600，350）尺寸，并保存在新的文件夹中。如图 11.6.14 和图 11.6.15 所示。

图 11. 6. 13 “图像处理器”面板

图 11. 6. 14 “图像处理器”面板

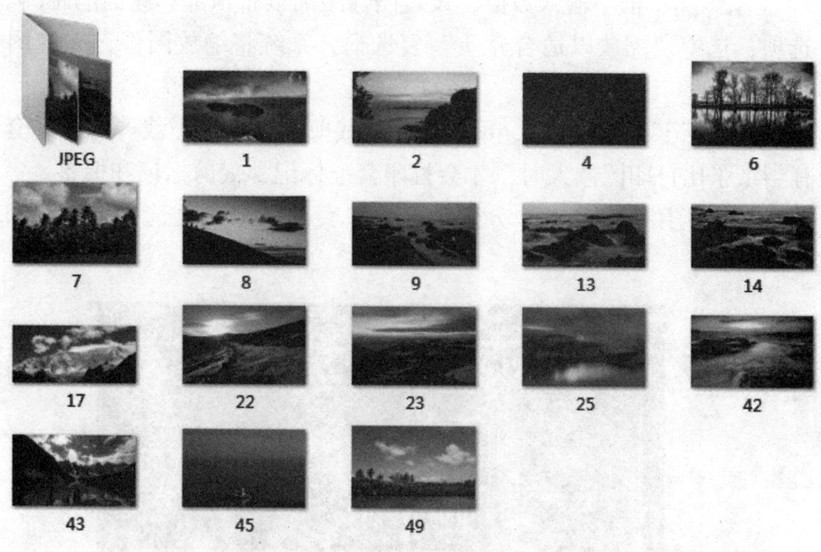

图 11.6.15　素材及处理后的照片文件夹

11.7　图像的打印设置

打印参数设置得正确与否，会对打印的效果产生一定影响。下面就来学习如何设置打印参数。

选择“文件”→“打印”命令，打开“Photoshop 打印设置”对话框，如图 11.7.1 所示。

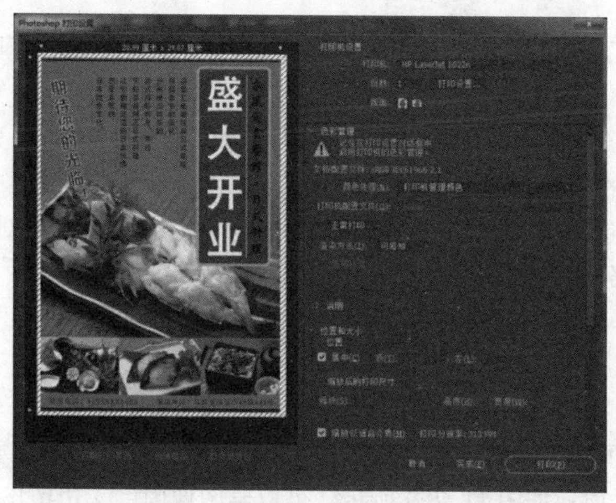

图 11.7.1　“Photoshop 打印设置”对话框

1）“打印设置”按钮，如图 11.7.1 右上方所示。有“纵向”和“横向”两个单选按钮可以设置纸张是纵向打印还是横向打印。

2）“位置和大小”选项，指所打印的图片位于打印纸张上的位置。如图 11.7.1 右边所示。选中“居中”复选框，则图像打印出来位于纸张的中央。如果取消该复选框，则可以

在“顶”和“左”文本框中输入数值，设置图像距离纸张顶部和左面的距离。“缩放后的打印尺寸”选项，选中“缩放以适合介质”复选框，系统将缩放图像，并使图像刚好可以完整地打印在纸张上。

3）在“打印标记”选项组中，可以选择角裁剪标志、中心裁剪标志、套准标记标签等内容，只有当纸张比打印图像大时，才会打印套准标记、裁剪标记和标签。

①“套准标记”用于对齐各个分色。选中“套准标记”复选框可以打印套准标记，如图 11.7.2 所示。

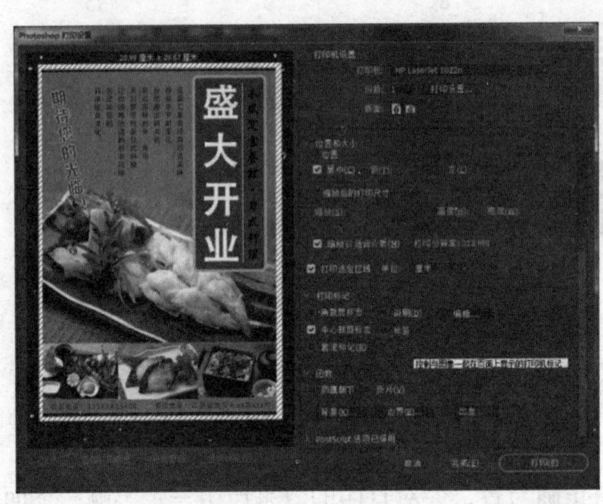

图 11.7.2　输出设置

②“角裁剪标志”和“中心裁剪标志”用于指示裁剪位置。选中“角裁剪标志”，可以在角上打印裁剪标志；选中“中心裁剪标志”复选框，可以在每个边的中心打印裁剪标记。

③选中“标签”复选框，可以在图像上方打印文件名。如果打印分色，则分色名也作为标签的一部分被打印。

如果要将彩色图像用于印刷，用户需要将图像中的 C、M、Y、K 这 4 种颜色或其他专色分别打印到不同的版上，这个过程称为分色。在“打印”对话框中右上方的下拉列表中选择“色彩管理”选项，如果要对当前图像进行分色打印，可以在对话框中的“颜色处理”下拉列表中选择“分色”选项。

4）“函数”选项组中可以进行“背景”“边界”“出血”“负片”和“药膜朝下”等参数的设置。

①“背景（K）”选项，在页面上的图像区域处打印背景色。

②出血线：为了防止印刷后出现裁切误差，一般印刷物四周都要留出出血线（一般为 3 mm）。“出血”选项，如图 11.7.3 所示。可以给图像内的 4 边留出空白的出血线。

③“边界（B）”按钮，可以设置图像的边框，在图像的周围打印一个黑色的边框。这个选项比较适用于边缘是白色的图像，可以看到边缘框，否则打印在白色纸上，将无法判断实际打印图像的大小。在打开的“边界”对话框中，如图 11.7.4 所示，可以指定打印边框的宽度和单位。

图 11.7.3　“出血”对话框

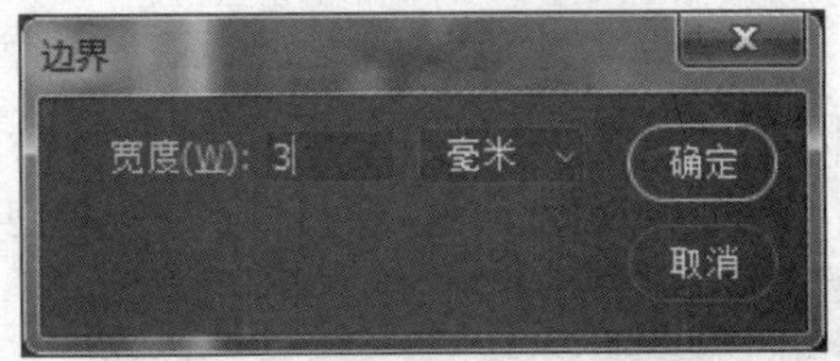

图 11.7.4　“边界”对话框

④选中“负片”复选框，打印图像的反相版本。

⑤“药膜朝下”选项，可以决定打印时图像在胶片的哪一面。选中该复选框之后，可以把图像打印在胶片的下面。如果使用胶片打印，通常选中该复选框。

小提示：

分色打印之前，一定要先将图像转化为 CMYK 颜色模式。

5）打印机配置文件。

在“正常打印/印刷校样”这个选项下，有“正常打印”“印刷校样”选项。“印刷校样”设置日常用得很少，如打印照片，就选“印刷校样”。

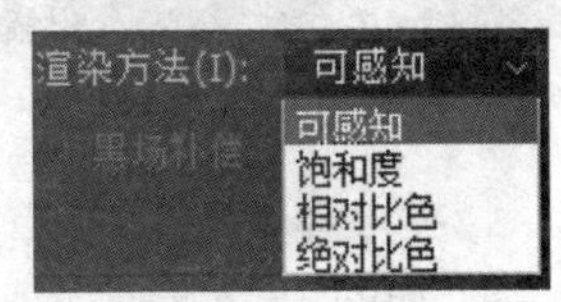

图 11.7.5　渲染方法

渲染方法，指 Photoshop 如何将颜色转换为目标色彩空间，有 4 个选项。不同的渲染方法使用不同的规则来调整，如图 11.7.5 所示。

11.8　工作场景实施

11.8.1　场景一：美丽的星球

要求：用滤镜、图层模式、图层蒙版、动画等知识设计星球动画。

①新建 21 cm×21 cm 文档，设置背景为黑色。在背景图层上双击，将其变为普通图层，名称为“图层 0”。按快捷键 Ctrl＋J，复制图层 0，得到“图层 0 拷贝”图层。选择“滤镜”→“渲染”→“镜头光晕”命令，产生光晕，如图 11.8.1 所示。

②选择“滤镜”→“扭曲”→“旋转扭曲”命令，产生旋转的光晕，如图 11.8.2 所示。

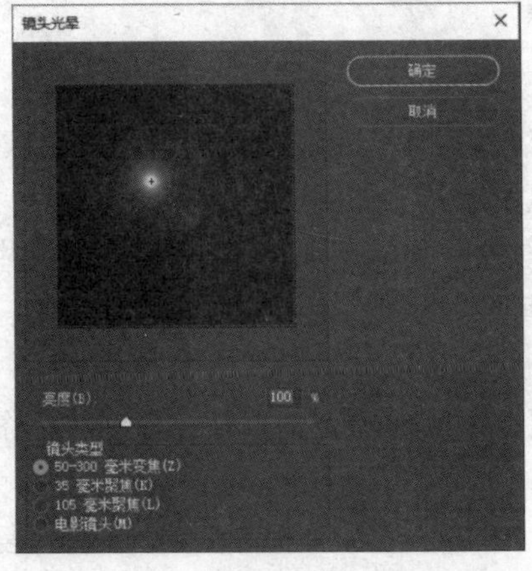

图 11.8.1　“镜头光晕”对话框

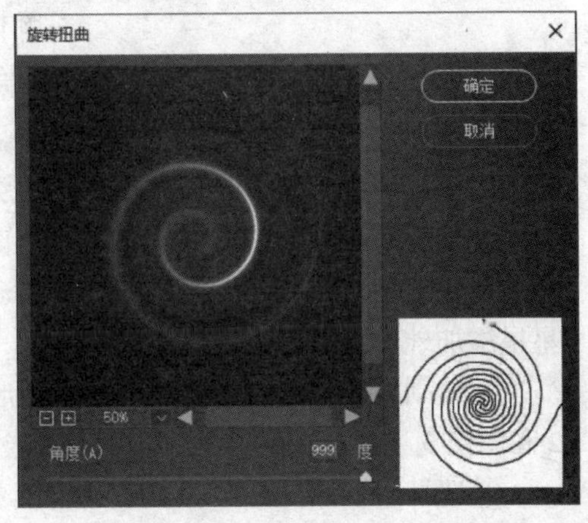

图 11.8.2　“旋转扭曲”对话框

③选择“滤镜”→“滤镜库”→“素描”→“铬黄渐变”命令，使图像产生液体金属的质感，如图 11. 8. 3 所示。

④按快捷键 Ctrl + U 打开“色相/饱和度”对话框，改变界面颜色，如图 11. 8. 4 所示。

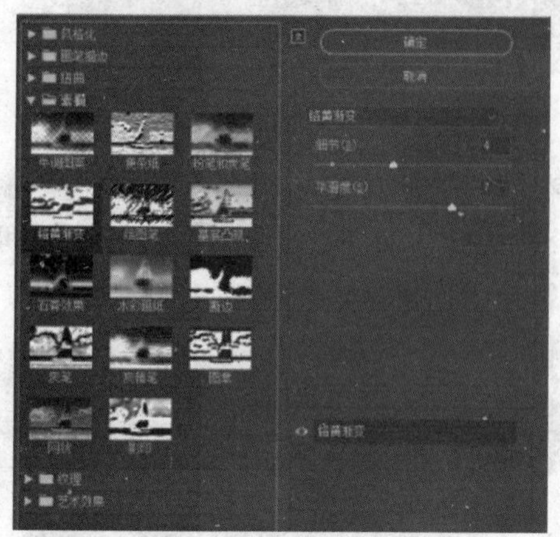

图 11. 8. 3　“铬黄”对话框

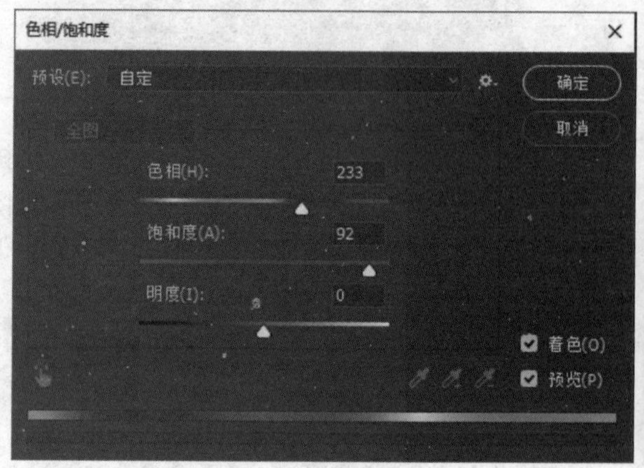

图 11. 8. 4　“色相/饱和度”对话框

⑤设置当前图层模式为“滤色”，按快捷键 Ctrl + T，对图像进行旋转操作，旋转一定角度，如图 11. 8. 5 所示。

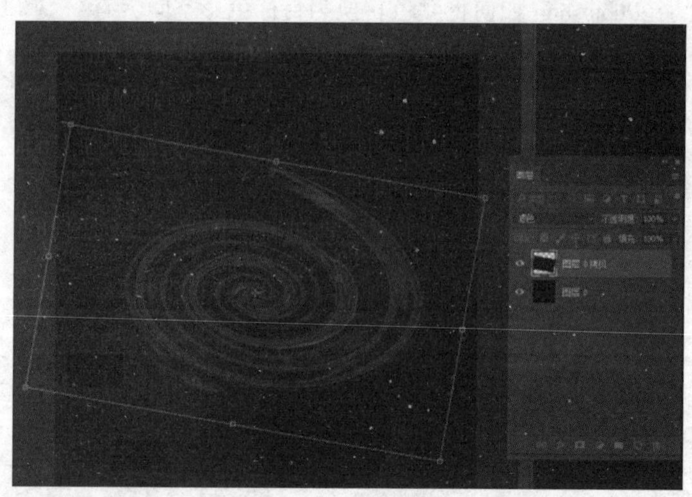

图 11. 8. 5　旋转图像

⑥将素材地球 1. png 导入，作为图层 1。

⑦选择“图层 0 拷贝”图层，单击图层面板底部的“添加图层蒙版”按钮，前景设置为黑色，用画笔涂抹光环内圈，让图层 1 上的地球显示，效果如图 11. 8. 6 所示。

⑧创建新图层，图层名为图层 4，设置前景色为白色，画笔笔头为 3 像素，画一些星星。按快捷键 Ctrl + J 复制图层 4，图层名为“图层 4 拷贝”，设置图层不透明度为 40%，给星星添加外发光效果，最终效果如图 11. 8. 7 所示。

⑨分别导入地球的另外两个侧面图形，位置和图层 1 中的地球完全重合，分别放在图层 2 和图层 3 中。

⑩选择“窗口”→“动画”命令，打开动画面板，单击“复制所选帧”按钮，复制

两帧，第一帧，让除了图层2、3以外的所有图层显示。第二帧，让除了图层1、3外的所有图层显示，关闭“图层4拷贝”显示。第三帧，让除了图层1、2外的所有图层显示，并设置每一帧的延迟时间为0.2秒。

图11.8.6　显示地球

图11.8.7　绘制星星

⑪单击“播放动画”按钮▶运行动画，调试优化后，选择“文件”→“导出”→“存储为Web所用格式（旧版）”命令，保存文件为GIF格式。星空下，地球在欢快地转动的动画就完成了。

11.8.2　场景二：水珠融合

要求：应用渐变填充、形状工具、蒙版、调整图层、图层样式、智能对象、动画等知识设计与实现水珠由分离到融合的动画。

①新建900×500像素的空白文档，白色背景。在背景图层上双击，将其变为普通图层，名称为“图层0”。在“图层0”上制作渐变背景，如图11.8.8所示。

②单击图层面板下方的“创建新的填充或调整图层”按钮，执行“渐变填充”命令，如图11.8.9所示。在打开的“渐变填充”对话框中，建立一个颜色从#5454f6到#0000ff的径向渐变调整图层。

③创建径向渐变调整图层后的结果如图11.8.10所示。

④新建图层名为“图层1”的图层，将其背景填充为黑色，如图11.8.11所示。

⑤选择椭圆工具，将其属性选项设置为“形状”，如图11.8.12所示。

⑥在画面上绘制形状时，会自动打开形状属性设置对话框，设置“实时形状属性”，如图11.8.13所示。将椭圆的宽度与高度设置为150 px。

⑦在形状属性设置对话框中，设置“蒙版”属性。将椭圆的羽化值设置为30像素。如图11.8.14所示。

⑧最终创建了一个如图11.8.15所示的椭圆形状，得到名为“椭圆1”的图层。

⑨复制“椭圆1”图层，得到“椭圆1拷贝”图层，移动复制的形状，最终效果如图11.8.16所示。

⑩单击图层面板下方的“创建新的填充或调整图层”按钮，执行“色阶”命令，创

建色阶调整图层。新建“组1”，将最上面的4个图层放在组1里。双击“色阶”调整图层，调整色阶，把左右两个色标往中间移动，调整时注意观察圆的变化，目的是将两个羽化的圆调整成硬边缘的圆，如图11.8.17所示。

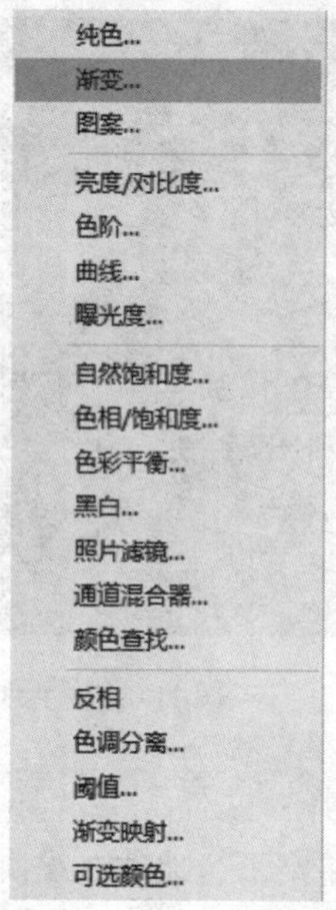

图11.8.8 创建“渐变填充”调整图层

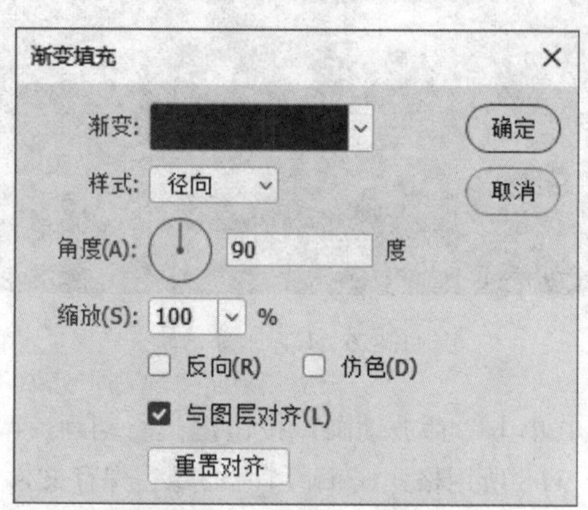

图11.8.9 设置“渐变填充”选项

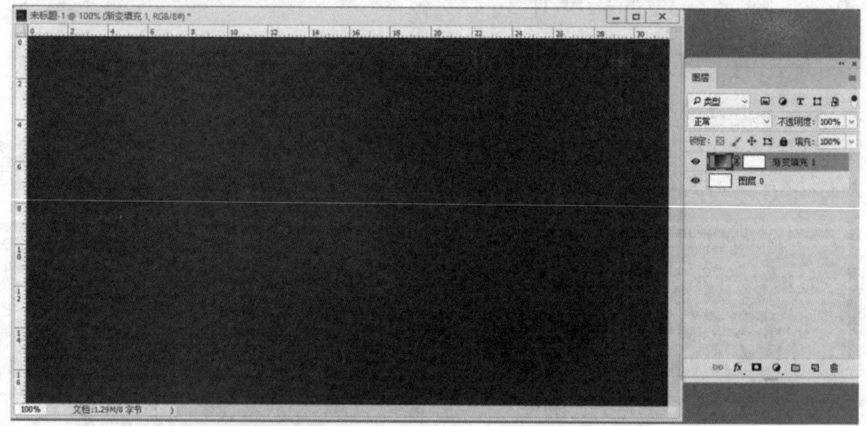

图11.8.10 创建径向渐变调整图层

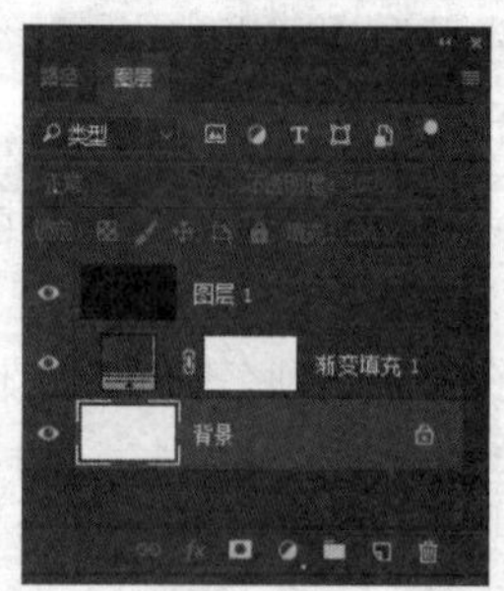

图11.8.11 新建图层

图11.8.12 创建形状

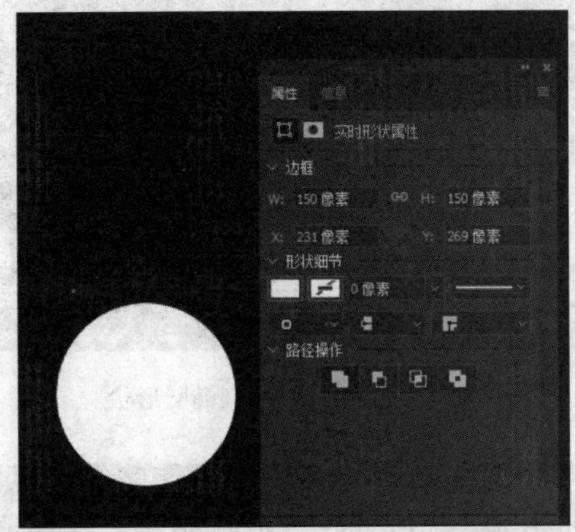

图 11.8.13　设置形状的“实时形状属性”（1）

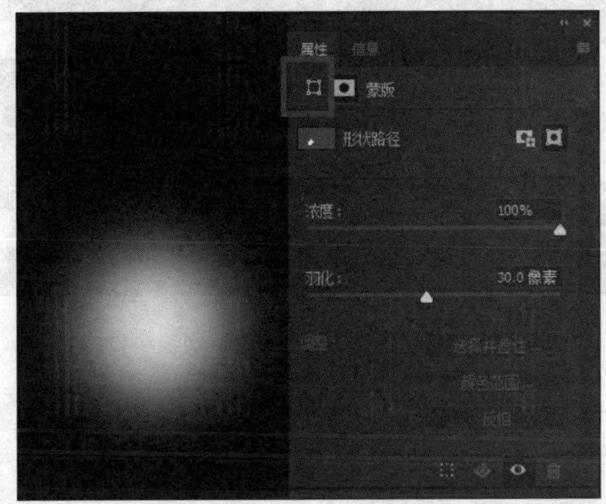

图 11.8.14　设置形状的“蒙版”属性（2）

图 11.8.15　绘制椭圆形状

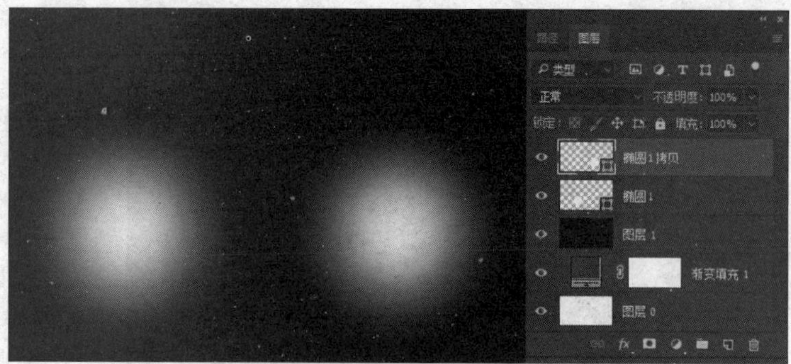

图 11. 8. 16　复制椭圆形状

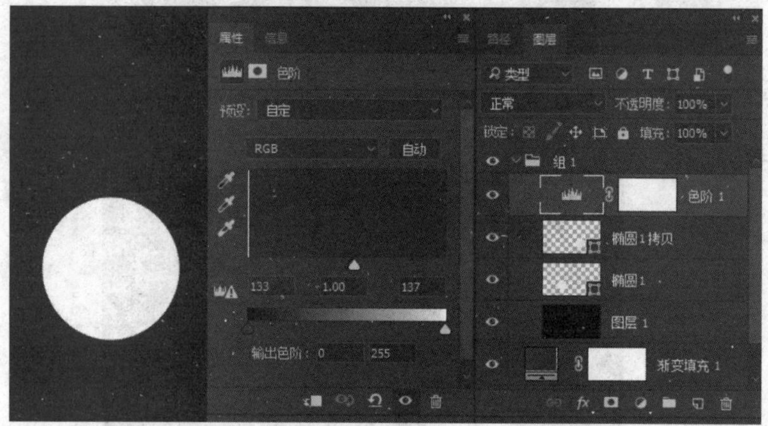

图 11. 8. 17　新建“色阶”调整图层，对色阶进行调整

⑪双击“组 1”，调出“图层样式”对话框。调节本图层的黑色色标，把黑色图标往右边移动，目的是去除该组里面的黑色背景，如图 11. 8. 18 所示。

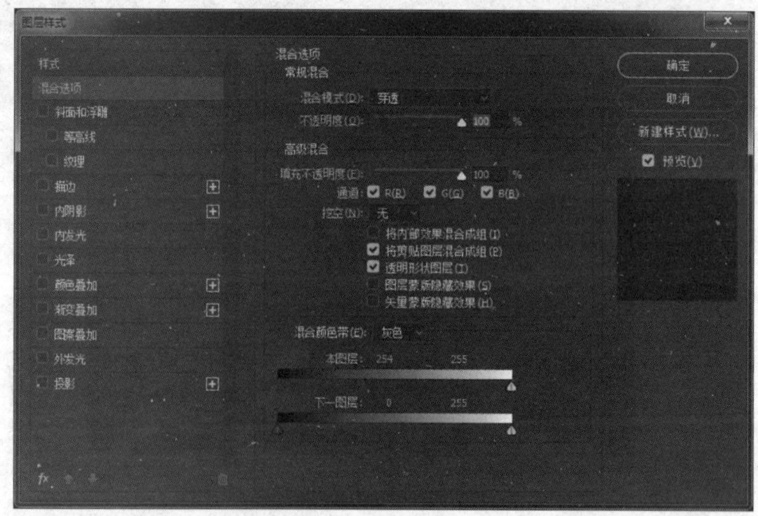

图 11. 8. 18　去除组 1 的黑色背景

⑫分别选择“椭圆 1”图层与“椭圆 1 拷贝”图层，执行“图层”→“智能对象”→“转换为智能对象”命令，将两个形状转换为智能对象，如图 11.8.19 所示。

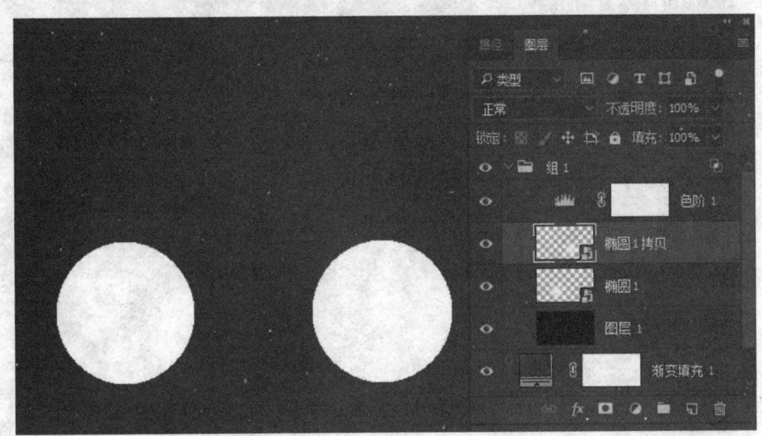

图 11.8.19　将形状转换为智能对象

⑬执行“窗口”→“时间轴”，打开“时间轴”面板。在“时间轴”面板上单击“创建视频时间轴”按钮，新建一个视频时间轴。

⑭单击时间轴内组 1 前面的小三角，使组 1 展开，并找到椭圆 1 图层。将时间轴线移动到 00f，单击椭圆 1 下方的“变换”属性前面的“启用关键帧动画”按钮，添加一个关键帧，将时间轴线移动到 05:00f，再单击按钮，添加一个关键帧，将时间轴线移动到 00 和 05:00f 的中间位置后，移动“椭圆 1”，如图 11.8.20 所示。

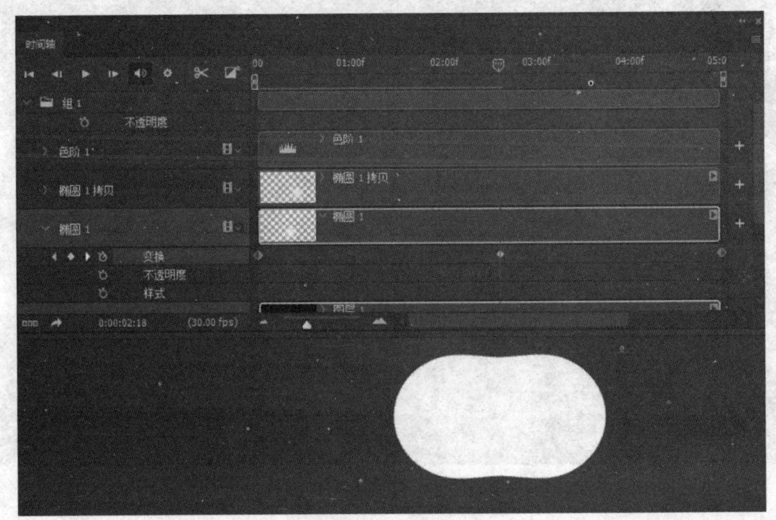

图 11.8.20　制作移动融合的动画效果

⑮将时间轴线移动到 05:00f 位置，移动“椭圆 1”到原来的位置，如图 11.8.21 所示。

⑯选择“文件”→“导出”→“渲染视频”菜单命令。在“渲染视频”对话框中，设置“名称”为“水珠融合动画.mp4”，“格式”为 H264，“预设”为 Vimeo HD 720p 25。单击“渲染”按钮后，得到视频文件。

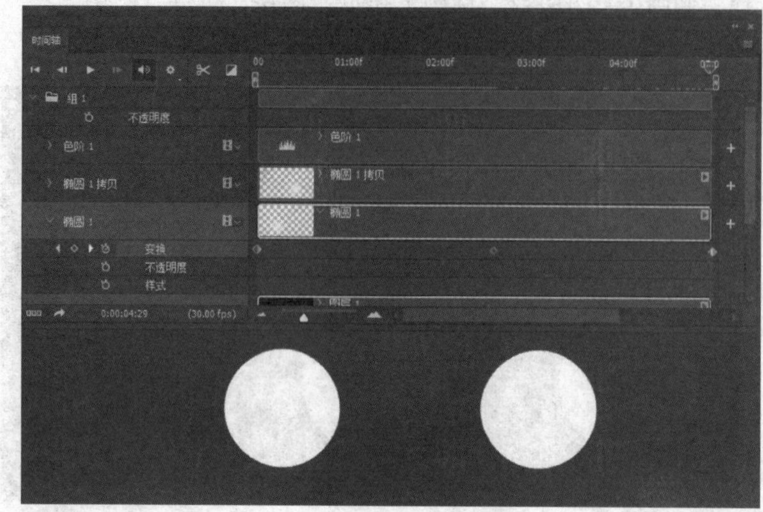

图 11. 8. 21　将移动的形状移回原来的位置

11. 8. 3　场景三：视频处理

要求：用 Photoshop 实现对视频文件的剪辑和处理，生成视频动画。

①执行“文件”→“新建”菜单命令，在类型中选择“胶片与视频”，大小为 HDV/HDTV 720P，如图 11. 8. 22 所示。

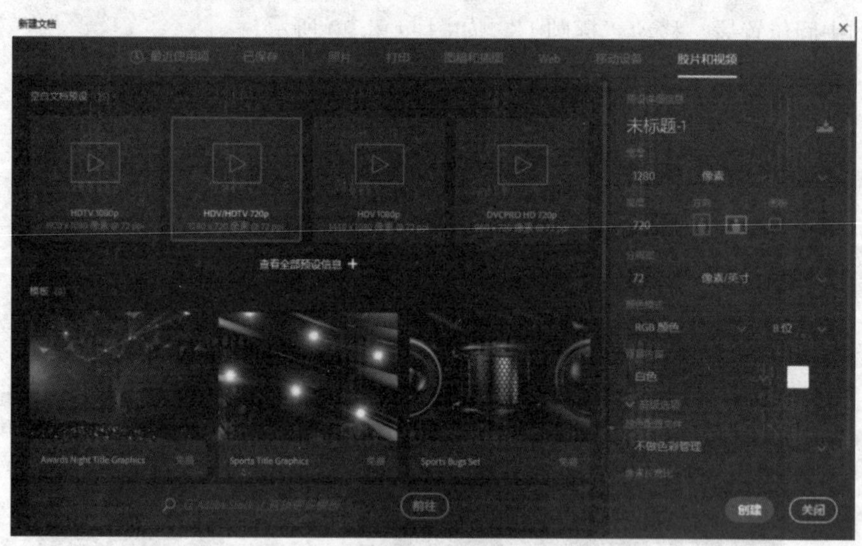

图 11. 8. 22　新建文件

②单击界面左上角的工作区下拉按钮，选择“动感”工作区，如图 11. 8. 23 所示。

③执行“窗口”→“时间轴”，打开“时间轴”面板。在“时间轴”面板上单击“创建视频时间轴”按钮，新建一个视频时间轴，如图 11. 8. 24 所示。

④单击图层 0 轨道中的视频菜单，选择“添加媒体”，如图 11. 8. 25 所示。

⑤选择编号为 1 ~ 4 的视频和图片预设（1、4 是图片，2、3 是视频），单击“打开”按钮，在时间轴面板中，Photoshop 导入了刚才选择在同一轨道上的 4 个预设，将其命名为

“视频组 1”，如图 2. 8. 26 所示。为了区分，1、4 是静态图片设置了紫色背景，2、3 视频设置了蓝色背景。在图层面板中，预设作为单独的图层出现在图层中。删除不需要的图层 0。如图 11. 8. 27 所示。

图 11. 8. 23　选择“动感”工作区

图 11. 8. 24　创建时间轴

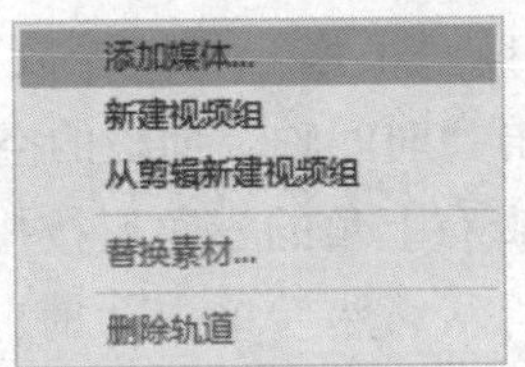

图 11. 8. 25　添加媒体文件

图 11. 8. 26　添加素材

⑥拖动第一个剪辑的右边缘到时间标尺 03:00 处。拖动时，会显示终点和时长，以便知道右边的停止处。

⑦拖动每一个剪辑的右边缘到时长 03:00 处，这样，每个剪辑时长都是 3 秒钟，如图 11. 8. 28 所示。

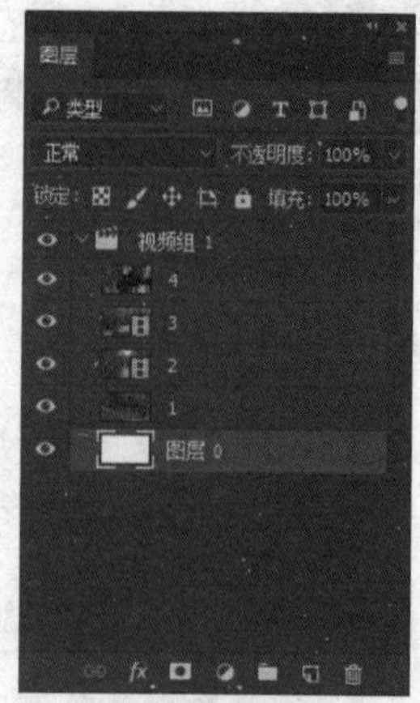

图 11.8.27　删除图层

图 11.8.28　修改剪辑时长

图层上的素材图片太大了，想让该图片素材正好充满整个画布。选择图层面板中的图层1，“时间轴”面板中的剪辑也被选择了。单击时间轴中的1剪辑右上角的三角形按钮▶，打开“动感”面板，从菜单中选择“平移”和“缩放”，选择“调整大小以填充画布”选项，如图11.8.29所示。然后单击“时间轴”面板的空白区，关闭“动感”面板。

⑧再次单击时间轴中的1剪辑右上角的三角形按钮▶，打开“动感”面板，从菜单中选择“无运动”，如图11.8.30所示。然后单击“时间轴”面板的空白区，关闭“动感”面板。

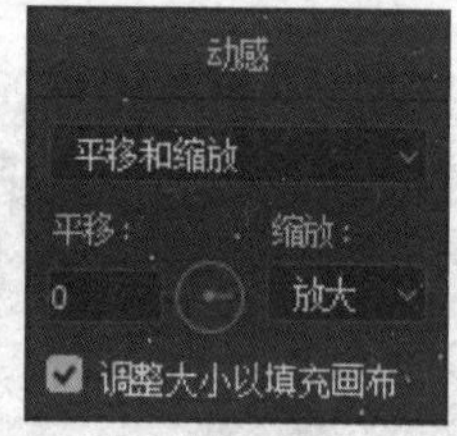

图 11.8.29　设置图片充满画布

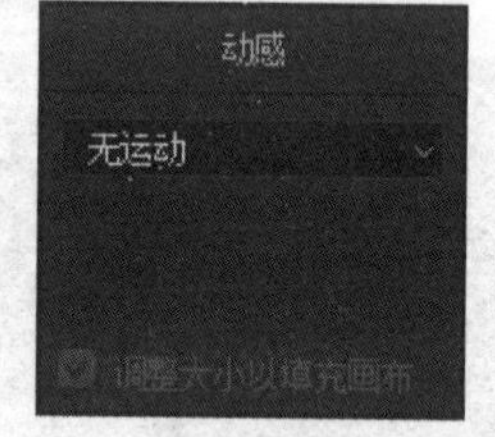

图 11.8.30　删除动感特效

⑨图层4的图片素材也做如此操作，使其正好充满整个画布。

⑩将播放头移动到1剪辑开始处，单击时间轴中的1剪辑右上角的三角形按钮▶，打开“动感”面板，从下拉菜单中选择“缩放”，在“缩放起点”中选择左上角放大该点，确保选择“调整大小以填充画布”选项，如图11.8.31所示。

⑪将播放头移动到4剪辑开始处（09:00），单击时间轴中的1剪辑右上角的三角形按钮▶，打开“动感”面板，从下拉菜单中选择“旋转”，“旋转方向”选择“顺时针”，确保选择“调整大小以填充画布”选项，如图11.8.32所示。

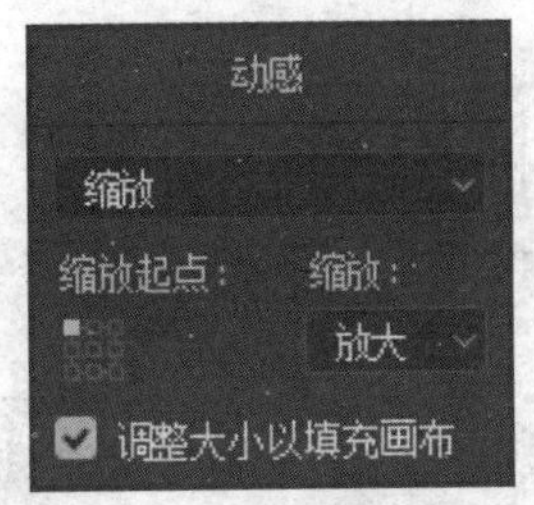

图 11.8.31　添加动态效果 1

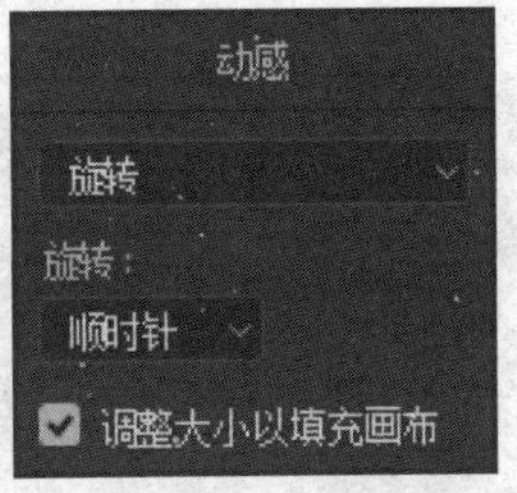

图 11.8.32　添加动态效果 2

⑫单击视频组 1 轨道中的视频下拉菜单，并选择“新建视频组”命令，如图 11.8.33 所示。添加视频组 2 到“时间轴”面板上。

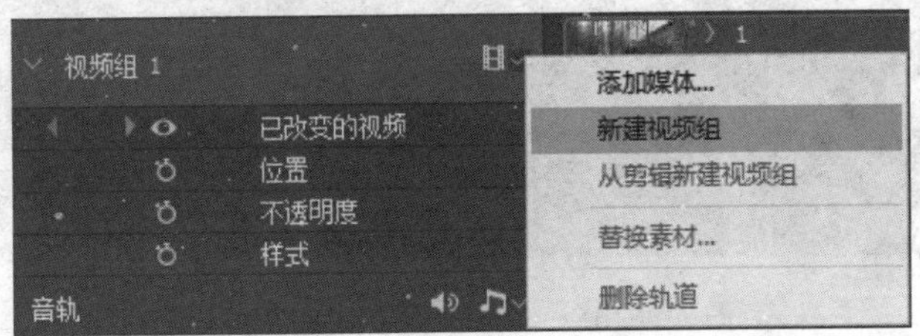

图 11.8.33　添加视频组

⑬选择横排文字，选择字体，文字大小为 600 pt，文字颜色为白色，输入文字“快乐校园”。在图层中将文字图层的透明度设置为 30% 。

⑭在“时间轴”面板上，拖动文字素材的图层到 03:00 处，与图层 1 拥有相同的时长。

⑮将播放头拖至时间标尺开始处，单击“变换”属性旁边的秒表图标，为图层设置起始关键帧，如图 11.8.34 所示。（说明：为了使画面对齐，可以加入参考线。）

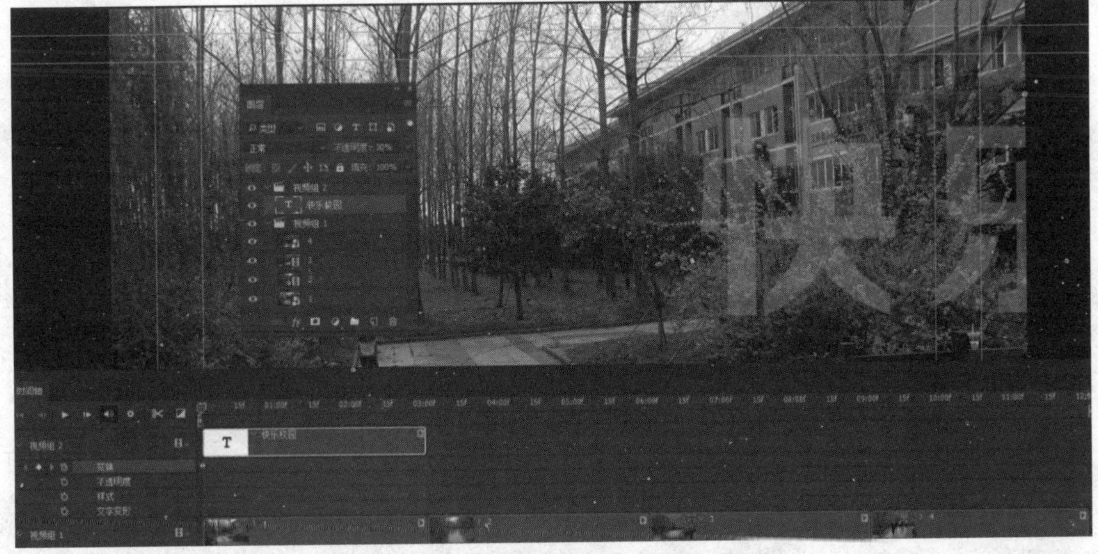

图 11.8.34　为文字图层添加起始关键帧

⑯移动播放头到文字素材的最后一帧 02:29 处。在画布上按住 Shift 键，从右向左拖动文字，创建新的关键帧，如图 11.8.35 所示。

图 11.8.35　为文字图层添加结束关键帧

⑰单击“时间轴”面板底部的音频轨道图标，并从弹出的菜单中选择添加音频，如图 11.8.36 所示，选择 1. MP3 文件，单击“打开”按钮。

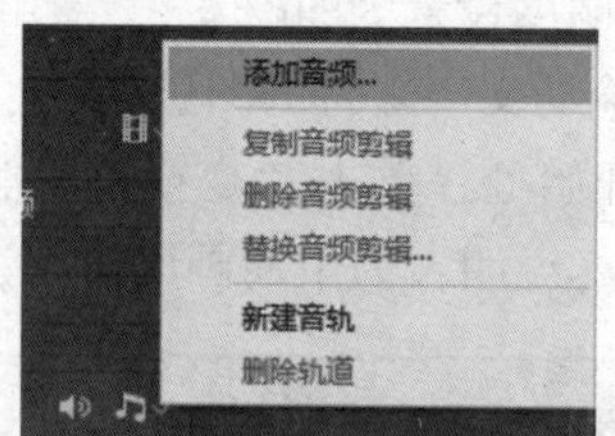

图 11.8.36　添加音频

⑱在音频选择状态时，移动插入头到 4 剪辑的末尾，单击“在播放头处拆分”工具。选择第二个音频文件段，按 Delete 键删除，如图 11.8.37 所示。

图 11.8.37　剪辑音频文件

⑲选择“文件”→“导出”→“渲染视频”菜单命令。在“渲染视频”对话框中，设置“名称”为 kk. mp4，“格式”为 H. 264，“预设”为 Vimeo HD 720p 25。单击“渲染”按钮后，得到视频文件，如图 11.8.38 所示。

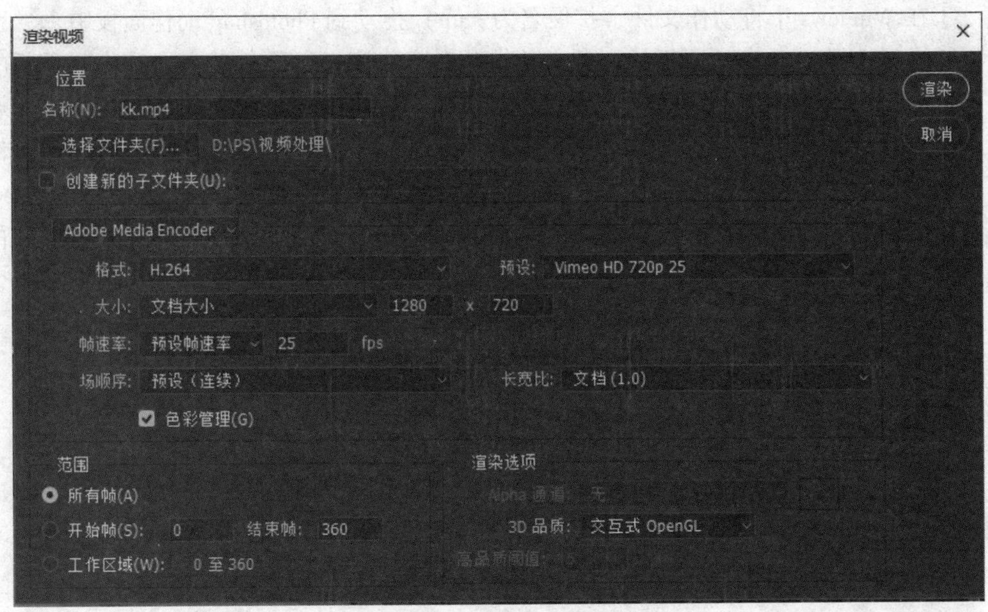

图 11.8.38 渲染导出视频

11.9 工作实训营

11.9.1 训练实例

1. 训练内容

①利用图层样式制作立体字效果，如图 11.9.1 所示，并将其录制成动作。

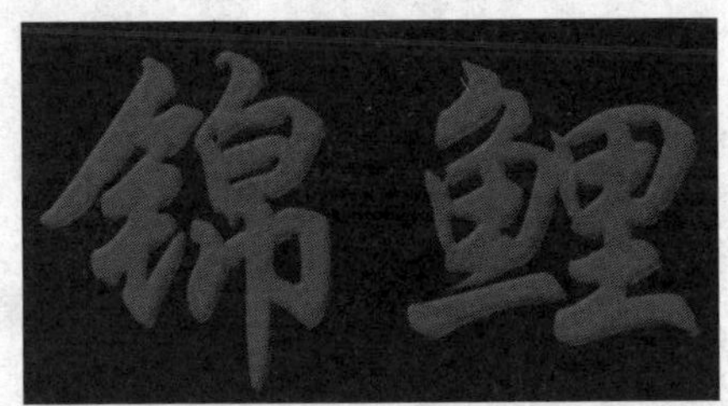

图 11.9.1 效果图

②使用“批处理”命令将一批曝光过度的照片做纠正处理。

2. 训练要求

在深入学习的基础上，分别实现上述要求。

11.9.2 工作实践常见问题解析

【常见问题 1】 如何使用下载的动作？

答：可以从网络上下载其他 Photoshop 用户录制的动作集，大多数为免费资源，这些动作集以文件形式存在，扩展名为 . atn。用户可以通过以下方法载入这些动作集。

①在 Windows 中将动作文件（扩展名为 . atn）拖动到 Photoshop 动作面板中。

②通过选择“动作”面板的“载入动作”命令将该 . atn 文件载入“动作”面板中。

【常见问题 2】 录制的动作可以在其他计算机中使用吗？

答：在“动作”面板选项菜单中选择“存储动作”命令，存储动作时选择存储位置，可以新建一个文件夹并命名，把这个动作的文件夹复制到其他电脑中，打开 Photoshop，从“动作”面板选项菜单中选择“载入动作”命令，找到该动作文件夹，选取想要的动作即可。

【常见问题 3】 用 Photoshop 打印出来的照片区域小，部分边沿打印不出来，怎么处理？

答：设置出血，一般为 3 毫米。

工作实训

1. 利用滤镜、动作及动画制作春雨绵绵的效果。效果如习题图 1 所示。

第 11 章习题图 1　春雨效果图

2. 打开一幅曝光不足的照片，处理成正常的照片，生成动作和批处理文件。

参 考 文 献

[1] 赵军. Photoshop CS6 图形图像处理（第 2 版）[M]. 北京：科学出版社，2015.

[2] 赵军，沈海洋，嵇可可. Photoshop CS5 设计案例教程 [M]. 北京：科学出版社，2012.

[3] 陶书中，赵军. Photoshop 图像处理项目化教程 [M]. 北京：机械出版社，2013.

[4] 赖亚非，陈雷，赵军. Photoshop CS5 图像处理实训教程 [M]. 北京：清华大学出版社，2011.

[5] 姜雪，李柳苏. Photoshop CC 2018 图像处理案例教程 [M]. 北京：清华大学出版社，2018.

[6] 贾亦男. 宿丹华神奇的中文版 Photoshop CC 2018 入门书 [M]. 北京：清华大学出版社，2018.

[7] 方国平. Photoshop CC 2018 从入门到精通 [M]. 北京：电子工业出版社，2018.

[8] 王茹娟. Photoshop 图像处理案例教程 [M]. 北京：北京理工大学出版社，2018.